自然资源学基本原理

（第二版）

张丽萍　编著

科学出版社
北　京

内 容 简 介

本书围绕自然资源学研究的基本原理和分析方法进行系统阐述，充分体现了自然资源学研究的综合性特征。

全书共 14 章。第 1～4 章，系统地阐述了自然资源学的基本知识、发展过程和学科特性，自然资源的形成、分布规律、调查统计方法及信息系统的建立；第 5～7 章，分别就自然资源的社会学、经济学和生态学等原理和分析方法，针对人类演化过程对资源需求的动态变化、自然资源价值、生态系统中的资源过程，进行了全面系统的论述；第 8～10 章，根据自然资源的丰度、空间配置和储存特点论述了资源综合评价和规划的原理和方法，分析了自然资源开发模式的演变过程，并就几类重点资源的开发模式进行了举例说明；第 11 章集中讨论了自然资源可持续开发利用原理和实现途径——资源的循环利用、开源节流、自然资源保护。由于自然资源利用与社会体制、管理制度关系密切，所以在第 12 章重点论述了人类对自然资源的管理、相应的法律法规、资源的产权问题及与社会制度的相关性。第 13 章阐述了自然资源对民族发展和国家安全的影响。为了能让学生学会应用所学的自然资源分析原理，在第 14 章以海洋资源为例进行了分析。每章的章首列有内容提要和重点要求，章末附有复习思考题和引深讨论问题，并启示性地简述了讨论问题的分析思路。

本书可作为高等院校资源科学、地理学、地质学、环境科学与工程、生态学、农学、公共管理学和林学等专业的高年级本科生、研究生教材和参考书，还可作为高等院校公共平台课及通识核心课程教材，也可供资源环境领域专业人员、管理决策人员参考。

图书在版编目（CIP）数据

自然资源学基本原理/张丽萍编著. —2 版. —北京：科学出版社，2017.9

ISBN 978-7-03-054490-2

Ⅰ. ①自… Ⅱ. ①张… Ⅲ. ①自然资源–高等学校–教材 Ⅳ. ①X37

中国版本图书馆 CIP 数据核字（2017）第 224567 号

责任编辑：文 杨 程雷星/责任校对：何艳萍

责任印制：吴兆东/封面设计：迷底书装

科学出版社出版

北京东黄城根北街 16 号

邮政编码：100717

http://www.sciencep.com

固安县铭成印刷有限公司印刷

科学出版社发行 各地新华书店经销

*

2009 年 8 月第 一 版 开本：787×1092 1/16

2017 年 9 月第 二 版 印张：17 3/4

2024 年 12 月第十七次印刷 字数：421 000

定价：58.00 元

（如有印装质量问题，我社负责调换）

第二版前言

本书自 2009 年第一版出版以来，重印了 7 次，被许多高等院校作为教材使用，可见其社会需求量巨大，人们对资源环境认识程度的提高，以及对自然资源相关知识的渴望。随着科学技术的发展、信息的快速传达、经济的全球化，自然资源学的传统分析方法和原理应用已逐渐显示出其局限性。因此，扩展其分析研究视角，站在全人类的角度来分析自然资源的开发利用和保护是本教材修订的基本思路。作者基于多年来自然资源学的双语及通识核心课程的教学工作，对历年教学内容进行修订和补充，编写了第二版。与第一版相比，本书在以下几方面进行了修订。

（1）针对课堂教学内容的完整性，将自然资源调查和信息系统的建立分为两个章节，补充了自然资源统计的内容。将自然资源综合评价和优化配置进行了内容专题分割，以两个章节分别叙述。

（2）根据学科的归属性，将自然资源管理和国家资源安全分两章来讨论，将资源产权内容归属到自然资源管理的章节中，在自然资源管理一章中增加了自然资源法律法规的内容。调整了自然资源规划原理和资源开发模式的相关内容。

（3）增加了自然资源合理开发利用案例分析。以海洋资源为例，应用所学的自然资源分析的基本原理，从海洋资源的基本理论、新的海洋观入手，论述了海洋资源的社会经济价值，分析了中国海洋资源与经济发展，关注了海洋资源开发的区域性差异和主导方向，总结了我国海洋资源管理和海洋保护区的现状和功能。

（4）为了适应新的教学改革要求，增加学生自主学习的环节，启发学生应用所学知识分析目前自然资源开发利用中存在的问题、开发的潜力，以及科学技术发展对资源开源节流的促进作用，在每章的结尾列出了引深讨论的问题，并启发性地简述了分析思路。

（5）对应补充了一些主要的参考资料。

由于本教材内容涉及广泛、应用原理和学科知识点多样、综合性很强，为了避免广而浅的现象，本书的修订主要将重点集中在原理解释和实例分析的框架内，力图能使学生深入浅出地将所学的知识应用于自己所学的专业。

尽管编著者做了很大的努力，但自知学力有限，担心书中出现错误及缺憾之处，敬请广大读者不吝赐教。

张丽萍
于杭州市浙江大学紫金港校区
2017 年 5 月

第一版前言

人口、资源、环境、经济四者中，资源，特别是自然资源是基础。纵观 20 世纪后半叶以来，无论席卷全球的环境污染、生态退化、全球变暖，还是能源危机、粮食紧张、资源短缺问题，归根究底都属于资源问题，都是由于自然资源开发利用不当造成的。如何合理地开发利用自然资源？如何协调资源环境问题？就成为我们人类急需解决的问题。在此背景下，自然资源学诞生了。

自然资源学是高等院校资源环境、城乡规划、农业资源与环境、地理学、环境科学与工程等专业的一门专业课。为适应学科的发展要求和社会发展需求，作者根据多年从事自然资源学英汉双语教学、部门自然资源学教学和科研工作的经验成果，在系统总结和参考了大量国内外相关资料的基础上，编撰了此教材。

在本教材中，力图理论和实际相结合，增加了大量新的内容，赋予了自然资源学许多新的内涵，提出了 21 世纪自然资源学研究的新思路。

（1）全书以资源、人口、环境、经济四大问题的内在联系为主轴，以人类发展对自然资源认识的动态演化为主导思想，力求体现内容的科学性、系统性和先进性，并尽量搜集了大量自然资源相关研究领域的最新成果、概念和技术，以反映当代自然资源研究的新思路和新趋势。

（2）在内容上牢牢把握基本原理的内涵，以自然资源学分析原理和方法为中心，以人类在自然资源开发利用和保护过程中的能动作用为主导思想，阐述了自然资源形成和分布的地学原理，自然资源调查统计的“3S”原理，自然资源开发利用的社会学、经济学和生态学原理，自然资源的管理学原理，自然资源可持续利用的循环经济原理和建立资源节约型社会的重要性。充分体现了自然资源学的综合性特征，避免了大而全的部门自然资源的罗列，克服了偏重于经济分析的自然资源观，一改以地理学变版的自然资源论述。

（3）在写作上力求做到体系明了，先讲析概念，后阐明原理，再进行方法论分析，最后是举例说明。每章篇头有内容提要和重点要求，篇尾附有复习思考和挑战性问题。这样即能让学生学到系统的知识和方法，又能在自然资源开发利用中应用。

本教材的出版得到了浙江大学国家重点学科——土壤学科、污染环境修复与生态健康教育部重点实验室、浙江省亚热带土壤与植物营养重点开放实验室、浙江大学资源环境学科课程建设经费资助。

在本教材的编著过程中，得到了浙江大学环境与资源学院、资源科学系、土水资源与环境研究所各位老师的大力支持，书中插图得到了一些研究生协助，在此一并表示衷心的感谢。
本教材的编写参考了大量国内外现有同类书籍和相关刊物，但考虑到篇幅要求，书中所参考的期刊论文只列出一部分，在此说明，并对所有引用到文献的作者、《自然资源学报》、《资源科学》等相关期刊历年的所有作者一并致以衷心的感谢。

由于本教材内容涉及广泛、综合性很强，编著者自知学力有限，书中有论述不周和错误之处，敬请广大读者、各位专家和同行提出宝贵意见。

作　者

于杭州市浙江大学华家池校区

2008 年 11 月

目　　录

第二版前言
第一版前言
第 1 章　自然资源和自然资源学 …………1
　1.1　自然资源的基本概念和分类 …………1
　1.2　自然资源学 …………7
第 2 章　自然资源的形成与分布规律 …………18
　2.1　地壳矿产资源的分布规律 …………18
　2.2　生物圈资源的分布规律 …………28
　2.3　自然资源分布与人类的生存空间 …………32
第 3 章　自然资源的调查统计 …………36
　3.1　自然资源的遥感调查 …………36
　3.2　自然资源的野外调查 …………44
　3.3　自然资源统计 …………47
第 4 章　自然资源数据库及信息系统的建立 …………52
　4.1　自然资源数据库 …………52
　4.2　自然资源信息系统的建立 …………58
　4.3　自然资源信息系统的应用实例 …………63
第 5 章　自然资源的社会学分析原理 …………67
　5.1　自然资源与人类社会发展 …………67
　5.2　自然资源与人类的行为特征 …………72
　5.3　自然资源与资源制度 …………77
第 6 章　自然资源的经济学分析原理 …………83
　6.1　自然资源需求与供给 …………83
　6.2　自然资源的价值与价格 …………88
　6.3　自然资源经济过程中的投入产出分析 …………98
　6.4　自然资源核算 …………102
第 7 章　自然资源的可得性及生态学原理 …………112
　7.1　系统生态学基本原理 …………112
　7.2　生物资源形成过程中的生态过程 …………122
　7.3　自然资源开发利用过程中的生态学原理 …………137
第 8 章　自然资源评价原理及综合评价 …………148
　8.1　自然资源评价的基本理论 …………148
　8.2　自然资源综合评价的步骤 …………150

8.3　自然资源综合评价……152
第 9 章　自然资源的优化配置原理……166
9.1　自然资源配置的基本原理……166
9.2　自然资源的优化配置……170
第 10 章　自然资源规划及开发的基本原理……180
10.1　自然资源规划的基本原理……180
10.2　自然资源开发的根本动因……186
10.3　自然资源开发利用的基本模型……191
10.4　自然资源开发模式……196
第 11 章　自然资源可持续利用原理……204
11.1　自然资源可持续利用的基础理论……204
11.2　自然资源的循环利用原理……208
11.3　自然资源的开源节流……216
11.4　自然资源保护……225
第 12 章　自然资源管理及资源法规……230
12.1　自然资源管理……230
12.2　自然资源相关法规……237
12.3　资源产权制度……239
第 13 章　自然资源安全评价及国家资源安全……243
13.1　自然资源安全的基本理论……243
13.2　自然资源安全评价……246
13.3　国家资源安全……251
第 14 章　自然资源合理开发利用案例分析——以海洋资源为例……258
14.1　海洋资源分析的基本理论……258
14.2　海洋资源的社会经济特性……261
14.3　中国海洋资源开发利用的区域布局……263
14.4　海洋资源的管理和保护……264
主要参考文献……268

第 1 章　自然资源和自然资源学

内容提要

本章主要从自然资源和自然资源学这两个主体出发，首先系统地介绍了自然资源的基本概念、分类体系和自然资源的基本属性。接着，论述了自然资源学的学科性质、动态发展过程、主要研究内容和任务；根据自然资源学高度综合的学科特性，概述了自然资源学的研究方法和理论基础，以及与相关学科的关系，并基于人口、资源、环境的动态变化趋势，探讨性地阐述了自然资源学的发展趋势，以示同学们要用前瞻性的观点学习自然资源学这一学科。

重点要求

（1）掌握自然资源概念的内涵，自然资源的基本属性；

（2）正确理解自然资源稀缺性的实质；

（3）熟悉自然资源学的主要研究内容和任务。

1.1　自然资源的基本概念和分类

人类认识和利用自然资源的历史久远，“自然资源”这个名词已经是生产和生活中经常引用的一个词汇，但自然资源这个基本的科学概念，直到 20 世纪 70 年代才逐步形成，而且仍在不断发展和完善过程中。

1.1.1　自然资源的定义和内涵

从经济学的角度认识，资源是一切有用和有价值的东西，即一切生产和生活资料的来源。资源不外乎三种：自然资源、资本资源和人力资源，这是目前为人们所接受的广义的资源概念。从地理和社会学的观点来说：资源是指环境中能为人类直接利用，并带来物质财富的部分。一般分为自然资源和社会经济资源。后者是指社会经济系统中为人类所利用，并能提高生产力水平的社会经济因素，如人力资源、资本资源、信息资源等，即人们广义理解的国土资源。国土资源是指一个国家（或地区）管辖的土地上所拥有的一切资源。国土资源可分为两大类，即自然资源和社会资源。自然资源是指存在于自然界的、天赋的、自存的、先人类而存在及能为人类利用的资源。社会资源是指自然资源经过人类社会劳动加工所生产的第二性资源。

自然资源是对资源的狭义理解。因为广义资源理解的社会资源究其来源，也是土地和劳动，马克思曾引用威廉•配第的话，“劳动是财富之父，土地是财富之母”。恩格斯在《自然辩证法》一书中曾指出：“劳动和自然界一起是财富的源泉，自然界为劳动提供材料，劳动把材料变为财富”。这里的自然界即指自然资源，劳动是指自然资源的经济转化过程。

国内外关于自然资源的定义很多。

较早给自然资源下较完备定义的是地理学家金梅曼，他在《世界资源与产业》一书中指出，无论是整个环境还是其某些部分，只要它们能（或被认为能）满足人类的需要，就是自然资源。他解释道：如煤，如果人们不需要它或者没有能力利用它，那么它就不是自然资源。

《辞海》一书关于自然资源的定义是："一般天然存在的自然物（不包括人类加工制造的原材料），如土地资源、矿产资源、水资源、生物资源、海洋资源等，是生产的原料来源和布局场所。随着社会生产力的提高和科学技术的发展，人类开发利用自然资源的广度和深度也在不断增加"。这个定义强调了自然资源的天然性，指出空间（场所）也属于自然资源的范畴。

《英国大百科全书》对自然资源的定义："人类可以利用的自然生成物，以及生成这些成分的环境功能，称为自然资源。前者有土地、水、大气、矿产、生物等，后者有太阳能、生态系统机能、地球物理化学循环机能等"。

联合国有关机构在 1970 年对自然资源的概念作了规定："人在其自然环境中发现的各种成分，只要它能以任何方式为人类提供福利，都属于自然资源"。1972 年联合国环境规划署指出："自然资源是指在一定的时间条件下，能够产生经济价值，以提高人类当代和未来福利的自然环境因素的总和"。

中国一些学者认为，自然资源是指存在于自然界中能被人类利用和在一定技术、经济和社会条件下能被用来作为生产、生活原材料、能量的来源。另一些学者将自然资源定义为，在现有生产力发展水平和研究条件下，为了满足人类的生产和生活需要而被利用的自然物质和能量。

纵观国内外对自然资源的定义，尽管它们对自然资源理解的深度和文字表述不同，侧重点有所差异，但都为进一步研究奠定了基础。本书将自然资源定义为：自然资源是指存在于自然界中，在一定的经济和社会条件下，能被人类通过一定的技术获取的以满足其生产、生活需要的所有天然生成物，以及作用于其上的人类劳动结果。自然资源是人类社会从自然界获取的初始投入，是人类生产生活的物质基础。

自然资源的这一定义具体包括以下几方面的含义。

第一，自然资源是自然过程所产生的天然生成物，地球表面、土壤肥力、地壳矿藏、野生动植物等，都是自然生成物。自然资源与资本资源、人力资源的本质区别，就在于其天然性。但自然资源不是脱离生产应用对自然物质的抽象研究的对象，而是在不同时间和空间范围内能为人类提供福利的物质和能量，现代的自然资源中也已或多或少地包含了人类世世代代劳动的结晶。

第二，自然资源的范畴不是一成不变的，是一个动态概念，它的内涵是随着人类社会和科学技术的发展而不断扩展和加深的。人们一方面对自然资源开发利用的范围、规模、种类和数量等不断扩大；另一方面对自然资源的保护、治理、抚育、更新等观念也在逐渐深入。

第三，自然资源和自然环境是两个不同的概念，但从具体的对象来说又往往是同一种物质。自然环境是指人类周围所有的外界的客观存在物，自然资源则是从人类需要的角度来认识和理解这些要素存在的价值。因此，有人把自然资源和自然环境比喻为一个硬币的两面，或者说自然资源是自然环境透过社会经济这个棱镜的反映。

第四，人的需要与文化背景有关，因此自然物是否被看作自然资源，常常取决于信仰、宗教、风俗习惯等文化因素。例如，伊斯兰教徒不食猪肉，印度教徒不食牛肉，某些佛教徒食素，这就决定了他们“食物资源”的概念。因此，自然资源不仅是一个自然科学概念，也是一个经济学概念，还涉及文化、伦理和价值观。

1.1.2　自然资源的分类体系

分类是科学研究的重要方法之一，为了深入认识自然资源，也应当对它加以分类。但由于人们对自然资源理解的深度和广度的差异，以及对自然资源分类详尽程度和应用目的的不同，目前尚无统一的自然资源分类系统。传统的自然资源分类通常是根据自然因素在经济部门中的地位进行笼统的分类，如农业资源、工业资源、交通资源、地质矿产资源、医药卫生资源等。有些学者根据资源的地理要素特征，分为矿产资源（地壳）、气候资源、水利资源、土地资源、生物资源五大类。经济学家根据资源的可替代性，分为可替代自然资源和不可替代自然资源，前者如作为人类衣食用途的不同种类的动植物，后者如专门生产某种特殊产品的自然资源。

1. 自然资源的综合分类

1）自然资源的二元多级分类

现在普遍采用的自然资源分类体系是二元多级分类体系法，但最为认同的是将自然资源分为不可更新资源与可更新资源两大类。生物资源属于可更新的，矿产资源属于不可更新的，恒定性的资源如地表水、潮汐、风能、波浪、地热、太阳能等也列为可更新资源，而地下水（尤其是深层地下水）在很大程度上属于不可更新资源。一些学者从经济分析的角度出发，用资本性或储存性资源来代替不可更新资源，用收入性或流动性资源代替可更新资源（图 1-1）。

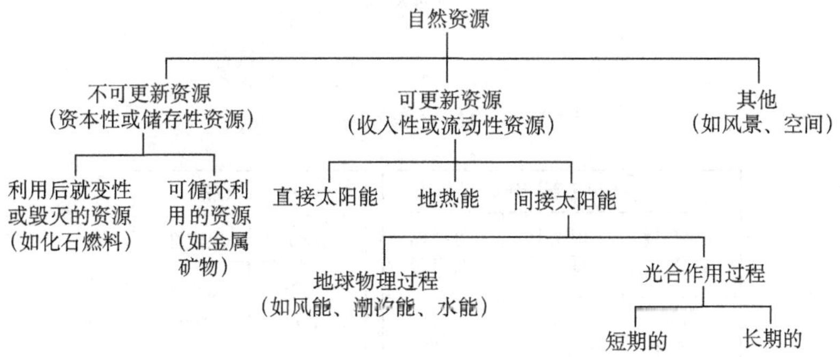

图 1-1　自然资源分类之一

中国一些学者根据自然资源本身固有的属性，如自然资源的可耗竭性、可更新性、可重复使用性及发生起源等，对自然资源进行了较详细的分类（图 1-2）。

2）自然资源的相对性二元分类

这一分类体系的前提是资源相对于人类而言的，即资源的可更新与不可更新的相对性。英国的朱迪·丽丝将资源分为两大类，即储存性或不可更新资源及流动性或可更新资源。后者又包括恒定性资源和临界性资源。可更新资源被认为是在人类历史尺度上可天然再生的有用“产品”，这是其核心特征，把它们与化石燃料及元素矿物区分开来，化石燃料被利用后就转换成各种不能提供有用能量的物质形式，而矿物在得到再利用之前必须由人类重新加工。恒定性资源是按人类的时间尺度衡量无穷无尽、也不会因人类利用而耗竭的资源；临界性资源是可能被掠夺到耗竭尺度的可更新资源，如果对此类资源的使用速率超过自然更新速率，它就会像矿产资源一样处于被开采状态，即使所有的掠夺已经停止，供给流的自然恢复也不可能发生，或通过人类采取有计划的补救措施也无法恢复（图 1-3）。这类可更新资源包括各种生物、土壤和地下蓄水层中的水。正是这类资源的相对耗竭性，导致了全球生物多样性的减少、濒临灭绝的生物种类增加、土壤的荒漠化面积扩大，相对于人类历史而言就很难更新了。

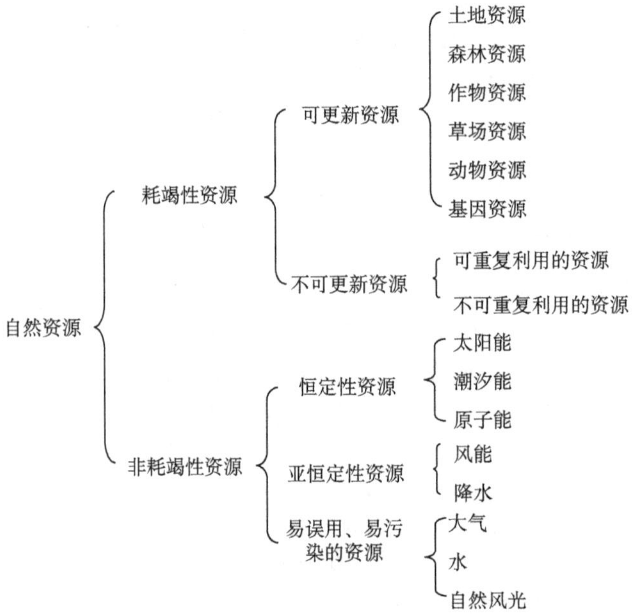

图 1-2　自然资源分类之二

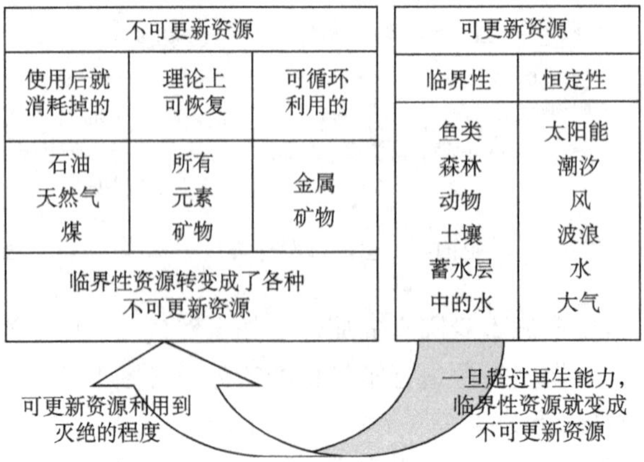

图 1-3　自然资源分类之三

2. 自然资源的部门分类

在自然资源综合分类的基础上，自然资源各部门要根据本部门的研究要求，进行进一步的部门分类，如气候资源分类、生物资源分类、土地资源分类、矿产资源分类等。其中矿产资源分类可参照矿物分类，也可根据其用途进行分类。生物分类在方法和理论上最为成熟（图 1-4）。例如，生物资源和矿产资源的分类都有一个共同特点，即分类对象都是明确的个体。既然分类是对具有共同特性的个体的概括和抽象，那么这种概括的前提就是能够明确定义个体。例如，植物分类的个体就是明确的植株，矿物分类的个体也都能独立出来。然而，还有一类自然资源，其个体并非天然明确，如气候资源、土地资源、水资源等，这就给分类工作带来一定的困难。这种类型资源的部门分类应按照较为成熟和认可的专业分类方法进行。

例如，气候资源可按柯本的气候分类法进行分类。但应注意应用过程中的具体问题，每一气候类型的边界是模糊的，逐渐过渡的问题；不同行业对气候资源利用的角度要求，每一气候类型中还有明显的分异；本分类方法是一种“大气候”分类，其中还有“中气候”（或地方气候）和“小气候”的分异。

- 生物资源
  - 植物资源
    - 森林资源
    - 经济林木资源
    - 观赏植物资源
    - 药用植物资源
    - 农作物饲用植物资源
    - 牧草资源
    - 蔬菜资源
    - 水生植物资源
  - 动物资源
    - 野生经济动物资源
    - 家养动物资源
    - 水生动物资源
    - 药用动物资源
    - 观赏动物资源
    - 昆虫资源
    - 实验动物资源
  - 微生物资源（含真菌资源）
  - 基因资源

图 1-4　生物资源的分类

土地资源分类的这些问题和困难就更加显著。这种资源分类的关键在于划分个体。例如，土地资源的个体划分（土地分级）就已约定了以下尺度：土地点、土地单元、土地系统。这是不同尺度的土地个体，尺度上相当于气候上的微气候、小气候、中气候，再在同一尺度的个体中进行分类。

上述个体划分虽要依照自然规律（地域分异规律），但不可避免地掺杂一些主观因素，因此常常见仁见智，没有一个如生物分类和矿物分类那样公认的分类系统。

1.1.3　自然资源的基本属性

自然资源种类多样，各具特色，但它们都具有以下共同特性。

1）自然资源的有限性和稀缺性

有限性是针对自然资源的客观存在而言的。对于远古的人类而言，森林资源似乎是无限的，然而当今世界正面临着森林资源短缺的威胁，更为严峻的是由此带来了生态系统功能的失调。这种前后迥异的差别源于人类对自然资源利用强度的变化。当人类利用数量超过自然资源数量，或人类利用强度超过自然资源更新速度的时候，自然资源的有限性就变得十分突出。资源是相对于需要而言的，而人类的需要实质上是无限的，自然资源却是有限的，这就产生了“稀缺”这个自然资源固有的属性，即自然资源相对于人类的需要在数量上的不足。正是自然资源的有限性和稀缺性，决定了自然资源的价值。

人类的世代延续也许是无限的，而自然资源中有很多是使用过后就不能再生的（尤其是不可更新资源），这也体现出自然资源的稀缺性。

此外，还应考虑自然资源在空间分布上的不均衡，以及资源利用上的竞争所导致的自然资源稀缺性的外在表现。

2）自然资源的整体性

自然资源是地球自然环境系统中的组成部分，每一种资源都参与系统中的各种过程。当一种资源遭到破坏时，会通过系统的相互作用，波及其他资源。例如，人类对森林资源的过度砍伐，不仅带来了森林资源数量的短缺，还破坏了与此相关的生态系统，导致水土流失加剧，生物多样性锐减，在半干旱和半湿润地区还可导致土地荒漠化。从全球系统来说，对大面积热带森林资源的砍伐，还会破坏全球碳循环系统，使大气中二氧化碳浓度升高。

可见，自然资源的整体性主要通过人与自然资源的相互关联表现出来，自然资源一旦成为人类利用的对象，人就成为资源生态系统中的重要组成部分，人类通过一定的技术措施开发利用自然资源，在这一过程中又影响环境。因此，人、资源、环境构成了一个相互关联的大系统——资源生态系统。

3）自然资源分布的不均匀性

自然资源的形成和演化，是地球系统形成和演化的结果，它只在一定的时间和特定的区域内进行，服从一定的地域分异规律和时间节律性，由此决定了自然资源的这一重要属性。

自然资源地域分布的不均匀性表现为地带性和非地带性特征。这种地域特征包括自然资源的种类及其组合、数量、质量、特性等各方面的区域差异。同时，自然资源开发利用的社会经济和技术工艺条件也具有地域差异，自然资源的地域性就是所有这些条件综合作用的结果。自然资源的地域性使得它的稀缺性有了更丰富的表现，并由此派生出“竞争性”的特征。由于自然资源的地域性，各种资源开发的方式、种类也就有了差异，从而使自然资源打上地域性的烙印。

自然资源概念、自然资源利用的广度和深度都在不断演化。从较小的时间尺度上看，不可更新资源不断被消耗，同时又随地质勘探的进展不断被发现；可更新资源有日变化、季节变化、年变化和多年变化。长期自然系统的演化在各种成分之间能维持相对稳定的动态平衡。这些都明显地体现出自然资源的时间节律性。此外，自然资源在时间分布上的不均匀性还应考虑人类活动施加于自然资源的影响变化。这种变化可表现为正负两个方面，正的方面如资源的改良增值，人与资源关系的良性循环；负的方面如资源退化耗竭，从而使得资源生产的节律性发生变化。

4）自然资源的多用性

大部分自然资源都具有多种功能和用途，如水资源既可用于生产（工业、农业、能源、交通等）活动，又可用于生活（饮用、娱乐、观赏等）活动。从自然资源所起的作用来看，可将其分为物质性资源和功能性资源。前者是指自然资源作为一种物质投入，直接参与物质生产过程。后者则指自然资源作为自然环境的组成部分，所表现出的动态属性或过程，如物质循环过程、能量循环过程等。许多自然资源往往兼有物质属性和功能属性。在分析自然资源的数量和质量状况时，应针对不同的属性采用不同的评价原则和指标体系。就自然资源的有限性而言，物质性资源往往表现为数量上的限制，功能性资源往往表现为环境容量的限制。

然而，并不是所有的自然资源潜在用途都具有同等重要的地位和同时发挥作用，因此，人类在开发利用自然资源时，需要全面权衡，特别是当对资源生态系统进行综合研究时，人类必须遵循自然规律，努力按照生态效益、经济效益和社会效益相统一的原则，借助于系统分析的手段，充分发挥自然资源的多用性属性。

5）自然资源的社会性和国际性

资源是文化的函数，文化在很大程度上决定了对自然资源的需求和开发能力，这说明自然资源具有社会性。当代地球上的自然资源或多或少都有人类劳动的印记，人类活动的结果已经渗透到自然资源中。自然资源附加的人类劳动是人类利用自然、改造自然的结晶，是自然资源中的社会因素。自然资源稀缺约束社会经济的发展，自然资源开发导致的生态影响会反作用于人类的生存和发展，由自然资源争夺引发的冲突冲击着社会，诸如此类的问题使自然资源的社会性有了更加深刻的内涵。

一般来说，自然资源的开发、利用和保护管理属于各国自己的主权，应由各个国家自己来解决。但是，随着经济的全球化，地球上有些自然资源及宇宙的空间资源是国际共同享有的，只有通过国际行动才能达到合理利用与保护的目的。此外，一个国家或地区对自然资源开发利用所造成的后果往往会超出该国家或地区的界限而影响世界其他地区。因此，国际上有许多协议和公约来协调处理这方面的问题。另外，当代国际间资源开发的合作、贸易和技术交流日益广泛。一个国家的资源政策和贸易价格往往会产生世界性的连锁反应。因此，在研究自然资源合理开发利用时，除了要立足于本国外，还要放眼世界，了解国际上资源的供需现状和展望，才能做出合理的决策。

综上所述，自然资源既是地球表层环境系统的组成部分，又直接或间接参与人类的社会经济活动，并伴随人类社会的发展而不断被加深认识和加强利用。因此，它既符合自然规律，具有自然属性，又符合经济规律，具有社会属性。前者指导人们认识自然资源的形成、发展和演化，后者指导人们认识开发和利用自然资源带来的福利效益和如何进行有效管理。

1.2　自然资源学

自然资源学是一门研究人与自然界中可转化为生产、生活资料来源的物质与能量间相互关系的科学。它以单项和整体的自然资源作为研究对象。通过对自然资源的数量、质量、时空分布和发展的研究，探索合理开发、利用、保护和管理的途径。它不仅与人类的生产生活有着极为密切的关系；同时，由于其研究对象的复杂性、综合性和宏观性等特点，对整个科学研究的方法论也将起到一定的变革和推动作用。

1.2.1 自然资源学的形成和发展

自然资源学是一门既古老，又年轻的学科。说其古老，是因为自人类出现以来，人类的一切生活和生产活动就离不开自然资源，并随着人口的增加、历史的发展、科学技术的进步，人类与自然资源的关系、对自然资源的认识也在发生不断的变化。说其年轻，是因为自然资源学作为一门较为完整的学科登上当代科学的舞台是在 20 世纪 70 年代。从自然资源的原始利用到自然资源学科体系的形成基本可分为四个阶段。

1）自然资源的原始利用时期

在人类狩猎社会和原始农业社会的长期历史阶段，自然界一直显得如此庞大，人类活动对自然界的影响如此渺小，自然资源似乎取之不尽、用之不竭，人类的发展似乎没有受到自然界的制约。这时，人类对自然环境和自然资源的影响是局部的、微小的，并不比其他动物对生物圈的影响大。这段时期人类对自然资源的利用虽然也积累了一些极为原始的经验，但还未被记载，更谈不上总结和认识。考古学家们利用零星而片段的考古发现与记录，对这一时期人类在利用自然资源方面的情况进行了近似复原和推断。人类学家也通过对现今某些原始部落的研究，来探讨早期人类社会与自然资源和自然环境的关系。这段时期可称为自然资源学的史前时期。在这一时期，人与自然资源的关系是一种被动利用关系。

2）自然资源的零星记载描述时期

这一时期大约为从距今 1 万年到 19 世纪中期的工业革命时期。随着农业社会技术和生产力水平不断提高，人口也逐渐增加。据推断，在公元前 8000 年全球人口约为 500 万，第一次进行人口调查记录的 1650 年增长到 5 亿，工业革命结束时的 19 世纪中期达到约 10 亿。尽管此期间人口不断增加，但以当时人类的科学技术水平，对自然界并没有形成很大的压力。虽然有少数农业文明衰落起因于土地退化，但总的来看世界还是天苍苍、野茫茫的“牧歌式”社会，人口稀少，土地广阔，资源丰富。随着生产力的发展，世界上许多文明古国，从古埃及、古希腊到古代中国，在长期农业实践中都积累了丰富的经验，都有关于自然资源的分布、开发、利用、人与自然资源的关系等方面的记录，也产生了一些有关自然资源利用和保护的朴素思想。本阶段后期的一些哲学家、政治家、地理学家及博物学家在他们的著作中对这方面进行了记载和总结。这些零星但十分宝贵的经验，为 18 世纪、19 世纪各有关学科对自然资源进行近代科学研究奠定了一定基础。

3）自然资源学的萌芽时期

这一时期大致是从 19 世纪末到 20 世纪中期以前。工业革命开始后，世界人口增加的速度显著加快。此期间人类的技术能力与生产力也有了革命性的进步，同时也促进了科学的发展，一些涉及自然资源研究的部门学科（如生物学、地学、经济学）以及资源利用技术的科学（如农学、林学、土壤学、矿物学）等分别进行了各种各样的研究，但它们仍然保持着各自的科学体系，尚未综合成一门独立的自然资源学。尽管如此，这些学科所积累的科学资料和知识，为自然资源学的产生创造了条件和奠定了基础。19 世纪后期，生态学的出现和发展为自然资源学的出现提供了重要的概念基础。通过长期的生产实践与科学研究，人们逐渐认识到自然界的任何成分都不是孤立存在的。它们相互联系、相互作用、相互制约，构成具有一定结构和功能的系统。这一概念对现代自然资源学有重要影响。

这一时期，世界各国的学者们开始注意人类利用自然资源对自然界的冲击。地理学家马什早就在《人与自然：人类活动改变了的自然地理》一书中第一个系统地论证了这个问题。恩格斯也在《自然辩证法》中指出："我们不要过分陶醉于我们对自然界的胜利。对于每一次这样的胜利，自然界都报复了我们"。一些学者认为："自然资源的综合研究是人类生态学的核心"。

中华人民共和国成立后，为适应国家建设的需要，中国开始了大规模的自然资源科学研究与综合考察。对全国自然条件和自然资源的基本状况有了比较系统和全面的了解，初步掌握了它们的数量、质量与分布，全面填补了中国自然资源科学资料的空白，为国家制定国民经济发展规划和地区开发方案提供了重要科学依据，发挥了资源考察在国民经济建设中的先行作用。

虽然，国内外各学科都已意识到对自然资源做综合研究的必要性，但由于当时人口数量及生产力对自然界的冲击尚未达到危机地步，自然资源的稀缺及其与人类需求的冲突表现得还不是特别剧烈；同时又由于科学认识和方法手段上的局限，人类科学技术对环境带来边缘效应的必然性和严重性，还没有被人们真正的认识，现代概念的自然资源学还处于萌芽阶段。

4）自然资源学的形成和蓬勃发展时期

20 世纪中叶以来，随着人口爆炸性的增长和物质生活的不断提高，人类社会对自然资源的压力与日俱增，导致了自然资源的稀缺、冲突和环境危机。在开发利用自然资源方面，由于对其需要量的急剧增长，往往迫使人们采取一些只顾眼前利益的做法，现在这些做法所造成的负面影响已变得十分明显。因为它带来了一系列的危害和灾难，包括水土流失、沙漠化、农田的减少、污染、滥伐森林、生态系统的退化和破坏、物种和变种的灭绝……在这些严峻的事实面前人类开始觉察到他们过去的许多活动，正在削弱地球维持生命的能力，削弱人类赖以生存和繁荣的基础。因此，积极地保护自然资源与合理地开发利用自然资源，已成为一个国际关注的共同社会问题。1972 年在斯德哥尔摩召开的"人类环境会议"上提出了"只有一个地球"的口号，标志着人类对环境和资源问题的觉醒。正是基于这样的社会背景条件，自然资源学以其综合性和整体性的特点，在新的科学技术手段和方法的武装下，以崭新的面貌展现在当代科学的舞台上。

此后的几十年来，联合国以及一些国际经济、社会组织相继成立了许多与自然资源有关的国际组织，在世界范围内就自然资源的开发利用及管理保护，开展了一系列大型的国际合作，不仅为解决当前自然资源利用中的一些关键问题找到了对策，也促进了各国自然资源的情报、人员和研究方法的交流，制定了一批共同遵守的公约和宣言，对自然资源学的发展起到了明显的推动作用。在教育界，一些新型的关于自然资源的院校纷纷建立。据不完全统计，国外以自然资源科学命名或与自然资源研究有关的大学、学院和系科已达数百个。

国内相继开展了各种类型的自然资源考察，成立了自然资源研究专门机构，系统编撰了《中国自然资源丛书》。近年来，许多高等学校建立了"资源环境学院"或"资源环境研究中心"，出版了许多自然资源科学方面的书籍。这一系列重大事件，促进了中国资源科学研究的发展，丰富和发展了中国的自然资源学科。

第二次世界大战后，人们对自然资源学的关注焦点经历了三个阶段。第一阶段的关注焦点在自然资源和环境的极限和质量的退化上，自然资源的基本问题倾向于限定在自然概念内。

第二阶段的标志是重新定义资源问题的核心，并将注意力从原来的自然资源稀缺和环境变化转向与资源利用有关的更为广泛的社会、经济和政策考察。第三阶段主要关注的是自然资源的可持续利用，这个问题的核心仍然是自然环境对人类发展施加的限制，虽然从这个意义来看，这种关注是 20 世纪 70 年代初期忧虑的回声，但寻求解决办法的重点已有了显著的变化。

当前自然资源学的发展除上述社会历史条件外，也有其科学技术发展的历史背景。对资源科学发展起重要作用的一个方面是生态系统概念的发展和在研究手段上的改进。生态系统的一些基本理论，特别是它的整体观、综合观以及结构、功能、动态与演替等方面的理论，对自然资源的研究有着重要意义。经济学中也出现环境经济学、资源经济学、生态经济学等分支，为自然资源研究提供了经济学理论与方法。此外，物理学、化学、数学、信息科学以及各种现代技术和手段，也越来越多地应用于自然资源研究，使自然资源的研究方法得到革新。特别要指出的是：系统理论和系统分析方法，遥感技术以及地理信息系统的广泛应用，为自然资源研究从局部走向整体，从分析走向综合，从定性走向定量，从描述走向解释和预测，提供了必要条件。

1.2.2　自然资源学的研究内容

从自然资源所赋存的各种特性来看，现代自然资源学研究的对象应当是自然资源系统。研究的内容是自然资源系统之间、自然资源系统与社会经济资源系统之间、自然资源系统与自然环境系统之间的相互联系、相互制约的关系。其目的就是要通过这样的研究来寻求协调资源-环境-人口-发展之间关系的途径与方法，以达到资源的永续利用、人类社会经济持续发展的目的。概括地说，自然资源学的研究内容主要包括以下五个方面。

1）自然资源的基本理论

对自然资源的概念和内涵给予科学的定义和实质内涵描述，对其基本属性进行科学论述，总结各种分类体系的特征及实际用途，确立自然资源学的主要研究内容和学科体系。

2）自然资源的形成和分布规律

每一种自然资源都是在特定环境下形成的，遵循特定的分布规律。人类在开发利用自然资源过程中必须遵循这些规律，否则就会出现资源衰竭、环境破坏的恶果。因此，自然资源的形成和分布规律研究是自然资源学研究的主要内容和基本原理之一，它直接为自然资源评价、配置和规划提供理论依据。

3）自然资源调查

自然资源信息是自然资源研究的基本数据和材料，调查是获取自然资源信息的基本手段，因此，调查是自然资源研究的先行。自然资源调查的方式一般包括：第一，实地调查。主要指野外考察或室外调查，有一般性的路线勘察，典型的剖面调查，重点调查，观察资源动态变化的定位、半定位实验调查等。第二，统计调查。主要是收集有关部门已有的统计资料进行统计分析。在资源调查中这是获得研究信息的重要形式，特别是气候、水、矿产资源及社会、经济资源等不可以凭直觉在瞬时时间内可以获得的资料。第三，航空遥感调查。这是获得自然资源信息最有效的现代化调查手段与方式。通过航片、卫片的解译，不仅可以了解资源的数量、质量、类型与分布，而且通过同一地区不同时间的航片、卫片分析，还可以了解时间上的动态变化。大范围的资源调查，采取这种方式最为经济、有效。第四，模拟调查。像自然资源这样一个极其复杂系统的动态研究，常常因为促使系统变化因子的不确定性而陷入困难境地。在这种情况下，通常是在实际调查的基础上采用抽象、概括、模型的方法，获得比较满意的结果，如资源需求平衡变化预测等。

4）自然资源评价

自然资源评价是对一个国家或一个地区所拥有的自然资源在数量、质量、种类、组合特征、资源优势、资源开发条件、制约因素和利用水平等方面进行科学的评估，它是制定资源开发利用规划、采取合理的开发利用方式与措施的科学依据。自然资源评价是自然资源学研究的核心内容，是制订资源开发、利用、治理与保护规划的基础研究。

5）自然资源配置和开发利用规划

研究自然资源的最终目的，就是要让自然物质通过劳动加工，转变成为具有使用价值的资源产品。使自然资源得到最合理的开发利用，最大限度地提高它的使用价值；在自然资源开发利用的同时，使孕育自然资源的生态环境得到保护和改善，使经济-生态协调发展，这就需要制订科学的开发利用规划。自然资源的合理配置是合理开发利用自然资源、提高资源利用效率的根本。根据配置自然资源的开发，实际上是资源的经济开发，涉及的范围既包括自然资源，也包括社会、经济资源，更包含生态环境的治理和保护。所以，自然资源开发利用规划实质上是国土资源的开发利用规划，是推动国土开发整治工作的中心环节。

鉴于自然资源的赋存具有区域性差异，与自然资源开发密切相关的社会、经济条件同样存在着区域性差异，所以资源开发利用规划必须立足于区域资源开发的基础上。区域范围有大、中、小不同层次之分，所以资源开发利用规划也具有层次。就一个国家来说，资源开发利用规划最高层次是国家级的，其次是省、市、地级和县（市）级的。从自然区划的观点看，有全流域的规划，也有小流域的规划。在规划中要处理好各层次规划之间的关系，即整体与局部的关系。下一层次的规划是高一层次规划的依据，但下一层次的规划必须在高一层次规划的总方针、总战略下进行，高层次的规划必须充分照顾和尊重下一层次规划的地区特色。

国土资源开发利用规划有全国总体规划、区域规划和专题规划三大类，其中区域规划是资源开发利用规划的基础，是全国总体规划的起步。

6）自然资源管理

任何经济活动都离不开管理，尤其是对资源开发利用这样涉及范围广、综合性强的工作，科学管理是资源得以节约、高效利用的可靠保证，科学管理可以带来巨大的经济效益、生态效益和社会效益。自然资源管理就是对资源开发、利用、治理和保护所进行的组织、协调、规划、立法、监督等活动的总称。管理主要有四个方面的内容：①制定资源开发、利用、治理与保护的方针与政策，并对这些活动进行行政管理；②进行资源立法和权属管理；③建立并完善自然资源及其开发利用的经济管理制度；④实现自然资源信息系统的管理。

1.2.3　自然资源学的研究任务

自然资源学是人类认识自然资源及探明开发利用规律，使之既能应用于经济发展战略的制定，又能紧密结合当前生产实际，有利于地方政府合理开发利用自然资源，推动生产力发展，造福于现代和后世的一门研究范围非常广泛的新兴科学，是与经济发展、社会进步及环境生态建设等关系十分密切，并关系着人类能否幸福长存的一门极其重要的应用科学。基于这种要求，当前，自然资源学的主要研究任务可概括为：第一，阐明自然资源的发生、演化、分布规律及人为干预下变化过程。这是一项基础性研究工作，为使资源系统向有利于人类的方向发展，必须了解资源系统的这些变化过程及资源属性、资源结构的形式与演变机理等。第二，探索自然资源系统各要素间的相互作用机制与平衡机理。第三，揭示自然资源特征与人类发展的关系，分析不同时期资源的保证程度与潜力。第四，探索人类活动对自然资源系统的影响。第五，研究区域自然资源开发与区域经济发展之间的相互关系。第六，探讨新技术、新方法在自然资源科学研究和自然资源开发利用中的应用。

1.2.4　自然资源学的学科体系

1. 自然资源学的学科体系

既然自然资源问题涉及众多的复杂因素，针对这些问题应运而生的自然资源学，当然需要研究这些因素。根据自然资源学的研究对象和研究内容可知，单项自然资源研究是各自从与自己有关学科中派生出来的，现已发展成为较成熟的学科体系，如水资源学、矿产资源学、土地资源学、森林资源学等。综合的自然资源研究，其发展历史较短，理论与科学体系上还未完全定型，其研究方法也在发展和完善阶段。按照库恩的科学范式概念，学科体系的核心是具有相对稳定的“专业基质”，包括理论、方法与应用。这里提出一个自然资源学“专业基质”的框架体系（图 1-5）。

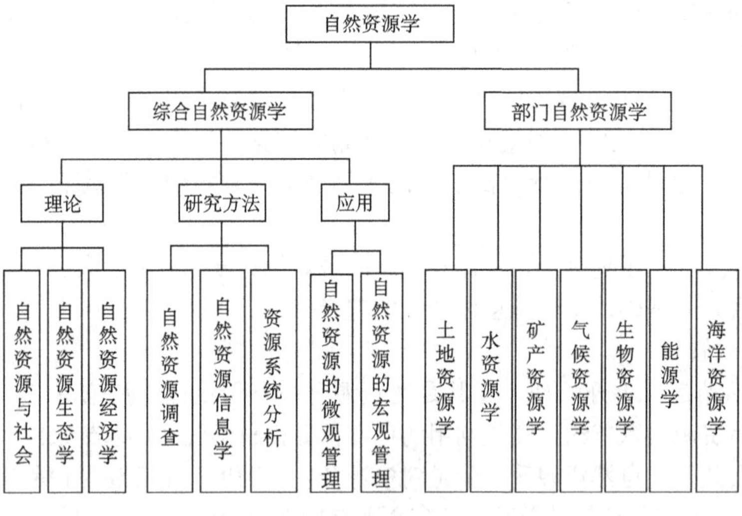

图 1-5　自然资源学的分支结构

2. 与相关学科的关联

自然资源学是集自然科学、社会科学、工程技术与管理科学于一身的高度综合的多学科的交叉学科（图 1-6）。因此，自然资源学与其他相关学科有着密切的联系，而且自身又具有一定的综合性。

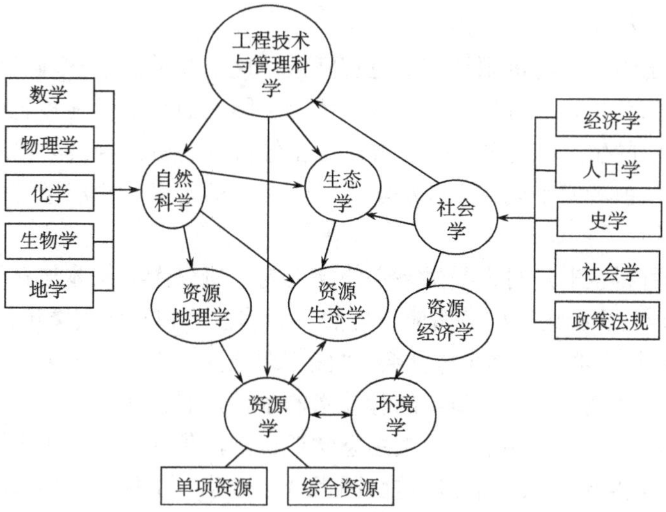

图 1-6　自然资源学与相关学科的联系示意图

1）环境科学

一般认为，环境科学研究环境的负效应方面。环境科学在其学科的发展过程中不断地扩大研究领域，于是又有了广义的环境科学之说。《中国大百科全书·环境科学》指出："环境科学在宏观上研究人类同环境之间的相互作用、相互促进、相互制约的对立统一关系，揭示社会经济发展和环境保护协调发展的基本规律；在微观上研究环境中的物质，尤其是人类活动排放的污染物的分子、原子等微小粒子在有机体内迁移、转化和蓄积的过程及其运动规律，探索它们对生命的影响及其作用机理等"。环境科学的主要任务是：第一，探索全球范围内环境演化的规律。第二，揭示人类活动同自然生态之间的关系，使人类与自然平衡，这一平衡包括：①排入环境的废弃物不能超过环境自净能力，以免造成环境污染，损害环境质量；②从环境中获取可更新资源不能超过它的再生增值能力，以保障永续利用；从环境中获取的可更新资源要做到合理开发利用。第三，探索环境变化对人类生存的影响。第四，研究区域环境污染综合防治的技术措施和管理措施。

这样广义理解的环境就与自然资源学、生态学、地理学等有了广泛的交叉。

2）国土经济学

关于国土经济学的定义很多，一些学者认为国土经济学是"研究人类生存条件的经济科学"或"研究国民经济发展与国土开发整治之间关系的科学"；另一些学者则将国土经济学定义为"从资源利用的角度研究再生产理论的经济科学"。《中国大百科全书·经济学》指出："国土经济学是根据人与自然相互关系的客观规律，探求合理利用国土资源的政策与措施的理论与方法的一门应用经济学科"。

无论哪一种定义，国土经济学的主要研究对象都是以国土为客体的人类活动与自然条件之间相互影响的经济规律和运用这些规律制定合理开发、利用、改造、保护国土资源的政策与措施，以及有关问题的理论与方法。研究内容主要是：第一，国土状况的调查、描述和分析；第二，从经济学角度正确对待本国国土资源的原则和这些原则的科学基础；第三，制定开发、利用、改造、保护国土的措施和法规；第四，从经济学角度研究国家管理国土资源的职责、政策、法律和相应的管理机构。

由此可知，国土经济学与资源经济学也有联系，这个联系的结合点在“国土资源”，国土资源的主要组成部分是自然资源，但也包括依附于国土的基础设施和名胜古迹等，有人还认为包括国土范围内的生产能力和人力资源。国土经济学与资源经济学也有区别，除了前者比后者范围更广外，前者似乎属宏观经济学范畴，后者的定义属微观经济学范畴。

3）人类生态学

《简明不列颠百科全书》对人类生态学的定义为：研究人类集体与其环境的相互作用的学科。人类生态学研究社会结构如何适应于自然资源的性质和其他人类集体的存在，又称“社区研究”，“社”是指人群，人类集体社会；“区”即地区、空间、环境。人类生态学把人们生活的、生物学的、环境学的、人口学的和技术的条件，看作决定人类文化和社会系统的形式和功能的一系列相互关联的因素。人类生态学认识到，集体行为取决于资源及其有关的技术，以及一系列富有感情色彩的信仰，这些因素合在一起产生社会结构系统。

人类生态学中仅研究文化特征的发展与环境相互作用的那部分又称文化生态学。也有些学者认为人类生态学研究无文化时期原始人群与自然环境的关系，而研究有文化人群与自然环境关系的学科称文化生态学。

以上是社会学和人类学受生态学影响而发展起来的人类生态学。同时，自古有人地关系研究传统的地理学也提出人类生态学的概念。美国加利福尼亚大学地理学家巴罗斯指出“地理学就是人类生态学”。如果说地理学和社会学的人类生态学都是研究人-地关系的话，可以看出，前者的重点和归宿似乎在“地”，而后者的则在“人”。

中国一些学者认为，人类生态学应该成为一门以生态学原理为基础，与多种社会科学和自然科学相汇合，以人类-环境生态系统为对象，以优化人类行为决策为中枢，以协调人口、社会、经济、资源、环境相互关系为目标的现代科学。人类生态学的根本任务是：考察人类的生存方式和环境对人类生存的作用；研究人类群体之间、人类活动与环境之间相互作用、相互依赖和相互制约的机理；解决和预防严重威胁人类生存与环境质量的生态问题，以推动人类-环境系统协同而健康地发展。当前研究的重点应是：人类生态学的理论和方法、人类发展与环境、生态农业、城市生态系统、人口生态问题、经济生态问题、资源生态问题、环境生态问题和人类生态决策等。

1.2.5 自然资源学的理论基础

自然资源学是介于自然科学、经济科学与社会科学之间的边缘科学，是地理学、生态学和经济学的延伸与交叉。纵观自然资源学的发展历史，资源地理学、资源生态学和资源经济学的发展之所以成为现代资源学发展的支柱学科，就是因为它们的基本理论与方法是支撑资源科学发展的基本理论与方法。

第一，自然资源学从自然地理学中汲取的基本理论是自然地理环境的综合性、整体性与地域差异性特征，以及其发生发展的分异规律理论，自然地理环境发展演化的节律性、趋向性与不可逆性理论。只有应用这些理论才能深刻理解自然资源诸多特性形成的根源，才能更好地、更自觉地采取合理开发利用自然资源的措施。

第二，自然资源学从经济学中汲取的理论是经济平衡、生产力布局以及微观经济学有关资源配置的一系列理论。微观经济学研究中有关自然资源配置的决策、方案与效益问题，有助于了解在自然资源开发进程中，经济系统、社会系统和生态系统是如何运转的，各系统之间又是如何相互联系、相互影响的，考察某些变量的变化对其他系统会产生怎样的影响并预测其发展趋势。

第三，自然资源学从生态学中汲取的理论主要是生态系统的物质、能流转换规律与生态系统平衡理论。近年来国内外社会经济学家在生态学与经济学之间嫁接起来的生态经济学与生态-经济平衡理论，对资源学的研究也有重要指导意义。

1.2.6　自然资源学的研究方法

自然资源学的不断发展与完善，离不开科学的研究方法。面对研究对象与范畴如此复杂而综合性极强的交叉学科，其研究方法更是多种多样，且已形成一个较为完整的方法体系。各方法之间既相互联系、相互渗透，又具有相对独立性。第一，从分析研究方式来看，生态系统整体综合分析的方法是自然资源可持续研究的主要方法，生态系统的结构、功能、动态与演替等方面的理论，对自然资源的研究有着重要意义。经济学的基本原理及其分支学科（环境经济学、资源经济学、生态经济学）的基本理论和分析方法，为自然资源评价、配置和规划研究提供了经济学理论与方法。自然资源的时空分布研究离不开地理学的研究方法。此外，物理学、化学、数学、信息科学及各种现代技术和手段，也越来越多地应用于自然资源研究，使自然资源的研究方法得到革新。特别要指出的是：系统理论和系统分析方法、遥感技术以及地理信息系统的广泛应用，为自然资源研究从局部走向整体、从分析走向综合、从定性走向定量、从描述走向解释和预测，提供了必要条件。第二，从思维方式来看，自然资源科学的研究方法可分为实证、规范和形式化三大类。第三，从研究步骤和程序看，可分为资源调查方法、资源分类与区划方法、资源评价方法、资源规划方法、资源预测方法和资源决策方法等。第四，从信息系统角度看，可划分为信息采集方法、信息存储整理方法、信息加工分析方法和信息传输方法。第五，从定性与定量化角度看，可划分为定性描述方法和定量化方法，其中，定量方法包括数学方法、系统分析方法和模型化方法等。

目前，自然资源学研究主要采用野外考察、定位试验研究、室内实验分析、计算机模拟与物理模型仿真相结合，定性分析与定量分析相结合的研究方法。遥感技术应用实现了资源时空变化的动态监测，极大地促进了资源科学的发展与完善。

1.2.7　自然资源学的发展趋势

自 20 世纪 70 年代自然资源学登上科学研究的舞台以来，其在理论与方法上不断地得到完善，在生产实践中发挥的作用越来越大。现在，自然资源学的研究正以全新的姿态、高层位起点向全球化、战略化、管理化、定量化和现代化五大方向发展。

1）国际合作和全球性问题研究

资源科学研究所固有的综合性和整体性特点决定了其在空间尺度上的“全球化”趋向，全球化是自然资源学研究日益国际化和全球整体意识日益增强的必然趋势。目前，对资源与环境问题的关心已远远超出了政治家和科学家的范围，日益成为一项全民性事业。特别是 1992 年联合国环境与发展大会的召开，在世界各国强化了资源、环境与发展问题的全球性及全球合作的必要性，也使得“可持续发展”意识得以广泛传播。人类作为一个全球性的特殊物种正在改变着赖以生存的地球，只有共享地球上的资源，具有共同意识，协调发展，人类才会有所作为，这就是“全球意识”。信息和交通技术的发展，缩短了空间距离，加快了全球化的步伐。这个时代正是以全球意识及其“综合性”和“整体性”为特征的，这不仅来自于区域间及国家间科技与文化的交流，而且来自于区域间与国家间资源贸易、环境污染和生态危机的相互影响，更来自于人类持续发展与资源永续利用之间的相互依赖。

2）区域发展模式与可持续发展等战略性研究日趋活跃

战略化，就是要从全局的、整体的观点，从动态发展的观点和区域综合开发的观点，来研究自然资源开发、利用、治理和保护问题。

资源科学研究的这种“战略化”趋向，可以说是资源科学研究固有的综合性与整体性特点在时间尺度上的充分体现。当今世界随人口膨胀和科技进步，人类开发利用自然资源的范围日益扩大，被开发利用的资源数量成倍增加，由此相伴而生的资源、环境与生态问题越发突出，迫使人们不得不从整体上、从相互关系上、从长远利益上来考虑资源的可持续利用与人类的可持续发展问题。资源战略性研究涉及人口、资源、环境、生态、社会、经济与发展之间的相互关系，各种限制性资源对人类生存与国民经济发展的承载能力及保证程度。资源保护与资源开发时序，以及预报、预警和预测等前瞻性工作也是资源战略研究的重要内容。随着人地关系日益紧张，资源的中长期供求平衡、资源动态监测、区域资源开发战略和经济发展动态模型研究将越来越成为资源科学研究的重要领域。

3）从自然评价转向注重社会经济分析，资源管理研究逐步成为热点

资源科学研究的这种“管理化”趋向可以说是人类资源关系协调发展走向合理化的基本要求，它是由资源的有效性与稀缺性所决定的。资源管理的根本依据就是资源的有效性与稀缺性，前者刺激人们不断耗费资源，后者则迫使人们探索新资源及资源高效利用的途径。资源稀缺性的重要表现形式之一是资源对于人的反向选择性。显然，在资源占有量极为丰富的历史时期，人类对资源的开发利用在种类与品位上具有较大的灵活选择性，当这种优势递减到一定程度时，反向选择性日见其效。资源作为不同群体、不同利用方式的唯一受体，不同利用带来的效益与结果远不一样，这种反向选择性应是当今资源管理的最深层依据。如前所述，近几十年来，大量与资源管理相关的资源生态学、资源经济学著作问世，为资源管理研究提供了广泛的理论基础和方法，目前以资源管理为核心的资源生态和资源经济研究正日益成为资源科学研究的热点。资源管理应该说是现代资源科学研究的一个根本性方向。

4）日益模式化和数量化

数量化首先是学科发展对自身完善的追求。资源科学的定量化研究是和数理方法紧密相关的，各类经验模型的建立就是数理方法的具体应用。只有把资源系统模型化，才有可能比较准确地了解各因素之间的相互联系和相互制约机制，既可进行定性分析，又可同时进行定量化研究。数量化最初是描述性统计、统计推理分析和建立经验模式，20 世纪 70 年代以后，运筹学的一些分支如规划论、排队论、图论和对策论等逐步引入并应用，特别是在耗散结构论、自组织理论、协同论和突变论的影响下，多元动态分析开始兴起，计算机技术的发展使资源信息系统继资源数据库之后普遍建立，促使资源科学研究日益模式化和定量化，也使得资源科学研究的理论分析更加广泛和深入。目前，诸如世界资源数据中心等一大批资源数据库和资源信息系统的建立及应用，为资源科学研究的数量化提供了更为有利的条件。现代资源科学研究由定性转向定量、半定量，日益模式化和数量化，必将进一步促进资源科学的发展与完善，从而摆脱定性描述的滞后状态。

5）研究方法和手段日益现代化

遥感技术（remote sensing, RS）、全球卫星导航系统（global navigation satellite system, GNSS）、地理信息系统（geographic information system, GIS）和计算机技术的广泛应用大大提高了资源科学研究的速度和质量。遥感技术的广泛应用使区域综合考察发生了质的变化，它不仅提供面上的资料，补充路线调查和定点观测不足，还可以获得地面实地调查无法取得的资料和信息。过去从小区域入手，现在却可以进行大规模的综合分析研究。多光谱扫描系统在资源综合考察中的应用，不仅为资源科学研究提供了大量新资料，更重要的是同时取得了整个资源系统的信息，并可以在时间上进行连续定期监测。空间遥感技术已为人类认识地球、调查资源和监测资源、环境动态变化及时不断地提供基本图件和科学数据，大大缩短了区域资源调查的时间，工作效率成倍提高。越来越多的科技人员，资源管理、规划和决策人员使用这一技术手段促使资源综合考察方法向现代化转变。

计算机科学和空间技术相结合，使资源数据库和资源信息系统成为现代资源科学研究的强大技术手段。在资源数据库建立的基础上发展成资源信息系统是必然趋势。资源信息系统是在计算机硬软设备支持下，对有关数据进行预处理、输入、存储、查询、检索、运算、分析、显示、更新和提供应用的技术系统，以研究和处理各种空间实体及其复杂关系为主要特征。它实际上是在数据库支持下，把系统理论、系统分析、资源信息采集、自动化制图等新技术综合在一起的综合性应用技术系统。计算机的广泛应用为资源科学的模式化、定量化、全球化和战略化研究提供了便利的技术手段，为复杂的资源系统研究及需求预测提供了更多的方便。随着资源数据库和资源信息系统朝着具有统一标准、多层次和分布式系统的方向，与遥感技术紧密结合、直接接口，以及具有智能分析与决策能力的专家系统等方面的深入发展，必将加速资源科学研究的现代化进程。

? 复习思考题

1. 简述自然资源的分类特征，并评价其优缺点，试设计一个比较理想的综合分类体系。
2. 理解分析自然资源的研究方法和发展趋势。
3. 阐述应用于自然资源研究的基础理论、方法及其关联性。
4. 联系全球人口、环境、资源的实际情况，谈谈学习自然资源学的重要性。

? 引深讨论问题及分析思路

讨论问题

1. 从目前的资源状况来预测人们未来的社会将是一个什么样的社会？
2. 从人类需求和欲望的角度，你认为我们的生活应该向什么样的方向演进？

分析思路

随着人口的增加，生活水平的提高，全球一体化的进程加快，人类对自然资源的需求也在不断地增加。面对这样的问题，自然资源的存量在某种程度、某些地区、某些时段显得非常短缺。有些资源是绝对的短缺，而更多种类的资源存在相对的短缺。根据目前对资源的开发利用速度来分析资源的稀缺特性和人类未来的发展趋势。

第 2 章　自然资源的形成与分布规律

内容提要

本章主要基于自然界物质、能量分布和循环的客观规律，根据自然资源的分类和特性差异，分别讨论了地壳矿产资源和生物圈资源的时空分布规律。就地壳矿产资源的成矿特征与构造的关系、不同矿产资源的集中分布区域及成矿时代进行了系统阐述；从生物圈资源的表征特性出发，分析了生物圈资源的三维空间分布规律。最后，讨论了人类生存空间的相关内容及拓展潜力。

重点要求

（1）掌握地壳矿产资源的时空分布规律；

（2）正确理解生存空间的涵义及拓展的可行性；

（3）正确理解生物圈资源各组成要素的关联性；

（4）熟悉不同矿产资源的区域构造特征。

2.1　地壳矿产资源的分布规律

矿产资源是指由地质作用所形成的，赋存于地表和地壳中，采用现代生产技术，能够为国民经济所利用的矿物资源。而矿物资源是指地球化学元素通过地质作用，相互结合成为结晶体的矿物集合体。这些矿物资源一般有固体、液体和气体三种形式。它们随着地球各部分地壳运动、地质构造、化学元素特性和组合特点的不同，有着不同的地理分布规律。

2.1.1　地壳矿产资源的球层分布规律

地球是一个具有很小扁平率的（1/298）椭球体，其内部构造呈球层状，从地心到地表可粗略地依次分为地核、地幔和地壳，地壳还可进一步地分为上下两个层次，即上层的硅铝层和下层的硅镁层。各层的物理特征归纳为表 2-1。从目前的科学技术手段来看，人类对矿产资源的开发主要集中在地壳部分，对地壳部分的矿产资源研究较多，资料信息也较为详细。

表 2-1　地球的圈层构造可分为三个圈层

圈层	厚度/km	平均密度/（g/cm^3）	温度/°C	压力/10^4 atm①	状态	主要矿物
地核	3500	8～10	4000～5500	360～137	流态	亲铁元素
地幔	2900	3.64～6	1100～4000	137～8	弹性固体（塑性）	亲硫元素
地壳	100	2.7 2.9	0～550 550～1100	8～0.0001	固体	亲石元素（硅酸盐类）

① 1 atm=1.01325×10^5Pa。

地壳是地球圈层的最外层，是一个厚达 100 km 左右的岩石硬壳。在这 100 km 厚的岩层中，又可分为上下两部分：上层以硅铝为主，称为硅铝层，厚约 20 km，代表岩石是花岗岩，构成大陆的上层；下层以硅镁为主，称为硅镁层，厚约 80 km，代表岩石是玄武岩，它是大陆和大洋的基础。目前人类所能接触到的仅为 16～20 km 深的地方，在这部分固态地壳的构造中，95%是岩浆岩，5%是沉积岩，而沉积岩又是岩浆岩形成的。因此，组成地壳的化学元素主要是亲石元素的硅酸盐化合物，即氧、硅、铝、钙、钾、锂、铷、铯、锶、钡、锆、钛、锰、钨、锡、钍、铀、铍、硼、氟、氯、溴以及稀土元素等。A. E. 费尔斯曼曾经根据克拉克值计算过岩浆岩的平均化学成分，其中各种元素所占比重如表 2-2 所示。许多化学元素尽管在地壳所占的比重不大，但它们的绝对储量还是很大的（表 2-3）。

表 2-2　岩浆岩的平均化学成分

元素	含量/%	元素	含量/%	元素	含量/%
氧	49.13	铁	4.20	钾	2.35
硅	26.00	钙	3.25	镁	2.35
铝	7.45	钠	2.40	其他	2.87

表 2-3　铀、钍的平均含量和绝对储量

化学元素	地壳中的平均含量/%	绝对储量/t
铀	3×10^{-4}	$10^{13}\sim10^{14}$
钍	1×10^{-3}	$10^{14}\sim10^{15}$

地壳中所埋藏的矿产资源是非常丰富的，无论从品种还是从数量和质量上来说，只要进行合理的开发利用，都能够充分满足人类社会发展对各种矿物资源的需要，决不会出现地壳中矿物资源匮乏和枯竭的情况。

萨乌什金（Ю.Г.САУЩКИН）曾经在《经济地理学导论》一书中概略地记述了地壳中种种化学元素的“理想” 分布规律，他指出存在着三种垂直带，如下。

第一，表层带是酸性的花岗岩带，拥有下列典型元素：氢、氮、锂、铍、硼、氧、氟、钠、铝、（磷）、硅、（氟）、钾、（钛）、（锰）、铷、钇、锆、铌、钼、锡、铯、稀土元素、钽、钨、（金）、镭、氡、钍、铀（括号中的元素不太典型）。

第二，中部带是基性的玄武岩带，拥有下列典型元素：碳、氧、钠、镁、铝、硅、磷、硫、氯、锰、溴、碘、钡、锶。

第三，深层带是超基性的橄榄岩带，拥有下列典型元素：铁、钡、铬、钴、镍、铑、钯、锇、铂。

除此之外，还分出典型脉状化学元素群（多半是金属）。脉岩中一般集中有硫、钴、镍、锌、镓、锗、砷、硒、钼、镉、铟、锡、锑、金、汞、铅、铋；随着进入地壳岩层的深处，氧、硅、铝、钠、磷、钡和锶的含量便逐渐减少，而镁、钙、铁和钛的含量则逐渐增多。

2.1.2　地质构造运动与地壳矿产资源的空间分布规律

地壳中矿物资源的空间分布是非常不均匀的，在世界上很难找到两个拥有完全相同的金属矿床综合体的比较广大的地区。形成这种不均匀分布的根本原因是地球长期以来不断发生地壳运动和造山作用，使埋藏在地壳深处的深成岩隆起到地球表面，从而使人们在地壳表层能够看到和取得绝大部分的矿物资源。

目前，有关矿产资源空间分布规律的解释主要有两种：一种是用板块构造学说来解释；另一种是用地槽–地台学说来分析。

1. 板块构造与成矿作用

自从板块构造学说问世以来，许多地质学家运用活动论观点来探索矿产资源的分布规律与全球板块构造之间的相互联系。因为板块相互运动既然控制了岩浆活动、沉积作用和变质作用、构造变形，那么矿床的形成和分布也必然受板块构造的控制（图 2-1）。

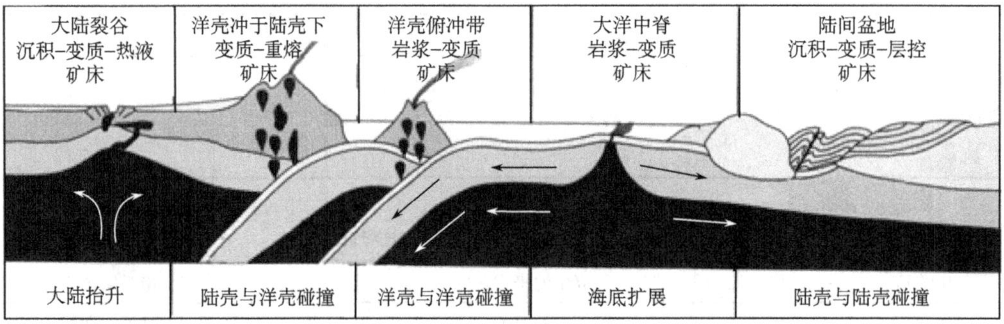

图 2-1　板块构造与矿产类型关系示意图

板块边界是一个明显的活动带。根据板块运动特征，板块边界可归纳为三大类：第一，拉张型边界，即岩石圈的张裂地带，也是海底扩张中心和洋壳生长带板块扩展中心。在板块发生分裂的边界，由上地幔及地壳深部上升的岩浆和气液，能形成各种内生矿床。第二，汇聚型边界，即板块汇聚、俯冲、挤压、碰撞的场所，也是洋壳的消亡带。在两个板块的碰撞消亡带，两者摩擦产生高热，使原来岩石部分熔融，其中矿质被吸收、集中于熔融而成的岩浆中，以后上升形成各种内生矿床。第三，剪切型边界，即转换断层。此处两板块相互错动，部分发生褶皱变动，岩石圈也不发生消失和生长，成矿作用很弱。不同板块边界的构造运动，会导致不同特点的各种成矿作用（表 2-4）。板块内部是一个相对稳定地区，有利于形成各种沉积矿床。

1）与拉张型板块边界有关的成矿作用

地幔物质在对流过程中，上涌的炽热地幔流不断作用于上覆岩石圈，使其形成大规模穹形隆起。由于地幔底辟，在近地表形成热点，在地幔隆起的顶部，因岩石圈的变薄和侧向拉伸，出现了裂谷（包括陆间裂谷、陆内裂谷和大洋中脊）。

沿热点和裂谷带，由来自地幔的超基性–基性岩浆和碱性岩浆的上侵和喷发，形成一系列内生矿床。主要矿产有铬、镍、铂族金属、稀有金属、铜、铁、钛、钒、金刚石、磷灰石等，如沿东非裂谷带发育有南非和津巴布韦的铬、铂族金属、镍、铜矿床；南非、坦桑尼亚、赞比亚、马拉维、肯尼亚、莫桑比克的稀有金属和金刚石等矿床；中国攀枝花—西昌古裂谷带发育的铁、钛、钒、铜、镍、铀矿床。在大洋中脊的拉张地带，热流值高和海底火山喷气–

热液作用以及火山沉积作用，形成了块状硫化物矿床，如太平洋加拉帕戈斯海岭正在形成的铜锌铅银矿床。塞浦路斯和中国甘肃白银的块状硫化物矿床，则被认为是在古大洋中脊由火山喷气热液-沉积作用形成的产物。

表2-4　板块构造与各种地质和成矿作用

模块构造	运动类型	移动形式	地质构造	岩浆活动	变质作用	沉积作用	成矿作用
拉张型	大陆裂谷	相背离开	巨大正断层	基性超基性喷发侵入	低中级热变质，遍布海底	陆源碎屑为主，多湖相且厚度大	基性、超基性岩浆矿床；火山热液矿床
	大洋中脊					中脊两侧深海软泥，且厚度薄	
汇聚型	俯冲带	相向汇聚	强烈褶皱推复体	中酸性侵入，安山质喷发	双变质带	蛇绿岩套、混杂堆积、浊流沉积	丰富多样，“聚宝盆”
	地缝合线					磨拉石建造	
剪切型	转换断层	相互错动	转换断层	无	轻微、碎裂变质	个别转换断层形成盆地，有沉积	无

裂谷拉张后形成的陆间、陆内和大洋盆地，由于长期相对稳定沉降，两侧风化产物的快速剥蚀和就近堆积，盆地中沉积了巨厚的碎屑岩和生物化学岩，并伴随形成了众多的外生矿床、沉积变质矿床和层控矿床。主要矿产有石油、天然气、煤、盐类及铜、铅、锌等，如中国大庆、华北油田就产于中新生代拉张的陆内裂谷中，阜新煤田亦属此类。云南东川铜矿，非洲的中非、刚果（金）、赞比亚等国的铜矿，也被认为是裂谷中沉积-变质-热液作用的产物。

2）与汇聚型板块边界有关的成矿作用

板块汇聚边界包括洋壳-陆壳之间的俯冲成矿作用和陆壳-陆壳间的碰撞成矿作用两大类。它们的矿种多、规模大、分布广，有同源矿床，也有因构造侵位或碰撞拼贴而带来的异源矿床。

俯冲成矿作用。由于洋壳俯冲消亡和陆壳重熔，在俯冲挤压产生的高热作用下，形成了重熔岩浆和含矿流体。它们在上升过程中，尚可从地壳和地幔岩石中萃取大量矿质，其中除含有原来洋壳中较富的铜、镍、钴、铁、锰及陆壳中的钨、锡、铅、锌等金属物质外，还富含原来沉积岩、海相沉积物中的Cl、SO_4、B、K等卤素，盐类和水分。这种富含大量矿质、矿化剂的岩浆和含矿气液沿着俯冲挤压所产生的构造断裂运移，可形成各种类型的内生矿床。主要矿床类型有：块状硫化物矿床（如在日本广泛分布的“黑矿”，即铜铅锌硫化物矿床；与花岗岩类岩石有关的钨、锡矿床，如中国东南沿海大量产出的钨、锡矿床）；与火山气液作用有关的铜、铅、锌、金、银、铁矿床（如浙闽沿海、台湾的多金属、贵金属矿床）。可见，在俯冲成矿作用中，其矿质来源不仅有幔源的，也有大量壳源的。

岛弧的弧前和弧后盆地中，发育有巨厚的沉积岩系，在有机质供应充裕条件下，可形成油、气、煤等能源矿床，如中国东海盆地和台湾的油气田，就属弧后盆地类型。此外，在俯冲成矿作用中，尚有一类异源矿床，它是原来在大洋中脊、大洋盆地等环境中已经形成的矿床（如产于蛇绿岩套中的铬、铂、镍矿床）经俯冲、挤压作用，构造侵位于俯冲带杂岩中。这类矿床为无根的古洋壳残片，典型的如菲律宾的铬铁矿矿床。

碰撞成矿作用。大陆与大陆间的板块碰撞作用，使地壳受到强烈挤压，产生了强烈的区域变质作用。它可以使原来岩石重熔形成花岗岩类岩浆，并使地壳中有用物质和挥发成分聚集于岩浆中，形成与花岗岩类有关的稀有金属伟晶岩矿床、钨锡气化热液矿床，如产于喜马拉雅地带的花岗岩及有关的钨、锡、铋、钼、稀有金属矿床即属此类。其次，由于挤压碰撞产生的高热流可以产生大量的变质热液，它们在岩石中循环，使许多成矿物质从中析出，活化转移，形成层控型和脉型铅锌、汞锑、萤石矿床，在喜马拉雅地带就有此类矿床产出。

在碰撞产生的边缘盆地和山间盆地中，沉积岩层发育很厚，在其中可形成有重要工业意义的油、气、煤、盐、铀、钒等沉积矿床，如波斯湾地区世界最大的油气聚集地带，就位于欧亚板块与阿拉伯板块碰撞产生的前陆盆地中；中国的塔里木、柴达木、准噶尔盆地是由于印度板块与欧亚板块碰撞而产生的山间盆地，其中中新生代沉积物巨厚，是中国主要的油气聚集地区之一。

同样，在板块碰撞挤压作用过程中，原来形成的富铬、铀的蛇绿岩体也可被推覆到地壳上层，造成不同成因的矿床聚在一起。西藏的超基性蛇绿岩体及赋存其中的铬铁矿床，就是两大陆板块碰撞挤压过程中构造侵位的产物。

此外，拉张型板块与敛合型板块边界成矿类型也不尽相同。

3）与剪切型板块边界有关的成矿作用

剪切型边界多出现在大洋中脊，也可出现于大陆裂谷带，横切中脊和裂谷带。在这两板块边界，部分地区产生破碎带，伴随轻微的动力变质作用，形成变质矿床，部分地方下陷形成盆地，接受沉积，形成沉积矿床。剪切型边界往往与其他构造形成复合交叉区，其所形成的矿床也常常与其他构造矿床相复合。具有代表性的复合内生矿床见表 2-5。

表 2-5　与转换断层有关的矿床类型

矿床类型	实例
金伯利岩中的金刚石矿床	西非、巴西、中国蒙阴、中国大连
超基性-基性岩中的铜镍铂矿床	塞拉利昂、埃及
碱性岩-碳酸岩中的稀有-稀土矿床	巴西、纳米比亚、安哥拉
伟晶岩型锡-锂矿床	泰国
热液作用有关的锑矿床	巴基斯坦
红海盐卤水作用形成的多金属软泥	红海

4）板块内部的成矿作用

板块内部的构造环境相对稳定，岩浆活动较弱，主要形成大面积分布的沉积矿床。在大洋板块内部的大洋盆地中，主要生成深海锰结核矿床。它广泛分布于各大洋 3000～6000 m 深海底部。仅太平洋深海区底部表层 1 m 厚的范围内，锰结核储量就达 16600 亿 t，其中，含锰 2000 亿～4000 亿 t，镍 90 亿～164 亿 t，铜 50 亿～88 亿 t，钴 30 亿～58 亿 t，要比陆地上这些矿产的储量高出数十至上千倍。

在浅海、滨海沉积环境中，有丰富的煤、石油、铝土矿、磷、铁、锰等沉积矿床（表 2-6）。

表 2-6　板块内部的矿床类型（据米契尔改编）

矿床类型	实例
沉积煤、油矿床	西伯利亚、中国华北
沉积铁、锰、铝、磷矿床	苏联、印度、巴西、中国
与蒸发岩有关的盐、铜、铀、钒矿床	欧洲中部、中国西部
大洋盆地中的锰结核矿床	太平洋、大西洋

2. 地槽、地台和成矿作用

地槽和地台学说的基本观点是：地壳可分为两大类型——相对活动的地槽和相对稳定的地台，二者可相互转化，即早期为活动的地槽，以后演化为较稳定的地台。以元古代末为界，在此以前已经比较稳定的陆块称为地台；在古生代及以后的中生代、新生代才形成稳定陆块的，分别称为古生代褶皱带和中新生代褶皱带。在地槽阶段和地台阶段，分别形成不同类型的矿床。

1）地槽区成矿作用

地槽是地壳中的活动地带，从地槽活动开始及以后转化为相对稳定的褶皱带整个过程中，都能形成内生和外生矿床，但各个阶段，形成矿床的作用、类型有根本的区别。

根据施蒂勒等的研究，地槽发育分为三个阶段：早期阶段，从地槽开始下沉到大规模褶皱之前，由贯穿到地壳以下的深度大断裂，引起大量玄武岩浆上升，在地槽内堆积有厚层的火山-沉积岩和沉积岩，并有超基性和基性岩侵入。中期阶段，又称同褶皱期，是主褶皱时期，地槽从凹陷沉降转化为褶皱上升，该阶段主要有大规模花岗岩侵入。晚期阶段，又称后褶皱期，由活动的褶皱带转变为年轻的尚未稳固的地台。

2）地台区成矿作用

地台由三部分岩系构成：基底变质岩层、盖层或上部地台型沉积盖层及晚期构造-岩浆活动区的沉积岩和火成岩。

变质岩基底由太古代和元古代变质岩组成，主要为沉积-变质、火山沉积-变质、岩浆-变质等叠生矿床，有铁、锰、磷、金、铀、铜、钴、硼；块状硫化物、铜-镍硫化物、铬-铂、稀有金属、刚玉、宝石、硅线石、蓝晶石、石榴石等多种矿产。

上部沉积岩盖层中主要为各种沉积矿床，有煤、石油、天然气、油页岩、铁、锰、铝、磷、盐类、铜、铅、锌、黏土、石灰岩、白云岩、石英砂岩等，并有各种风化壳类型铁矿、铝土矿、锰矿、高岭土、镍、铀、钒矿等。

地台区晚期经常会发生强烈的构造运动和岩浆作用，产生一系列断陷盆地，并伴随有相应的矿床类型和矿产资源。这种现象，以中国东部地台在中新生代时期表现最为突出，称为地台的活化（或称活化地台，也可称为地洼区）。非洲地台、西伯利亚地台、俄罗斯地台也有活化现象，巴西和澳大利亚地台后期没有活化。在活化地台区断陷盆地中有煤、油、气、盐等沉积矿床，在断裂带，有较强烈的中酸性岩浆、基性和碱性岩浆活动，形成接触交代-热液矿床（如铁、铜、铅、锌、锡、钨、钼、金、银、明矾石、萤石、叶蜡石等）、岩浆矿床（如铜、镍硫化物、稀有-稀土金属、金刚石等）。受岩浆和构造变动影响强烈，地台区沉积岩岩层和基底岩石中的原生矿床或矿源层中矿质活化转移，形成众多的叠生矿床，如钨、锡、汞、金、铀、铜、铅、锌等矿，这是活化地台区的重要矿床类型。

3）中国地槽地台区的主要矿产资源

第一，中国地台区的主要矿产资源。中国地台区主要包括中朝地台（华北地台）、扬子地台和塔里木地台。它们分别形成于早元古代末期和晚元古代早期。其主要特征是面积较小，类似于地槽系中的中间地块，所以受周围影响大，具明显活动性。基底硬化程度不高，沉积盖层巨厚。地台边缘有线状隆起，内部有深拗陷，交接地带深断裂发育。印支运动以来，受周围褶皱造山运动影响，盖层产生强烈褶皱和引起基底的活化，并广泛发育有同造山期的岩浆活动和众多的断陷盆地。因此，中国的地台，一般称为准地台或活化地台，不仅有各种沉积矿产，而且有丰富的内生矿产。

基底古老变质岩系中主要发育有变质矿床、伟晶岩矿床和岩浆矿床。变质矿床主要是沉积（火山-沉积）变质和叠生矿床，如铁（鞍山、冀东、云南）、铜（云南东川、山西中条山）、铁-稀土（内蒙古白云鄂博）、石墨（山东、内蒙古）、硼（辽东）、菱镁矿和滑石（辽东、胶东）、磷（安徽肥东、宿松、江苏连云港、湖北大悟）、宝玉石（辽东）。伟晶岩矿床，如稀土、白云母（内蒙古、辽宁）。岩浆矿床如铜-镍-铅（吉林）、铁-钛-钒（河北）。

沉积盖层中主要矿产为沉积矿床，如铁（河北宣龙、湖南宁乡）、锰（湖南湘潭、辽宁朝阳）、铝（贵州修文、河南巩县）、磷（云南昆阳、贵州开阳、湖北宜昌）、铜（云南中部）、煤（各地广泛分布）、天然气（川中）、石盐、石膏（山西、湖北、江苏、四川），石灰岩、白云岩、硅石等。

印支运动以来，太平洋板块向亚洲大陆俯冲，印度板块与欧亚板块碰撞，使中国大陆受到强烈挤压，在地壳表层形成众多的断裂，引起地幔物质上涌，造成一系列断陷盆地和众多的岩浆侵入、喷发活动，形成了许多有工业意义的沉积矿床和内生矿床。在断陷盆地内有石油、天然气（华北、四川、鄂尔多斯、塔里木）、煤（鄂尔多斯）。在岩浆、热液活动地带，广泛分布有多种金属-非金属矿床。岩浆矿床如金刚石（山东、辽宁）、铜、镍-铂（甘肃金川）、铁-钛-钒（四川攀西）。接触交代-热液矿床如铁-铜（长江中下游）、钨、锡、钼、稀有（江西、湖南）。伟晶岩矿床如白云母、稀有金属（川西、江西）。层控矿床如锑（锡矿山）、汞（湘西黔东）。

第二，中国的地槽区及其主要矿产资源。中国地槽区主要包括天山-兴蒙地槽系、秦岭-昆仑地槽系、滇藏地槽系、滨太平洋地槽褶皱区（华南地槽系）。这些地槽区一般都有强烈的岩浆活动甚至中酸性火山活动。中国地槽的巨大特点是具有多旋回性，即经历多次构造变动、伴随有多次岩浆活动与相应的成矿作用。例如，华南地槽系是加里东地槽经加里东运动后，转化为地台，泥盆纪-中三叠纪为正常海相沉积。但印支运动后，再次活化，形成新的地槽，伴随有大规模地壳运动、大规模中酸性岩浆活动，形成许多内生矿床。此外，中国地槽区深断裂发育，对沉积构造、岩浆活动、变质成矿作用均有一定的控制作用。

地槽下沉阶段主要是火山-沉积矿床，如铁（甘肃镜铁山）、铁-锰（南天山莫拉沙拉）、块状硫化物（甘肃白银、浙江绍兴）。

地槽褶皱回返时期的内生矿床主要有：岩浆矿床，如铬（内蒙古、新疆、西藏）、铜、镍、铂（新疆）；伟晶岩型矿床，如稀有金属、白云母、水晶、宝石矿床（新疆阿尔泰）；接触交代-热液型矿床，如铁、铜、铅、钨、金、银矿床（秦岭、三江地区）；层控型矿床，如锑、汞、铅锌矿床（秦岭、滇西）。

褶皱后形成的山间盆地、边缘盆地的沉积矿床有石油、天然气、盐（松辽、准噶尔、柴达木）、煤（内蒙古、黑龙江）、铁（唐古拉山）。

再次活化地槽区主要形成内生矿床有：岩浆矿床，如铬（福建沿海）；岩浆-热液矿床，如钨、锡、铝、多种金属、萤石（广东、福建）；火山-沉积矿床，如明矾石、沸石、膨润土（福建、浙江）。

2.1.3　地壳矿产资源的成因分布规律

地壳内部的物质分布本身就是不均匀的，而各地区又都经历了不同的地质构造和成矿作用，使地壳化学元素发生重新结合、迁移、聚集等作用，因此，基于上述构造运动和成矿作用的营力关系，地壳中矿产资源的成因和分布特征可归纳为三大类。

1）内生矿产资源

在岩浆活动过程中，岩浆内所含有用元素富集而成的各种矿床，即与各类岩浆岩形成同时或期后热液形成的矿床，总称为内生矿物资源。岩浆熔融体本身的组成，除了硅盐物质外，还含有水、碳酸、硫、氟、氯及各种金属元素。在内营力的影响下，沿着裂隙和破碎处钻到地壳的上部层位。根据岩浆熔融体冷却过程的先后及其对围岩的影响，一般可分为岩浆期矿床、伟晶岩矿物和气水热液矿床。

在岩浆期阶段，早期岩浆矿床多为高熔点的金属硫化物类的金属矿物。在超基性岩中形成了铂及铂族金属、金刚石、铬铁矿等矿物资源；在碱性岩中形成稀土元素矿物资源；在基性岩中形成了钒钛磁铁矿和铜镍硫化物等矿物资源。

伟晶岩矿物是残余岩浆在相对比较封闭条件下形成的矿物。岩浆熔融体继续冷却进入伟晶岩期阶段，挥发性组分的大量集中，使岩浆黏性减小，流动性增大，在适当的地质条件下，形成某些矿物结晶粗大的脉状体，即伟晶岩。与伟晶岩有关的矿物资源，多为石料、宝石、细石料、稀有金属矿物（如锆英石、铌铁矿等）以及稀土元素矿物（如褐帘石、独居石、磷酸钇矿等）。

汽水热液矿床是指岩浆结晶期后，温度在 50～500℃汽水热液所形成的矿床。岩浆到此时硅酸盐和氧化物已大部结晶，仅剩下以含挥发性成分和各种金属物质为主的汽水溶液，黏性更小，流动性更大，可渗入各种裂隙和孔隙中成矿。含矿汽水热液除由岩浆分泌外，也可由地下热水溶解周围岩石中的岩类和成矿物质而形成，称为卤水，热液成矿作用方式主要有交代作用和充填作用两种。形成的矿床有接触交代矿床，如夕卡岩；热液矿床，如黑钨矿、辉钼矿、方铅矿、闪锌矿、黄铜矿、萤石等。

2）外生矿产资源

外生矿产资源是在地球外力作用下，各有用元素或矿物质发生迁移和富集所形成的矿物资源。它是在一般的地表温度和压力条件下进行的，由于接近地表，所以这类资源含有丰富的游离氧，所组成的矿物成分主要是造岩元素钾、钠、钙、镁、硅等和造岩与造矿之间的过渡元素铁、锰、铝等的氧化物或含氧盐类。它们在各种外力作用下，不断地风化、搬运和沉积，形成各种具有工业价值的矿物资源。主要是一些沉积矿物，如沉积砂矿、砂金、铁矿等。

3）变质矿产资源

变质矿产资源是由变质作用形成的矿产资源，包括已经生成又经变质作用改造成的受变质矿物和由变质作用产生的新矿物，多是上述内生作用和外生作用形成的岩石和矿物。因地壳运动，下降到地壳深处，随着温度和压力的增高，它们的矿物成分、化学成分、物理性质、结构和构造发生变化，如发生脱水去氧作用，可使赤铁矿变成磁铁矿，形成含铁石英岩型铁矿资源。某些矿物在高温条件下与石英作用，形成新的硅酸盐类矿物。某些矿物可以重结晶或再结晶，如石灰岩变质成大理岩、碳质岩变成石墨、褐铁矿变成磁铁矿等。

4）中国地壳矿产资源的成因分布规律

内生矿产资源：多分布在比较活动的构造带或一个构造体系中相对活动的部分，如三大纬向构造带、川滇经向构造带、滇藏弧形构造带是中国内生矿物特别富集的地带，有铬、镍、钴和铂等。

外生矿产资源：大部分分布在地壳活动不太强烈的地区或一个构造体系中相对稳定的部分。在中国各大构造带之间，相对稳定的地台区是外生矿产资源的主要分布地，如煤、油、盐、沉积铁矿、铝、磷、锰等。

从南北向来讲，南部内生矿物占优势，北部沉积矿物为主；从东西向来讲，东部太古代—古生代以外生矿物为主，中生代以后，地壳活动剧烈，岩浆活动广泛，形成了许多内生金属矿物，如江西的钨；西部地区，地槽地台相间分布，地槽型的成矿作用占主要地位，如铬、镍、锌等，间有外生矿物，如煤、油、汽等。

2.1.4　地壳矿产资源成矿时间的分布规律

矿床是地球物质在地幔—地壳演化到一定阶段、一定地质条件下的产物（表 2-7）。由于地幔圈、岩石圈、水圈、大气圈和生物圈的成分和特征随着地质时代的演化而变化，因而在不同地质时期的成矿作用、矿床类型、矿产资源均有一定差别。矿床形成比较集中的地质时代，称为成矿时代。据统计，世界 75% 储量的铁矿产于太古宙—元古宙；而 67%的石油储量集中在中生代，这种规律对成矿预测有重要意义。

表 2-7　各造山运动时期金属矿产储量分配简表　（单位：%）

成矿时代		锡	钨	钼	金	铜	铅	镍	钴
显生宙	新生代	14	3	91	13	47	26	7	6.5
	中生代	50	81	5	16	2	30	14	14.5
	华力西运动	24	16	1	4	8	27	16.5	17
	加里东运动	2	—	2	6	14	17	—	—
太古宙和元古宙	前寒武纪	10	—	1	61	29	—	62.5	62

1. 太古宙

距今 38 亿～25 亿年，由于当时地壳薄而不稳定，易于破裂，基性火山岩浆活动强烈，加上地壳热流值高，地热梯度大，因而变质作用广泛发育。该时期主要发育有岩浆矿床、伟晶岩矿床、热液矿床、火山沉积矿床和各种变质矿床，如加拿大铁、金和块状硫化物矿床；格陵兰的铬矿床、西澳的铜镍铂矿床和中国冀东铁矿床等。

2. 元古宙

距今 25 亿～7 亿年，元古宙开始有了生物，陆壳逐渐加厚并增生，有宽广的大陆架和海相沉积物，火山-侵入活动仍比较强烈，除地槽相沉积外，开始有地台相沉积。该时期主要发育有沉积变质矿床、层控矿床、岩浆矿床、伟晶岩矿床和热液矿床，是世界矿产资源比较集中产出的时期，如南非兰德金-铀矿床；独立国家联合体（简称独联体）、澳大利亚、加拿大、美国和中国鞍山的铁矿床；南非、巴西、印度的锰矿床；澳大利亚的铅锌矿床；赞比亚、刚果（金）和中国云南东川铜矿床；云南大红山铁铜矿床；南非布什维尔德铬-铀矿床；加拿大肖德灵里铜-镍-铂矿床，世界上主要的稀有金属白云母伟晶岩矿床等。

3. 显生宙

距今 7 亿年至今，由于比较高等的生物大量出现，有机质增多，因此，沉积的铁、锰、磷、 煤、油、铜、铅、锌矿床大量出现；火山-侵入活动仍较强烈，形成众多岩浆型、伟晶岩型、气化-热液型、层控矿床。著名产地如中国华南钨、锡、锑、汞矿床；波斯湾油气矿床，顿巴斯煤田、北非磷矿、法国的铁矿、俄罗斯的锰矿、美国密西西比河流域铅锌矿床等。

4. 中国地壳矿产资源的成矿时间分布规律

根据中国特点，前寒武纪矿床可分为太古宙—早元古宙和中—晚元古宙两大类。前者经受了不同程度和性质的变质作用，主要为沉积（火山沉积）-变质-热液矿床，少数为岩浆矿床；后者大部分未经受变质或轻微变质，以沉积矿床居多，部分为沉积变质、岩浆矿床。

1）太古宙—元古宙矿床

太古宙—早元古宙矿床，或称早前寒武纪矿床，主要有变质沉积铁矿床（鞍本、冀东、鲁西、皖北、五台）、变质沉积磷矿床（连云港、宿松、大悟）、变质火山沉积铜矿床（中条山、辽宁红透山、云南大红山）、菱镁矿、滑石矿床（辽东、胶东）、石墨矿床（内蒙古兴和、太行山、胶东）、蓝晶石-刚玉矿床（山西五台、江苏沭阳）、伟晶岩型稀有金属、白云母矿床（内蒙古狼山、大青山）、岩浆型铜镍铂矿床（甘肃金川、吉林赤柏松），火山-沉积型铅锌矿床（内蒙古狼山）等。

中—新元古宙矿床，或称中—晚前寒武纪矿床，主要有海相沉积铁矿床（河北宣化）、海相沉积锰矿床（湘潭、辽宁瓦房子）、海相沉积磷矿床（湖北荆襄、宜昌，江西朝阳，贵州开阳）、沉积轻微变质铜铁矿床（云南东川、易门）、沉积-热液改造稀土矿床（内蒙古白云鄂博）、沉积-热液铅锌矿床（河北高板河）。此外，还有受变质沉积-火山沉积铁矿床（江西新余）、变成石墨矿床（黑龙江鸡西）、岩浆型铁钛钒矿床（河北大庙）、铜镍铂矿床（广西北部）。

2）显生宙矿床

早古生代：中国东部主要形成海相沉积矿床，如磷（昆阳、宜昌、开阳）、石煤（含钒钼镍铀，遍布湖南、江西、浙江、皖南等地）。中国西部以火山沉积和侵入岩浆为主，形成火山-热液和火山沉积矿床，如祁连山块状硫化物矿床（甘肃白银）、北祁连山岩浆型铬铁矿矿床（甘肃大道尔基）。

晚古生代：情况与早古生代成矿类似，东部以沉积矿床为主，如华北、华南普遍分布的煤，贵州、河南、山东、河北的铝，湖南宁乡、湖北长阳的铁，广西桂平、贵州遵义、云南斗南的锰，全国普遍分布的黏土矿床。西部地区以内生矿床和沉积-热液改造叠生矿床为主，如新疆阿尔泰的伟晶岩型稀有金属白云母伟晶岩矿床，内蒙古、天山的岩浆型铬铁矿矿床，四川攀西的岩浆型铁钛钒矿床，四川会理的铜镍铂矿床，东北、内蒙古北部和天山的接触交代-热液型铁、钨、锡、铝、铅、锌矿床，甘肃西成地区和陕南的沉积-热液叠加改造矿床（铁、铅、锌等）。

中生代：这是中国主要成矿期。地台活化和地槽区褶皱活动，造成大规模岩浆活动及众多的内生矿床，主要分布于中国东部地区。在褶皱形成的山间盆地和地台活化产生的断陷盆地中，则是沉积矿床的赋存所在，如长江中下游铁铜矿床，江西、广东、广西、湖南的钨锡多金属、稀有金属矿床，东秦岭金、钼矿床，山东招远、莱州一带的金矿床，赣东北的铜、金、银、铅、锌矿床，浙闽火山岩地区的明矾石、高岭土、叶蜡石、沸石、膨润土、萤石矿床，山东蒙阴和辽宁大连的金刚石矿床，内蒙古、黑龙江的煤矿床，松辽盆地的石油、天然气矿床，宁夏、云南、江西的盐、石膏矿床，云南中部的沉积铜矿床等。

新生代：西部地区山脉继续褶皱隆起，山间盆地继续下沉接受沉积；东部地区则表现为断块性升降运动。在断陷盆地和山间盆地中大量形成各种沉积矿床，如塔里木、柴达木的石油、天然气，江汉、中原、胜利、大港、任丘、苏北等断陷盆地内的油气矿床，抚顺断陷盆地中的煤，柴达木和藏北第四纪盐湖中的盐类、硼、锂、铯、铷矿床。在褶皱山区由于岩浆活动，形成各种内生矿床，如西藏的铬铁矿床，台湾的金-铍矿床，西藏、滇西和台湾的地热水资源。

此外，由于第四纪以来隆起区的长期风化剥蚀作用，形成各种类型的风化壳矿床和砂矿床，如广西的风化壳型锰、铝土矿矿床，广东、山东半岛沿海的稀有金属砂矿床，黑龙江漠河地区砂金矿、云南墨江镍矿等。

2.2 生物圈资源的分布规律

由土地、水、气候和生物四大资源构成的生物圈资源是发展农业生产重要的物质基础，是一个不可分割的整体系统——生态系统。组成生物圈资源的各要素又各自形成一个自然综合体而互相联系和制约着，即不同层次的生态系统，如动物生态系统、沼泽生态系统、湖泊生态系统、森林生态系统等。

生物圈资源位于地球圈层的最外圈，受地球外环境和本身形状的影响很大，在太阳辐射、地球内能和人类活动这些地球表层系统的驱动力作用下，生物圈各组成要素组成了不同的综合体，并各自遵循特定的空间分布规律。这些规律可概括为三个方面：第一，地球表面纬度受热不同引起了全球热力分布差异，使得生物圈资源表现出不同规模的纬度地带性分布规律；第二，由海陆分布和海陆对比关系带来的大陆内部水分湿度分布的差异，使得生物圈资源表现出随经度发生有规律变化的经度地带性分布规律；第三，由陆面地表起伏引起的局部区域的水热再分配而导致的生物圈资源的垂直地带性的分布规律和局域性的区域差异。

2.2.1 生物圈资源分布的水平地带性规律

水平地带性规律是由气候资源（水、光、热）所决定的。由光热条件所决定的纬度地带性和由水分条件所决定的经度地带性共同组成了生物圈资源的水平地带性分布规律。

1）纬度地带性分布规律

纬度地带性差异，首先使地理环境区分为一系列热量带（赤道带、热带、亚热带、暖温带、中温带、寒温带、亚寒带和寒带等）。这些热量带基本上沿纬线方向延伸，并随纬度发生变化，所以称之为纬度地带性。

纬度地带性的起因是由于地球的球形及地轴的倾斜所致，即由太阳高度角不同而引起的太阳辐射热量沿纬度的不均匀分布所致。太阳热量的地带性分布直接或间接地反映在地球表面所进行的各种资源的形成演化过程中。首先是反映在各个大气过程中，如气温、气压、大气环流、蒸发、空气湿度、云量和降水的地带分异；其次是植被带和生物群落；再次是土壤带和地貌分异；最终表现则是景观的地带性。与此相关，气候资源、土地资源、生物资源与水资源都表现出明显的纬度地带性。

纬度地带性规律在植物资源中有着鲜明的表现，不同的地带有不同的植被外貌，所形成的生态系统特点不同，生物群落差异很大。每一个地带都有自己典型的植被类型，如热带是雨林、温带有草原、寒带是苔原等。植被的种类、组成、群落构造、生物质储量、生产率等也都受到纬度地带性规律的制约。

动物界的纬度地带性表现得也很明显，极地的北极熊、亚寒带的驯鹿和热带的大象、河马、犀牛等具有极其鲜明的对比性。

土壤的纬度地带性表现在土壤的水热和盐分状况、淋溶程度、腐殖质含量和种类、组成等方面。与此同时，成土过程也具有明显的纬度地带性差别。

湖泊和沼泽也具有鲜明的纬度地带性特征，首先表现于湖水的热力状况差异上。此外，湖泊的沉积类型和湖水化学成分、沼泽化程度和泥炭堆积程度、沼泽类型等方面也具有明显的表现。

2）经度地带性分布规律

经度地带性规律根源于地球内力因素，地球表面区分为海陆和不同的海陆对比关系，对于陆地来说，首先是大陆的大小、形状及其与海洋的对比关系。海陆分布破坏了纬度地带性的分异规律，出现了经度地带性分异。

海陆分布及其对比关系首先形成了大陆性气候和海洋性气候的差别，形成了大陆内部和东西两岸的气候型差别，这些差别影响了组成生物圈的各要素的特点。

经度地带性的讨论总是在热量带的基础上进行的，就各热量带范围内的大陆内部与其东西两岸的差别分别进行。在赤道带，这方面的差别是不大的；在热带则形成了西岸信风气候和东岸季风（包括台风影响的）气候的差别；在亚热带形成了西岸地中海气候、大陆内部荒漠草原气候和东岸季风气候的差别；在温带形成西岸西风湿润气候、大陆荒漠草原气候和东岸干湿分明的季风气候的差别。

经度地带性的气候差别，具有通过干湿差异而影响其他因素的特点。不仅要区别干湿差异，而且要区分出冬季缺水区（东亚季风气候）和夏季缺水区（地中海气候）来。不同热量带的经度气候型差异对当地的水文、土地、生物都有很大的影响。

但是这种经度地带性分异也含有一些纬度地带性的内容。经度地带性与纬度地带性的相互作用决定了水平地带性的分布图式。因此，生物圈中的气候资源、土地资源、生物资源与水资源也表现出明显的水平地带性的分布规律。当两者作用大致相等时，例如我国华北和东北地区，既存在着气温的南北纬度差异，又存在着湿度的东西经度差异，两者相互作用便使这里的地带性分异与纬线方向呈斜交排列。当纬度地带性作用占优势时，则地带性分异基本上与纬线平行。例如，中国的亚热带地区，其内部可划分为南、中、北三个自然地带，其延伸方向基本上与纬线平行。但是当更深入研究时仍可以发现，经度地带性在这里仍然有一定的影响，主要表现在亚热带的大陆东岸气候型分布的地方，经度地带性以更大尺度的地域分异规律控制这里的纬度地带性表现，使其分布范围只限于亚热带的大陆东段。这里各地带的内部，其本身也存在着更次一级的经度差异：东部（浙闽）沿岸是台风侵袭的范围，暴雨影响很大；中部（湘赣）是伏旱控制的地区，春寒和夏初的阴雨对这里的影响也很大；西部（川黔）降水比较均匀，降水强度也不大，形成了比较阴湿的气候。

当经度地带性占优势分布时，则可以表现出明显的经度地带性分异，如美国西部经度地带性，实际上也包含有纬度地带性分异的影响。

2.2.2　生物圈资源分布的区域差异性规律

区域性差异是由地形地质条件所决定的。大地构造和地质构造运动的区域差异，导致了地表不同区域呈现出不同的地貌表现，从而引起气候资源分布的相应更替，进而使得生物圈资源的分布出现了区域不平衡性。根据其区域差异规模的大小可分为：大规模的区域差异，如青藏高原、西北高原干旱区等地生物圈资源随高度变化而呈现出的垂直带性等；中等规模的区域差异，如黄土高原、江南丘陵等；小尺度的地域差异，如迎风坡和背风坡的差异、阶地和河漫滩的区别。

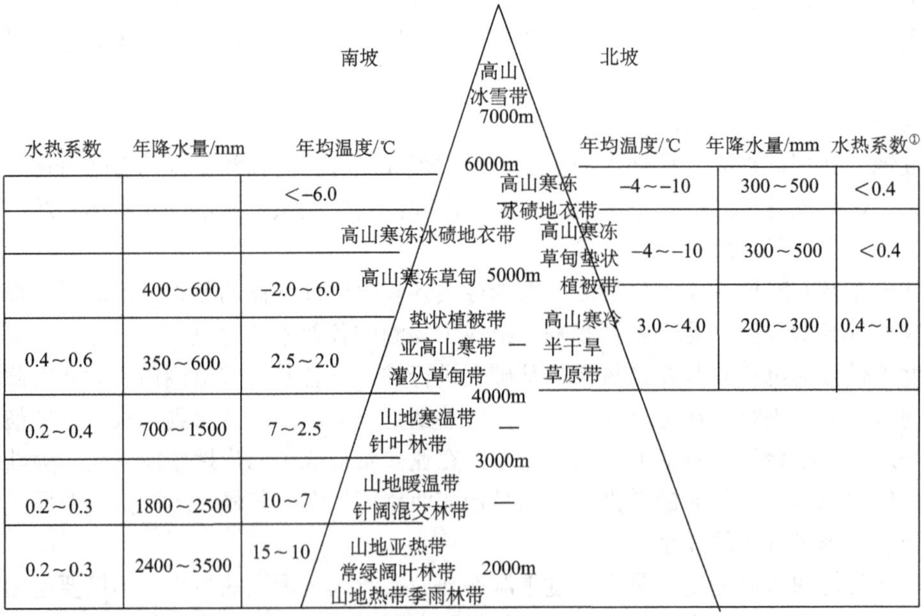

图 2-2　珠穆朗玛峰生物圈各要素的垂直分异示意图

① 水热系数 $=\frac{0.16\times\sum t}{r}$。式中，$\sum t$ 为日温大于或等于5℃持续期间活动温度总和；r 为同期的降水量。

1）垂直带性分布规律

垂直带性是指在水平地带性分布规律的基础上，随着山地高度的增加，气温自山麓向山顶不断降低，一般平均为 0.5～0.6℃/100 m，而降水则增加到一定高度后，也开始减少，从而使组成生物圈的生物资源、土地资源、气候资源和水资源发生相应的垂直分带现象。通常以植被和土壤为标志，如青藏高原的珠穆朗玛峰，由低到高生物圈各要素的垂直分异(图 2-2)。

垂直带基带的性质、垂直带的多少主要取决于区域所处的水平地带性中的位置和本身地形的高度及局部地貌条件的变化。从低纬度至高纬度，随着基带的更替及其带幅的变小，垂直带的性质也随之变化，垂直带的结构也逐渐趋于简单。从沿海至内陆，随着水分条件的变化，垂直带的特性也会发生变化。沿海湿润型的垂直带谱以具有多种山地森林带为特色，山顶积雪也较丰富。大陆干燥型的垂直带有时还缺山地森林带（或不典型），只从荒漠基带开始至山地草原、山地草甸的顺序更替。过渡型的垂直带性质介于前两者之间，显得较复杂、多变。此外，山体本身的特点对垂直带谱的影响也是重要的。例如，高山与中山的带谱便有差别（高纬区的除外），迎风坡和背风坡降水量和热量差异较大，所以垂直带也不同。

总之，垂直带在地表的分布是零星的、不连续的。由于山体所处的地理位置及其本身的特点不同，垂直带谱的类型多种多样。垂直带性是在地带性与非地带性分异因素控制下独立发育而成的，既有地表基本分异因素影响的烙印，也有自己的组成、结构和成因等特点。因此，它是基本分异的背景上派生的区域分异规律性。

2）地域差异性分布规律

大尺度非纬度地带性分异的第二种表现是相应于大地构造分区的大山系、大高原和大平原的差异，或者是山地、高原和平原的组合差别。这种大尺度的非纬度地带性分异可以根据大地构造和与其相应的地貌规模差别而划分为各种等级。例如，中国分为东部季风、西北干旱和青藏高原三个大自然区，便是大陆高一级的大地构造-地貌分异单位；一些明显的大地构造-地貌分区，如塔里木盆地、云贵高原、羌塘高原、黄土高原、天山山系等是一级的分异单位，山西高原、四川盆地等是更次一级的分异单位。

地方气候差异是中尺度地域分异的另一原因。海岸和湖泊沿岸，由于有干湿风的调节和水温的调节，以及水面蒸发的影响，气候变化更加和缓湿润。灌溉区与森林区的气候资源特征与此相似。城市气候的热岛效应导致多云雾、能见度低，降水较多，对城市环境具有较大影响。地方风的作用对地域分异也有一定影响，风沙地貌景观、去风效应等与地方盛行风密切相关。

3）局域性的地域差异

它是指在小地域内，由于地貌起伏、小气候、岩性、土质、地表水和潜水的排水条件等差别而形成的局域性分异规律。例如，从河谷到分水岭的地貌分异，首先是河床和低河漫滩，其次是高河漫滩和低阶地，再次是高阶地和谷坡，最后是山坡和山顶。由于地貌部位重新分配了水平地带性和区域分异基础上的水热条件，常有相应的彼此有差别的土壤类型与生物群落。地貌部位范围内的岩性和土质的差别直接影响土壤发育，加上排水条件的影响，便可形成不同的生境，发育出不同的植物种类和生物群落。

2.2.3 生物圈资源空间分布的不平衡性

从生物圈的生物产量、生态系统生物链的长短、生态系统的复杂程度来讲，不同地区的生物圈资源存在着明显的不平衡性。由系统论的生态链原理进行分析，可知生态系统的生态链越长，系统越稳定，自身恢复的能力就相对比较强；生态系统的生态链越短，系统越易遭受破坏，自身恢复的能力很差。因此，在生物圈资源的开发利用过程中，要严格遵守生态规律，否则就会导致整个生态系统失去平衡，中国的黄土高原就是一个明显的例子。历史时期其曾分布有大面积的森林，移民、战争等，破坏了森林，造成了严重的水土流失。

2.2.4　生物圈资源空间分布特征与人类社会

由于生物圈资源多具有可更新性、循环性、不可逆性、可培育性的特点，并且它们是发展的、变化的，因此它们的空间分布特征在一定程度上与人类对自然资源合理利用的程度密切相关。例如，土壤养分和水分的不断消耗和补充，是可以通过降水、地表水与地下水的循环和平衡，气候条件的变化，而不断地消耗、补充、生长和恢复的。只要开发利用合理就能始终处于周而复始、持续利用的良好状态。例如，通过人工栽培，形成农业生态系统，水资源可以通过降水来补充，形成了水汽循环。如果开发利用不合理，就可能给自然资源带来不利影响，导致资源性质向着不利于人类发展的方面改变，引起生物圈资源生产性能的下降，迫使生物圈资源的空间分布发生变化，由此可以带来种种不良后果和消极影响。例如，全球气候变化会引起热量带的北移和水分循环的多变性，进而导致生物资源空间分布的变化。

2.3　自然资源分布与人类的生存空间

地球上有了人类以后，便产生了生存空间的问题，而人类的生存空间又与自然资源的分布规律关系密切，不同的时期人类实际生存空间的范围差异很大。

2.3.1　生存空间的基本概念

人类的生存空间是一个涉及多因素的问题，不是简单的区域概念，而是一个与生态关系紧密的延伸内涵。一般来讲，生存空间是指一定时间内，能够维持具有一定生活水准、一定质量的人口生存和发展的多维要素整体，它是人类群体对生物圈生态系统中生态位的有效占据。

为了进一步对生存空间的理解，一些学者根据生存空间的基本含义，建立了生存空间的基本模型：

$$L = f(V,R,E,\alpha) = A \cdot \prod_{i=1}^{n} \prod_{j=1}^{m} P_{ij}^{2}(n,m) \qquad (2\text{-}1)$$

式中，L 为生存空间；f 为函数；V 为物理空间；R 为资源系统；E 为环境系统；α 为相关系数；A 为极限空间；P_{ij} 为人类对各系统 i 中的不同组分、过程 j 进行有效占据的程度；n、m 分别为系数及系统内组分、过程数。物理空间 V，是指人类赖以栖居的三维几何空间，具体表现为不同人类群体栖居地的一定地域，它往往是研究不同人类群体生存空间的一种直观的区位指标。资源系统 R，是指人类物质资料来源，是人类生存与发展的重要物质基础。它包括水、土地、气候、矿产、能源等。环境系统 E，指对人类生存和发展产生影响的非资源化的其他自然要素。极限空间 A，是指客观存在着的一个最大生存空间。它是指在人类的智力水平下，使 V、R、E 等都能达到一种最大开发状态，并且α 达到一种最优状态时的生存空间，即

$$A = \lim f(V,R,E,\alpha) \quad V、R、E \to \max，\alpha \to \text{opt} \tag{2-2}$$

但这一个极限，使人类努力去接近的目标，永远不可能达到。人类对极限空间 A 的有效占据宽度 B 永远小于 1。

$$B = \prod_{i=1}^{n}\prod_{j=1}^{m} P_{ij}(n,m) \tag{2-3}$$

2.3.2　生存空间的基本属性

生存空间是资源与环境及其相互关系作用于特定物理空间而形成的一个高度综合的多维结构的网络体。

1）　生存空间的异质性

生存空间是一种包括多维要素的复杂组合，由于不同的物理空间、各要素的组合及相互作用不同，由此构成了生存空间内部各部分的质量差异。人类可以有目的的选择生存空间的某一部分以获得个人占有生存空间的丰裕。由于自然资源分布的差异性，在地球上，总存在一些区域凭借其优越的环境条件、丰富的资源基础、科技优势和区位特点，吸引周围地区的自然资源、资金和人才，虽然其物理空间不大，但却拥有巨大的生存空间。

2）生存空间的虚幻映射性

人类的栖居必须以三维几何空间即物理空间为基本条件，物理空间（V）与生存空间（L）之间存在着这种映射，但并非严格的映射，而是虚幻的映射。因为生存空间的界定并非一定以物理空间为准，也应考虑自然资源和环境要素。例如，在谈到中国的生存环境时，人们的直观意识把中国的领土和领海作为划分界限，但这并不妨碍人们可以同时考虑太空、外星系、公海、南极和北极等物理空间中的各种生存要素。

3）生存空间的时序变动性

式（2-1）中，各要素随时间的变化而变化，因此，生存空间也具有随时间变化的动态特征，呈现出明显的时序变动性，但其变动的趋势是向极限生存空间靠近，是不断发展和扩大的，这种扩大的趋势也呈现出不可逆的增长已成共识。

2.3.3　生存空间的相对性度量

生存空间的内涵既包括物理空间的规定，也体现出生产力发展水平的制约；既有人口密度的标志，更有着人均资源的衡量。因此，就内容而言有广义和狭义生存空间的解释。

狭义生存空间是指物理空间、自然资源和自然条件。狭义生存空间以人口密度、人均自然资源和自然条件为标志，反映人口与资源、地理之间的关系。有限性和绝对性是狭义生存空间的首要特征。未被开采和利用的矿产、能源、土地、草场、水源等自然资源，以及人迹罕至的地理空间，暂不能构成人们从事生产生活的场所和对象，而以潜在空间的形式存在，这是狭义生存空间的又一重要特征。

广义的生存空间是以狭义生存空间为基础，以生产力发展水平为背景的相对概念。可以用人均国民生产总值，以及消费水平、教育程度、社会福利、贫困人口比重、就业状况等指

标来衡量。广义生存空间的最大特点是扩展性和相对性。

举例：非洲的面积是 3020 万 km^2，欧洲的面积为 1016 万 km^2，非洲的物理空间远远大于欧洲。当引入人口数量后，可知欧洲的人口密度约为 71.6 人/km^2，远大于非洲的人口密度 30.51 人/km^2。明显地体现出生存空间的相对性。2013 年世界典型地区人口密度数据资料统计显示（表 2-8），生产力发展水平对生产空间的拓展具有很大潜力。

表 2-8　世界典型地区的面积和人口密度

地区	陆地面积/km^2	人口密度/（人/km^2）
亚洲	44579000	91.3
欧洲	10160000	71.6
非洲	30200000	30.51
中国大陆	9600000	139
中国香港	1104.32	6522
中国澳门	32.8	20035
中国台湾	35915	642

2.3.4　生存空间的位移和拓展途径

1）生存空间的位移

对于不同的物理空间，某一物理空间的物质和能量流入另一物理空间，可使两者的生存空间发生改变，这种现象称为生存空间的位移。

在一个互相依存的世界，生存空间的位移和交换是必要的，但这种交换必须是公平和互利的。然而，从资本原始积累阶段的抢掠到当代国际贸易中原材料与制成品价格的剪刀差、宗主国与殖民地、发达国家与发展中国家的交换从来都是不公平的。对殖民地和落后国家生存空间的掠夺，是工业化国家发达的重要方式。有利于工业化国家的贸易格局，支持着这种发达。问题的另一方面是对发展中国家扩大生存空间努力的限制。消除原材料与制成品价格的剪刀差，建立平等互利的国际贸易，是缩小发展中国家与发达国家经济发展水平的重要环节。从通过不平等贸易摄取生存空间这一背景考虑，经济发达国家对发展中国家的援助绝不是馈赠和恩赐，而是对被剥夺的发展中国家的一种补充，一种与摄取相比甚少份额的补偿。

2）生存空间的拓展途径

生存空间拓展的根本动力是科学技术的进步，主要靠科学技术的发展、商品贸易和人类社会的和平共处来实现。从区域的角度考虑，靠科学技术手段、信息流通和输入有用的物质和能量来拓宽生存空间。根据式（2-1），生存空间的拓展主要应从物理空间、自然资源和环境条件 3 个方面来进行。其拓展的基本途径有：

（1）拓宽物理空间（V）：广阔的海洋、浩瀚的太空、大面积的沙漠等。

（2）资源开发利用（R）：提高光能利用率、更深层次挖潜。

（3）有效保护环境（E）：减小生存空间的缩小。

（4）优化（α）：促进人口、资源、环境和发展协调，是生存空间拓展的根本保证。

食物、水和能源始终是生存空间发展的瓶颈，全球经济发展区域化、组织化的具体行动，正是人类生存空间全方位拓展的积极尝试。

？复习思考题

1. 简述不同矿产资源的形成与构造的关系。
2. 简述中国矿产资源的分布规律与成因关系。
3. 理清生物圈资源的组成要素及各资源要素的关联性。
4. 阐述生物圈资源分布的地带性与非地带性规律的相互关系。

？引深讨论问题及分析思路

讨论问题

1. 生存空间拓展有哪些方面？你认为最有效果的是哪一种？
2. 生存空间的拓展效果能延续多长时间？

分析思路

地球上有了人类，就有了人类生存空间问题。生存空间是指一定时间内，能够维持具有一定生活水准、一定质量的人类可生存与发展的多维要素整体，它是人类群体对生物圈生态系统中生态位的有效占据。生存空间是一个多维要素的空间，不同空间其要素的长短不同。由封闭的空间走向开放的空间，能使得不同空间的交流与合作成为可能，取长补短得以进行。随着科学技术的发展，人类的生存空间在不断的发展变化，如广阔的海洋和沙漠、高山、太空等都是人类的开发对象。

第 3 章　自然资源的调查统计

内容提要

自然资源调查是合理开发利用资源、发展社会经济的基础，只有了解国情及地球资源情况，做到心中有数，才能进行合理的资源配置和资源规划。鉴于此，本章首先系统介绍了自然资源遥感调查和野外调查的具体步骤、基本方法。阐述了遥感技术在自然资源调查领域的应用前景，并对遥感技术和资源信息获取技术进行了重点描述。最后，探讨了自然资源的统计学应用及分布规律的抽象概括函数及统计分布特征。

重点要求

（1）了解遥感系统工作原理，掌握遥感信息的获取技术；

（2）熟悉不同特种资源的野外调查方法；

（3）学会自然资源数据统计的基本技能。

3.1　自然资源的遥感调查

由于自然资源的种类很多，分布面积之广，几乎地表所有的物质都是某一资源的种类。因此，自然资源的调查工作非常繁杂。过去只靠人类简单意识的调查，对资源的了解、各种数字都是一个大概的概念。遥感技术的发展，为自然资源的调查提供了许多方便，资源信息更新快、数字准确，对了解地球资源的分布、广度提供了条件。所以，研究自然资源必须要知道遥感调查的相关知识。根据应用目的，选择适当的遥感系统、适当的系统工作参数及适用的遥感图像资料，是遥感应用的关键技术之一。

3.1.1　遥感系统

不接触物体而探测物体的有关信息，称为遥感。以电磁波为信息载体，与目标地物保持相当距离，通过一个技术系统获取地球表面的信息分布状况，并以图像胶片或数据磁带记录下来，送到地面，经过信息处理、判读分析和野外实地验证，最终用于资源勘探、动态监测和有关部门规划服务。这一系列过程称为遥感技术，或空间对地观测遥感系统（图 3-1）。

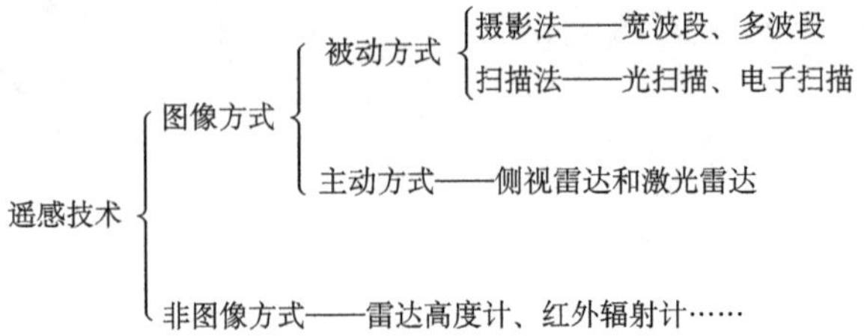

图 3-1　遥感技术系统示意图

遥感技术是建立在物体反射或发射电磁波原理的基础上的，地球表面不同的物体，其反射、发射的电磁波不同，在遥感卫片、航片上所呈现的色调、灰度不同，从而可以分辨、计算各类自然资源的分布和广度。

遥感的特点：探测范围大；获得资料的速度快，周期短，能反映动态的变化；受地面条件限制少；手段多；获得的信息量大；成本低，收益大；用途广。

1. 遥感系统的构成

1）传感器

遥感传感器是指获取外界电磁波遥感信息的装置。典型的传感器有：①航空摄像机，用于航空摄影测量；②多光谱像机，进行多波段成像；③多波段扫描成像仪，光学-机械-电子扫描成像；④测高仪，用于获取 DEM（数字高程模型）图像数据；⑤CCD 成像仪，固体成像器件；⑥SAR 合成孔径雷达，星载或机载雷达遥感成像系统。

2）遥感平台

遥感平台是载荷遥感传感器的装置，其类型有：①遥感车、汽车装载雷达装置；②气球、飞艇或无人驾驶飞机；③卫星或航天飞机。

3）地面控制系统

通过无线电信号系统，控制遥感平台的姿态、工作方式等。

4）数据接收系统

遥感卫星地面站接收遥感卫星传输下来的数字信号，并对这些数据进行处理，按一定的数据格式制作成数字图像磁带、光盘或光学影像胶片，供用户使用。

5）遥感应用系统

用户根据不同的应用目标，用计算机软件或光学处理装置，对数字图像或光学影像进行几何校正、影像增强和解译识别工作，提取有关信息。

2. 遥感系统的分类

根据传感器工作特点、成像机制或遥感平台的不同，可对遥感技术进行大致分类。

第一，按传感器工作波段划分，可分为可见光、红外、热红外、微波等类型。

第二，按传感器的成像机制划分，可分成被动遥感和主动遥感。被动遥感是接收地物反射的太阳辐射能量信息或地物本身辐射能量信息。主动遥感是遥感传感器天线向地面发射电磁波，同时接收地面对电磁波的回波信号，根据回波能量大小成像。

第三，按遥感平台的不同，可分为车载地面遥感、低空遥感、航空遥感、卫星遥感等。各种类型的遥感平台又各有不同的工作参数。

第四，按专业应用，可分为农业遥感、林业遥感、地质遥感、水利遥感、气象遥感、海洋遥感等。

3. 遥感系统的工作模型

遥感系统获取地物的电磁波辐射，源自太阳辐射、遥感系统发射的电磁波或大地自身的辐射。太阳或遥感系统发射的电磁波经过大气衰减吸收、折射、散射到达地面，同时到达地面的还有大气辐射的电磁波。地面不同地物或同一种地物处于不同的状态，对于这些电磁波

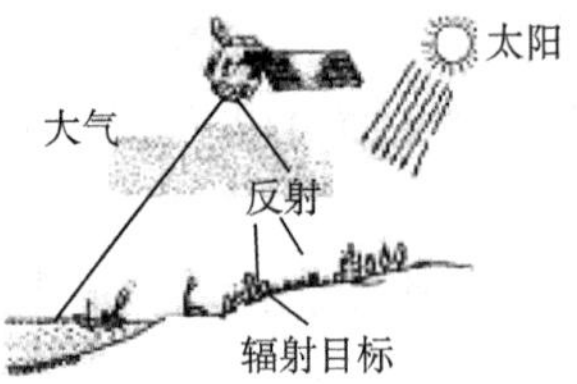

图 3-2　遥感系统工作模型

以不同的反射率向外反射，地物本身在不同温度下也向外辐射电磁波。这些电磁波再次经过大气作用，包括散射、折射、衰减等，到达遥感平台，同时到达遥感平台的还有大气本身辐射的电磁波。这些电磁波被遥感传感器捕获，转换成无线电信号传送到遥感地面站，经地面站的处理，形成数字图像或光学影像，供用户使用，这一过程称为遥感系统工作模型（图 3-2）。

4. 遥感系统的类型

遥感技术是当代最重要的科技成果之一，也是自然资源信息更新的主要方法。随着 20 世纪人造卫星的上天，遥感系统的种类越来越多。目前，主要的遥感系统如下。

1）航空遥感系统

航空摄影测量，简称航测，是将航测像机安装在飞机上，按照一定的技术规程对地面进行空中摄影，从而得到航空影像。技术人员利用航片提供的信息进行判读、分析、量测、计算、制图等各项工作。

随着遥感传感器的发展，航空摄影测量已经发展成为航空遥感，所用的传感器不仅包括航空摄影测量像机，也包括多光谱扫描仪、高光谱遥感传感器、成像雷达。所获得的观测资料，可以用于地图的绘制、农业、地质矿产、土地规划、灾害监测等部门。

2）陆地卫星（地球资源卫星）

地球资源卫星的主要任务是提供全球性的森林、水源、草场、荒地的数据资料，包括土壤、植被、农作物、水质污染、径流、新水源、城市扩建、其他土地利用情况、地质构造、矿产资源等。由于其观测资料主要涉及陆地上的资源，所以改称为陆地资源卫星。

陆地资源卫星由美国于 1972 年首发，随后于 1975 年发射 2 号、1978 年发射 3 号……1999 年发射 7 号陆地卫星。陆地资源卫星的轨道参数见表 3-1 。

表 3-1　陆地卫星的轨道参数

参数名称	1～3 号卫星	4～5 号卫星
轨道高度/km	915	705
轨道平面与地球赤道平面的夹角/（°）	99	98
绕地球一周时间/min	103	98
每天绕地球圈数	14	14.5
覆盖地球周期/d	18	16
扫描带宽/km	185	185
赤道扫描带宽/%	14	7.6
降交点时间	9:30	9:42

这一系列卫星上分别装有不同的传感器。装载的传感器有多光谱扫描仪（multi-spectral scanner, MSS）、反束光导管（return beam vidicon, RBV）摄像机、专题制图仪（thematic mapper, TM）、增强型专题制图仪（enhanced thematic mapper, ETM＋）等。

现在有许多的资源卫星：气象卫星、海洋卫星、通信卫星等。

3）地球观测实验系统（SPOT）

SPOT 卫星资料以其较高的空间分辨率和光谱分辨率，精确的几何定位和立体测图为基本特色，在土地利用、草场和森林资源评价、水资源管理和预测，农作物估产、土地的动态变化监测、矿产资源调查等方面显示出强大的生命力。SPOT 1 号卫星是法国于 1986 年 2 月发射的高性能地球观测卫星。它搭载两台高性能的遥感器 HRV。在随后的 1990 年、1993 年、1998 年、2002 年相继发射了 SPOT 系列后续卫星。SPOT 卫星轨道参数和运行特点见表 3-2 。

表 3-2　Spot 卫星轨道参数

参数名称	数据量
卫星运行平均高度/km	832
轨道面与赤道平面夹角/（°）	98.7
绕地球一周时间/min	101.46
覆盖地球周期/d	26
降交点时间	10:30

4）雷达遥感系统

雷达遥感系统采用的是微波遥感传感器。载微波波段绝大部分范围内，电磁波的传输几乎不受大气的影响。作为有源微波传感器的雷达，所接受的是地物对于雷达传感器发出的电磁波信号的反射波，而不依赖于太阳光对地物的照射。微波传感器在夜间也可以正常工作。按照不同微波传感器所使用的电磁波波段，将微波分为 8 个频段。每个频段有各自的代号。工作在不同波段的微波传感器具有不同的功能与特点，可以根据不同的工作任务选择适当的微波传感器（表 3-3）。微波传感器可以分为被动微波传感器和主动微波传感器。实际工作中，合成孔径雷达应用较普遍。

表 3-3　微波遥感传感器的工作波段

波段	频率/GHz	测量对象	波段	频率/GHz	测量对象
L	1～2	波浪	Ku	12～18	风、冰、大地水准面
S	3～4	地质	K	18～27	植被
C	4～8	土壤水分	KA	27～40	雪
X	8～12	降雨	W	75	云

被动微波传感器：微波辐射计是被动微波传感器，所测量的是地物目标及大气中各种成分的微波辐射特性与亮度温度特性。机载辐射计实测亮度温度分辨率已达 0.2 K。

主动微波传感器：这种传感器具有向探测目标发射电磁波的能力。传感器接收反射波，就得到了有关地物的信息。目前使用的主动微波传感器有三种：①微波散射计测量目标的散射特性；②微波高度计通过测量发射电磁波脉冲的往返时间获得飞机、卫星等飞行器到地面的垂直距离；③成像雷达对地面目标进行二维测量，从而产生观测区目标背景电磁波散射特性几何分布的可视。

5）多光谱卫星遥感系统

第一，印度遥感卫星 IRS。目前在轨运行的印度遥感卫星 1C、1D 均是印度第二代遥感卫星，同一地点重复覆盖周期均为 24 d，双星运行可达 12 d。它们携带了 3 种遥感器：一是几何分辨率达 5.6 m 并且视场可调节的全景相机，主要用于地质和地形研究，其较高的几何分辨率有利于地形研究和生成数字高程模型数据；二是 LISS-3 相机，4 个波段，其中 3 个波段分辨率达 23.5 m，主要用于农作物类型的鉴别、植物表层水分探测、森林树木种类的鉴别和岩石鉴别等；三是宽视场遥感器，工作在 2 特定波段，具有幅宽大、覆盖周期短（5 d）等优点，适用于植物研究。印度遥感卫星 1C、1D 可以满足各类用户的需求，具有高几何分辨率、光谱范围大、重复观测功能强和可立体观测等技术特点。

第二，IKONOS 卫星。第一颗小型商用高分辨率卫星 IKONOS 在 1999 年 9 月 24 日发射成功。卫星运行在 680 km 高的太阳同步、近极地轨道。携带的 CCD 数字相机能同时拍摄 1 m 分辨率的黑白（全色）图像和 4 m 分辨率的多波段（彩色）图像。成像幅宽为 11 km，覆盖周期 14 d。在前后方斜视（斜视角度最大可达 40°）的情况下，地面覆盖周期可达 1～4 d。IKONOS 图像产品可应用于自然资源、城镇规划、环境监测、地理制图、紧急救援、交通运输、旅游、房地产及国家安全等一系列领域，为用户提供更精确的图像信息服务。

3.1.2　遥感信息量的获取

通过遥感技术获得的资料归纳为两大类，即数字图像产品和模拟图像产品。数字图像产品是将遥感传感器获取的地面光谱图像信息以数字的方式记录在计算机兼容磁带或其他介质上。这种产品的遥感数据需要利用计算机进行恢复、处理、显示或打印、拷贝、输出。模拟图像产品有两个来源：一是由遥感数据经激光扫描输出；二是在空间遥感平台利用光学遥感系统，获得模拟图像产品。遥感器所获得的地物光谱信息，无线电探测信号的回波信息记录在某一种介质上，如感光胶片或相纸上，或者显示在计算机的显示屏幕上，就成了人们可以看到的遥感模拟图像。

无论哪一种遥感资料，都必须经过一定的技术处理，才能从中抽取有用的信息。

1. 信息处理

从航空、航天飞行传感器上收集到的遥感信息，受到传感器性能、飞行条件、不同环境等因素的影响，在使用前要进行多方面的处理。处理方法主要如下。

表 3-4　数据转换方式

原始数据	转换方式	变换数据
底片	显影处理	透明片、像片
	数字化	计算机兼容磁带
模拟磁带	模数转换	像片、图
	数模转换	计算机兼容磁带
高密度数字磁带	数数转换	计算机兼容磁带
		显示

1）数据转换

由于所接受到的遥感数据记录与信息处理系统的输入形式不一定相同，而处理系统的输出形式与图像显示形式也可能不同，所以必须进行数据转换。数据转换的形式与方法有模数转换、数模转换、数数转换、图像图形转换等，在预处理过程中数据转换方式如表 3-4 所示。

2）数据压缩

传送到遥感图像数据处理机构的数据量很大，如一幅地球资源卫星图，MSS 图像对应地面面积为 185 km×185 km，每张图像的像元为 758 万个。在图像预处理过程中，需要进行数据压缩，除去一些无用的数据，并以特征值和参数的形式保存有用的数据，尽可能以较少的数据保存较多的信息。有关多谱段数据的压缩，主要以符号化技术为基础。在不改变原有数据特征的前提下，即将数据转换为代码的，可以把原来的多谱段数据减少为 1/2～1/4。

3）数据校正

环境条件的变化、仪器自身的精度和飞行姿态等因素，可能会导致一系列的误差。为了保证获得信息的可靠性，必须对这些有误差的数据进行校正。校正的内容主要有：辐射校正与几何校正。①辐射校正。传感器由空间对地面目标进行遥感观测，所接收的是一个综合的辐射量。它除了遥感研究最有用的目标本身发射的能量和目标反射的太阳能量外，还有周围环境如大气发射与散射的能量、背景照射的能量等。因此，有必要对辐射测量进行校正。②几何校正。为了从遥感图像上求出正确的地理位置，使不同波段图像重叠，或不同时期、不同传感器获得的图像重叠，以利于像片的分析，都有必要对图像进行几何校正。

4）图像数字化

图像数字化是指通过取样与量化过程将图像变换成便于计算机处理的数字形式。通常，图像在计算机内用一个数字矩阵表示，矩阵中的每一个元素称为像素。将图像数字化的设备有各种扫描仪与数字化仪。目前，图像数字化的方法有：手扶跟踪数字化、半自动跟踪数字化、扫描数字化三种形式。

5）图像增强

图像增强的目的是改变灰度等级、提高对比度。

针对模拟图像产品的增强，目前多采用摄影处理、利用光学仪器和电子光学仪器作非相干光处理和相干光处理等技术中的一种或几种结合起来进行。图像增强方式很多，对不同的目的要求采用不同的方式。模拟图像产品的放大和航空像片的立体观察是增强的传统方式，一些较为新的增强方法有假彩色合成、反差调整、密度分割、影像相减、突出边缘、锐化图像、专题抽取、信息复合等，使有价值的目标影像和微弱影像信息从背景中突出地显示出来。

图 3-3　山西三川河流域假彩色合成图

针对数字图像产品的增强处理技术方法分两大类：频谱域处理和空间域处理。频谱域处理方法是基于图像的傅里叶变换对图像进行修改增强。空间域处理方法是在原图像上进行运算，有些增强运算与像元位置无关，即为点运算；有些增强运算与像元位置有关，即为局部运算，也称结构分析，数字图像的增强处理有的与光学增强的方式相似，如采用彩色显像技术把两个以上波段的数字图像合成为一幅彩色影像在荧光屏上显示出来，这就是彩色合成（图 3-3）。对数字图像还可以进行密度

- 彩色增强
  - 密度分割
    - 彩色色调和明度处理
    - 黑白图像按灰度给予不同的分层
  - 假彩色合成：红、绿、蓝三个波段合成

图 3-4　图像增强的彩色合成

分割、反差扩展等（图 3-4）。此外，从数字图像本身的特点来看，它是由数字组成的矩阵，可以进行点运算与局部运算，因而能对数字图像作各种代数运算或进行各种变换（傅里叶变换、哈达玛变换等）来达到增强图像的目的，以消除噪声，改良像质或抽取感兴趣的信息，还可以采用图像平滑化、匹配处理等增强方法。

上述图像处理的内容往往是互相有联系的。一个实用的图像处理系统往往需要结合应用几种图像处理技术才能得到所需要的结果。图像数字化是将一个图像变换为适合计算机处理的形式的第一步；图像编码技术可用于传输和存储图像；图像增强复原是图像处理的最后目的，也可以为进一步的处理做准备；通过图像分割得到的图像特征可以作为最后结果，也可以作为下一步图像分析的基础。

2. 遥感图像判读和识别

遥感图像经过判读和识别后才能提取出资源分析所需的信息，并形成各种专题地图。判读和识别可分为目视判读和计算机识别。

1）目视判读

凭借光谱规律、自然资源的特性和分布规律及判读者的学术水平，从影像的亮度、色调、位置、纹理、结构等各种特征推出地面景物的类型。

目视判读常用的方法有五种：①直接判读。遥感图像上有许多影像特征，通过单张图像观测，直接识别出来，如河流和居民点等。②比较判读。与已知的标准样片对比，如根据纹理和色调识别岩性、植被等。③推理判读。运用相关分析的方法通过间接的判读标志来推测、判断地物的性质和类型，如根据水系特征判别岩性类型。④测量。在影像上量算面积、数量、方向和密度。⑤验证。在判读前，借助图件资料，野外实际调查，检验地物的影像特征，建立判读标志。在判读工作后期，对于那些难以识别的影像也需要通过实地验证来确定其属性。

目视判读的一般程序可分五个步骤：①准备阶段。收集研究地区的卫片、航片，制作像片平面图，必要时可进行增强图像，制作影像增强图像。收集有关的资料和图件，了解研究地区的自然、社会条件，制定工作计划。②建立判读标志。根据各种遥感图像（包括影像增强图像）资料的反复对比和综合分析，并与实际资料和实地情况对比，以建立各种地物在不同的遥感图像上的判读标志。要根据专业判读的要求填写详细的判读标志登记表，并认真选择各种遥感图像的典型样片册，以供借鉴。③初步判读。根据各种遥感图像的直接和间接标志，按先易后难、由此及彼、由表及里的判读过程。整个地区或重点地区的遥感图像进行初步的判读，并绘制出像片判读草图。④野外验证。选择一些重点地段做地面路线调查，采集标本、样品，测制剖面，补充、修改判读标志，检验各种类型的界线，着重解决疑难地区和有重要意义的类型判读是否正确。⑤详细判读成图和编写报告。将校正后的判读结果转绘到地形图和像片平面图上，再次对像片内容进行合理细致的分析，然后清绘到聚酯薄膜上或像片平面图上，最后，正式成图。

2）计算机识别

利用数学模型，经过计算机多种数学运算，将数字影像进行分类，从而生成专题地图。

计算机识别的一般步骤（图 3-5）：① 应用遥感信息的数字磁带，将图片、影像数字化；②计算机系统设有监视器，随时显示结果，进行人机对话，随时可更改程序；③数字图像转换，输出图像。

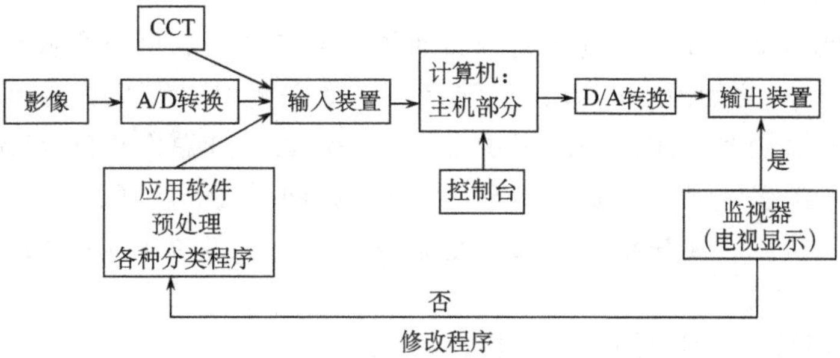

图 3-5　遥感数据自动识别技术系统

目前，用于图像识别的方法主要有概率统计、语言结构识别及模糊数学等。

第一，概率统计。根据物体的波谱，同类物质具有相同的波谱特征，但由于有大气的抖动、光照情况、环境因素的干扰，同类物质的辐射强度不一定恒定，具有一定的离散性。尽管如此，同类地物总是在某一亮度水准出现的概率最大，亮度值以此为中心，分布于多维空间。

第二，语言结构法，是从形式逻辑的基础上发展起来的一种图像识别方法。识别流程见图 3-6。图中最简单的子图像称为基元，一幅复杂的图像为各基元的集合。识别基元要比识别图像简单得多。基元组成图像所遵循的规则称为文法，句子则根据文法来描述某一幅具体图像。因此，当每一基元被识别后，通过语法分析（由计算机的数学模型，即自动机进行）便可完成对整幅图像的识别，即分出了类别。复杂的图像只用统计的方法来分类会遇到一些难以克服的困难，因此，从另外的途径考虑，不是着重刻画各类的特征，而是着重研究图形的结构，把复杂的图像分成许多子图像，然后，用一套文法将一幅图像构造成句子，对句子进行语法分析，也就是识别。这种方法既考虑了图像的波谱特征，又考虑了结构特征，因而可取得比较好的分类结果。

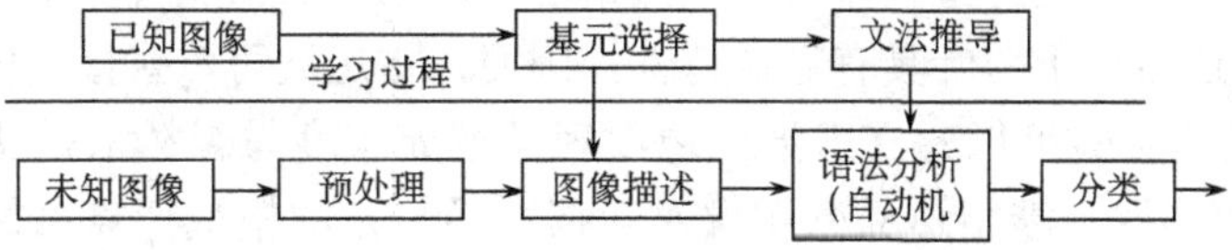

图 3-6　语言结构图像识别流程

第三，模糊数学。由于种种原因，遥感信息具有模糊性的特征，因此为了提高分类的精度，在图像识别中，要用模糊数学的方法。其实质就是应用隶属函数描述事物不确定性的度量。

3.1.3　遥感技术的资源调查应用

遥感技术在资源调查方面的应用非常广泛，是目前自然资源动态变化研究的主要技术方法。在今天资源全球化并快速变化的形势下，如果没有遥感技术的应用，其发展会受到影响。尤其在自然资源普查方面，遥感技术显示出它无可替代的功能。①在农业方面，可以识别植物种类、种植面积，用于产量估算、受灾预测。②在矿产地质方面，为矿产资源的调查提供了线索和依据，减少了野外工作量，加快了调查的速度。反映的构造明显，尤其是隐伏构造。用于找矿；大型堤坝、厂矿及其他建筑工程的选址；监测地震、暴雨造成的地质灾害过程（滑坡、泥石流等）、火山活动、沙丘移动等。③在水文、水资源方面。用于水资源调查、水文情报预测、区域水文研究，水资源的分布面积、分布状况、区域平衡状况预测，水质、水量、水情动态观测，洪水方向、洪水泛滥范围、受灾面积和程度的预测，流域下垫面分类，流域形状系数监测等。④在海洋资源方面。海洋占地球总面积的 71%，至今，1/3 的洋区还属于未知，遥感可到达未知海洋区。可监测海面温度、盐度、海冰、海浪、潮汐等；海岸线长度、海涂资源、海岸地貌、海岸动态变化、海岸带资源开发等；海洋鱼群的回游路线等。

下面以森林资源调查的遥感技术应用为例。

在森林资源的调查中，清查基本情况是首要任务，但由于森林大多分布在边远山区，交通不便、环境恶劣、人迹稀少，人类的直接踏勘就显得限制很大。而卫星遥感技术就可以克服这一限制。卫星遥感图像可以显示山区森林的分布和生长状况。不同的树种，树叶的大小结构不同，物质组成成分也不同，地物光谱特征也不同。绿色植被强烈反射红外光谱，绿叶越茂盛，垂直覆盖层次越多，红外光谱反射越强。由此可以区分茂密植被和稀疏植被或非植被区。阔叶林比针叶林有更强的光谱反射率，反映在图像上对应的图斑纹理比较粗糙，反差较大。由可见光-多光谱卫星遥感图像进行植被和树种的分类，是一种有效、方便的方法。

在遥感动态监测的基础上，应用地理信息系统管理森林，将有关森林的数据输入计算机，建成森林资源数据库，可以动态地监测分析森林的变化。3S（GIS、RS、GNSS）为森林资源的调查、定性定量定位分析、数据更新和动态监测提供了保证。

在森林火灾的监测过程中，遥感技术的应用更为实际。在气象卫星遥感探测器中，热红外波段遥感器对高温物体极为敏感，在彩色卫星遥感图像上，能清楚地显示出森林火灾发生的情况。在假彩色合成气象卫星云图上红色的是林火，黑色的是烧毁的森林，蓝色的是烟，烟飘动的方向显示了风向和火势的发展方向。气象卫星可以提供及时准确的火情报告，为指挥灭火行动、减少损失，发挥重大作用。干涉雷达遥感技术在估测森林木材储蓄量方面有独特的技术优势。雷达波对于树叶具有穿透特性，因而，雷达波可以直接与树干产生反射与散射效应。经过大量的实验可以建立干涉图像纹理及像元灰度与森林木材储蓄量之间的对应关系模型，从而由读取干涉雷达遥感图像对数据并经特定的模型计算来估测森林木材的储蓄量。

此外，遥感技术在森林病虫害监测、森林土壤状况调查等方面也有应用。

3.2　自然资源的野外调查

在自然资源调查中，宏观大范围的资源调查，遥感技术最有优势，但是在遥感解译过程中，需要选择样区，进行实地调查，建立解译标志，图像解译完还需要到实地进行验证，判断解译结果是否正确；一些生物种类（特种生物、药材、稀有动物等）、特种土质，在遥感调查过程中，是很难或不能够精确解译确定的，需要进行野外调查统计。

3.2.1　遥感解译标志建立和验证的野外调查

1）建立解译标志

通过了解调查地区的自然景观、资源类型、资源组合等概况，制订该地区资源调查的工作分类系统，确定各自然资源景观特征与遥感影像特征之间的对应关系，以建立解译标志。

野外调查一般采用横穿路线勘察方法，所选路线应穿过较多资源类型区，这样可以走最短的路，了解到全面的概况。在资源分布比较复杂的情况下，可以多选择几条不同资源类型的横穿线路。如果调查地区很大，进行全面的路线调查在时间上和经济上都不允许，那么，可以选择在几个样区内进行调查。应用卫星遥感图片进行路线调查时，还必须随时将透明地形图与卫片水系为基准局部套合定位，以免产生定位误差。制定工作分类系统必须考虑当地的资源特点，应与全国的统一标准相一致以利于比较。建立解译标志是资源遥感调查成败的关键，应对照航片、卫片随时定位、仔细观察资源景观特征、资源性质、资源类型与遥感影像特征之间的关系，进行素描、记载和系统编码，为室内判读提供可靠依据。

2）野外验证

在预判解译的基础上拟定野外验证的路线和样区。选择一些重点地段做地面路线调查，其路线同样也应当通过不同的资源和影像类型，以及一切有疑问的影像区，且应尽量与已进行路线调查的线路不重复，并应将样区布置在不同的资源类型区，以便采集标本、样品，同时进行剖面测制，补充、修改判读标志；验证预判时的定位精度、解译的分类精度及各种类型的界线精度；着重解决疑难地区和有重要意义的类型判读是否正确；进一步了解资源分布的规律及开发利用上的经验和存在的问题，以及为区域资源开发利用提供第一手资料。判读效果较好的地区，只需作少量抽样调查工作。有必要和有条件时，可进行航空目测，进一步验证像片判读草图的质量。

3.2.2　珍稀濒危生物种类的野外调查

开展对珍稀动植物资源的调查是资源调查的重要内容之一。通过调查，弄清家底，制定出各地珍稀濒危物种的名录，研究它们的分布规律、生态环境、种群和群落学特征，以及引起濒危的原因等，在此基础上划分出濒危动植物的类别和濒危状况，便于合理制定各地珍稀濒危动植物的保护和管理措施。

但由于这些生物种类、数量少，分布分散，在卫片和航片上很难体现出来，需要到野外进行实地调查，这些物种主要包括一些珍稀濒危的动植物。对植物而言，主要指一些具有经济、科研、文化和教育意义的，而且现存数量极少的植物，如一些特有的药材、乔灌木树种和稀有活化石类品种。对动物而言，则主要是指在野生动物中，那些不仅具有经济、科研、文化和教育等方面的价值，而且现存数量很少的动物，如我国的大熊猫、丹顶鹤、大鲵、梅花鹿、华南虎等。

1）调查方法

选定调查区域，一般情况，根据稀有物种的特性和稀有程度，设定调查区面积和范围。在调查区内，主要采用路线调查法和样方调查法进行调查。对植物来讲，采取分散集中的方法，在集中分布区，一般每个样方的面积 50 m×50 m，在分布分散的区域，每个样方的面积可设计为 1 km×1 km，然后根据一定的规律，成倍地扩大样方的边长，每扩大一次，统计一次物种的出现频率，设置样方密度 1/10。对于动物来讲，其流动性很强，调查难度较大，应根据动物活动的迹象，结合地形图采取网格状和放射状线路进行调查。每条线路的宽度为 2～8 m，长度按调查区面积设定。每条线路或样方调查的重复数不得少于 3 次。

2）统计内容

在调查过程中，要详细记录调查区的生活环境、海拔、分布区位、适宜的特殊生境。对于植物来讲，还应记录植物品种及所属的科系，生活的种群关系，统计其数量，计算其出现频度，量测物种的胸径，估计其高度，还要观测其生长规律。对于动物来讲，要额外观测其生活习性、繁衍情况，统计其数量分布，调查其迁移变化规律。有些植物在特定的地区生长状况良好，产量和品质均属优，人们习惯称其为“特产”，要调查这些植物的立地条件，即特种土壤调查，以及相关的自然环境调查。

3.2.3　自然资源综合考察

自然资源综合考察是在自然规律和经济规律的指导下，把自然界作为一个整体，通过对自然资源进行跨学科、跨部门、跨地区的考察和研究，探索自然资源合理开发利用的有效途径，为国家和地区有关部门制定国民经济发展战略和发展规划提供科学依据的一种科学研究活动。其主要任务是在查明并评价自然资源数量、质量和分布的基础上，为国家和地区编制中、长期经济发展规划提出可供选择的科学设想和方案，并对资源开发利用中的重大问题提出可行性建议。根据我国多年科考的工作经验，具体工作方法和步骤概括如下。

1）认真系统地收集和研究考察区的资料

要系统收集当地的航片、卫片、各种比例尺的地形图及各种专业图等图件资料，收集以往的调查研究报告，认真整理、分析前人的工作成果，了解前人的研究程度，通过对以往资料的对比分析，归纳加工，去伪存真，去粗取精，找出问题，为自然资源综合考察所用，使考察工作取得事半功倍的效果。

2）明确任务，落实计划，拟定提纲

首先派自然资源综合考察的踏勘小组进行实地预考查，到考察区向各级部门交流综合考察的目的和意图，听取意见和要求，收集情况和问题，取得地方的配合和支持。预察可获得对考察区一般的感性认识，可了解考察区农业资源利用状况和生产发展中亟待解决的重大问题，还可以校核已收集到资料的准确性，有利于修订全队考察计划，明确考察重点，组织专业力量，配备野外装备，确定考察路线和选取样点等。

考察计划的内容包括工作目的、研究内容、工作任务和进度、预期成果、完成时间和主要措施等。一般先确定综合考察的中心任务，然后各学科各专业课题组紧密围绕中心研究课题，分组制定总计划和阶段计划。

在确定考察计划后，紧接着应该拟定课题提纲，把任务进一步落实到组和人。与此同时，积极筹划和落实装备、仪器设备、交通食宿、通信条件、医药保健、安全保卫，并做出经费估算和分配计划。要对取样方法、记载方法、化验项目、化验方法、统计表格等设定统一标准；要对一些图件的预判读建立各类要素的统一判读标志和分类系统。

3）野外考察，分工合作

野外考察是取得第一手资料的重要环节。野外考察方式应按专业性质和工作要求而定。一般采取“面”“线”（地区性路线考察）和“点”（典型调查）相结合。要注意选择不同典型的自然资源类型、不同的开发利用水平和经营方式进行重点考察；要仔细采样，及时整理和鉴定标本、分析样品；要详细记载、拍摄、填图，尤其对变化异常的生境地段和类型要及时勾绘出来；要及时整理分析获得的第一手资料，并及时补缺修正。

4）集中总结，提交成果

在考察过程中，要随时进行阶段小结，发现欠缺及时进行补充；一年中要进行年度阶段总结，提出一年的工作成果和存在的问题。同时，各学科要进行分学科总结。在全部完成野外考察后要及时进行全面内业总结：抽调各专业的业务骨干，采取分散与集中相结合的形式，进行全面业务总结。总结过程中要反复研讨，综合概括，坚持集思广益，不断精益求精，把主要精力放在各类资源面积的统计、分布规律研究、各类图件编绘、分析存在的问题，提出开发利用的建议。通过总结，使资料统一完整，论点反复疏理，概念清晰准确，专业之间互相渗透贯通。完成考察报告的撰写。

5）接受评议，专家鉴定

考察报告撰写完成后，首先应向当地的有关部门汇报，听取意见。这样做，一方面可以及时修改报告，并验证报告所阐述的观点和结论是否正确；另一方面，有些建议和方案可及时提供给当地生产或规划部门参考利用。

报告修改完成后提交课题任务下达的部门，由课题主持单位组织专家和有关领导对考察成果进行鉴定，评价其成果的科学性、准确性和应用性。综合考察成果在获得鉴定后，应积极推广，尽快发挥其社会经济效益。

最后，应将原始调查、中间计算、分析测试数据、表格、照片、图件（包括地形图底图）、文字报告，以及工作计划、总结、财务结算等整理归档入库，建立相应的数据库。有价值的考察报告、学术论文、图件应及早编辑出版。这些文献资料都是留给后代的精神财富。

3.3 自然资源统计

统计学是通过搜索、整理、分析、描述数据等手段，达到推断所调查对象的本质，甚至预测对象未来的一门综合性科学。统计学用到了大量的数学及其他学科的专业知识，其应用范围几乎覆盖了社会科学和自然科学的各个领域。

自然资源统计属于应用数学研究的范畴，是应用统计学的理论对自然资源调查及所获取信息，采用一系列的数学公式进行统计分析、规律性研究、发展趋势的预测。

3.3.1 自然资源的分类统计

根据调查的数据，采用统计学原理和分析方法，对不同的自然资源进行规律性和开发利用分析，是自然资源规划、自然资源优化配置、自然资源保护的重要基础性工作和关键环节。

1）土地资源统计分析

在国家的统计局网站、各省市的统计年鉴都可以看到有关土地资源面积统计的主要内容，包括土地资源总量、土地资源类型的构成（耕地面积、森林面积、内陆水域面积、草地面积及滩涂、荒漠、戈壁、冰川和石山等其他面积）、人均土地资源面积。

土地资源利用效率的统计要素，一般包括：①反映土地资源开发利用程度的指标，如将耕地面积与土地总面积作对比，可计算垦殖率指标，又称垦殖指数；将有林地面积与土地总面积作对比，可计算森林覆盖率。②反映土地利用效率的指标，可就各类用地计算单位土地面积上的产出量，如反映耕地利用效率的耕地生产率、反映草原利用效率的每百公顷草原载畜量指标等。

2）森林资源统计分析

森林资源指森林、林木、林地及依托森林、林木、林地生存的野生动物、植物和微生物的总体。森林资源统计的内容主要包括两个方面：一是从与土地资源的联系角度设立森林面积指标；二是从可利用价值角度设立林木蓄积量指标（表 3-5）。

对森林资源的统计分析，可以从多方面进行，如将采伐量与蓄积量作对比，可求得木材蓄积利用系数指标，反映森林采伐程度；将采伐量与生长量相比较，可研究森林资源的采伐是否合理适度；将造林面积与采伐面积作比较，可分析森林资源的更新情况；将木材蓄积量与木材需要量作对比，可反映森林资源对木材需要的保证程度等。此外，为反映森林资源的丰富程度和生态平衡状况，需计算森林覆盖率与森林密度两项指标（表 3-5）。

表 3-5　森林资源量统计的常规指标

统计内容	统计指标	指标含义
森林面积	林业用地面积	生长有林木的土地面积和适合于种植林木的无林地面积的总和
	森林总面积	林业用地面积中的有林地面积（全部天然林和人工林面积）
	森林覆盖面积	实有森林面积或郁闭林面积
林木蓄积量	活立木总蓄积量	一定范围内全部土地上树木蓄积的总量（森林蓄积量和疏林、散生木和四旁树的蓄积总量）
	森林蓄积量	一定森林面积上存在着的林木树干部分的总材积量，它是反映一个国家或地区森林资源总规模和水平的基本指标之一，也是反映森林资源的丰富程度、衡量森林生态环境优劣的重要依据
林木生长量	每年依树龄增加的材积数量，以年末林木蓄积量减去年初林木蓄积量求得	
森林采伐量	每年实际砍伐的林木数量，可用采伐面积来表示，也可用采伐木材量来表示，一般后者更常用于对森林资源的统计分析	
森林覆盖率	森林面积/土地总面积×100%	
森林密度	森林覆盖面积/森林总面积×100%＝林木株数/相应的林地面积	

3）矿产资源统计分析

矿产资源包括金属矿产资源和非金属矿产资源，具体又分为黑色金属、有色金属、黄金属等十大类。矿产资源总量指标主要有矿产储量和已开采量两类。根据我国于 1999 年 12 月 1 日起实施的《固体矿产资源/储量分类》（GB/T177766—1999）分类统计，矿产资源统计分析包括矿产储量增减变动情况和矿产储量利用情况（表 3-6）。

4）水资源统计分析

水域资源包括陆地水域资源和领海水域资源。陆地水域资源因空间分布不同，分为地表水和地下水两部分。统计要反映水资源的总量、分布及利用情况。水域资源总量通常利用降水量和径流量指标反映，以 m^3 为计量单位。降水量是指一定时间内降到平地上的水量，通常以 m^3 为计量单位，如以其降水深度来衡量，则以 mm 为计量单位。径流量是指在一定时段内通过河流某一水断面的水量，它是可应用的水量，用以反映一个国家和地区水资源丰歉的程度。其计算公式：

$$水资源总量 = 河川径流量 + 地下水降水入渗补给量 - 重复计算量$$

表 3-6 矿产资源量统计的常规指标

统计内容	统计指标	指标含义
矿产储量	A 级（工业储量）	矿产数量和质量已完全探明，可用于编制矿山开采依据的储量
	B 级（工业储量）	矿山建设前期开采地段设计依据的储量
	C 级（工业储量）	指矿山建设设计依据的主要储量
	D 级（远景储量）	进一步布置的勘探工作和矿山建设远景规划的储量
	储量动态指标	年末保有储量/年初保有储量×100%
矿产资源量	探明可研次边际经济资源量	计算的资源量和可行性评价结果的可信度高
	探明预可研次边际经济资源量	计算的资源量可信度高，可行性评价结果的可信度一般
	控制的次边际经济资源量	计算的资源量可信度较高，可行性评价结果的可信度一般
	探明的内蕴经济资源量	计算的资源量可信度高，可行性评价可信度低
	控制的内蕴经济资源量	计算的资源量可信度较高，可行性评价可信度低
	推断的内蕴经济资源量	可行性评价仅做了概略研究，经济意义介于经济的次边际经济的范围内，可行性评价可信度低
	预测的资源量	属于潜在矿产资源，有无经济意义尚不确定

水资源有效利用统计，主要是通过水初始利用量和水重复利用量及重复利用率来反映社会经济活动的用水量及用水效率，水初始利用量指社会经济活动中自然界水资源（包括地表水和地下水）的一次利用量。水重复利用量指已进入社会经济活动使用领域的水资源二次以上的再循环利用量。水重复利用量占全部水利用量的比重称为水重复作用率，是反映水资源利用效率的重要指标。

水力资源统计要反映和分析水力资源的规模、地区分布和有效利用情况，主要指标有水力资源蕴藏量和水力资源有效利用量。

水力资源蕴藏量又称理论水力资源量，是根据各河流的平均流量及相应落差计算的水能储量，计量单位为 kW。水力资源有效利用量又称可开发水力资源量，指技术上可能、经济上合理、可以开发利用的水力资源，由水力资源蕴藏量中扣除损失量而得。

为反映和分析水力资源利用情况，将水力资源有效利用量与水力资源蕴藏量相比所得的比率，称为水力资源有效利用系数，用以研究水力资源可开发利用的程度；将已开发的水力资源量与可开发的水力资源量相比，则可用以分析可开发水力资源实际开发利用的程度。

3.3.2 自然资源分布的一般统计规律

一般来讲，资源分布可以用三维坐标系来表达，即在垂直坐标体系中，可以用距特定参考点的空间距离（x、y、z）来表达，而在球面坐标体系中，则可以用距特定参考点的度数（经度λ，纬度φ）及高度（h）来表达。

从资源分布的空间特征及所具有的范围看，资源分布一般表现为点状分布、线状分布和面状分布。面状分布又可分为斑块状与条带状两种。点状分布的资源与面状分布的资源在开发布局上有很大的不同，前者与矿产资源开发相类似，沿矿点布局；后者则与土地资源开发相一致，呈现出区域性的带状布局。线状分布的资源与河流水资源开发相关，呈现出串珠状的开发布局，如黄河上游的串珠状梯级开发的水电站就是这一类型资源开发的代表。

自然资源在地理空间的分布是不均匀的，其分布特征因种类而异，生态资源的分布具有某种地带性规律（如森林资源等），而矿产资源的分布则表现为非地带性。从本质上看，自然资源形成于一定的环境，无论是成矿带、沉积盆地，还是气候带、地貌类型区，都可以认为是地域分异的结果。环境的地域分异，决定了自然资源分布的地域差异，因此自然资源的宏观分布规律一般可以从板块构造、古沉积环境、气候带与地貌类型方面去把握。自然资源的分布在很大程度上决定着人类的开发程度和方式。自然资源分布密集地区，常常因其开发成本小于自然资源分布疏散地区，而受到重度开发。资源分布的最好表现方法就是编制资源分布图，它是资源调查结果在空间分布规律表现的有效工具。近年来利用地理信息系统技术，对资源分布可以进行数据库管理并通过计算机实施数字化表达与管理。

某种自然资源在一定地区（或矿区、沉积盆地）的分布，被认为服从一定的统计规律，其中 Zipf 定则是最经典的，这一规律认为，不同等级自然资源的资源量之间服从下列关系：

$$P_r^q = \frac{P_n}{r} \quad 或 \quad \ln P_n - \ln r = q \ln P_r \tag{3-1}$$

式中，P_r 为第 r 级资源的资源量；q 为某一常数。

经典理论还以 Bradford 定律来估算资源出现频度，这一规律认为按大小排序给定的资源序列，其单元的频度以幂函数形式增加，即频度序列为 $a^0, a^1, a^2, \cdots, a^{n-1}, \cdots$。这个规则估计了分布频数，但仍称为 Zipf 规则。

近年来，一些资源学家们不断地引进其他的分布，如 F-分布、指数分布、对数分布、对数正态分布和帕累托分布等，其中以对数正态分布和帕累托分布最常见的累计概率为

$$F(x) = 1 - \left(\frac{x' - x_c}{a} + 1 \right)^{\frac{1}{b}} \tag{3-2}$$

式中，x_c 为最小资源量；a 为归一化常数；x 为资源量；b 为形式参数。在无偏情况下 $(x_c - 0)$，一般帕累托分布的概率密度为

$$f(x) = Kx^{-s} \qquad (K > 0, \quad S > 0) \tag{3-3}$$

式中，K 与 S 为常数；f（x）为 x 的概率密度函数。可以看出，Zipf 规则（或 Bradford 律）是无偏帕累托分布的特殊形式。

对资源分布的估计，主要运用于自然资源的勘探中，用于估计未探明资源量。在矿产资源的分布研究方面，近年来转向重视资源的组合类型；对生物资源的研究，开始注意生态位和最小限制因子律对资源分布的影响。

? 复习思考题

1. 熟悉遥感系统的组成和工作原理。
2. 掌握遥感信息获取的方法和技术。
3. 掌握自然资源野外调查的基本方法和要求。

4. 掌握统计学方法在自然资源调查数据分析中的应用。

? 引深讨论问题及分析思路

讨论问题

1. 3S 技术在自然资源动态变化过程中应用的进一步改进。

2. 自然资源调查统计在资源开发利用规划中的意义。

分析思路

随着科学技术的进步，自然资源的储量、利用率、新型资源（可燃冰）的探明量都在发生变化，替代性资源的发现对传统资源的节流起到了很大的作用。这些动态变化要求自然资源的调查统计同步进行，既要在量上统计分析，还应从质上评价分析，更要在空间上对应分析。因此，要改进常规的统计分析方法，要将 3S 技术与应用统计学结合，分析自然资源调查统计方法的改进发展趋势。

第 4 章　自然资源数据库及信息系统的建立

内容提要

基于自然资源种类多、数据庞大和变化频繁的特点，考虑资源利用的全球化现状，在信息量大而更新快的大数据时代，常规的数据积累和分析的缺陷日益凸显。鉴于这一思考，在第 3 章自然资源调查的基础上，本章重点讨论了自然资源数据库和自然资源信息系统的建立，并以农作物估产技术为例，启发学生将自己所学的专业知识与 3S 技术相结合，进一步探讨自然资源动态变化的监测和预测技术。

重点要求

（1）学会自然资源数据库建立的基本技能；

（2）掌握自然资源信息系统的基本结构。

4.1　自然资源数据库

自然资源数据库是自然资源信息系统的核心，是资源科学发展到一定阶段的要求。自然资源数据库的建立和运用，为自然资源的调查、数据储存、动态分析、管理等提供了灵活、高效、快捷的手段；加快了数据处理速度，减少了很多的重复劳动，并能使资料数据系统化，在网络化情况下，多系统调用，提高了数据的利用效率。

4.1.1　自然资源数据库的基本理论

1）自然资源数据库

数据库：是指存放在计算机存储器中，按一定格式事先编就的相互关联的数据集合，能以最佳方式、最少冗余为多种目的服务，可供用户调用。除有数据检索和存取功能外，还具有数据修改、增加、删除、整理等功能。具有较高的数据独立性，受数据库系统的集中管理。数据库也可以看成是与某方面有关文件的集合。数据库对数据文件进行重新组织，最大限度地减少冗余，增加文件间的联系，实现对数据的合理组织和灵活存取。

自然资源数据库是集遥感图像、线划图形及其属性数据为一体的大型时空数据库，更准确地说是一种数据仓库，其数据量极其巨大，多种类型数据各自的表达结构又十分复杂，数据之间存在一定的关联关系。这些因素致使这种数据库的管理技术十分复杂，技术仍在发展之中。

2）自然资源数据库类型

数据库一般可分为文献型、管理型、数值型等。

自然资源数据库可建为以数值型为主的三种类型兼用型。

3）自然资源数据库结构

数据库结构又称为数据模型，是数据库中数据的整体逻辑组织，或用户所看到的数据之间的逻辑结构，反映了实体之间的逻辑联系。目前，通用的数据库模型主要有三种：关系模型、层次模型和网状模型。

自然资源具有其自己的特性，决定了资源信息的整体与个体以及相互之间的逻辑关系。资源信息基本上是空间型的信息，即每一信息都是在基本空间框架下表达的，都有空间的意义。DTM 模型给出了空间数据组织的基本框架，但是空间数据并不是自然资源信息数据的全部。因为除了空间数据库之外，还有相应的多种属性数据。因此，自然资源信息系统基本上包括空间数据库和属性数据库。属性数据库几乎无一例外地全部采用关系型数据库结构，但是对于空间数据大多数系统却不用关系型数据结构，其原因是空间数据结构比较复杂，而用非关系型数据结构。不过，这种二元制的数据组织方式不利于数据的统一管理。为此，空间数据可以用多个关系型二维表格来存储，将空间数据与属性数据统一在一个关系型数据库管理之下，只是这种数据库管理起来复杂一些，要求系统数据管理功能强大一些。目前，一些大型的数据库管理系统都可以满足这种要求。由此可知，用关系型数据实现系统中的空间数据、属性数据的一元化管理，是自然资源信息系统数据库软件编程的主要发展趋势。

4）自然资源数据库的特点

数据库在以任何领域为工作对象的信息系统中都是处于基础性的地位，资源信息技术也不例外。自然资源信息数据库不同于其他领域信息数据库，其特点如下。

第一，自然资源信息数据库是空间数据与属性数据高度统一的数据库。在空间数据与属性数据两类数据中，空间数据是基础，各类属性数据都附着在空间框架上。因此，空间数据是第一位的，自然资源信息技术中要求用很大的力量处理空间数据。当然，属性数据也不是不重要，空间数据与属性数据高度统一在 DTM 模型上。自动维护这两类数据的一致性是自然资源信息数据库管理系统最基本但也是有相当技术难度的工作。数据库门类十分复杂，这是由自然资源信息表达对象的性质本身决定的。自然资源信息覆盖的范围很广。它的复杂性不仅在于门类繁多，还在于各类信息数据相互关联，表达一个信息需要使用多种数据，需要回答“分布状况”“动态变化”“存量丰度”等问题。

第二，自然资源信息数据库的开放性要求高。自然资源信息是社会各行各业普遍关注的信息。数据库不仅要向本部门本行业内部提供有力的信息支持，还要向全社会提供信息服务。数据库对数据的安全性、可靠性、规范化都要有较高的要求，而且在管理功能上要满足多种用户多侧面的要求。

第三，自然资源信息数据库的存留性。自然资源信息数据库如同其他领域信息技术或信息系统一样，是一个具有独立意义的功能实体。在自然资源信息技术中，遥感图像处理软件、地理信息系统软件平台都可以更换，而自然资源信息数据库却需要永远保存，数据库中的数据是数据拥有部门的一宗巨额财产。数据库的建设应当在任何部门任何单位的信息系统建设中列为首要的建设内容。数据库的建设包括数据管理系统的开发、数据的录入与数据库的日常维护，其中数据库的数据质量是数据库的生命。

第四，自然资源数据库维护的重要性。由于自然资源数据库是国民经济各个政府管理部门、各类社会群体获取资源信息的主要来源，因此，维护数据库数据的一致性、改善用户使用数据库的工作界面、增强数据网上传输效率与数据安全、研制开发智能化信息检索环境是当代数据库管理技术、自然资源信息数据库管理技术发展的方向。

4.1.2 数据库建立的技术基础

数据库的建立要靠电子计算机系统这个实体，它包括硬件系统和软件系统。

1）硬件系统

数据信息存储在大容量的硬件设备上，电子计算机具有大容量的存储设备，脱机或联机使用的各种输入、输出设备。资源数据库的信息存储可以采用多级存储形式，主存储器（计算机内存）可以随机存储基本的系统软件，如管理程序、操作系统、文件目录、用户程序、索引表等；而磁盘作为直接存取设备，它与主机直接交换信息；大容量的磁带作为后援存储设备，它能脱机保存，有容量大、价格便宜、宜保存等优点。

2）软件系统

通常数据库中包括下列软件系统：①计算机语言及编译程序。②应用程序。应用程序的多少和功能，取决于资源数据库的性质和用途。③数据库管理系统（database management system, DBMS）。它是管理数据库的一套软件系统，包括系统的控制、资源数据的存储、更新、查询、维护、安全等，处理用户程序中的各种命令、按照数据库的逻辑结构来组织和控制操作系统，去执行应用程序的命令，并将其结果答复用户。④操作系统等。

4.1.3 自然资源数据库建立的步骤

第一，自然资源信息系统的调查和分析。首先要分析研究自然资源各学科内部，以及相互之间的性质、特征，确定信息范围，制定信息系统体系图，估算系统容量，确定本系统的概念模型。

第二，数据库数据规格化和标准化的研究。

第三，自然资源数据库概念模型的建立与数据库功能研究。

第四，数据库的系统设计。包括数据库管理系统、数据库结构和运用设计。①数据库管理系统 DBMS 的分析研究。通常数据库的建立都是要基于某一个数据库管理系统的，这个系统已经商品化了，可以根据需要选购，一般不用建库单位去自行研制。但由于自然资源数据具有空间数据的特点，为 DBMS 的选购和分析带来了一定的困难。②数据库结构设计。它包括逻辑数据库和物理数据库设计。逻辑数据库，就是指资源数据实际存在的逻辑关系，它能被用户见到。而物理数据库是根据逻辑数据库的设计，将其存入计算机的存储器上，与用户不直接发生联系。③运用设计。它包括数据库字典设计、数据代码设计、功能设计、输入输出设计、安全、保密设计等。

第五，数据库系统的实施设计。它包括数据库模拟、数据库试建以及数据加载。

第六，数据库系统的应用研究。数据库的建立目的在于应用，因此，为实现数据库的各种功能，而开展应用研究是十分重要的。

4.1.4 自然资源数据库的建立

1）建库目的

自然资源数据库是为自然资源研究机构、国土整治决策机关存储和处理数据信息，从而为资源利用和保护提供科学依据，为自然资源学科研究提供素材。这一数据库的用户有：国土整治的各级决策机关，如国土资源部、各省国土局，自然资源及其他国土资源研究机构，如中国科学院、自然资源综合考察委员会及其他科研机构。数据库与用户的关系，如图 4-1 所示。

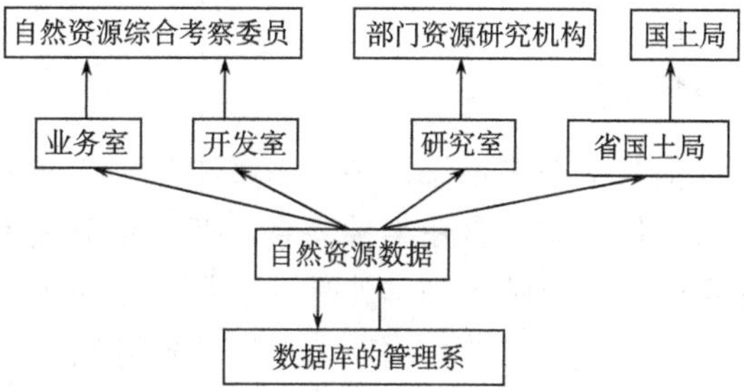

图 4-1　数据库与用户的关系

从自然资源数据库的服务对象来看，它既是研究性的，又是生产性的。无论是自然资源学科研究，还是资源的开发利用，均以单项或综合的自然资源为对象，各单项资源如土地、森林、草场、矿产等已经建立或准备建立单项资源数据库，这对每一项资源的深入研究及合理利用是必要的、有益的。

自然资源数据库不是单项资源数据库的简单算术和，也不能代替单项资源数据库的作用，但又与各单项资源有着密切的信息交换关系，可为各种自然资源的研究或利用提供综合性数据。因此，自然资源数据库可以起到单项资源数据库起不到的作用，它主要是为资源综合研究、综合开发利用服务的。

2）服务功能

自然资源数据库的服务功能是提供以下信息：①特定地域各类资源的分布图、统计表和数字已利用的资源数据、未利用的资源潜力、资源平衡表；②提供给定经济技术条件下，某一地区的综合开发整治最优方案，工农业生产的合理布局，工农业内部机构调整；③提供特定自然区域单元内的生态环境演变情况信息，为治理保护资源环境服务。

以上功能全部实现汉字终端输入、输出，以便用户使用。

3）系统边界

自然资源数据库属于资源信息系统，信息系统的范围和边界是由实体集的范围和边界决定的。根据不同的目的，可选取不同的实体集组成不同的系统。自然资源研究的特点是区域性、综合性、战略性，这个特点决定了数据面广、量大，但不能太深和太专。自然资源数据库选取全部自然资源实体集为系统的内容，包括可更新型资源和不可更新型资源。这些实体集，在数据库中称为数据集。

从自然资源研究的性质来讲，自然资源数据库收集的数据要广得多和深得多。除收集自然资源基础数据外，还涉及许多社会经济资源数据的收集。这是因为：①自然资源是一个交叉综合性学科，自然资源数据库所包含的实体集，如土地、水、气候、森林、煤、铁、石油等；②自然资源的各种实体集均有专门的管理部门，如农业部、林业部、水电部等。

但是，如果自然资源数据库将这些实体集的属性全部收集入库，计算机难以容纳，势必造成重复劳动，既不可能，也不必要。鉴于此，自然资源数据库的建立，要根据自然资源研究的目的进行设计。不同的目的，要求数据库系统的功能不同，则应选择不同的数据项（属性的抽象化概念），设计数据库系统时，不应包括那些与应用无关的属性作为数据项。从而，对各种资源属性的选择，就有了一个界限，即解决了收集数据的深度问题。此外，自然资源数据库还需要大量的数据过程（虚数据），每次需要时可以由原数据运算生成。

4.1.5 自然资源数据库的概念模型

自然资源数据库系统包括若干个子系统，每个子系统又包括若干个实体，每个实体选取若干个有关的属性；实体与实体之间又存在某种关系。把自然资源系统所包括的全部实体、全部关系和全部属性用文字或图形反映出来，就是这个数据库的概念模型。

为了和用户交换意见，为了便于修改和更新，在自然资源数据库逻辑设计之前，在系统目标、系统功能分析的基础上，设计出自然资源数据库的一个概念模型。这个概念模型与未来采用的计算机模型和数据库管理系统无关，是一个能反映自然资源领域、容易被用户了解的模型（图 4-2），或称为设计框架图。

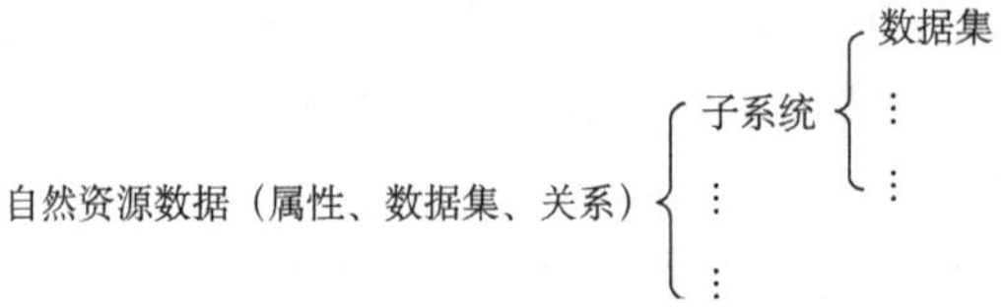

图 4-2　自然资源数据库概念模型

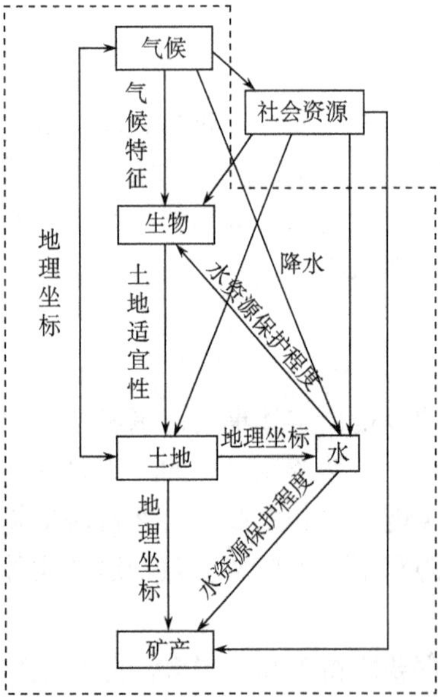

图 4-3　自然资源数据库子系统关联图

自然资源数据库的子系统包括：气候资源子系统、水资源子系统、土地资源子系统、生物资源子系统、矿产资源子系统、资源经济子系统等。

在自然资源数据库系统中，对整个自然资源来说，某一单项资源是一个子系统，但这个单项资源又可能划分为更低一级的子系统。例如，土地资源研究包括土地类型、海拔、地貌类型、地理坐标、岩性、母质、坡度、土壤类型、有机质层厚度、土层厚度、水资源保证率、土地利用现状等；气候资源研究包括气候类型、太阳辐射强度、年平均温度、月平均温度、年降水量、月降水量、灾害性天气等；农作物研究包括作物品种、适生带、土地条件、灌溉定额、亩（1 亩≈666.67 m^2）产量、劳动力消耗/亩、物资消耗/亩、净产值、纯收入等。而各数据库子系统之间也存在着某种关联（图 4-3）。

每个数据集都有自己特定的属性，数据集之间又有某种联系。将所有数据集的属性、相互联系用一个框图描述出来，即可得知数据库的内部结构。因此在建立数据库时，应做出每个子系统的数据集关系图，标识出所有数据集和关系的数值型和属性。

为了叙述简便，分别把气候、土地、水和矿产看作一个实体类型，在生物资源中只取农作物一个实体类型。在标识关系类型时，只标识气候-农作物关系类型、土地-农作物关系类型、水-农作物关系类型、土地-矿产关系类型和水-矿产关系类型。自然资源实体关系如图 4-4 所示。实体和关系的值类型和属性也可以一一标识出来，这里仅标识出土地、农作物和土地-农作物的属性（图 4-5）。图 4-4 和图 4-5 都是示范，在实际建库时，应做出每个子系统的实体关系图，表示出所有实体和关系的值类型及属性。

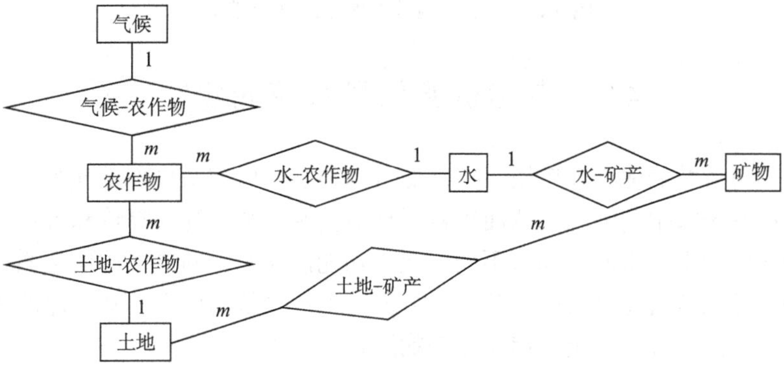

图 4-4　自然资源实体关系图

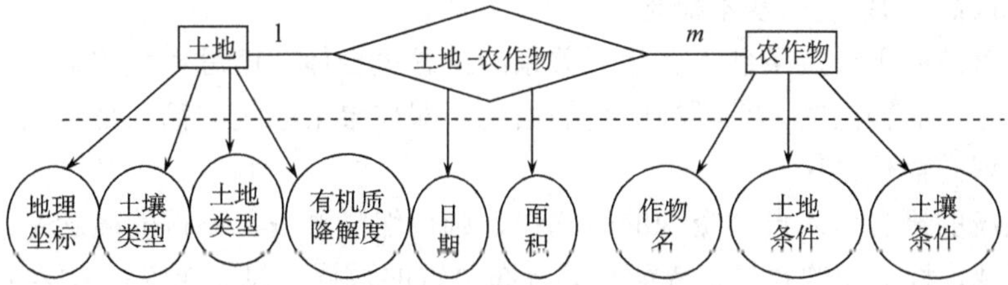

图 4-5　土地、农作物和土地-农作物的属和值类型

4.1.6　自然资源数据库系统的应用实例

以某地区自然资源的合理利用及农业生产内部合理结构和布局所需要的数据库子系统为例。建立这一子系统的目的是解决：第一，特定地区内各种类型的土地上合理布局生物资源；第二，各种生物在生产上的规模和比例关系。这一数据库的概念模型如图 4-6 所示。

在这项研究工作中，必须从生态平衡和经济效益的结合上，研究水、土地、气候等自然资源的合理利用。从收集数据的广度看，当地所有的自然资源，如土地、气候、水、生物、矿产均是研究的对象；从收集数据的深度来看，收集和研究与农业生产（即自然资源利用）有关的属性，重点在资源利用的生态效益和经济效益；还涉及经济资源和各种外部因素，作为农业生产合理布局的限制因素。例如，在对土地实体的研究中，列出一些关键性的属性，包括海拔、坡度、土层厚度、有机质层厚度、适宜区位等 13 个属性，就是为合理利用土地资源而设置的。如果研究各类土地形成规律、改良土壤、合理施肥等目的，则必须设置土地的其他属性。

- 农业生产合理布局
  - 经济资源及其他外部因素
  - 自然资源
    - 非再生性资源
    - 再生性资源
      - 土地
      - 气候
      - 水
      - 生物

图 4-6　农业资源数据库系统概念模型

4.2　自然资源信息系统的建立

自然资源信息系统的建立和应用，使自然资源科学的研究从局部走向整体，从单项走向综合，定量化的水平大幅度提高，从而丰富了自然资源学科研究的理论和方法。然而，自然资源信息系统是一个多层次的结构，不同层次的功能，需要不同层次的信息系统来实现。因此，自然资源信息系统的建立必须要从三个方面着手：系统的建立、数据库的建立、分析模型的研究，这样才能保证自然资源信息系统的运行。

4.2.1　自然资源信息系统的基本理论

1）自然资源信息系统的基本概念

信息系统就是处于一定条件下有相互关系的信息集合体，信息系统的输入是从环境中收集到的有用数据，而输出的则是环境所需的信息，即如果某系统的输入是数据，输出的是信息，则该系统就是信息系统。

把信息系统的概念引入自然资源的研究中，则自然资源信息系统的概念是：通过信息技术，把一个区域各种资源的要素、特征及其分布位置的数据信息（或资料），存储在计算机存储器中，在计算机硬件和软件的支持下，实现资源信息的增加、删除、修改、更新、综合分析等。最后，输出适用的自然资源信息。由于自然资源包括的内容十分广泛，所以，自然资源信息系统是由若干子信息系统组成的非常复杂的系统。

2）自然资源信息系统的分类

根据系统功能和级别，一般可将信息系统分为高级信息系统和低级信息系统。高级信息系统对信息具有加工、分析、处理的功能，由于它有效地应用了运筹学和系统分析等方法，使系统的功能大大加强，成为可供决策的高级信息系统。低级信息系统仅向用户提供资源的数据文件、档案文件，系统不对数据或档案进行加工分析。低级信息系统还可以进一步分为数据供应系统和档案供应系统。

自然资源信息系统可以根据自然资源科学的不同分类，分成若干子系统，或者按照资源管理需求进行各子系统划分（图 4-7 和图 4-8）。

- 自然资源信息系统
  - 陆地自然资源信息子系统
    - 可更新的（生物、土地、气候、水等自然资源信息）
    - 不可更新的（地壳矿产资源信息）
  - 海洋自然资源信息子系统
    - 海域信息
    - 海岸信息
    - 海洋气候、水文、渔业、矿产等资源

图 4-7　按自然资源类型划分的自然资源信息系统

- 全国自然资源信息系统
  - 省级自然资源信息系统
    - 县级自然资源信息系统
    - 某一区域的自然资源信息系统
    - 以中心城市为依托的自然资源信息系统
  - 跨省、市、县的自然资源信息系统
  - 市级自然资源信息系统

图 4-8　按行政区划分的自然资源信息系统

3）自然资源信息系统建立的基础理论和技术

自然资源信息系统是一门由多种现代最先进技术集合而成的新技术，它的形成和发展充分地体现了多种新兴学科和技术的发展水平。由此可见，自然资源信息系统的主要支持学科和原理有信息论、系统论、大地测量学、数学、计算数学、统计学等相应的专业原理。硬件技术包括计算机技术、数据库技术、遥感技术、通信技术、全球定位技术等。

4.2.2　自然资源信息系统的基本结构

自然资源信息系统与一般信息系统的功能逻辑结构一样，都包括输入子系统、数据库管理子系统、系统管理子系统、应用模型子系统、输出子系统等五大部分。自然资源信息在系统中的流程如图 4-9 所示。

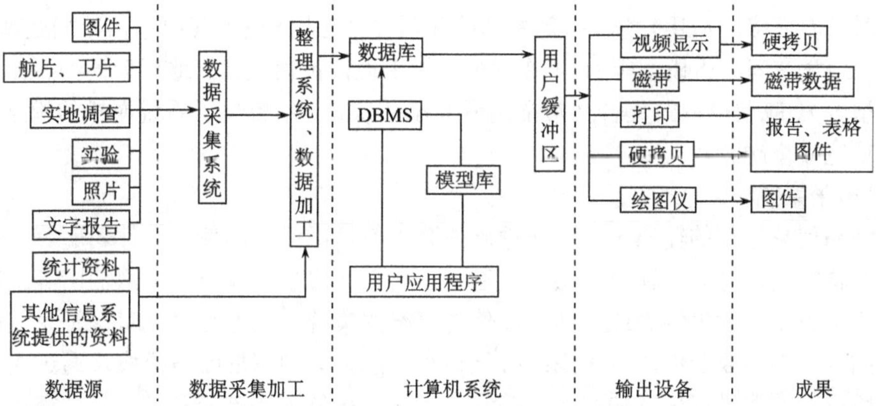

图 4-9　自然资源信息在系统中的流程图

1）输入子系统

自然资源信息系统的输入子系统一般都较为复杂，因为这个子系统需要将大量的图像、图形及依附于空间位置的各种属性数据和文档数据按照一定格式、分门别类地纳入系统中。进入系统的数据通常有遥感数字图像数据、纸质地图数据、纸质文档表格数据、计算机网络传输的数据或光盘数据库数据等。数据输入的方式有手工键盘输入、磁盘或光盘拷贝输入、计算机网络下载输入、手扶数字化仪采点输入、扫描仪扫描输入等。自动化、智能化是输入子系统的设计目标。但是由于数据输入要求的复杂性，特别是空间数据与属性数据一致性的要求，数据输入过程中的人机交互、部分手工操作常常是不可避免的。为了保证输入数据的质量，该子系统通常还需要开发数据逻辑检验功能，以避免带有错误逻辑关系的数据进入。功能完善的系统还具备各种数据检验功能模块，包括空间数据与属性数据逻辑一致性检验功能模块，供用户选择使用。

2）数据库管理子系统

图像、图形、属性数据一体化管理是许多自然资源信息应用对数据库管理的特殊需求，规模宏大的系统常常需要网络化的数据库管理，一些先进的信息应用系统还需要具有带时间维空间数据管理的功能。为了数据库数据向不了解数据库的用户传播，实现数据导航，设置元数据是必要的。研制开发自然资源信息系统的数据库管理子系统主要的技术困难在于保障空间数据与属性数据一致性的数据处理技术，这里包括图像数据与图形数据的准确配准、空间数据与属性数据交互访问、空间数据的拓扑变更、空间数据与属性数据连带性变更等。关系型网络数据库是当前这类数据库管理系统的发展趋势。

3）系统管理子系统

系统管理是指对系统内各模块程序的管理，包括用户界面各层次的屏幕显示、用户指令的判别、模块程序的组织与调用、相应数据库的调用等，反映在系统外部就是计算机屏幕的各层次页面。在屏幕各层次页面上显示的功能模块名称或代号体现系统具备的功能及完成某项工作实施的过程。事实上，包括自然资源信息系统在内的所有应用系统都是通过系统管理子系统组织功能模块去模拟实际作业的具体过程的。对于网络化的自然资源信息系统，系统管理子系统还需要在网络安全上采取相应的技术措施以保障系统运行及数据通信的安全。

4）应用模型子系统

通常系统具有多种应用功能，而每种功能又需多种应用模型，其中包括数据处理模型（如统计模型、地学空间分析模型等）、工作模型（如土地评价模型、土地规划模型、土壤营养亏缺诊断模型等）。应用模型的集合又常常构成专家系统。应用模型子系统囊括的模型越多，表明系统的功能规模越大。

5）输出子系统

自然资源信息系统的输出子系统在输出内容上包括影像、图件、文件表册等；在输出形式上包括屏幕输出、打印机输出、绘图仪输出、光盘（磁盘）输出、上网输出等。对于自然资源信息应用系统，输出绘制或打印的图件与表格的美观、规范是系统对该子系统的特殊要求。由于图件绘制的复杂性，该子系统必须拥有功能强大的图形编辑模块，通过人机对话的方式实现用户对图形进行任意的修改、整饰及标注。这就需要该子系统具有大容量的汉字库（包括矢量汉字库与点阵汉字库）、图形符号库及多种智能化图形标注的功能。

4.2.3　自然资源信息系统的主要功能

第一，自然资源数据的存储：①存储自然资源中所有基本要素数据和基本要素的语义数据；②数据资料的自动和半自动采集；③数据资料的前期处理。

第二，自然资源数据的检索和更新。

第三，数据库能够被多种应用程序调用和共享。

第四，自然资源的数量统计，可迅速输出面积、坡度、数量、各种经济指标等。

第五，自然资源的综合评价和分析功能，要求对数十种资源要素进行综合评价分析，并保证分析研究全面、可靠，还应能同时采用多种评价方法，快速地产生多种评价结果，从中选出最佳者。

第六，开展自然资源规划研究。提供决策依据，实现人机对话。

第七，具有多种输出功能。

第八，提供各种应用程序。认识资源的分布规律、数量结构、演变关系、开发问题等，要求系统提供各类应用程序，如打印特征值、直方图程序，趋势面分析程序、回归分析、聚类分析、线性规划等各种软件。

4.2.4 自然资源信息系统建设的主要环节

自然资源信息系统是信息论、系统科学、计算机技术、遥感技术等应用于自然资源科学领域的一门新技术。由于它能够实现自然资源数据库的采集、整理、输入、处理、存储、综合分析、科学管理、多种输出等功能，所以是自然资源科学发展的重要的技术保证。

自然资源信息系统的建立主要是服务于自然资源科学的综合研究、国土整治、国民经济规划、环境动态监测等，因此，它所包含的内容应该是：各类主要自然资源的信息，与资源有关的社会、经济、技术信息。

自然资源信息系统最终应建成为决策的信息系统，但可以从低级到高级发展。首先建立面向供应数据和文献档案的信息系统，它只向用户提供自然资源的数据文件或档案文件，系统不对数据或档案进行加工分析，按数据类型可分为数据供应系统、档案供应系统。这是信息系统的低级阶段。

建立面向功能的信息系统，它是信息系统的高级阶段，对信息具有加工、分析、处理的能力。有三种不同的类型：单项信息系统、多项信息系统和面向决策者的信息系统。

自然资源信息系统的建设主要包括系统分析、系统设计、数据库建设、系统管理与维护等工作环节与技术环节。

1. 系统分析

系统分析是系统建设的首要环节，主要解决在一个单位系统是否有条件建设、建设什么样的系统，以及如何建设系统这些根本性问题。系统分析可分为可行性分析、业务流程调查、数据流程调查与分析，以及书写系统任务书等工作步骤。

1）系统可行性分析

一个单位建设某种资源信息应用系统需要具备三个条件，即业务条件、技术条件和经济条件。如果这些条件具备即系统可行性分析通过。业务条件是指系统建设单位是否有一整套程序化日常工作流程；是否具有大量数据及可靠数据更新的数据来源；是否迫切需求计算机信息系统辅助解决日常工作的问题，这些条件全部具备才可认为业务条件具备。技术条件是指系统建设单位是否拥有相应的信息技术人才，单位职工整体计算机技术是否达到一定的水平。经济条件是指系统建设单位经济上是否足以支撑系统建设的资金要求，包括计算机软硬件投资、设备更新与系统维护的资金消耗，以及系统技术人员培训费用。

2）业务流程调查

系统研制开发人员要深入基层的业务科室，调查研究业务工作流程，分析每一工作步骤的做法及工作要求，编绘工作流程框图，这种流程框图要反复征询业务工作人员及业务主管领导的意见，取得他们的认可。

3）数据流程调查

在业务流程框图的基础上，调查研究数据流程。一项业务工作可能需要多种数据，也可能产生多种数据，因而数据流程与业务流程有关系但又不同于业务流程。数据流程调查的结果产生数据分类编码表、数据字典（即对每一类数据的说明，包括数据单位、精度、编码使用方法等）及数据流程框图。

4）系统任务书的编写

系统任务书是系统使用单位一方与系统开发一方共同认可的系统蓝图，它以书面方式勾画出系统的框架，确定出系统应当能够完成的工作，模拟业务流程设置的系统工作流程，表述系统中数据编码方案，因而系统任务书实际上是系统分析的总结。系统建设完成时，以此作为系统建设评价的依据。

2. 系统设计

系统设计包括功能设计、数据结构设计及程序设计，这一步骤的工作成果是系统软件。

1）功能设计

功能设计不同于系统工作流程框图，因为工作流程中有许多步骤是使用同一系统功能的，这里的功能设计要给出系统功能模块的划分及各功能模块之间的关系。划分功能模块要考虑现有软件平台组件的使用，既不能划分得过大，也不能划分过小，造成系统管理麻烦。

2）数据结构

设计数据结构是系统程序设计的基础，要将数据结构设计与实现程序功能的算法结合起来通盘考虑，复杂的包容空间数据与属性数据的资源信息应用系统对于数据结构设计是一个巨大的挑战。数据结构设计要考虑完备地表达复杂的时空拓扑关系，还要注意与流行的数据库管理软件平台相衔接，以及能够容易地与其他系统交换数据。对于用现有软件平台组件搭建的系统，注意数据结构设计要与组件要求的结构相兼容。

3）程序设计

现在系列繁多的软件平台已经为系统开发提供了相当多的组件，程序设计在多数情况下变成了组件简单搭建，只有少数情况需要在底层编写程序。因而程序设计变得简单化，设计时间也大大缩短了。

3. 数据库建设

自然资源数据库是信息系统的核心部分，在输入子系统支持下用户输入的数据全部进入数据库。系统的输入子系统程序编写结束并经调试无误后，即可开始进行数据库建设。为确保建库质量，入库数据事先必须经过系统整理、严格核对检验。数据入库后还须经多种计算机与人工相结合的数据检验方法的检验。

输入子系统除支持一般时空数据、属性数据输入外还必须支持元数据输入。元数据是数据的“数据”，即对数据库数据加以说明，说明内容包括数据覆盖范围、数据精度、数据格式、数据有效期、数据生产单位等，总之是使不了解该数据库的用户了解此数据库，使不会使用该数据库的用户会用此数据库，即起到数据库说明、数据库“导航”的作用。元数据进入系统后生成元数据库，元数据库是大型应用信息系统数据库的重要组成部分。

4. 系统管理与维护

系统软件程序编写、调试结束，并且基本数据入库以后，系统需经上级单位组织的专家组进行正式的验收、鉴定，有时数据库也可单独验收，验收鉴定后才可正式交付使用。

系统管理与维护首先是数据库的管理维护。数据库的正常运行及保持数据的完备性、准确性与现实性是信息系统发挥效益的先决条件。系统建设单位需要建立完善的管理规章制度并严格执行，此外还需有不断更新的数据安全技术措施，以保护数据库不受各种计算机病毒的攻击。

系统软件需要定期的更新换代，系统运行中发现的故障或错误需有详细记录，及时交付系统开发部门处理。

系统使用单位须给予系统运行人员出外学习提高的机会。系统运行使用人员的技术水平对于充分发挥系统的效益关系极大。

5. 资源信息应用系统的标准化建设

系统标准化建设是资源信息应用系统能够与外部系统数据兼容、资源共享的基础，也是本系统能够可持续使用的必要条件。系统标准化建设包括名词术语、数据编码、数据库、元数据、程序设计、系统管理等方面的标准规程的制定与实施。系统标准化建设贯穿于系统开发使用的始终。目前国际与国内都已经或正在制定门类复杂的信息技术行业标准，各部门各单位在系统建设中，包括自然资源信息应用系统在内的各类系统建设，都要自觉执行标准的规定，以求系统的标准化、规范化。

4.3　自然资源信息系统的应用实例

自然资源信息系统中有大容量的自然资源数据库和为决策研究所提供的各类模型，以及先进通信技术和资源数据采集装备的支持，决定了它具有广泛应用的可能。自然资源信息系统的应用，包括利用大容量的自然资源数据库，存储重要的自然资源数据，实现数据库所具有的功能，开展自然资源各学科的研究；满足综合研究的需要，如国土规划、流域规划和综合治理、资源综合开发、经济预测等，环境动态监测和保护；资源预测和灾害预报；各类图集的编制等。

下面以农作物估产为例来说明自然资源信息系统的应用。

1. 农作物估产系统

农作物估产技术的发展基础是遥感技术、地理信息系统技术及计算机信息技术，还与社会信息化进程有关。农作物估产是一项常规性的农业管理业务工作，需要建立一个专项的农作物估产信息系统来完成这项工作。这样看来，农作物估产信息系统需要综合遥感技术、地理信息系统技术、计算机信息管理技术及农作物栽培知识，现代高新信息技术与传统农业科学相结合是当代农作物估产的一个技术特点。

农作物估产的技术关键在于作物生长状况实时信息的提取，遥感技术就其基本原理来说就是依靠电磁波与地物（这里是植物叶面）的相互作用获取信息数据。在遥感、地理信息系统技术大规模普及使用以前，农业部门也进行农作物估产工作，而这项工作是通过动用大量的人力、物力手工完成的。这种方法人力、物力、财力投入很大，有很大的主观经验成分，估产结果受人为因素干扰很大，数据供应不及时、不准确，难以满足生产管理、经济管理的需要。现代自然资源信息技术支持下的农作物估产不仅效率高、数据准确，而且可以节省大量资金。

2. 农作物估产的技术路线

农作物估产是遥感技术出现后不久资源信息技术应用研究最普遍的领域之一，技术方法较多，各种方法不断在改进。这些方法基本上可以归结为两条技术路线：基于统计的农作物估产和基于农作物生长模型的农作物估产。

1）基于统计的农作物估产

这种估产方法适用于逐年对同一地区进行大面积的估产作业，需要有一整套该地区基期的遥感数据和作物产量分布数据，以及数字土地利用图。这种方法的基本思想是：①每年在作物特定的生长期几个阶段分别获取遥感影像数据，分别对当年每景影像的每一个像元进行绿度值计算；②用这一计算结果与上一年同一种、同一地区、同一时相卫星影像的对应像元逐个地进行对照分析；③将所得的绿度值代入单产测算模型，从而估算出各地区的作物单产；④再与相应地区的作物面积进行计算，最终估算出各地区的作物产量。这一技术路线统计的成分较多，估产结果依赖前一年的工作结果较大，技术相对粗糙，但有一个半定量的比较结果，即可以给出一个地区直至全国相比前一年是增产、平产或减产的信息，进一步还可以给出增减的百分比，这种信息在经济宏观调控、经贸政策制定中十分有用。

2）基于作物生长模型的农作物估产

这种方法适用于对局部相对面积较小的地区进行估产作业，仅需要有当年多时相的整套该地区遥感数据和数字地形图即可。这种方法的基本思路是：①将作物生长过程按其农学规律分作若干关键生长期，分别获取相应生长期的遥感影像；②用计算机图像处理技术分别对每一景图像逐个像元地计算像元绿度值；③将各景对应像元的绿度值代入作物单产估算模型，计算像元覆盖地面农田单位面积的作物产量；④用这一数据乘以像元覆盖农田面积即为这块农田的产量；⑤将各块农田产量累加起来即估算出该地区的作物产量。这种技术路线技术精度相对较高，只需要一年遥感数据，但需要较多的田间测试、模型调整工作。

对于同一地区，两种技术路线可以同时并行，技术细节可以相互补充。需要指出，两种技术路线都需要以遥感地面调查作为辅助，事实上由于地物的复杂性、多变性，不管遥感技术进步到什么阶段，辅助建立图像解译模型的地面调查总是必不可少的。在作物估产工作中，种植技术的改进、作物品种的改良都对构建遥感图像解译作物生长状况与作物估产模型有重要影响，合理的抽样地面调查、样本数据统计测算对估产结果的准确度关系极大。

3. 农作物估产的关键技术

1）作物绿度值的测算

植被绿度值是从遥感图像判译地面植物的种类、植物的生长状况、植被生物量等信息的重要依据。图 4-10 给出了四种植物反射光谱特性曲线，图中曲线说明：①所有绿色植物的反射光谱特性曲线的走向都是严格一致的；②绿色植物在可见光红光区（640～730nm）有一光合作用光能吸收区，而在近红外（760～1300nm）有一很强的光能反射区，这个特征是其他地物所不具备的，这是定义绿度值的物理根据；③由绿度值可以区分不同的植物种类。

绿度值（NDVI——标准绿度指数）一般定义为

$$\mathrm{NDVI}=\frac{\mathrm{CH}(B)-\mathrm{CH}(A)}{\mathrm{CH}(A)+\mathrm{CH}(B)} \tag{4-1}$$

式中，CH（A）、CH（B）分别为不同图像上对应像元的灰度值。其中，（B）、（A）分别为遥感图像波段选择在近红外反射特性曲线居于峰值的波段编号、在红内反射特性曲线居于波谷的波段编号。绿度值的量纲为 1 。绿度值不仅反映像元覆盖地面区域植物光合作用的盛衰，而且反映像元覆盖区植物覆盖占据地面的比例或生物量。

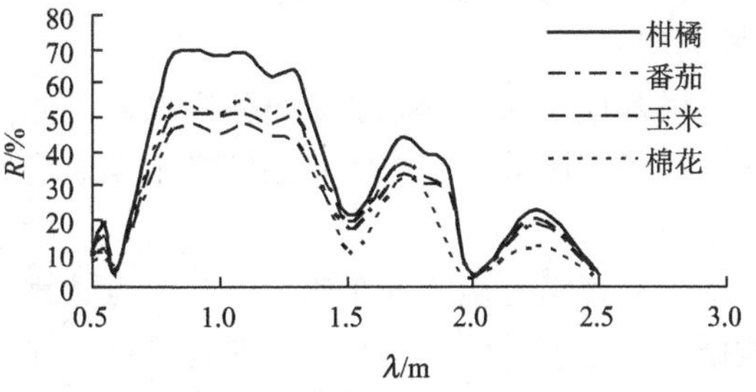

图 4-10　几种植物反射光谱特性曲线

在计算绿值度时需注意两个问题：第一，要求将符合绿度值阈值范围的像元落在数字土地利用图中耕地地块里；第二，需要对判别植被的绿度值阈值进行试验调试。

2）基于统计的作物估产方法中的统计问题

基于统计方法的农作物估产工作中作物种植面积测算就需统计采样，根据统计学要求，采样样本数不得低于总数的 5%，而且样本选取应当完全随机。其方法是：以遥感整幅图像覆盖地面区域为单元，将估产工作区按单元划分，对这些单元进行随机抽样，按抽选出的地区订购遥感图像数据。本景图像覆盖地区内当年作物种植面积 A_{c} 为

$$A_{\mathrm{c}}=t\cdot \mathrm{AL}\cdot\frac{\mathrm{NDVI(C)}}{\mathrm{NDVI(L)}} \tag{4-2}$$

式中，NDVI（C）和 NDVI（L）分别为当年和去年的图像上在耕地内通过绿度值阈值像元的累计绿度值数；AL 为去年作物种植面积；t 为调整修正系数，这一系数经实地调查并用回归计算方法得到。

由于作物估产需要将作物生长期分为几个阶段，这几个阶段对作物估产的影响不同，一般来讲，作物生长后期的生长状况对最终作物产量测算的影响要大一些，因此，在计算时，应将不同生长阶段赋予不同的权重，具体数据要由抽样实验并经多元回归计算得到

$$P_{\mathrm{t}}=\mathrm{PL}\cdot A_{\mathrm{c}}\cdot\sum_{i=1}^{n}W_i\,\mathrm{NDVI}_i(\mathrm{C})/\mathrm{NDVI}_i(\mathrm{L}) \tag{4-3}$$

式中，P_{t} 为本景遥感图像覆盖地区作物总产量；NDVI_i（C）、NDVI_i（L）分别为当年和去年遥感图像上均统计为作物种植像元的绿度值累计数据；PL 为去年作物单产数据；W_i 为权重系数；A_{c} 为本年作物种植面积。

3）基于作物生长模型的农作物估产的建模问题

在根据遥感影像准确测算出作物的绿度值和种植面积以后，接下来的工作就是建立作物

测产模型。模型的精度成为估产准确程度的关键。关于作物测产的模型很多，模型的复杂程度差异很大。最简单的建模方法是：对不同的作物品种，按照农业区划数据，将估产区域分作高、中、低若干产区，根据以往测报的单产数据，以及产区的当年气象状况分作旱、适中、涝等条件等级，分别给出调节因子数据，将调节因子数据乘以去年或多年测报的单产数据再乘以产区面积即为该区估测作物产量。复杂的模型多数是机理型模型，模型的复杂在于考虑的因素较多，有些模型对作物的个体几何特征给以细致的数学描述，往往是试图对作物与电磁波相互作用的机理进行表达，常常要求测试参数较多，因而步骤繁多、变量复杂、可操作性较差，或缺乏可检验性，目前成功的机理模型尚不多见。

4）样本点数据的外推应用问题

通过农作物估产系统对样本地区的作物分别做出估产以后，如何将这些分散的样本地区的估产数据外推，生成连片的整区域数据？在信息系统样本点数据处理中一般都用泰森多边形法则。

考虑同一种作物的产量分布应当是连续分布的，即当前点越靠近某一样本点，其产量越接近这一样本点的产量数据，反之离得越远，其产量越背离这一样本点的产量数据，即影响程度与当前点到样本点的距离成反比。事实上，当前点作物的产量要受到测产区所有样本点产量的影响，是这些样本点产量的加权平均，而权重即分别为当前点到这些样本点距离的倒数，将这种考虑用数学表达即为下式

$$P_c = \left(\sum P_i / D_i\right) / \left(\sum 1 / D_i\right) \tag{4-4}$$

式中，P_c 为当前点作物的产量；D_i 为当前点到第 i 个样本点的距离；P_i 为第 i 个样本点的测产产量。

? 复习思考题

1. 理清自然资源数据库中各子系统的关联结构及概念模型的设计。
2. 学会自然资源数据库的系统设计技术。
3. 掌握自然资源信息系统建立的基本技能。
4. 理清自然资源信息在系统中的处理流程。

? 引深讨论问题及分析思路

讨论问题

1. 信息系统在自然资源动态变化过程中的作用和进一步改进的潜力。
2. 大数据分析在自然资源配置和规划中的应用潜力。

分析思路

随着全球一体化进程的加快，世界贸易组织的多元化，“一带一路”宏伟战略的全球化推进，利用好国内外两种资源和两个市场是未来国家资源配置的新思路。随着信息技术的进步，数据记录的细化、维度越来越多、频度越来越密，形成了“大数据”。庞大数据和海量信息的处理、储存、调用等是今后自然资源开发利用过程中所必需的。

第5章 自然资源的社会学分析原理

内容提要

社会学的基本研究内容就是人类的行为特征、社会的构成、社会发展过程及社会经济制度。在人类社会的发展历程中，人类对自然资源的开发利用始终相伴而行，即人类社会的发展历史就是人类利用资源的历史。本章将社会学的基本内容与自然资源研究相融合，应用社会学原理，首先系统地分析了自然资源在人类社会发展过程中的地位、自然资源与人类发展的关系、自然资源概念的演化历史，并启发性地提示同学们去思考未来社会的发展趋向；然后，讨论了人的能动行为和优势地位在自然资源开发利用中的作用；最后，阐述了自然资源与社会制度的相关性，讨论了人类在社会发展的不同历史时期和不同的社会体制下，对自然资源开发、利用和保护的影响，以及资源制度的变迁。

重点要求

（1）辨证地理解人类对资源环境的能动适应行为；

（2）理清自然资源概念的演变历史与人类社会发展的关系；

（3）系统了解人类社会发展的不同时期对自然资源开发、利用和保护影响的差异。

5.1 自然资源与人类社会发展

人与自然资源的关系是随着人类的发展而发展的。在人类与自然环境的系统中，人类是主体，环境是客体，人作用于环境，使其某些要素为人类所利用，这些为人类所利用的环境要素及其产物就是资源。人类从环境中所索取的资源，其种类、数量、范围等都取决于人口的数量、人类的技术水平和人类的生活水平，即整个人类的发展状况。

5.1.1 自然资源与社会经济发展

资源只有对人来说才有意义，人与资源应该是最基本的关系，资源是人类社会的生产资料与劳动对象，人通过生产活动直接或间接地从资源中获取生存所必需的物资与能量。

1）自然资源是社会生产劳动的对象

自然界中的天然物质和能量，通常需要通过人类的劳动才能转化成为人类社会必需的食物、原料和能源。但是，人类对自然资源的开发利用，不仅取决于劳动者的体力，还在于技术和管理水平，即是由社会生产力决定的。土地、水体、森林、矿石等自然资源是人类社会生产劳动的基本对象。在原始社会里，人类用粗制石器、树枝从事狩猎、捕鱼、采集果实等活动；学会用火和精制石器的出现，人类才进入刀耕火种、栽种作物和驯养野生动物的新石器时代。随着冶炼技术的发明和耕种技术的提高，人类才有可能开发利用矿石和发展农业，并砍伐森林来建造房屋和用作燃料，大部分自然资源成为社会生产劳动的主要对象。中世纪时期，水利灌溉、航海贸易的发展、风力资源的利用成为社会进步的重要动力。蒸汽机的发明，产业结构发生了空前的变化，现代工业的发展促使人类大量开采化石燃料，尤其是原子技术和空间技术的创造，核能的利用已成为现代社会发展与进步的标志，自然物质与自然能量在社会生产中的应用具有同等重要的意义。

由于自然资源通过人类劳动才能转化为有用之物，产生经济价值，成为社会财富，从而人们以经济价值的观点认为：存在于自然界中的物质和能量，如果在技术上尚不具备开发利用的条件，那么其存在就毫无价值，也就不称其为资源。应该指出，自然资源的价值应该包括自然属性的使用价值和社会属性的经济价值两个部分。当然，具有使用价值的物质加上人类的劳动后才能转化成经济价值，但是，转化成具有经济价值的物质应是劳动产品，而不是天然原料。就社会财富而言，是指对社会和经济发展具有价值的物质，包括具有使用价值的自然物质在内，所以有“天然财富”之称。再者，经过人类劳动的自然资源，如人类耕种的土地，在不断转化为经济价值的同时，仍然保留着自然属性的使用价值，具有天然原料的特性和状态，所以人们仍将其称作自然资源。需要强调的是，对于人类社会，自然资源的使用价值不仅是加上人类劳动可以转化为经济价值，还应包括发挥其生态功能来维持有利于人类社会生存与发展的自然环境，为人类造福。因此，存在于自然界中的自然物质与能量，无论是否可以转化为经济价值，只要其使用价值存在，就应属于资源的范畴，是人类社会的天然财富。

2）自然资源是社会发展的基础

社会的进步与发展，通常以人类生活享受水平的提高来衡量，而生活享受水平的提高又必须在发展社会生产力的基础上向自然界索取更多的自然物质与能量来保证。在现代工业社会里，维持一个人的生活需要，平均每年从地球土壤岩石圈中开挖出 25 t 各种物质。因此，人类社会的发展是以自然资源消费量增长为基础的。就能源消费量而言，最近 25 年内的消耗量相当于 19 世纪中叶至 20 世纪中叶大约 100 年的数量，或者相当于史前时代至 19 世纪中叶消耗总量的一半。

从生态经济观点来考虑，人类社会对自然资源的需求，不仅是指维持人类种群繁衍的物质生活享受，还包括精神文化生活需求和维护生态环境需求。原始社会时期，基本上自然界的恩赐就能满足人类对维持其生存的天然资源有限的需求，人类活动对自然界的影响极为微小，人与自然环境的矛盾基本不存在。随着人口增长，自然资源的社会需求量增大，人口与资源之间产生了供需矛盾，为此人类用发展农业生产来提高自然环境供给资源的能力，以缓解矛盾。但在刀耕火种的原始农垦方式下，森林的毁坏开始导致生态环境的改变，只是当时人类干预自然环境的能力有限，人类对资源开发利用能力不足，人与资源和环境之间的矛盾并不明显。到 18 世纪中叶，人口增加，生产力迅速发展，导致人类掠夺式开发利用自然资源，生态环境质量下降，人地矛盾加剧。尤其是第二次世界大战以来，世界人口剧增，社会生产力迅猛发展，人类以牺牲自然资源为代价换取经济繁荣，生态环境加速恶化，自然环境所能提供的资源难以满足日益增长的人口的需求，从而严重影响世界经济与社会发展，甚至威胁人类的生存，人与自然环境的矛盾非常尖锐。由此可见，人类社会的发展和进步必须协调好人口、资源、环境之间的关系，也就是既能使自然资源得到充分的开发利用以满足人类物质享受和精神享受的需求，又不能超过环境的再生能力以维持持续稳定供给资源的要求。

对于社会发展来说，自然资源还是世界政局不稳定的一个重要因素。近代史上，帝国主义发动侵略战争均与掠夺殖民地的资源有关，两次世界大战的爆发几乎都是由争夺殖民地资源引起的。从 20 世纪 70 年代开始，北美、西欧一些国家和地区出现石油危机，生产力下降，世界经济曾一度萧条，失业率普遍上升。一些经济发达国家为尽早摆脱这种困境，竭力采取各种手段争夺石油开采的控制权，成为多年来中东局势长期动荡不安甚至发生战争的重要根源。当然，一个国家或地区政局不稳定的因素复杂多样，但资源问题总是一个不可忽视的重要因素，各国对此十分关注。

5.1.2　自然资源与人类发展的关系

1）狩猎-采集社会，人与自然资源的关系

在狩猎和采集的原始社会，人从自然环境中获取食物和其他资源，至此，源于自然界的人类开始了与自然界的分离。但由于他们人数不多，多有自由迁移的余地，而且主要依靠自己的肌肉力量来与环境抗争，所以对环境造成的影响还很小。因此，狩猎者与采集者都属于“自然界中的人”，他们被动地利用自然资源，通过适应自然来求得生存。

2）农业社会，人与自然资源的关系

大约 1 万年前，人类历史上发生了一个重要的变化，即开始了对野生动植物的驯化，进入了刀耕火种的农业阶段。这种农业还只是农业的雏形，西方称之为生计农业，一般只种植足以养家糊口的作物，仍依赖人的肌肉力量和石器棍棒。这意味着那时的人类只能小规模种植，对环境的影响仍然相对较小。

大约到了 7000 年前，随着兽力的使用和金属犁的发明，开始了犁用被驯化的动物牵引并由人来掌舵的耕作方法，使土地得到翻耕，这不仅大大提高了作物产量，也使人类有能力耕种更大片的土地，人类开始了真正的农业阶段。粮食自给有余，人口开始增加，城市化的雏形开始形成，专业化的职业和远距离贸易得以发展，私有制出现。大约在 5500 年前，很多古代文明国家逐渐建立起来。

农业社会阶段，与狩猎-采集社会和生计农业社会相比，以农业为基础的城市社会对环境的影响要大得多。若干文明中心出现了，人口日益增加，需要更多的食物，需要更多的木材作燃料和建筑材料。为满足这些需求，大片森林被砍伐，大片草原被开垦，许多野生动植物的生境被破坏而退化，导致某些物种的灭绝。已开垦地区经营管理不善常常使土壤侵蚀大大加速，森林进一步遭受破坏，牧区出现过度放牧，使曾为肥美草原的地方变成沙漠。水土流失导致河流、湖泊和灌溉渠道的淤塞，很多古代著名的灌溉系统就这样遭到毁灭。13 世纪欧洲流行黑死病（鼠疫），使当时的人口下降到公元前 1000 年的水平。一些古代文明终于走向衰落。

农业的发展意味着人类已从狩猎者和采集者那种“自然界中的人”变成了农民、牧民和城市居民这种开始“与自然对抗的人”，虽然其能力还只能“顺天时，量地利”。人类对待自然态度的这种变化具有深远的意义，很多学者认为这就是今天资源与环境问题的开端。

3）工业社会，人与自然资源的关系

17 世纪中叶开始于英国的工业革命，是自然资源开发利用史上的一个里程碑，也是人类历史上最重大的文明进化之一。大型的机器生产工具取代了小规模的手工生产，这些技术革新和发明，使生产力大大提高，促进了商品流通和贸易，对自然资源的开发利用及其环境后果也产生了革命性的影响。工业发展使流入城市的矿物原料、燃料、木材、食品等物资大大增加。其结果是导致城市被资源利用后的排泄物——烟尘、垃圾和其他废物所污染，自然资源供给区出现了资源耗损。

第一次世界大战以后，人类进入后期工业社会，效率更高的机器和规模更大的生产技术发展起来。这一时期，生产和消费增长速度极快，对自然资源的依赖大大增加，人均能源消耗急剧上升。同时，随着人均国民生产总值显著上升和社会福利事业的发展，健康条件、生育控制、教育水平、人均收入、老年保险等方面条件得到了改善，人口的增长率也逐渐下降。

工业化使人类与自然对抗的能力大大提高，人们越来越脱离自然、脱离土地，于是人们的一个错觉（即人类的作用在于征服自然）更加强化了，工业社会中的人更是“与自然对抗的人”，而且其能力也似乎可以“战天斗地”。很多评论家指出，只要人们继续持有这种世界观，人类就会继续滥用地球生命支持系统，资源问题和环境问题就会进一步恶化。资源基础的崩溃已使许多古代农业文明衰落，在发达的工业社会，农业的工业化、不断扩展的采矿、城市化等也使得表土、森林、草原、野生生物等可更新资源不断退化，不可更新资源渐趋耗竭，这会不会导致工业文明的衰落呢?

5.1.3 自然资源概念的演变历史

在人类社会进化过程中，人口不断增多，生活水平不断提高，因而对自然资源的需求不断增加。一方面，人类认识能力尤其是科学技术不断进步，人类对自然资源的开发利用，在种类、数量、规模、范围上都不断前进，关于自然资源的概念也不断发展。表 5-1 对人类社会进化过程中自然资源概念的演化作了一个简单的概括。在石器时代，铜不是资源；在青铜器时代，铁不是资源；狩猎-采集社会里，土地、流水就像阳光、空气一样，并不被看作资源。随着农牧业的兴起和灌溉技术的利用，土地、水也就成为资源。生物工程技术兴起以前，生物基因未当作资源，但它现在是一种重要的资源。在人类生活水平较低的时期和地区，人们主要注意温饱，资源的概念是物质性的；而当生活水平提高后，人们就把风景、历史文化遗产、民俗风情等审美性的事物也当作资源了。20 世纪 50 年代以前，石油都采自陆地；现在人类已在海洋开采石油。其他资源的开采范围也在向海洋扩展，未来的人类很可能会到月球、火星上去开采资源。“洪水猛兽”曾被看作灾难，但当人类有能力驾驭它们以后，也可以变为资源。

表 5-1 人类与自然资源概念的演变历程

社会发展阶段	起始年代	人类技术水平	新增的自然资源种类
旧石器时代	约 100 万年前	粗制石器、钻木取火	燧石、树木、鱼、兽、果
新石器时代	约 1 万年前	精制石器、刀耕火种	栽培植物、驯化动物
青铜器时代	公元前 3000 年	青铜斧和犁、冶铜技术、轮轴机械、灌溉技术、木质结构建筑	铜、锡矿石、耕地、木材、水流
铁器时代	公元前 5 世纪	铁斧、犁、刀、冶铁技术、齿轮传动机械、石质结构建筑、水磨	铁、铅、金、银、铝、石料、水力
中世纪	公元 5 世纪	风车、航海	风能、海洋水产
文艺复兴期	公元 14 世纪	爆破采矿技术	硝石（炸药与肥料）
产业革命期	1750 年	蒸汽机	煤的大量使用

续表

社会发展阶段	起始年代	人类技术水平	新增的自然资源种类
西方殖民时期	1850 年	火车、轮船、电力、炼钢、	锰、镍、钨等黑色及有色金属
	1890 年	汽车、内燃机	石油
第一次世界大战前后	1900 年	飞机、化肥	铝、磷、钾
第二次世界大战前后	1930 年	人造纤维、原子技术	稀有元素、放射性元素
	1950 年	空间技术、电子技术	更多稀有元素和半导体元素
20 世纪 60 年代以后	1964 年	地球同步卫星	太空资源
	1969 年	宇宙飞船；登陆月球	
	1972 年	陆地资源卫星	
	1998 年	探测火星	

另一方面，正如今天大部分十分珍贵的资源在几个世纪以前被认为毫无价值一样，当年很有价值的资源在今天看来可能也没有什么价值。例如，某些作为染料用的植物，在染料化工发展起来以前曾是很宝贵的资源，但现在已无太大价值了。

总之，人类社会进化过程中对自然资源的认识和开发利用能力是不断发展的，同时也给资源环境和社会带来了许多的问题。当人类掌握了冶炼技术，使金属产品为其带来极大利益和方便时，也开始了不可更新资源的耗竭过程和环境污染过程：核技术的发展大大改善了能源的供给，但也带来核辐射污染和核军备竞赛的威胁；捕鱼活动的更加机械化和集约化，显著地提高了高品质食物的人均拥有量，却消灭了一个又一个水生物种；城市化的发展造成了土地资源的紧缺、人口拥挤、污染严重等问题。这些问题并不是仅靠技术就可以解决的，还必须依靠科学地自然资源管理和每个公民的资源伦理道德意识。技术上的解决办法可以定义为“只是在自然科学技术方面的变革，而未考虑人类价值或道德观念方面的进步”。

5.1.4　自然资源限制下的人类社会未来展望

人类社会在经历了狩猎-采集社会、农业社会和工业社会后，进一步的发展已面临严峻的资源与环境限制，其未来将是什么样呢？一些未来学家指出，今后 50～75 年，人类将进入另一个重要的社会发展阶段。从技术发展角度看，可称之为信息社会或后工业社会；而从资源与环境的角度看，未来人类社会有几种可能：

第一，可持续发展的社会，也有人称之为持续地球上的社会。在这样的社会中，人与自然协调发展，共同为人类和其他物种维护地球生命支持系统的完善，实现人类与地球的共同繁荣。

第二，高度发达的技术社会，或称超工业社会。这种社会继承工业社会“与自然对抗”的态度，继续以人类的强大技术力量向地球开战，使自然更进一步“人化”。这样，人类有可能更有力地控制自然，未来人类的物质需求也可能得到满足。但生活在一个人工世界，完全靠人工产品满足物质需求，这样的人类是幸福的吗？当人类陶醉于高技术对大自然的胜利时，安知大自然的惩罚是否正等着人类？人与自然的和谐将不复存在，人类“征服”了地球，人类成了大地母亲的不肖子孙。更为重要的是，人类是否能进行相应的价值观和社会变革？

第三，高级狩猎-采集社会。极度的工业化和人口增长，同时又未能充分保护好资源和环境， 使得地球资源耗尽、环境崩溃、经济滑坡、社会动乱，可能还会加上自然灾害、疾病流行、战火遍地之类的突发事件，人类将大量死亡，幸存者寥寥无几，不得不过着类似狩猎者和采集者的生活，不得不回头去再做“自然中的人”。

以上三种预言到底哪一种会实现？现在还很难判断，只有让历史来证明。人们现在需要认真对待前面已指出的那些问题，还要密切注意资源与环境问题的新动向，采取新策略。

5.2　自然资源与人类的行为特征

自然资源的概念是相对于人的需要而言的，自然界中的物质能量之所以成为自然资源，自然资源之所以得到开发利用并产生相应后果，都是因为有了人类。显然，人类是资源过程中最主要的组成部分，而且其作用远大于其他任何组成部分，可以说整个资源过程的持续性都维系于人类行为之上。

5.2.1　人类的优势地位

在自然界中占据最大优势地位的物种是人类，一般人都把这种状况视为理所当然，其实人的优势地位并非不可动摇，如果人类滥用其支配权，就会导致自然资源系统的崩溃。为了维持整个自然资源系统的持续性，有必要认识人在自然界中的优势地位是如何确定的，认识人的优势地位表现在哪些方面。

1）人口数量

人口不仅是一种劳动力资源，也是消费者。人力资源与自然资源是人类社会生产的两个最基本的要素，人口与自然资源的矛盾是人类社会生产的一个基本矛盾。这主要表现为人类需求的无限性与资源供给的有限性的供求矛盾。随着人类文明的建设与发展进步，人类与地球资源越来越大和日趋尖锐的供求矛盾日益显现。人类的生存和文明发展正极大地消耗着地球有限的资源。据《中国 2016 年可持续发展战略报告》统计，2016 年世界人口数量超过 70 亿，并仍以每年超过 9000 万人的速度增加。图 5-1 明确显示，历史上世界人口的增长规律呈典型的指数增长规律。由于人类也是最大的消费者，随着人口的增加，生活水平的提高，资源消费量的增加更是呈指数增长（图 5-2）。

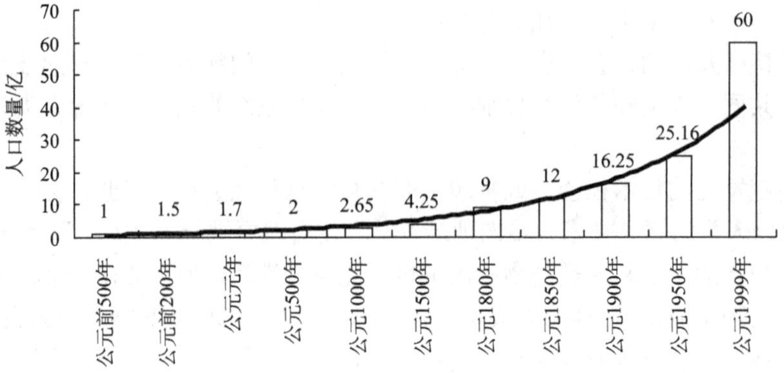

图 5-1　历史上世界人口的增长趋势

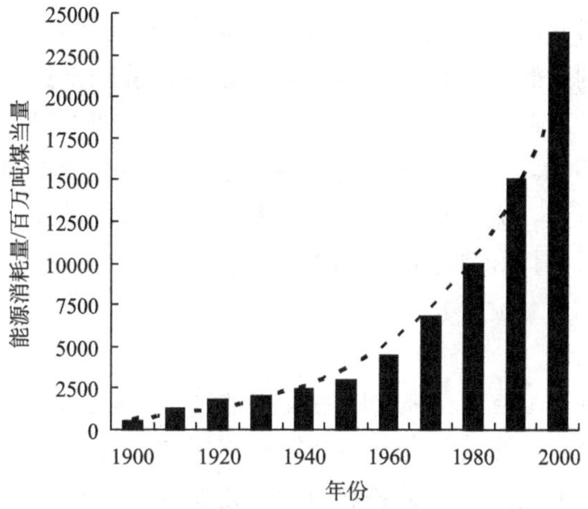

图 5-2　世界能量消费量（1900～2000 年）

一般来说，物种的种群增长受到各种限制因素的制约，其总数不会永远呈指数增长趋势，而是在一定的时期大致维持在系统对该物种的承载能力之上。然而，迄今人口的增长表明，人类是唯一呈指数增长的物种。虽然从理论上来说全球应出现一种地球自然资源系统可以维持的稳定的人口水平，而且就国家或地区而言也有了人口数稳定在某一水平的实例，但世界人口增长曲线什么时候会呈 S 形，现在尚不很清楚。因此，在种群规模和增长方面，人类显然已在全球生态系统中占据绝对优势，并将继续发展这种优势。人类之所以能达到这种优势地位，与其他的优势地位是有关系的。

2）人类的意识和智力

人类是唯一具有主观能动性、能有意识地计划和控制自己行为的物种，又是唯一靠教育传授本领和知识的物种，因而能使每一代人的智慧、经验和技术得以积累，使文明和技术不断发展。 因此，人类已部分地从本能和天然遗传中得到解放，其进化的动力主要是在文化方面而不是在生物学方面。人类与其他物种的最大不同之处在于，人类具有通过改变自己的文化而不是通过改变物种的遗传因素来改善自己与环境的关系的能力。人类是唯一具有反射性意识能力（即增强自己智力的自觉性的能力）的物种。由于有了这种意识，某些潜在的限制因素所造成的问题，对人类来说通过科学技术手段便可得以解决。使用工具是人类适应自然、战胜灾害能力的一个重要方面，虽然其他动物也有使用工具的，但没有一个物种能够制作出人类水平的工具，而且没有一个物种能像人类一样依靠工具来维持生存。

3）人类的适应能力

大多数物种都局限在狭小的适宜生态环境内，如大象只能生存在热带、北极熊仅出现于寒带，而人类则占据地球上广阔的领域，在几乎所有生态系统中都能生存。这是由于人类具有极强的适应能力，包括生理上的适应能力和文化上的适应能力。按著名地理学家卡尔·苏尔的看法，人类最宝贵的适应能力是其消化能力，这使人类能吃各种各样的食物。人处在食物网中任何消费者级别上都能生存，因此某一食物链的中断对人类的影响不大，他们可以转向另外的食物链。人类还创造了各种各样的生活方式，从而能适应不同的环境。

4）人类的生产和创造性

当代人类在生态圈中优势地位的最重要方面，在于已形成社会化的大规模生产力，并且掌握了似乎无所不能的科学技术。人类可以靠社会化生产和科学技术大规模提高食物产量，解除食物资源短缺的限制；靠科学技术在极地建造温室，解除不利气候的限制；靠科学技术控制疾病，大大提高人类寿命，降低死亡率；甚至可以在一切生物皆不能生存的太空和外星创造出适于人类生存的环境。人类的社会实践活动已深刻地改变了自然资源系统的形态、结构，影响着它的前途和命运。人的行为和活动已具有了全球规模，就其威力和对自然资源系统的影响而言，堪与地质力量和到达地球的太阳能相比。

5.2.2　人类的能动作用

人类不同于其他物种，人类具有强大的主观能动性，能有意识地计划和控制自己的行为，使其适应环境；人类的创造性使其能充分地开发利用资源，从而提高自己的生活水平。但是，人类开发利用资源的主观能动作用在某种程度上也造成了许多的环境问题。

1. 人类的适应能动行为

“适应”这个概念最初是达尔文提出来的，他在《物种起源》一书中阐述了“自然选择，适者生存”的原理。由于环境的限制，每一物种都是在长期演变过程中淘汰掉不适应生存条件的个体，保留并增加适应性更好的成员，在这个过程中，物种在总体上进化了。这种增强物种生存和繁衍可能性的过程就是适应。适应可包括“遗传适应”“生理适应”和“行为适应”。其中，最有效的适应是行为适应，这是人类适应环境最重要的形式。

1）人类对环境的适应能动行为

人类也是生物，也必须适应环境，而且人类是地球上适应环境最成功的物种。进化论-生态学是研究人类行为与特定环境下生存挑战之间关系的主要学科，进化-生态的透视方法是研究人类对环境适应行为的重要方法。人类行为就是一种适应机制。然而，不同的人群对环境适应的行为不同，他们在各自的环境圈内的地位和对环境的适应方式是多种多样的，而且是多变的。

一个特定社会的文化实践活动，尤其是组织资源开发和分配的方式，或保持整个系统平衡的方法，都可以根据这个社会在生态系统中的地位来理解。例如，新几内亚的郴巴噶人的“祭杀生猪宴”有助于维持他们生存的生态系统，也是一种适应该生态系统的行为模式。郴巴噶人以种植薯类植物（甘薯、芋头）为生，这些食物主要含糖类物质，经常屠杀和食用生猪，弥补了他们身体所需的蛋白质。另外，屠杀使猪群减小到可以控制的程度，保护了园圃。这种表面上的宗教礼仪实际上调整了社会及其食物资源之间的关系，从而有助于维持生态系统的稳定性。人类学家已逐渐把人类的习俗看作是对资源和环境的适应。人类对资源和环境的适应不是固定的而是动态的。不同的人类社会由于他们与环境的特殊关系而发展出不同的生活方式。

2）人类获取资源的适应能动行为

人类获食资源的模式主要包括：狩猎-采集，农业（粗耕农业、畜牧业、精耕农业），工业化。多数社会并不绝对奉行一种获食模式，而是采取混合的获食方式。各种获食模式对资源的适应包括三个方面。

第一，在资源承载能力范围内的可得性适应。任何种群只有在资源承载能力范围内适应才能得以稳定发展，并随着承载能力的变化而调整适应度。人类对资源的适应包括对资源数量和资源质量的适应。每一种获食模式都有一定的机制来控制人口，或者在人口增加的时候提高承载能力，使人口数量适应资源承载能力。这可以看成是对资源数量的适应。为了避免营养不良，人类群体有各种适应办法，或者做出某些生理调整，或者通过调节饮食和加工食物来解决某种营养成分不足的问题。这可以看成是对资源质量的适应。此外，人类对资源的适应还取决于人群对资源的观念和文化习俗，一个地区资源的承载能力还依赖于社会的组织、社会的投入和群体之间的关系。

第二，对资源灾害的适应。人类群体不仅要适应可得资源的数量和质量，还要适应资源供给的变动。在发生特大型灾害的情况下，资源的供给常起伏不定，人类必须广泛依赖各种资源，并实行高度流动的生活方式，用以适应出现的资源灾害。

第三，对资源共享的适应。随着资源全球化进程加快，资源争夺或共享也日益加剧。每一个国家必须适应毗邻的民族及其活动，存在着群体相互适应的趋势。不同的群体在同一区域占据不同的环境时，他们可能相互依赖，进行资源交换或贸易，使每一个群体均得益于另一个群体的资源。同一环境中不同群体之间对资源的竞争也相当普遍。资源持有量不同的国家，为争夺资源而不断争战。一个群体可能被另一个更强大或技术更先进的群体驱逐或吞并。这样，一度的和平共处就被公开的敌对争夺取代。由此可见，对人类群体的适应就像对环境的适应一样，也是一个变化的、动态的过程。

3）对资源适应失败调整的能动行为

适应是资源过程的一部分，一切生物为了避免灭绝都必须不断地适应他们的资源环境。然而，在适应的过程中，会出现许多失败行为，并不是所有的适应方式都能够持续长久，无数的物种灭绝了，很多人类文明也消失了，现存的环境也遭到了严重的干扰，因为他们选择了错误的适应方式。面临某些适应的失败，人类需要调整新的适应，用以持续人类的发展。一个群体能否成功地适应其资源环境，关键还要看它是否保持了其生态系统的平衡，是否采用的是代价最小的适应策略。人类对资源环境的适应就像是“生存的博弈”，最可能成功的物种不一定是一时最完美地适应了其环境的物种，而是那种能用广泛多样的方式适应资源环境的物种。也就是说，适应能力比适应状态更重要。

2. 人类在资源化过程中的能动作用

1）人类促进资源开发和提高资源利用率的能动作用

随着人口数量的增加和生活水平的提高，人类需要开发更多资源去满足自身的需求，这样就促使人类发明创造，通过各种科学技术手段，加快对资源的开发利用。最初，资源开发的形式主要是人力本身，其效率很低。随着集约化农业和大型机械的出现，人类对农业系统的物质和能量的外加投入增加，资源开发的效率提高了数十倍甚至数百倍（表 5-2）。

表 5-2　自然资源系统的食物生产率（净第一性生产中的可食部分）

农业水平	干物质/［kg/（hm^2·a）］	能量 /[J/（m^2·a）］
食物采集文化	0.4～20	840～41870
无化石能源辅助的农业	50～2000	104675～4187000
有化石能源辅助的谷物农业	2000～20000	4187000～41870000
有能源辅助的海藻养殖理论值	20000～80000	41870000～167480000

在地壳资源的勘探和开采的演进过程中，人类的促进作用更为明显（图 5-3）。人类最早利用的自然资源只是地表的一些石料、植物的根、茎、果，以及野生生物等。当时获取资源一般只局限在近地面的狭窄空间内，特别是在地表和材冠之间的空间内。到了新石器时代晚期，人类发现并开采铜，但当时所能开采的只是离地表很浅，甚至是直接裸露的矿石。随着地学及相邻学科的不断发展，特别是地震波的应用，人类对地球内部结构有了更多的认识，对地壳乃至地幔、地核均有了一定程度的研究。与此同时，随着勘探技术的发展，地壳资源的开发也由地表向地球内部。

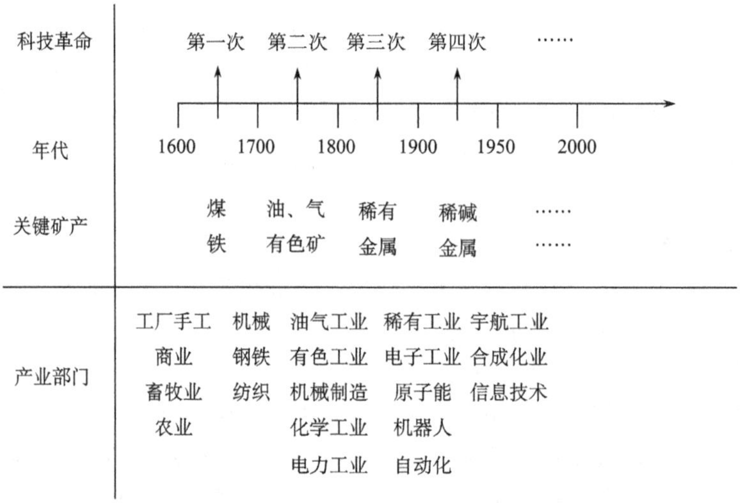

图 5-3　人类的能动作用对地壳资源开发利用的促进过程

人类对外层空间资源的开发利用与开发利用地下资源相比要缓慢得多。长期以来，人类只是利用林冠层以上的光、热、水等气候资源，无力向上发展。现代航空、航天技术的发展，为人类向更广阔的空间进军提供了技术保证，使人类能够摆脱地球的束缚，进入宇宙空间。空间技术的发展，不仅为人类开发利用地球资源提供了现代技术手段，使得开发利用资源的视野更加开阔，而且为将来大规模开发利用外层空间的资源展示了美好前景。

2）人类对资源系统的控制

人类基于日益增长的需求和资源紧缺的现实，采取了许多科学技术手段去提高资源的获得量，其中人工生态系统模式就是典型实例。人类干预生态系统过程的后果就是把天然生态系统转换为能为人类利用的自然资源，这种转换的表现常常可以从资源利用方式上表现出来。因此，可以按照资源利用类型来分析人类的控制作用。

根据人类干预程度的强弱可以排列出一种资源利用序列，在这个序列的一端是人类干扰较小或人类有意尽可能保留其天然状态的生态系统，如极地、高山和外海，以及自然保护区；另一端则是人类的建设使其自然性质完全改变的生态系统，即城市生态系统。

对于极地、高山和外海，以及自然保护区，人类利用和经营此类地区的目标一般是尽可能少地扰动其自然现状，甚至使其恢复到更原始的状态，这些过程对于保护某些特殊生物或景观是有积极作用的。此类生态系统的限制因子常常是某些有意保护的生物的数量，或者是参观旅游者的数量，它们如果数量过多就会损害景观的质量。因此，人类控制此类生态系统的方式之一是控制某些已超过承载能力的动物种群数量，或保护濒临灭绝物种。

水资源的汇聚需要较多的人类控制。在开发程度较低的地区，这种活动常常能与原有的土地利用很好结合。除了建坝而使一些陆地被水体取代造成大的景观变化外，流域范围内并无什么变化。而关于森林对于产水的作用是有利（由于稳定释放）还是有害（蒸腾使系统内相当一部分水分返回大气圈），目前尚无完全一致的意见。水资源一旦被储存，其利用就完全受人类控制了，如用于灌溉和导向城市、工业供水。然而现存水体越大，受人类控制的影响越小。

畜牧业和林业是历史悠久的土地利用方式，它们受人类控制的程度是逐渐加强的，但都保持着天然再生过程。传统林业基本上只是砍伐，森林的再生主要依靠自然再生能力。现代发达的林业更像种植业，人类控制森林的营养投入，精心地剪枝扶壮，慷慨地使用杀虫剂，有控制地择伐等。因此，林业中人类控制的程度很不一样，从很少人工控制到完全人工控制都有。总的看来，现代林业的人工控制比放牧业多但比种植业少。从生态学观点看来，林业意味着取走当地生态系统中的物质能量，意味着优势群落的消失。

农业受人类控制的程度很高，可分三种基本类型：第一种是游动农业，即土地耕作一段时间后又弃耕，以使其返还原来状态，恢复地力。可是当人口达到一定水平，需要在地力恢复以前就再次播种时，此类农业的收成必然递减，并引起土壤侵蚀和土地退化。第二种是传统农业，它是靠人力和畜力，并大量返还有机物或从周围生态系统中取得有机物以维持其产量和稳定性的农业。同样，若人口过多，此类生态系统也易退化。第三种是现代农业，其机械化程度较高，靠投入大量的矿物燃料维持其高生产力，这些物质能量都取自系统之外，系统内的有机物也多被取走而很少返还。

受人类控制程度最高的是城市生态系统，它更是靠从系统外输入物质能量来维持的，它本身又对其他生态系统发生影响，如水、气污染，城市热岛效应等。

3）人类活动对资源过程的影响

当然，人类在促进和控制资源开发利用的过程中，不可避免地要造成对资源环境的干扰，甚至导致破坏。关于此问题的讨论请参阅第 4 章 4.3 节的部分内容。

5.3　自然资源与资源制度

自然资源既有它的自然属性，又有它的社会属性。资源的使用价值是它的自然属性，资源的经济价值是它的社会属性。资源之价值，不仅取决于它的自然属性，还取决于社会生产的技术水平和管理水平，即社会属性。“公地悲剧”现象启示人们要充分认识资源管理和配置的重要性。解决资源枯竭和环境退化问题，不仅要依靠资源利用的先进技术手段，更要注重资源管理对解决资源环境问题的重要作用。虽然，一些国家政府针对上述问题制定了许多管理资源的规则，但由于社会体制不同，所制定的资源政策、资源所有制和资源产权不同，所得到的管理效果差异很大。一项合理的资源管理制度可以使资源持续利用，它对资源的开采和利用具有很大的影响。

5.3.1　自然资源与资源所有制

1. 所有制和资源所有制的含义

所有制是指人们对物质资料的占有形式，通常指对生产资料的占有形式，即生产资料所有制。生产资料所有制反映了生产过程中人与人之间在生产资料占有方面的经济关系。生产资料的所有制结构，是指不同的生产资料所有制形式，在一定社会经济形态中所处的地位、所占的比重，以及它们的相互关系。居于支配地位的所有制性质，决定了该所有制结构的性质。

资源所有制是资源归社会全体成员、部分组合及个人所有、占有、支配和使用中表现出来的权属关系。其中的资源是指自然界及社会中对人类有用的资财，是包括自然资源和社会资源在内的广义资源。社会成员通常是指一个国家中不分种族、信仰、年龄、性别、肤色、受教育程度等的全体公民。广义的社会成员还包括拟人化的社会法人，如企业法人和社团法人，以及地球生命系统中动物、植物和生物的全体。

2. 资源所有制的结构

目前，全世界所有制结构的形式和类型多种多样，多种经济成分并存，公有制是主体，即不仅存在全民、集体所有制两种公有制形式，又存在个体经济、私营经济，三资企业及各种混合经济，这是生产关系适应生产力的结果。资源公有制主要采取国家所有制的形式，由国家代表全体社会成员行使资源所有权。资源私有制采用社会成员个人和家庭所有的形式，由社会成员个人、家庭及其投资的企业行使所有权。

1）公有制及其公有制实现形式

公有制是指生产资料和劳动产品属于全部或部分劳动人民所有的一种所有制形式，公有制的实现形式因时而异。

第一，社会所有制。生产资料属于全社会所有，社会作为整体成为客体掌握生产资料，这时商品经济不存在，整个以计划为安排，由于生产力欠发达，个人生活资料按劳分配，如果发达了，则按需分配，但在实践上从未存在过。

第二，全民所有制。从理论上讲，指生产资料和劳动产品属于全体劳动人民所有的一种公有制，劳动者基本做到了在生产资料所有关系上的平等，仅仅因为生产资料不同而造成所有者实际利益的不同是不被允许的。全民所有制是同非全民所有制并存的一种所有制。在现阶段采取国家所有制形式，出现了中央与地方的关系，国家企业与个人的利益关系。全民所有制的实现形式有国营、租赁经营、承包经济和股份制经营。

第三，集体所有制，即生产资料和劳动产品属于部分劳动群众所有的一种公有制，是同生产力不变相联系的种类之一，在其内部存在生产资料所有的平等。但在集体之间存在事实上的、生产资料上的不平等，这种不平衡须得到保护，因为集体所有制是中国农村的主要经济形式。集体所有制的实现形式有集体经营、合作经营、股份合作和家庭联产承包。

2）个体经济

个体经济即生产资料属私人所有，以个人及其家庭劳动为基础，产品归个人所有的一种私有经济。个体经济存在的必要性：第一，广泛存在的手工劳动，是个体经济存在的前提（但手工劳动不一定要有个体经济，如原始社会）；第二，社会主义公有制经济还不能提供满足整个社会需要的产品和劳务，因此需要个体经济的存在和发展；第三，社会主义公有制经济还不能吸纳全部社会劳动力就业，因此应当允许个体经济的发展。个体经济存在于各种社会形态中，是独立的经济形态，不属于资本主义或社会主义。

3）私营经济

私营经济是生产资料私人所有，以雇佣劳动为基础，产品归私人所有的一种私有经济。个体经济超过 8 人则为私营经济。20 世纪 50 年代，刘少奇解释了私营经济存在的必要性：第一，社会主义公有制经济还不能提供满足整个社会需要的产品和劳务，因此，需要个体经济和私营经济的存在和发展；第二，社会主义公有制经济还不能提供满足整个社会需要的产品和劳动力就业，因此应允许个体经济和私营经济的存在与发展；第三，我国现阶段市场经济条件下还存在着货币转换成资本的条件，如有可雇佣的劳动力、可以积累的资本。

4）三资企业

中外合资、中外合作、外商独资企业，是市场经济、对外开放的客观要求，在实践上起到了巨大作用，三资企业越密集的地方，经济发展越快。三资企业从根本上讲属于资本主义经济，但受中国法律管理的制约，同社会主义市场经济紧密联系，可谓国家资本主义经济。

3. “公地悲剧”

“公地悲剧”一词来源于哈丁（Hardin）的一篇论文 *The tragedy of the commons*。该论文说的是在向任何人开放的公有草地上放羊，放牧人因为增加放牧羊的数量会给他带来利益而不断增加羊的数量，由于草地的承载量是有限的，当羊的总放牧量超过整个草地的承载量时，草地会因过度放牧而退化直至荒芜。而之所以出现这种现象，是因为：对每一个牧羊人来说，增加放养的羊会给他个人带来利益，而增加羊的数量从而导致过度放牧的损失，则是由全体放牧人来承担的。这种对公有资源使用“所得归己，所损归公”的状况，导致了“公有的东西，总不如私有的让人爱惜”的现象，使对公有资源使用的结局有了悲剧性的一面。但“公地悲剧”的最大“悲剧”还远不是“资源的损害和配置的无效率”，而是利益和责任的不对称激励人们去破坏、去毁灭。身处其中的牧羊人都知道过度放牧的后果，但却无能为力。

“公地悲剧”所指的公共资源最重要的特征是公共资源使用的非排他性和非竞争性。非排他性意味着消费者无论付费与否，都可以消费资源。在这种情况下，消费者就会产生“搭便车”心理，不会到市场上去购买，因此，市场无法有效提供这类公共资源，而必须由政府来提供。非竞争性意味着增加一个人的消费的边际成本为零，按照市场有效配置资源的要求，价格取决于边际成本与边际效益的等量关系，在边际成本为零的情况下，不应该向消费者收费。

公共资源的另一重要特征是非耗竭性。如果一种资源在使用中将趋向耗尽，这种资源就是耗竭性资源，而非公共资源，如石油、天然气、铁矿等矿产资源。由于自然资源作用的多样性，自然资源并非只是单一的公共资源或非公共资源，而是往往兼具两种特性。也正是自然资源含有非公共资源的特性，才使得它不能完全按照公共资源的方式供任何人任意享受。要阻止自然资源成为公共资源，产生“公地悲剧”的途径只有产权人格化，对于我国实际则是建立自然资源产权多元化制度，解决自然资源所有者与使用者的矛盾。

4. 中国资源所有制的基本特征

在中国实行资源所有制就是坚持资源公有制为主、资源私有制为辅。资源所有制体现了资源的权属关系，提供了配置资源的产权基础。涉及国计民生的重要资源归全体社会成员所有，由国家代表所有者行使所有权，在宏观上有利于资源的优化配置。维持个人生活和生产的资源归社会成员个人所有，在微观上有利于资源的珍惜、保护和开发。

市场机制要配置的不仅是生产资料，而且是资源，也就是广义的资源。与社会主义市场经济体制相对应的经济基础，不只是生产资料公有制，而且是包括生产资料在内的资源的公有制。就像市场经济对应资源所有制一样，资本主义市场经济体制的建立利用了资源私有制，社会主义市场经济体制的建立离不开资源公有制，各国市场经济体制的运行则是基于资源混合所有制。跳出了传统所有制模式之后，市场经济体制的基础则是资源自有制、资源他有制和资源共有制。

5. 资源所有制的演化

早在 19 世纪，马克思、恩格斯等在他们的经济理论体系中，就将作为生产资料的资源所有制的形态分为原始共产主义、古代奴隶制、中世纪封建主义、工业资本主义和社会主义等几种类型。按照马克思、恩格斯等的观点，资源所有制与资源利用的生产技术之间存在十分紧密的相互作用关系，其中生产技术对资源所有制起着主导作用，即资源所有制的存在形态依赖于当时社会的生产技术水平。但是，有时资源所有制对生产技术也能起到很强烈的反作用，即先进的资源所有制也能够促进资源利用的生产技术的进步，提高资源利用的效率。

在有阶级的社会里，阶级斗争对资源所有制的演进与资源利用的生产技术进步起着关键作用，在这样的社会里，往往存在着两个主要的阶级，如在奴隶制社会中，存在着奴隶主和奴隶两个主要的阶级；在封建社会里，存在着地主和农民两个主要的阶级。这两个阶级的关系是相互对立的，其中一个阶级统治着整个社会，拥有这个社会的绝大多数资源，并把这些资源与劳动力结合在一起，对另一个阶级进行剥削，而另一个阶级由于处在被统治地位，他们没有权力拥有这些资源，但拥有自身的劳动力，他们为了生存，被迫向统治阶级出卖自己的劳动力和接受剥削。因而，在这两个主要阶级之间出现了经济利益分配上的冲突，生产了阶级斗争。这种阶级斗争，一方面反映了当时资源所有制的演进与资源利用的生产技术进步之间的不断“冲突”，即落后、僵化的生产关系不能适应先进的、蓬勃发展的生产力，两者间发生了矛盾；另一方面，又推动了资源所有制和资源利用的生产技术不断向前发展，即生产关系为适应蓬勃发展的生产力，会发生相应演进，演进后的新生产关系又能进一步刺激生产力的迅速发展。

5.3.2 资源制度的变迁

资源制度的变迁是随着人类社会制度的演化而变化的，在不同的社会体制下，资源制度的形式和结构不同。一般来讲，资源制度变迁可包括诱致性变迁和强制性变迁两种类型。诱致性变迁是产权学派将交易成本概念引入制度分析，使制度经济学也能应用经济学中普遍使用的“成本-收益”方法，同时，还特别强调利益（或受损）外部性对制度运行成本的影响，揭示了产权制度安排与资源配置效率之间的必然联系。这一变迁理论重点讨论的是所有权私有制结构下的不同产权安排，都是以西方民主立宪的作用制度下的产权分析为主，而忽略集权强制对资源产权的作用。例如，我国历史上一些暴力革命对资源产权制度变迁的作用，就难以简单地用“成本-收益”方法来分析。

1. 诱致性资源制度变迁

诱致性资源制度变迁过程可概括为以下四个步骤：第一，形成“初级行动团体”，即预见到只要他们能改变现有制度，就能够获得一些潜在收益的人。第二，“初级行动团体”为实现产权制度的变迁，需要进行发现、尝试、筛选和修正变迁目标、制订方案和具体路线等活动。第三，促使“次级行动团体”的形成。初级行动团体在从事制度创新活动中，希望能减少创新阻力，特别需要有立法、执法机构来帮助他们维系制度变迁的秩序，为此，他们需要在现政府中寻找能满足他们要求的代理人，或者帮助能代表他们利益的人成立新政府，形成“次级行动团体”。由于社会法律的保障，初级行动团体的规模也会迅速得到扩大，新的制度覆盖面也随此增大。第四，经过初级行动团体和次级行动团体的共同努力，完成制度的变迁，在变迁完成后，两个团体可能就会获得创新利润。

2. 我国资源产权制度的变迁

从历史发展阶段来看，我国的资源产权制度经历了四个阶段。

1）民主革命时期的资源产权

封建社会时期，我国的资源产权建立在私有的产权制度基础上，皇帝是资源产权的终极所有者，掌权者拥有大量的资源产权，资源产权集中在少数人手里，资源占有极不平衡，社会极不稳定，资源产权变更异常频繁。在整个封建时期，资源配置矛盾十分突出，并常发生以暴力革命的形式来实现资源的再分配，这种现象循环往复，成为封建社会资源产权变更的主要特征。民主革命前期，资源产权的分配极不合理，少数人占有大量资源，社会贫富悬殊，为民主革命提供了深厚的社会基础。

2）民主革命胜利后的资源产权

我国民主革命的最初目标是“耕者有其田”的资源平均占有，以适应社会生产力发展要求，满足广大人民对土地等资源占有的渴求欲望。民主革命胜利以后，我国通过土地改革、收归国有等强制手段实现了自然资源产权的公有制。

3）计划经济的资源产权

由于苏联计划经济模式对我国经济发展的影响，我国资源产权形成了国家所有和集体所有的二元结构的资源产权制度。矿藏、水流、森林、山岭、草原、荒地、滩涂等自然资源，都为国家所有，由法律规定属于集体所有的森林、山岭、草地、 滩涂除外。城市的土地为国家所有，农村和城市郊区的土地，除法律规定属于国家所有的以外，属于集体所有，宅基地、自留地、自留山，也属于集体所有。当时，我国的自然资源产权制度经历了两个阶段：第一阶段，1949 年后到经济体制改革前，其主要类型是公有制基础上的工资契约关系和集体分成的契约关系，其实质属于多层代理经营关系；第二阶段是经济体制改革以后，其主要类型是公有制基础上的定额契约关系和准企业分成契约关系，与前一阶段的差异主要在于引入了承包、租赁等机制。

4）市场经济的资源资产产权

在市场经济条件下，资源的配置主要通过市场调节来实现。资源产权向资源资产产权的转化是计划经济向市场经济转化的重要标志和产物。市场经济条件下资源资产产权的最大特征是它摆脱了资源的无偿委授关系，实现资源资产产权的交易。在我国，这个过程是一个渐进的过程。1982 年我国的根本大法《中华人民共和国宪法》第十条得到了修正，增加了“土地使用权可以有偿转让”，这一修改具有里程碑的意义，标志着我国的资源产权制度已经开始发育，资源产权交易开始在法律层面浮现。

? 复习思考题

1. 阐述自然资源在人类社会经济发展中的地位和作用。
2. 简述人与自然资源关系的动态演化和自然资源概念的演变历史。
3. 分析人类的能动行为对自然资源持续利用的正负影响。
4. 人类的能动行为和生物量上的拥挤缓冲作用。

? 引深讨论问题及分析思路

讨论问题

1. 根据目前的资源环境和人类的理智行为，你认为未来人类社会可能趋向于哪一种？
2. 人类有史以来对资源环境的适应是成功呢，还是失败呢？
3. 不同社会发展阶段人类对自然资源的开发利用特征及对环境影响。

分析思路

人类的社会发展历史就是对资源的开发利用历史，对环境的适应历史。不同的社会发展阶段和科学发展历史，对资源的认识和开发利用方式不同，开发利用强度差别很大。

第 6 章　自然资源的经济学分析原理

内容提要

自然资源经济学是利用经济学原理和定量分析方法，分析和解决自然资源勘察、开发布局、合理配置、利用和保护的公共政策和决策问题的学科。重点在于分析稀缺自然资源开发利用中的经济效应与规律，研究自然资源开发利用的经济问题及其与生态环境的关系。基于自然资源经济学的主要研究内容，本章就自然资源供需问题的资源稀缺及其度量原理、价值与价格估算方法、投入产出原理与核算方法进行了系统论述。首先，阐述了供给与需求概念、供求平衡的计算和表达方法，并应用其原理和方法，分析了自然资源供需的特殊表现和平衡途径；其次，讨论了自然资源的价值和价格的形成原理、自然资源价值的构成、自然资源价格的估算方法；然后就投入产出的资源效率至上和报酬递减率原理进行了阐述，应用生产函数模型分析了资源投入的最佳阶段和表格分析方法；最后，就自然资源核算及如何将其纳入国民经济核算中的具体计算和统计方法进行了详细论述。

重点要求

（1）熟练掌握自然资源估价方法和核算统计方法；

（2）深刻理解自然资源价值的构成和价格计算方法；

（3）理解自然资源投入产出的报酬递减率原理的含义和实际应用价值；

（4）理清资源供给与需求的经济学原理，探讨资源稀缺情况下自然资源供需的特殊性。

6.1　自然资源需求与供给

经济学家认为，稀缺就是相对于需求数量上的不足，也就是供不应求。就自然资源总供给与总需求来说是这样，但就某一时段或某一区域而言，自然资源的供求关系并非“供不应求”如此简单。在有关的经济学理念中，供给与需求是一对重要概念，供求分析是确定资源合理投入、平衡供需矛盾的重要途径。自然资源作为最基本的生产资源和生活资料，其供给与需求当然符合经济学的一般供求规律。但自然资源有其特殊性，因而自然资源的供给与需求也有特殊表现。需求和供给的表示形式通常有表格、曲线和函数，但是在自然资源稀缺的前提下，资源的供求与价格之间的关系有其特殊性规律。

6.1.1　需求与供给的概念

1）需求

需求就是表示某一种资源、资源产品或劳务的需求量和价格之间的关系。需求量则是需求的数量，是指在一定时期内、一定条件下，资源消费者愿意购买并且有能力购买的某种资源、资源产品或劳务的数量。

需求的表格表示是最简单的表示方式，是某种资源或资源产品的价格与需求量之间关系的表示形式（表 6-1）。

需求函数：设某种资源或资源产品的需求量 Q 与价格 P 有一定的关系。将价格 P 作为自变量，需求量为因变量，则可表示为

$$Q = f(P) \tag{6-1}$$

然而，需求量的大小还与消费者的购买能力 M、消费者的偏好 F 和资源存量 R 有关，则需求函数可表示为

$$Q = f(P,M,F,R) \tag{6-2}$$

上述需求函数是静态的，若考虑资源或资源产品的需求量随时间的动态变化，则需要将时间因素考虑进去，则需求函数可表示为

$$Q = f(P,M,F,R,t) \tag{6-3}$$

若将上述函数中的各要素进行定量转化和函数式设计，可以是直线函数、指数函数等：

$$\begin{aligned} Q &= A + \alpha M - \beta P + \gamma R \\ Q &= AM^{\alpha} P^{-\beta} R^{\gamma} \\ &\vdots \\ Q &= \alpha M + \mu F - \beta / P + \gamma R + A \end{aligned} \tag{6-4}$$

式中，A、α、β、γ、μ 等都为待定参数。

再可根据有关的资源经济学理论确定一个与给定需求规律近似最好的函数关系。如简单地把需求看作是随价格的增加而减少的函数，则需求函数式 $Q = k / P$ 中的 k 值可根据数据所描绘的曲线（D）确定。若在价格不变的情况下，将其他因素的影响叠加，则曲线将会发生左右移动（图 6-1）。

表 6-1　需求举例表

价格/元	需求数量/个
50	200
40	300
30	400
20	500

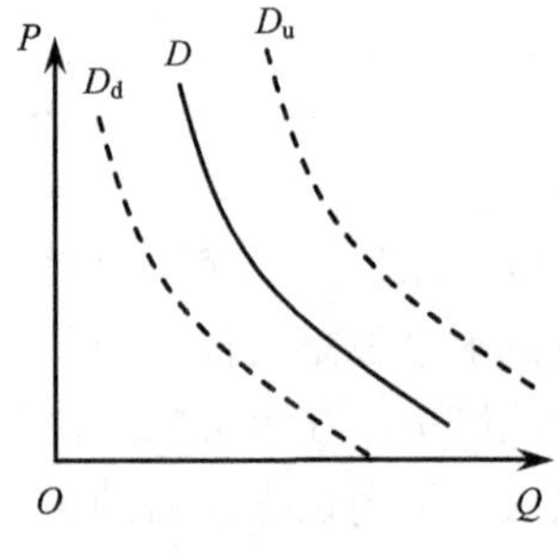

图 6-1　需求曲线示意图

由此可知，在其他条件相同的情况下，一种商品的价格和人们对其的需求量是一种反向变动关系，价格上升，需求量下降；价格下降，需求量上升，这就是经济学的需求定律。

2）供给

供给就是表示某一种资源、资源产品或劳务的供给量和价格之间的关系。供给量则是供给的数量，是指在一定时期内、一定条件下，生产者愿意生产并能够生产和销售的某种资源、资源产品或劳务的数量。

供给表是某种资源或资源产品的价格与供给量之间关系的表格表示形式（表 6-2），是一种最简单的供给与价格的表示方式。

供给函数：设某种资源或资源产品的供给量 Q，它取决于许多因素。第一，价格（P）。供给量 Q 的增减与资源或资源产品价格高低呈正向变动，即 P 越高，Q 越多；P 越低，Q 越少。第二，替代品价格 P_r。替代品价格上升时，供给量 Q 上升。第三，互补品价格 P_n。互补品价格上升，P 也随之上升，因而供给量 Q 上升。第四，预期价格 P_e。对未来价格的预期，也会对供给量造成影响。第五，生产成本 C 上升，供给量 Q 下降。第六，自然条件 N 坏（或好），供给量 Q 下降（上升）。这样一种资源或资源产品的供给函数可表示为

$$Q=\varphi(P,P_r,P_n,P_e,C,N,\cdots) \tag{6-5}$$

在一般的分析过程中，假定 P_r、P_n、P_e 等条件不变的情况下，主要考虑价格 P、生产成本 C 对 Q 的影响，即

$$供给价格函数：Q=\varphi(P) \tag{6-6}$$

$$供给生产成本函数：Q=\psi(C) \tag{6-7}$$

供给曲线是根据供给价格函数或供给表绘制出的价格与供给量之间的图形表示形式。同理，若在价格不变的情况下，将其他影响因素加以考虑，则曲线（S）将会发生左右移动（图 6-2）。

表 6-2　供给举例表

价格/元	需求数量/个
50	700
40	600
30	500
20	400

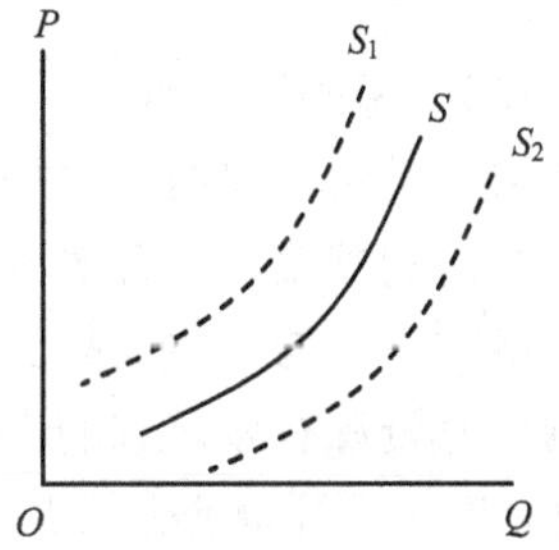

图 6-2　供给曲线示意图

由表格和图形所示的特性，可以明显得知：在其他条件保持不变的情况下，一种商品或服务的价格和它的供给量之间呈一种正向变动关系，供给量随着价格的上升而上升，随着价格下降而下降，这就是供给定律。

6.1.2　自然资源的需求

自然资源的需求有自然的和经济的两种概念。自然资源的自然需求是指人们对自然资源的需要(或欲望)；自然资源的经济需求则是人们对自然资源的需求和满足这种需要的能力，称自然资源的有效需求。

1）自然资源的自然需求

人们对自然资源的需要固然与生存的需要关系最为密切，人们需要自然资源来提供维持衣食住行的资料和生产生活空间。

从需要来看，人的欲望通常被认为是无穷的，而且会接连产生，前一种需要一旦得到满足甚至只部分得到满足，就会产生后一种需要。对自然资源的需要也是如此。就人类总的需要而言，人口在不断增加，人们还总想得到更多更好的生活资料，希望有更充足的住房，更

好的教育、娱乐、交通设施，因而对自然资源的需要有无限扩大的趋势。就个别生产者而言，总希望尽可能多地占有自然资源来弥补其他生产要素（资金、劳动、管理）的不足。因此，自然资源的需要具有无穷大的弹性，即在一定供给价格水平下，总希望自然资源越多越好。

人类对自然资源的需要程度随时代和地区而有所不同，决定这种需要程度的大小有下列几个基本因素：一是人口及其生活水平。人口数量越多，对自然资源的需要越多；社会物质文明越发达、人们对食物的要求越精、对住房的要求越高、对能源的需要越多、对娱乐地和社会文化设施的需要越多，因而对自然资源的需要相应增加。二是自然资源本身的品质。品质恶劣到毫无利用价值的自然资源，自然无人需要。自然特性和区位条件更优良的自然资源，利用价值越高，人们对它的需要就越大。三是技术进步。在采集和渔猎时代，人们不懂耕作，虽有肥美耕地也无人需要；随着耕作技术的产生和进步，农业不断发展，人们对耕地的需要也就越来越大。蒸汽机的发明导致工业革命，于是对煤和其他矿产资源的需要骤然增加，并激发了城市的增加和扩展。随着钢铁、石油的冶炼和加工技术的进步，人们对铁矿、油矿的需要也越来越大。技术进步也可减少对某些自然资源的需要，如合成纤维的发现减少了对植棉地的需要、拖拉机等农业机械的发展减少了对维持畜力饲料所需的土地等。四是产业发展。二三产业的发展增加了对城镇用地、工矿用地、交通用地等的需要。另外，产业发展还可增强国家或地区的外贸能力，如进口粮食、木材、矿产等资源产品，从而减少对本地区耕地、森林、矿产的需要。

2）自然资源的经济需求

经济需求满足需要的能力是有限的，无能力满足的需要是一种无效需求，供求分析主要研究有支付力的需要，即有效需求。自然资源的有效需求一般随价格的上升而减少，随价格的下降而增加，这与一般商品的需求规律相同。

影响自然资源有效需求的因素还有：一是自然资源的经济供给。经济供给越充分，供给价格下降，有效需求将增加；反之，供给价格上升，有效需求将减少。二是自然资源的需要。自然资源的有效需求显然以自然资源的需要为前提，若无需要，再大的支付能力也不能构成有效需求。三是需要者的支付能力。当这种能力提高，自然资源的有效需求一般会增加；反之，则减少。四是自然资源与其他生产要素的比价。自然资源价格相对于其他生产要素价格越低，对自然资源的有效需求就会越多；若这种比价越高，则对自然资源的有效需求就会越少。五是自然资源产品与其他产品的比价。自然资源产品无论是作为生产要素还是作为消费物资，当它的比价过低时，对它的需求会增加，从而导致生产初级产品的自然资源的有效需求增加；反之，若初级产品比价过高，则对它的需求相对减少，从而导致生产它的自然资源的有效需求减少。

自然资源利用集约程度也影响自然资源的需求。以土地为例，当土地利用尚未达到精耕边际时，增强集约度比开辟利用新土地更为有利，这时土地的有效需求一般不会增加。当土地利用已达到或超过精耕边际时，再增加集约度就使边际成本大于边际收入，对生产者是得不偿失的，这时应开辟利用质量较低的边际土地，所以土地的有效需求将增加。

6.1.3　自然资源的供给

自然资源的供给包括自然资源的自然供给与经济供给两层含义，前者主要是受自然条件的制约，后者则主要受社会经济因素的影响。

1）自然资源的自然供给

这是指实际存在于自然界的各种自然资源的可得数量。全世界的自然资源总数量是固定的，既非人力所能创造，也不会随价格和其他社会经济因素的变化而增减。以土地为例，地球的表面积约为 5.1 亿 km^2，其中海洋占 70.9%，合 3.62 亿 km^2；陆地占 29.1%，合 1.48 亿 km^2。人类生活在陆地上，但不是陆地上的所有地方都适宜人类居住，凡适于人类利用的陆地必须具备下列各项条件之一或全部：一是自然条件适宜人类生产生活和动植物生长；二是有可利用的资源（土壤、水、动植物、矿物等）；三是具有可通性。因此，陆地上有很多部分是人类不能利用，至少是按现在能力无法作一般利用的，如永久冰封地、荒漠、极高山等。此类土地共占陆地面积的 50.1%，所余可利用的土地为 7529 万 km^2，这就是全世界的土地自然供给。目前世界人口已超过 70 亿，土地的绝对稀缺已很明显，由此引发了全球性的人口、资源、环境、粮食四大问题。

就某一国家或某一区域而言，自然资源的自然供给一般也是固定的。由于土地的不可移动性，不可能从别处搬来土地以增加本国或区域的土地供给。所以，无论就某一区域还是全世界而言，多数自然资源的自然供给总是毫无弹性的供给。就一种用途的自然资源而论，有时也有自然限度的问题。例如，耕地只能是水热条件合适、有一定厚度的土层、坡度不太大的土地；矿产地只能在有矿藏的地方等。此类专门用途的自然资源，其自然供给也不会随价格和其他社会经济因素的变化而增加，也是无弹性可言的。相反，由于其他用途（如建筑）的挤占和自然毁损（如沙漠化和水土流失），此类供给还有减少的趋势，其供给曲线将会向左移。自然供给左移会造成自然资源的自然耗竭。

2）自然资源的经济供给

这是指在自然资源的自然供给范围内，某用途的资源供给随该作用收益的增加而增加的现象。自然资源的经济供给是有弹性的供给，但供给弹性的大小除其他因素外还因接近自然供给极限程度的不同而不同。在远离自然资源自然供给极限时，自然资源经济供给的弹性较大，供给价格的轻微变化就会引起供给量的较大变化。随着供给量的增加，优等自然资源不断投入使用，所余自然资源的质量越来越差，开发新自然资源的成本越来越高，经济供给越来越接近自然供给极限。这样，供给弹性越来越小，即供给价格越高而供给量的增加越来越少。当达到自然资源自然供给极限时，自然资源的经济供给也就毫无弹性了，这时供给价格再有大幅度的提高也不可能增加供给量。自然资源经济供给的弹性大小在不同利用上也是有差异的，例如，用作建筑基地的土地，因其所需数量相对较少，受自然条件的限制又不太严格，所以经济供给的弹性较大；林业用地、牧业用地对自然条件的要求较低，经济供给的弹性也较大；而矿产地和某些特殊作物用地则受严格的自然条件限制，其经济供给的弹性就比较小。

在自然资源自然供给的范围内，影响自然资源经济供给的其他主要因素有：一是自然资源的需求。需求越大，价格越上升，促使供给增加；反之，需求小则需求价格下降，促使供给减少。二是其他用途的竞争。自然资源具有多用性，当其他用途的供给价格提高从而供给量增加时，对该用途的自然供给必有减少的趋势。这里必然包含着机会成本，即一种用途的自然供给价格也取决于将同样的自然资源用于另一种用途时的价值。三是科学技术的发展。当自然资源利用的科学技术发展到一定程度时，不能利用的自然资源变得可以利用，或利用成本太高的自然资源可以降低利用成本，使自然资源经济供给远离自然供给限制而增大了扩展的可能性。四是自然资源利用的集约度。自然资源利用的集约度越强，自然资源的供给价格越高，自然资源利用率越高，自然资源经济供给也就随之增加。由于报酬递减律的作用，自然资源利用集约度不会无限制地增强。五是交通条件的改善。这使原来由于通达性不够而未投入使用的自然资源易于接近，或降低了运输成本，从而增加了自然资源的经济供给。

6.1.4　自然资源的供需平衡

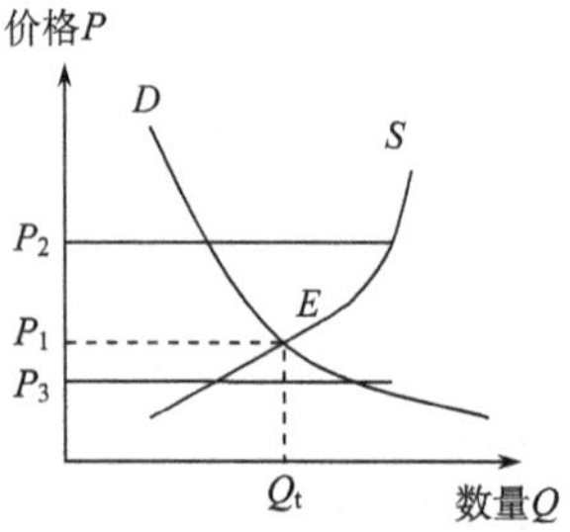

图 6-3　供需均衡示意图

在商品经济条件下，一般商品的供给与需求受供求定律的支配。需求大于供给，价格将会上升；需求小于供给，价格将会下降。供给与需求达到平衡，才会存在一种稳定状态。此时的价格为均衡价格，供求数量称为均衡数量（图 6-3）。自然资源开发利用作为一种经济活动也不例外，尽管自然资源有区别于其他商品和生产要素的特点，但其供给与需求平衡的基本经济机制仍服从供求定律。如前所述，人类对自然资源的需求有无限扩大的趋势，而自然资源的供给是受自然限制的，因此，自然资源的供需矛盾一般不能通过扩大供给来解决，只能从控制需求上入手。使用价格杠杆，把自然资源的需要转化为有效需求（即有支付能力的需要），使之不致无限扩大而服从供求定律，才能有效地平衡自然资源供需矛盾。因此，自然资源供需平衡的关键在于价格，通过足够高的价格来约束需求，从而达到自然资源的供需平衡，这在自然资源的开发利用中比其他经济活动中更有必要，也更为有效。

6.2　自然资源的价值与价格

价格是平衡供求关系的一个关键因素，对自然资源也不例外。但在现行的各种经济体制中，对自然资源的价格都没有作明确的规定，这无疑是导致一系列资源环境问题的一个重要根源。要解决这些资源环境问题，一个重要途径就是引入价格机制。价格作为价值的货币表现，虽然在市场上由于供求变化有时会脱离价值，但其基础仍在于价值。在传统的经济价值观中，一般认为没有劳动参与的东西没有价值，或者认为不能交易的东西没有价值，因此自然资源是没有价值的。于是，现实生活中便出现了“产品高价、原料低价、资源无价”的怪现象。资源无价值的观念及其在理论与政策上的表现，导致了自然资源的无偿占有、掠夺性开发和浪费，以致资源损毁、生态破坏和环境恶化，成为社会经济可持续发展的制约因素。随着自然资源价值的日益显现和资源有限性的日益突出，确立科学的资源价值观，建立合理的自然资源价格体系，成为资源科学研究的一个重要命题。

6.2.1　自然资源价值价格确定的基本理论

从价值哲学的角度看，价值是指客体的属性和功能能够满足主体需要的一种功效或效用。据此，可以在劳动价值论、边际效用价值论、均衡价格论和地租论的基础上，来确立自然资源的价值观。

1. 劳动价值论

劳动价值论认为劳动是价值的源泉和尺度。古典劳动价值论认为，价值是由生产商品时所耗费的劳动时间决定的，劳动是价值的源泉。劳动是衡量一切商品的交换价值的真实尺度。

马克思的劳动价值论是在批判地继承了古典政治经济学的劳动价值论的基础上建立起来的科学的价值理论，主要由以下基本原理组成：

1）抽象劳动创造价值的原理

马克思首创了劳动二重性学说，阐明了价值是由抽象劳动创造的基本原理。抽象劳动是形成价值的实体，是商品经济中社会劳动的存在形式，反映商品生产所特有的社会生产关系。所以，价值是通过物与物的形式表现出来的人与人的关系。

2）社会必要劳动时间决定价值量的原理

社会必要劳动时间是指在现有社会正常生产条件下，在社会平均劳动熟练程度与劳动强度下制造某种使用价值所需要的劳动时间。商品的价值是由生产商品所耗费的社会必要劳动时间决定的。

3）价值形成过程原理

商品的生产过程是劳动过程与价值形成过程的统一，作为劳动过程，具体劳动创造商品的使用价值。作为价值形成过程，抽象劳动创造商品的价值。从价值形成过程来看，商品价值首先包含生产资料转移过来的物化劳动，这部分物化劳动实际上是生产资料生产过程中的活劳动耗费，商品价值还包括当期投入的活劳动。

4）价值增值过程原理

资本主义商品生产过程，不仅是价值形成过程，也是价值增值过程。价值增值过程是资本主义商品生产的固有特征。资本能够增值的原因在于劳动力这个能够创造价值的特殊商品，资本家购买劳动力的垫付资本，只是劳动力价值。这部分价值由劳动者在必要劳动时间内创造出来，而必要劳动时间以外的剩余劳动时间创造出剩余价值，使资本实现增值。

5）价值构成原理

从价值增值过程来看，价值应由生产资料物化劳动、劳动者的必要劳动与剩余劳动三部分总和来决定。从资本主义生产来看，价值由购买生产资料的不变资本 C、补偿购买活劳动的可变资本 U 及劳动创造的剩余价值 M 三部分组成，即价值=$C+U+M$。价值是历史的和社会的范畴，它与商品生产和商品交换联系在一起，只要存在商品生产与商品交换，就一定存在价值。

凡是研究目的在于揭示生产力本身的规律，研究物质财富及其创造，研究人与自然的经济关系时，应该运用马克思的使用价值的概念，或经过修正了的效用价值的概念，即抽掉西方效用价值论中的政治因素的效用价值概念。尽管就马克思的绝大多数论断及马克思价值理论的总体框架来看，没有劳动参与的天然的自然资源是没有价值的；但马克思在不少场合也谈到自然资源（常以“土地”的名义出现）价值问题，特别是他指出“价值”这个普遍概念是从人们对待满足他们需要的外界物的关系中产生的。这个论断，已经超出了劳动创造价值的概念，是一种价值哲学的价值概念。这种价值概念，以及马克思在多处提到的关于功效、财富和地租的论述，正是建立自然资源价值理论的基础。

2. 边际效用价值论

西方经济学中的边际效用价值论认为，效用是价值的源泉。价值形成的两个必要条件：一个商品之所以有价值，首先在于它的效用性，即具有满足人们某种欲望或需要的能力。其次，它还必须是稀缺的，供给无限的物品是没有价值的。边际效用价值论的主要观点如下。

1）效用是价值的源泉和形成价值的必要条件

效用同稀缺性结合起来，形成商品价值。效用是物品能够满足人们需要的某种属性，而价值是人们对物品效用的主观评价。但效用与价值的关系并非简单的正比例关系，并不是对人们效用大的物品，其价值都大；反之亦然。例如，像空气、水等一类物质，对人们的效用很大，但由于它们供应比较充足，人们并不认为它有价值。因此，稀缺性也是影响价值的重要因素，只有效用与稀缺性结合起来，才能确定物品的价值。

2）边际效用是衡量价值量的尺度

边际效用是指人们所能消费的某种商品中最后一个单位商品给人们带来的效用。物品的价值量就是由边际效用来决定的。

3）效用是可以计量的

边际效用由需要和供给之间的关系决定，它与需求强度呈正方向变动。也就是说，需求越强烈，边际效用越大；边际效用与供给呈反方向变动，即供给量越大，增加的满足就越小，边际效用就越小。因此，物品的价值最终由效用性和稀缺性来决定。效用表明价值可能达到的高度，或某一个范围；稀缺性则决定在具体实践中，价值实际上达到上述范围中某一点。

4）边际效用递减与边际效用均等

人们对某种物品的欲望强度随着享用该物品数量的不断增加而递减，因而物品的边际效用是随着其数量增加而递减的；随着物品不断供给，其边际效用可降到零点；如果此时进一步提供，边际效用就会变为负值，即“边际效用递减规律”。为了说明边际效用的递减，假定用效用单位来度量效用的大小。由表 6-3 看出，边际效用是新增一个单位的物品消费所增加的效用，即总效用的增量。例如，在消费 3 个单位物品时，总效用为 24，再增加消费 1 个单位物品，总效用达到 28，那么，这一个单位物品消费所增加的总效用 4 就是当消费单位由 3 增加到 4 时的边际效用。

表 6-3　边际效用表

物品消费单位数	总效用	边际效用
0	0	0
1	10	10
2	18	8
3	24	6
4	28	4
5	30	2
6	30	0
7	28	–2

由于许多物品供给是有限的，人们就必须有意识地或潜意识地把各种具体欲望的强度进行比较，将有限的产品分配在一系列不同种类的欲望中。不管这几种欲望最初的绝对量如何，最终各种欲望满足的程度彼此相同，才能使人们从中获得的总效用达到最大，即“边际效用均衡定律”。

5）有关的几种商品的价值决定问题

生产资料的价值是由所生产出来的消费资料的边际效用决定的，如果一种生产资料能生产边际效用不同的几种消费品，则价值由消费品中边际效用最大者决定；有多种用途的商品的价值，由具有最大边际效用的那种用途的边际效用决定；用来交换的物品价值由卖主对物品评价的最高边际效用决定；由几个物品组成的联合物品的价值，由这些物品在联合使用时所提供的边际效用来决定，而每个单件物品的价值是对这种联合边际效用决定的价值的分割。

边际效用价值论的问世，对现代经济价格理论产生了巨大作用。首先，它把消费和需求提高到经济的首位，同时尽量缩小生产和劳动的作用。其次，它特别强调个人或个体，把它看作是经济主体，而社会则是各个个体的总和。最后，它还着重于主观心理因素的作用分析，运用边际分析法去分析效用问题。

3. 均衡价格论

在市场经济条件下，资源配置是生产者和消费者根据市场价格信号而做出的经济决策。市场价格取决于供给与需求的相互作用。因此，微观经济分析就必须从需求、供给与均衡价格的关系入手。

1）需求价格理论

需求价格指买者对一定量商品所愿支付的价格，它是由这一定量商品对买者的边际效用决定的。

首先，效用是可以计量的，消费者购买一定种类的商品所得到的效用，等于每单位商品给消费所带来效用的总和。由此可以建立消费函数：用 $u=f(x)$ 来表示商品数量 x 与其效用 u 之间的关系。若是多种商品，则 $u=f(x_1,x_2,x_3,\cdots,x_n)$。

其次，边际效用递减规律转化为商品需求价格递减规律。经济学上，人的欲望及边际效用不能直接衡量，只能通过消费者为满足欲望而愿付出的货币量来衡量。一个人占有某种商品的数量越多，若其他条件不变，则其对每次增加购买而愿意支付的价格就越低，这样，边际效用递减规律就转化为商品需求价格递减了。

最后，根据商品需求价格递减规律给出了需求曲线。商品价格与需求量呈反比关系：价格越低，需求量越大；反之亦然。

消费者为获得最大效用，对任何商品的最优购买量必须使该商品边际效用 M_{u} 等于货币的边际效用λ与商品价格 P 之积，即 $M_{\mathrm{u}}=\lambda P$。当消费者购买 A 、B 两种商品，且价格分别为 P_{A} 与 P_{B}，则均衡条件为

$$M_{\mathrm{uA}}/P_{\mathrm{A}}=M_{\mathrm{uB}}/P_{\mathrm{B}}=\lambda \tag{6-8}$$

2）供给价格理论

供给价格是指提供一定数量的商品，生产者愿意接受的价格。它是由生产一定量商品所付出的边际真实生产费用决定的。这里的边际真实生产费用是指劳动者所产生的“状态和疲

劳”的负效用与资本家延缓消费所引起的牺牲之总和。商品的一般规律是商品的供给量随价格提高而增加，随价格下降而减少。

3）均衡价格理论

均衡价格是某种商品的需求量与供给量相一致时的价格，供需双方达成均衡时，决定了均衡价格与均衡产量。这一理论建立在完全市场竞争的假定前提下，完全竞争市场必须满足存在着大量的买卖商；同一产品都是同质的；各种生产要素可以自由进入或退出某一部门；市场信息是完全畅通的。可以用下面的例子来说明均衡价格的形成过程，如表 6-4 所示。

表 6-4　电视机需求、供给、价格关系表

价格/元	1000	2000	3000	4000	5000	6000	7000
需求量/万台	100	75	60	50	40	25	0
供给量/万台	0	25	40	50	60	75	100

当电视机价格为 1000 元时，消费者的需求量为 100 万台，而生产者认为价格太低，供给量为零。由于需求量大于供给量，价格上升，于是供给增加，需求减少；相反，当价格为 7000 元时，供给量为 100 万台，而消费者不能接受这个价格，需求量为零。由于供给大于需求，导致价格下降，于是供给减少，需求增加。通过市场价格的波动和供求的变化，在价格为 4000 元时，供给量与需求量相一致，这时的价格就是均衡价格，均衡数量是 50 万台，市场价格与供求关系处于均衡、稳定的状态。

从均衡价格的形成过程可以了解到，需求、供给和价格的变化是相互依存、相互影响的，这就是市场经济运行规律中的价格机制。

4. 地租论

在经济学中，地租有两种意义：一种是地主将土地出租给佃户，地主佃户之间有一种租佃契约，规定佃户按期缴纳租金给地主，这种地租称契约地租或商业地租。另一种是由土地本身的价值带来的报酬，由于所有权转化到土地所有者手中，称经济地租和纯地租。前者是后者在封建土地制度下的一种特殊形式，后者则是各种土地制度下都存在的普遍形式。经济地租是契约地租的基础，但契约地租还受其他因素的影响，如市场供需情况、主佃之间的权力等。可以把土地看作自然资源的同义词，这里所讨论的是经济地租或纯地租，主要包括级差地租、绝对地租、垄断地租。

1）级差地租

包括级差地租Ⅰ和级差地租Ⅱ。级差地租Ⅰ是等量劳动、资本投在不同的等量土地上，由于土地的丰饶度（耕地肥力、矿地富聚度等）和区位条件（距市场远近等）不同而有不同的级差生产力，因此土地所有者获得不同的报酬。级差地租Ⅱ是等量劳动、资本投在同一块土地上，由此改变了土地的经济丰度或相对位置（或交通条件），而使这块土地产生的级差生产力的表现形式。这种级差生产力是与土地上初次投入后的生产力比较而言的。

级差地租Ⅱ的基础和出发点还是级差地租Ⅰ。但由于地租早已在这块土地出租时确定，在租约期内，土地经营者对土地的连续投资所带来的超额利润归土地经营者所有，这时这种超额利润（Ⅱ）不会转化为地租。因此，土地经营者才有追加土地投资的积极性。而租约期满后，因追加投资而提高的土地丰度，就会与土地的自然丰度结合在一起，被土地所有者全部或部分占有，作为再出租土地时加收地租的依据，由此而来的超额利润就转化为级差地租Ⅱ。严格说来，级差地租Ⅱ是人类附加劳动带来的价值。

2）绝对地租

上面分析级差地租时，撇开了绝对地租问题，暂时假设最劣土地不付地租。实际上使用任何土地都必须缴纳地租。这种不论土地好坏，只要使用土地就必须缴纳的地租，就是绝对地租。

级差地租是由级差生产力带来的，绝对地租可以从自然资源天然价值来解释来源。因为土地有使用价值，又由于其稀缺性，因此，土地资源价值就带来一种生产力，姑且称之为绝对生产力，绝对生产力带来绝对超额利润，在土地所有权与使用权分离的情况下就转化为绝对地租。这样解释既清楚简单，又适用于一切土地制度。同样，级差生产力带来级差超额利润，转化为级差地租。

3）垄断地租

垄断地租是由超出价值的垄断价格带来的超额利润转化而成的地租。例如，某些稀有矿藏、特殊产品、特殊地段由于奇货可居，或由于不可替代且被垄断，可以按照大大超过生产价格和价值的垄断价格出售，由此产生的超额利润转交给土地所有者，就是垄断地租。垄断地租中也包含有资源的稀缺价值。

从总体来看，西方的地租理论对建立自然资源价值理论有很大的启发和借鉴意义， 地租或自然资源租金，是自然资源价值的一种体现或一种补偿。

6.2.2　自然资源的价值

自然资源既包括未经人类劳动的自然资源，也包括经过一定人类劳动的自然资源。自然资源中包含的人类劳动价值，可由劳动价值理论的定价方法确定。自然资源中天然成分的价值，应由该资源的有用性、稀缺性和自然丰度来确定。未经人类劳动的自然资源， 其性质是效用价值，它和劳动价值一样，也可以进行交换。马克思本人并没有把劳动价值论绝对化，他说：“没有（ 劳动 ）价值的东西在形式上可以具有价格”，又说：“真正的地租是为了使用土地本身而支付的，不管这种土地是处于自然状态，还是已被开垦”。可见，马克思也赞成自然资源具有价值和价格。实际上按照他所创立的绝对地租理论，自然资源本身就具有价值和价格，而不论其是否附有人类劳动。

劳动、自然资源（ 土地 ）和资本这三种经济资源或称基本生产要素都应在产品价值上得到体现，产品价值应该是成本（外部与内部）、平均利润、超额利润的总和，它们与基本生产要素的对应关系如图 6-4 所示。大体说来，现代自然资源的价值包括三个部分：天然价值、人工价值和稀缺价值。

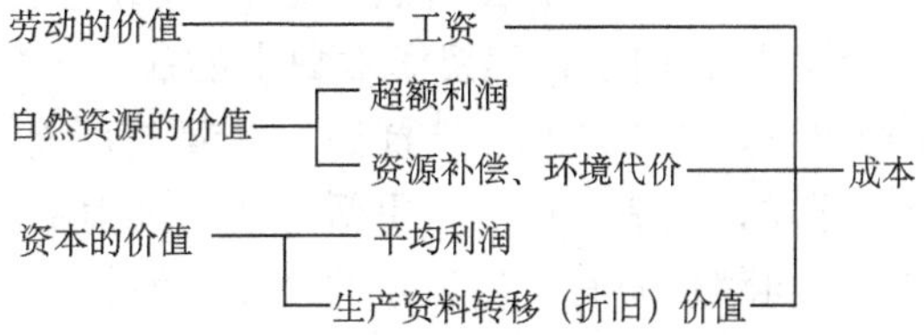

图 6-4　产品的价值

1. 自然资源的天然价值

这是自然资源本身所具有、未经人类劳动参与的价值。之所以有这种价值，是因为自然资源具有使用价值而且稀缺。不具有使用价值的东西没有价值，自然资源作为生产基本要素，其使用价值是显而易见的。因此，未经人类勘测、开发、改造、利用、整治、保护过的自然资源，或已经人类勘测、开发、改造、利用、整治、保护过的自然资源中的原始部分，虽然未凝结人类的活劳动和物化劳动，也是具有价值的。自然资源的天然价值主要取决于以下三个要素。

（1）自然资源的丰饶度和质量。自然资源丰饶度是其自然属性的总和，不是它的个别自然属性。例如，一处矿藏资源的自然丰饶度应该包括下列方面：储量、品位、有益伴生矿、有害伴生矿、可选程度、埋藏深度、矿层厚度与倾斜度、矿床周围岩体性质与水文地质情况等。又如，森林资源的丰饶度包括木材蓄积量、木材质量、木材生长速度等因素。每一因素对丰饶度的影响有大有小，然而，在评价它的丰饶度时，都不可忽略。自然资源的质量是天然客观属性，纯粹属于自然的属性。例如，油田的油气蕴藏量、金属矿的品位、温泉与地热资源的蕴藏量等反映自然资源的某些丰饶度。自然资源的自然丰饶度与它的使用价值成正比例。自然资源的自然丰饶度越高，它的使用价值越高，对经济活动的影响越大。

（2）自然资源的自然地理位置。自然资源的位置包含着自然的客观方面的因素，也包括社会的主观方面的因素，前者称自然地理位置，后者称经济地理位置，是人类活动的产物。自然资源与山脉、河川、海岸线等自然要素的相对位置关系是自然地理位置，它是相对稳定的，是位置的客观方面，是位置的自然基础。对于大多数自然资源来说，位置的作用是不可忽视的。有时，位置的作用甚至比自然资源的丰饶度更重要些。

（3）自然资源的生态服务价值。自然资源除具有上述可在市场上实现的价值外，还有生态服务价值，这部分价值目前还难以在市场上实现，但它是客观存在的。

2. 自然资源的劳动价值

人类不仅改变了植物和动物的位置，而且改变了他们所居住区的面貌、气候，甚至改变了植物和动物本身。人类今天在利用土地资源时，已很难区分哪些特征是史前时期遗留下来的，哪些是历史上人类附加劳动的产物。矿产资源和原始森林，表面上看不到人类的附加劳动，然而，人类为了发现这些矿产资源，为了保护这些原始森林，付出了大量劳动，这些都是特殊形式的附加劳动。人类对于自然资源的附加劳动已合并到土地中，合并到自然资源中，与其浑然一体了。自然资源上附加的人类劳动是人类世世代代利用自然，改造自然的结果，绝大多数自然资源只有经过人类的附加劳动后，才具有充分利用的可能性。自然资源附加的这些人类劳动，就是自然资源的劳动价值。在自然资源上附加的人类劳动可以分成两类：

（1）直接附加。这是指直接作用于自然资源对象上的那一部分劳动，如土地平整、排干沼泽中的积水、生物品种改良、人工造林、造梯田、修灌溉系统、施肥等。这是人类在从事自然资源的勘测、调查、开发、改造、保护、更新等活动过程中，直接附加到自然资源上的活劳动与物化劳动，这是对自然资源有了认识，并改变其性状，形成了与自然资源不可分割的部分。

（2）间接附加。这是指那些并不直接作用于自然资源上，但对于改善自然资源的使用价值有影响的劳动。例如，在离地块颇远的地方修建防洪堤坝，使地块免受洪水威胁；改革矿产资源开发的经济、社会事件等。这种间接附加人类劳动可以从以下几方面来看：第一，经济地理位置的改变，自然资源对于城市、道路、消费区的相对位置是经济地理位置；第二，对自然资源的管理。现在的领空、领海、领土都是有专门的机构和人管理的（包括国土部门和环保部门等）， 他们都付出了大量的劳动；第三，开发条件的改善，如道路、供水、电力、通信等基础设施的建立和改善，使开发自然资源的条件更好，成本更低，从而提高了该资源的价值。

3. 自然资源的稀缺价值

物以稀为贵，越是稀缺的资源，其价值越高。正是自然资源的稀缺性，构成了与自然资源的天然价值和劳动价值相联系但又相对独立的另一类价值。说联系，是指稀缺价值以使用价值（其中包括劳动价值）为前提，无使用价值的东西，当然谈不上稀缺；另外，稀缺又是使用价值之所以具有价值的条件，空气、海水、泥土等都具有使用价值，但由于不稀缺，一般不具有价值。说相对独立，是因为稀缺价值在市场上已脱离了其使用价值和劳动价值，而是由供求关系所决定的。

总之，自然资源具有天然价值、劳动价值和稀缺价值。稀缺价值可用供求关系理论来解释和确定；劳动价值可用劳动价值论来解释，并可根据生产价格理论来确定，即马克思主义政治经济学中的 $W=C+V+M$。其中，W 为产品价值；C 为所耗费的不变资本的价值，可以认为是物化劳动；V 为可变资本，基本上是工资，可以看作活动；M 为剩余价值，即平均利润。

4. 自然资源的生态价值

为了量化生态价值，一些专家引入了皮尔（Pearl）生长曲线模型：

$$l=\frac{L}{1+a\mathrm{e}^{-bt}} \tag{6-9}$$

式中，l 为生长特性参数；L 为 l 的最大值取值，为 1；t 为时间；a、b 为常数，取值 1；e 为自然对数。由此可见，当 $t\to-\infty$时，$l=0$；当 $t\to+\infty$时，$l=L$；曲线的拐点为$t=\ln(a/b)$，这时 $l=0.5L$，曲线对拐点对称。借助皮尔生长曲线模型，求取生态价值的方法（图 6-5）如下：

第一，把人均国民生产总值和恩格尔系数的倒数对应起来，并进行必要的转换，用 $T=t+3$ 以代替时间 t 轴做横坐标。

第二，对不同类型环境资源的生态价值，可加以分解，然后分别和结合采用替代市场价格法、影子价格法、机会成本法和模糊数学法等，计算出各单项生态价值 V_i，求和得到生态价值的最大值 V，即

$$V=\sum_{i=1}^{n}V_i\ ,\ Y=lV\ \ (i=1,2,\cdots,n) \tag{6-10}$$

式中，l 为图的纵坐标，代表生态价值发展阶段系数，可以根据经济社会发展和人民生活所处阶段用曲线和公式计算出来；Y 为生态价值，当 $l=L=1$ 时，$Y=lV=V$, 此时，Y 达到极限，V 就代表生态价值 Y 的最大值。

第三，利用上述结果，将横坐标 T 划分为贫困、温饱、小康、 富裕、极富阶段。纵（l）横（T）坐标两相对应，就可以求出经济社会发展和人民生活水平所处阶段的某种环境资源的生态价值。例如，曲线的中点（生长曲线的拐点）处于小康阶段之中，此时的 $l=0.5$，$Y=0.5V$；处在温饱阶段的 l 大约为 0.12，$Y\approx 0.12V$ 。可见，只要能运用现在常用的替代法、机会成本法、市场价格法、影子价格法、模糊数学法等计算出某种环境资源的生态价值的最大值 V, 然后乘以上述发展阶段系数 l, 即可算出某种环境资源在相应发展阶段的生态价值 Y 的大小。

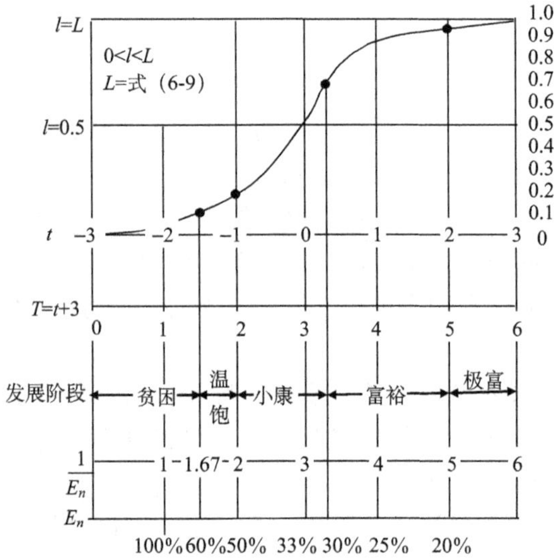

图 6-5　生长曲线和恩格尔系数求生态价值的发展阶段系数

6.2.3　自然资源的价格

价值是价格的基础，价格是价值的货币表现。既然自然资源的价值包括天然价值、劳动价值和稀缺价值，则自然资源的价值也应基于这三种价值来计算。

1. 地租资本化

这是自然资源天然价值之价格的一种方法。虚拟资本的形成叫资本化。自然资源价格是各年地租的总和，把今后若干年中尚未实现的地租包括进来，故称地租资本化，即年地租×使用年限。由于是一次性支付，必须考虑利息的因素。设年地租量为 R_0，那么，一年后地租量的现值应打上利率的折扣，若年利率为 a，则一年后的地租现值为 R_0（$1-a$）。同理，往后各年地租的现值分别为 $R_0(1-a)^2$， $R_0(1-a)^3$，…。

自然资源的价格 P_1 就是各年地租现值的总和

$$P_1=\sum_{n=1}^{\infty}R_0(1-a)^{n-1} \tag{6-11}$$

这是一个无穷递减比数列的和，根据数列求和公式，则有

$$P_1=\frac{R_0}{1-(1-a)}=\frac{R_0}{a} \tag{6-12}$$

这就是说，自然资源价格是年地租除以年利率。例如，假定年平均利息率是 5%，200 元的地租可以租或买到一亩土地一年的使用权，但要买一亩土地本身或其所有权，就得付出 4000 元价格。

以上的 R_0 尚未考虑级差地租问题，若考虑级差，则自然资源的年地租量为 $R=kR_0$，这里的 k 代表自然资源丰度和开发利用条件，即地区差别、品种差别和质量差别的等级系数。于是有公式

$$P_1=\frac{kR_0}{a} \tag{6-13}$$

由此可以确定自然资源的天然价格。

2. 劳动价值资本化

人类投入该自然资源的价值 P_2，可以根据生产价格理论来确定。设 A 为支付在该自然资源上的投入总额（折成资金），Q 为受益自然资源总量，N 为受益年限，则该自然资源投资的每年单位资源量的分摊额为 $A/(N\times Q)$，再考虑投入资本的平均利率 ρ，即可求得该自然资源每年因社会投入所产生的相当于“不变资本＋可变资本＋剩余价值或利润”，即“$C+V+M$”的那部分价值，即

$$P_2=\frac{A(1+\rho)}{N\cdot Q\cdot a}=\frac{C+V+M}{a} \tag{6-14}$$

由此可以确定自然资源的劳动价格。

3. 稀缺价值对价格的影响

稀缺价值主要体现在供求关系上。在供给量一定时，需求量越大，会促使价格越高，即需求量 Q_d 对价格的影响是正比例关系；在需求量不定时，供给量越大，会促使价格越低，即供给量 Q_s 对价格的影响是反比例关系。再考虑需求量与供给量的弹性，则都应乘上一个弹性系数。设需求弹性系数为 E_d，供给弹性系数为 E_s，则自然资源的价格 P 为

$$P=(P_1+P_2)\frac{Q_d\cdot E_d}{Q_s\cdot E_s} \tag{6-15}$$

将求 P_1 和 P_2 的公式代入，则有

$$P=\frac{1}{a}(kR_0+C+V+M)\frac{Q_d\cdot E_d}{Q_s\cdot E_s} \tag{6-16}$$

可以认为，式（6-16）就是确定自然资源价格的基本公式。当然，要将这个公式付诸实际应用，尚需做大量的工作来具体确定有关参数 k、R_0、Q_s、Q_d、E_d、E_s 等；而且 C、V、M 的计算也涉及很多因素，也需根据具体情况加以研究。但所有这些都是可以做到的。

4. 确定自然资源价格的其他方法

以上计算自然资源价格的基本公式，至少要求两个大前提，即市场机制完善和价格体系合理，否则要确定那些参数是不可能的。尤其在我国目前市场机制形成初期和价格体系尚在不断改变的情况下，应用这种计算法更是不现实的。因此，出现了一些替代方法，主要有两种：市场比较法和替代成本法，都主要用于土地资源的定价中。

（1）市场比较法：认为土地价格是土地使用者与土地提供者讨价还价的结果，需求曲线与供给曲线的交点（均衡点）决定土地价格（即均衡价格）。采取的形式主要是拍卖，土地所有者在市场上拍卖土地，竞投者叫价、应价，价高者得土地。这是一种完全由市场机制和竞争机制决定的价格。但由于各国的经济体制不同，所以还需有一定的行政干预，即土地所有者（政府）根据投标者所出的价格、所提的规划设计方案及企业信誉等情况，择优而取。这里，价格竞争仍是主要因素，但也要考虑其他因素，中标者不一定是出价最高者。

（2）替代成本法：把土地作为一种必不可少的投入，认为与资本和劳动的投入并无区别。以一定生产技术水平为前提，以利润最大化为依据，分析研究土地在生产过程和经济活动中，与资本和劳动相互替代的关系，由此确定土地价格。例如，在一定的生产技术水平下，两个单位的土地与两个单位的资本和一个单位的劳动组合，使得生产利润最大化；而一个单位的土地与三个单位的资本和一个单位的劳动组合，可以得到同样的效果。在这里，一个单位的土地就等于一个单位的资本，于是确定土地价格。这是一个简化了的例子，实际情况要复杂得多，土地与资本作为成本的替代关系，还涉及经营规模、土地利用集约度等问题，并非就是一个单位土地等于一个单位资本。上述简化仅仅是为了说明土地可替代资本，由此形成土地价格。我国目前已有此类形式的土地价格存在，如一个单位出地，另一个单位出钱，修好房子后分享。当然，其中土地作为替代资本的计算有很大任意性，常常与市场比较法联系起来。同样，由于市场机制不完善，替代成本法在我国目前只是一种权宜之计。

6.3　自然资源经济过程中的投入产出分析

自然资源具有价值，但它本身并不会产生，只有把劳动和资本投入进去加以开发利用时，它才会产生出产品、劳务或愉悦。因此，自然资源开发利用中就有一个投入多少劳动和资本、与多少自然资源组合才能得到最大产出的问题。

6.3.1　基本概念

在自然资源的经济过程中的开发部门、生产运输部门、产品、原料、动力、资金、劳动力、厂房、价格等成为资源经济要素，这些要素的集合称为资源经济系统。投入是指从事经济活动的消耗。在资源经济过程中，投入是指各种原材料、燃料、动力、固定资产折旧和劳动力的消耗；产出是经济活动的结果。在资源经济过程中，产出是指资源产品生产出来后产品的使用方向和数量。投入产出分析是利用数学方法和计算机，考察和研究资源经济系统的投入和产出间数量关系的一种方法，分析结果表达是一个投入产出平衡表格。

6.3.2　投入产出分析理论基础——报酬递减率

报酬递减率是马歇尔运用接受和发展了古典的土地报酬递减学说，并用边际主义原理进行了新的解释和阐述而发展起来的。其实质含义是“每个生产部门中都有一个边际”，如果技术和其他生产要素的投入等有关条件不变，则任何一种生产要素使用量的增量“超过了这个边际”，就会产生递减的报酬。

土地报酬递减率的完整表述是：在技术不变的条件下，在一定的土地面积上，当一个可变要素与不变要素相配合进行生产时，如果可变要素的投入量连续增加，则总产量的变化先递增，然后转为递减。

对于所有的自然资源，更为普通的陈述是：凡将某一变动生产要素连续投入附加到另一有限的固定要素上时，逐渐会达到一点，在此点后的每一单位投入的附加产出（或边际产出）将减少并且最终成为一个负数。这个原理就称为报酬递减率。

6.3.3　投入产出分析模型——生产函数

报酬递减率是生产函数分析的理论基础，生产函数是报酬递减率的最好解释。生产函数是指产出与生产要素投入之间的定量关系。对自然资源来讲，生产函数是指“在资源经济过程中，自然资源的投入与所需资源产品的产出二者之间的数量关系”，它规范了自然资源与资源产品之间的平衡关系。

在讨论生产函数时，对于资源过程系统都有一些基本的假设：第一，不考虑转换周期的影响。从资源的开采直到它被投入经济过程，而后经过系统的转换并最终变成资源产品，需要一定的时间，即“转换周期”。在一般的讨论中，暂不考虑周期长短的变化，并且均处理为“及时”的响应。第二，将系统内部的结构考虑为均匀状态，同时把输入过程也处理为无空间差异，在这样的条件下，去解释资源过程系统的行为。第三，不考虑技术水平的差异，即认为该资源经济过程系统为同一技术水平下所进行的物质与能量运动和传输。

根据上述假设条件，资源经济过程的系统分析与综合评价可以通过一系列相关的科学概念和计算公式来进行。

1）总产量

总产量（TPP）是指某一时期，在一定的技术水平条件下所生产出来的全部产品。总产量曲线（图 6-6）则表明了在某一投入要素不变而另一要素发生变动时可以达到的总产量与某一投入要素之间的相互关系。当投入的劳动比较少的时候，总产量随着劳动投入的增加而增加，但是这个增加的速度会越来越慢。当劳动的投入超过某一数量之后，随着劳动投入的增加，总产量反而会减少。所以，总产量曲线的形状是一条倒“U”形的曲线。

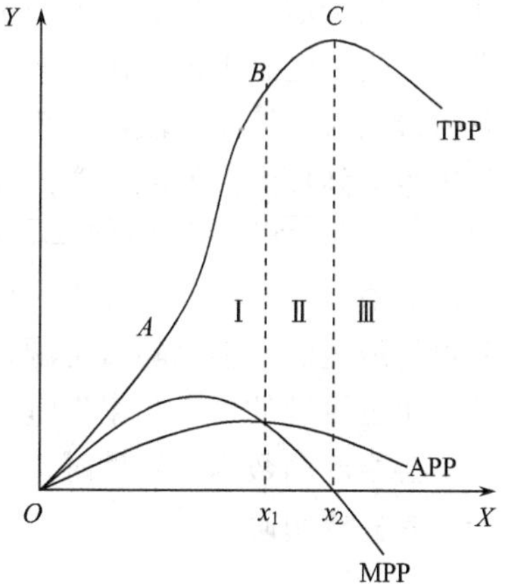

图 6-6　自然报酬递减率作用下生产函数与投入-产出关系

2）平均产量

平均生产量（APP）是指资源经济过程所获得总产量与所投入的资源量之比值。实际上它可以看成是生产函数曲线上有关点的斜率。如用符号 P 代表平均生产力；x 代表所投入的资源数量；y 代表所获得的总产量；i 为不同取值点的标志，则有

$$P_i = \frac{x_i}{y_i} \tag{6-17}$$

平均生产量曲线（图 6-6）表明在资源过程系统中产出与投入之比。平均生产量随投入的变化会呈现先升后降的趋势。

3）边际产量

每增加一个单位的资源投入，致使总产出的“增量”或“减量”。它意味着增加资源投入时，所引起的总产出的“变化率”，用符号 M_i 表示

$$M_i = \frac{\Delta y_i}{\Delta x_i} \tag{6-18}$$

式中，Δx_i为投入资源的增量；Δy_i为总产出的增量或减量；M_i 为 x_i 点上的边际生产量。

边际产量（MPP）曲线（图 6-6）是反映资源投入增加量与总产量增加量之间关系的曲线。边际产量也具有先上升后下降的趋势。但是，边际产量比平均产量先达到最高点。此后，边际产量随劳动投入的增加而下降，同平均产量曲线相交于平均产量曲线的最高点。然后，边际产量继续下降，最终会出现负值。

4）资源最佳投入

由图 6-6 所示的总产量（TPP）、平均产量（APP）、边际产量（MPP）三条曲线可看出：第一，三条曲线都是先递增后递减。第二，边际产量减少到零时，总产量达到最大值。边际产量为负值时，总产量开始递减。边际产量为总产量的一阶导数，即总产量的斜率。第三，边际产量先达到最高点，后递减时穿越平均产量的最高点。

三条最终都递减的产量曲线很好地解释了报酬递减规律，使人们有可能去描述资源经济系统过程的基本行为，从而做出适当决策。其中，资源的最佳投入量，是资源开发与区域发展关心的首要参数之一。

根据三条曲线的数值关系，可以把生产函数划分为三个基本的投入阶段：第一阶段，是总产出达到最大值之前所表现出的资源过程。此阶段随着资源投入量的增加，总产出的绝对数量有较大幅度的增加，但增加的“速率”从逐渐递增到逐渐递减。与此同时，平均生产力却一直处于增长的状况，说明单位资源投入的经济效益仍是增长的。由于此时尚未达到最高产出，也未达到单位资源投入量的最大经济效益，因此仍可继续增加资源的投入，以促进其获得最大值。第二阶段，一般认为是资源投入的最佳阶段，此时的平均生产力达到最大，总产出也达到最大。但应注意，此阶段每增加单位的资源投入，其产出的增长速率肯定比第一阶段下降，这样，从纯经济学观点去看，达到总产出的最大值，往往并不意味着是“净收益”的最大值。在处理非线性生产函数时，这是应特别注意的一个问题。第三阶段，则是决策者应设法避免的。因为随着资源投入量的继续加大，总产出不但不上升，反而出现了下降的状况，单位资源的“产品率”（以产品量除以资源成本）越来越低。

当生产函数为非线性时，资源的最佳投入是资源经济系统过程中必须解决的应用问题之一。首先要明确

$$\begin{aligned} &\text{总产值：} && W = u(y)\cdot y \\ &\text{资源成本：} && C = u(x)\cdot x \\ &\text{净效益：} && B = W - C \end{aligned} \tag{6-19}$$

式中，u（y）为资源经济过程中资源产品的单价；u（x）为资源经济过程中自然资源的单价。

由此看出，资源成本 C 与资源投入量 x 呈线性增长，而生产函数 y 与 x 并不呈线性比例关系，而只能用 $f(x)$ 表达；净效益 B 经历了一种由小到大，再由大到小的变化，随着资源投入量的增长，这种关系可以用 $F(x)$ 去表达。于是，净效益的一般表达为

$$F(x) = B = f(x) - Kx \tag{6-20}$$

上式建立了与资源投入 x 相对应的统一关系，其中 $K = u(x)$。如果想使净效益 B 获得最大值，则应将上式取一阶导数，并令其等于 0，即

$$F'(x) = f'(x) - (Kx)' = 0 \tag{6-21}$$

必然有 $f'(x) = (Kx)'$，此时，$F(x)$ 即 B 为最大。因此，$f'(x)$ 称为“边际效益”，$(Kx)'$ 为“边际成本”。

5）边际平衡原理

当边际效益等于边际成本时，就达到净效益 B 的最大值，此时所对应的资源投入数量，也就是“最佳投入量”，即称边际平衡原理，其表达式为

$$u(y) \cdot \Delta y = u(x) \cdot \Delta x \tag{6-22}$$

在边际平衡原理中，要求净效益非负，服从 $u(y) \cdot \Delta y > u(x) \cdot \Delta x$ 才具有可行的经济意义。即使在资源投入的最适点，也必须遵守 $B \geqslant 0$ 的规定。

衡量各类资源之间的统一使用价值，可以引入“资源代替性”的指标。在一般情形下，广义资源的互相取代是有条件的，例如可以用石油去取代煤或天然气，可以用木材去代替建筑材料，但是不能用空气去代替水分，也不能用温度去代替太阳辐射能。资源代替性，是应用两种以上的“可变资源”去生产产品时，在有限的范围内，出于经济或其他原因的考虑，有可能应用另外同类型或相近类型的同一功能特性去加以代替。代替后的资源，也能生产出相同性质的产品，并满足社会的需求。只有符合这个定义时，才承认资源的可代替性。资源的可代替性，在另外一个范畴中，是指通过可变资源间的配合与互相代替，以促进其产品性能提高、经济效益增大、边际成本降低，并成为技术进步追求的目标之一。

综上所述，资源可代替性，既是在有限条件下的功能认同，也是资源开发与技术进步的必然课题，把二者密切地结合在一起，才能真正地去理解可代替性的实质。

6.3.4　自然资源利用的投入产出分析

传统的投入产出表中，没有资源项目。在研究资源利用系统各个部门（产业）之间的相互关系时，将资源项目加入表格，从而得到了新的投入产出表（表 6-5）。

表 6-5　资源利用系统的投入产出表

项目		资源利用部门（生产部门）						最终产品（值）	总产品（值）
		1	2	…	j	…	n		
资源利用部门（生产部门）	1	x_{11}	x_{12}	…	x_{1j}	…	x_{1n}	y_1	x_1
	2	x_{21}	x_{22}	…	x_{2j}	…	x_{2n}	y_2	x_2
	⋮	⋮	⋮	⋱	⋮	⋱	⋮	⋮	⋮
	i	x_{i1}	x_{i2}	…	x_{ij}	…	x_{in}	y_i	x_i
	⋮	⋮	⋮	⋱	⋮	⋱	⋮	⋮	⋮
	n	x_{n1}	x_{n2}	…	x_{nj}	…	x_{nn}	y_n	x_n
资源	1	c_{11}	c_{12}	…	c_{1j}	…	c_{1n}		
	2	c_{21}	c_{22}	…	c_{2j}	…	c_{2n}		
	⋮	⋮	⋮	⋱	⋮	⋱	⋮		
	k	c_{k1}	c_{k2}	…	c_{kj}	…	c_{kn}		
	⋮	⋮	⋮	⋱	⋮	⋱	⋮		
	m	c_{m1}	c_{m2}	…	c_{mj}	…	c_{mn}		

表 6-5 中，x_i 为资源利用各部门的总产值或总产品；y_i 为资源利用各部门的最终产值或最终产品；x_{ij} 为 j 部门生产中所需的 i 部门的产品（或转化为产值）数量；c_{kj} 为 j 部门生产中所消耗的 k 种资源的数量。

如用矩阵式表示，则表 6-5 的上半部分可写成

$$\boldsymbol{AX}+\boldsymbol{Y}=\boldsymbol{X}$$

或者

$$(1-\boldsymbol{A})\boldsymbol{X}=\boldsymbol{Y} \tag{6-23}$$

上式即综合平衡方程。其中，$\boldsymbol{A}$ 为直接消耗系数矩阵，其中元素 $a_{ij}=\dfrac{x_{ij}}{x_j}\quad(i,j=1,2,\cdots,n)$ 为直接消耗系数，其意义是第 j 部门生产单位产值所消耗的 i 部门产品（产值）的数量。

同理，在表 6-5 的下半部分中，令 $d_{kj}=\dfrac{c_{ij}}{x_j}\quad(i=1,2,\cdots,m;j=1,2,\cdots,n)$，则表中的 $c_{ij}=d_{kj}x_j$。d_{kj} 的意义表示第 j 部门生产单位产品（产值）所需消耗的 k 种资源的数量，称为资源消耗系数；记 b_k 为第 k 种资源的拥有量，引入矩阵记号 $\boldsymbol{B}=[b_1,b_2,\cdots,b_m]^{\mathrm{T}}$ 及

$$\boldsymbol{D}=\begin{bmatrix} d_{11} & d_{12} & \cdots & d_{1n} \\ d_{21} & d_{22} & \cdots & d_{2n} \\ \vdots & \vdots & \ddots & \vdots \\ d_{m1} & d_{m2} & \cdots & d_{mn} \end{bmatrix} \tag{6-24}$$

则表 6-5 的下半部分可以写成矩阵形式：

$$\boldsymbol{DX}\leqslant\boldsymbol{B} \tag{6-25}$$

6.4　自然资源核算

资源是经济社会发展的物质基础。储备的资源是真正的财富。一个国家国民财富的富余程度，不仅应用国民生产总值来衡量，还应用资源的储备来衡量。自然资源核算是对一定空间和时间内的某类或若干类自然资源，在其真实统计和合理评估的基础上，从实物和价值两方面，运用核算账户和比较分析等形式，来核实、测算其总量平衡和结构变化状况，从而反映供需平衡状况的一种经济活动。

6.4.1　自然资源核算概述

1. 自然资源核算的内容

可以从三个方面去理解：一是自然资源核算包括自然资源实物核算和自然资源价值核算两部分。二是自然资源核算由个量核算和总量核算两部分组成。个量核算即分类核算，是对某一类自然资源的数量和价值量的变化而进行的核算；总量核算即综合核算，是对一个地区或一个部门所有自然资源的价值变化进行的核算，个量核算或分类核算，是总量核算或综合核算的基础。三是自然资源核算不仅着眼于静态存量核算，更为重要的是要着眼于动态流量核算，即进行连续时段的核算。

2. 自然资源核算的基本思路

自然资源的核算既是独立的系统工程，也是整个国民经济核算体系的一个重要组成部分。自然资源的核算，既包括存量的核算，也包括流量的核算；既要有实物形态的核算，也要进行综合核算。同时，要把自然资源的核算同国民财富增长变化的核算及国民经济运行所使用的投入、产出方面进行的核算联系起来（图 6-7）。因此，自然资源核算应分三层次进行：第一层次是对每一种自然资源进行核算，反映它的增减变化；第二层次是对自然资源进行综合核算，反映自然资源总量的增减变化；第三层次是把自然资源核算纳入国民经济核算体系，全面地反映国民财富的增减变化，资本形成的规模，以及国民生产总值（gross national product, GNP）与净值（net national product, NNP）的实际状况。这三个层次的核算相互联系，相辅相成。其核算的重点、核算的表式并不完全一样。

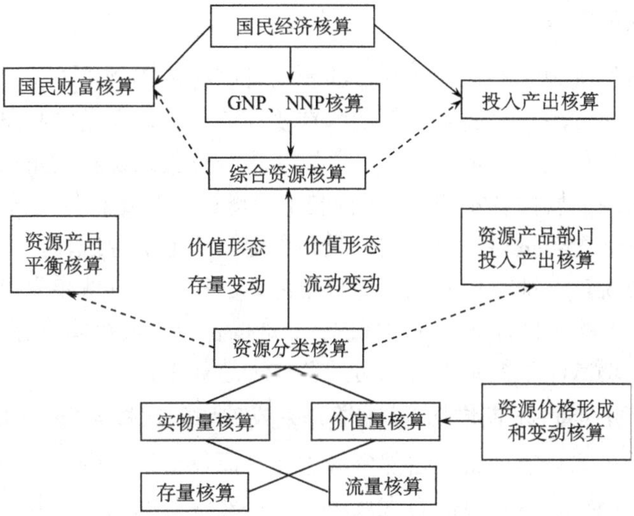

图 6-7　资源核算系统框架

图中实线表示应近期完成，虚线表示可后期完成

3. 自然资源核算的步骤

（1）界定自然资源核算对象。自然资源核算的对象是一定空间和时间范围内的自然资源。在核算之前，必须首先界定所要核算的自然资源，因为自然资源是具有时间和空间维度的自然物品，若时间和空间发生变化，则自然资源的种类、数量、质量和利用状态等也都随之发生变化。例如，进行农业自然资源核算时，农业自然资源基础主要包括耕地等农用土地资源、农用水资源、农用能源、农业生物资源等。

（2）对自然资源进行实物量统计。包括统计自然资源的数量、质量、利用等情况，这一过程对于自然资源核算具有决定性作用。关系核算能否顺利进行、核算结果的可信与否，大多数情况下，自然资源统计已有相当的基础，其数据资料是可以直接引用的，但须注意其真伪。

（3）绘制自然资源利用流向及流程图。该图用以直观而形象地反映自然资源的增减变化，流入和流出的方向和过程。实际上，其目的在于明确资源增减的原因、数量和利用的结构情况，服务于建立资源核算账户。

（4）对自然资源进行估价。自然资源核算须建立在对自然资源合理估价的基础上，它是自然资源核算的关键步骤，也关系核算的成败。

（5）对自然资源进行分类核算。分类核算既包括对其逐类进行实物增减量的计算和流向分析，也包括对其逐类进行价值增减量的计算和流向分析，分类核算是综合核算的基础。

（6）对自然资源进行综合核算。对自然资源进行综合核算即进行资源价值总量的比较和平衡分析，用以反映资源总量的整体变化情况。同时，也可反映出资源利用的综合效率情况。

（7）进行自然资源质量指数核算。进行自然资源质量指数核算并以质量指数核算校正数量核算和价值量核算的结果。

6.4.2　自然资源的实物核算

在核算期内，自然资源实物存量和存量的变动可以通过实物量单位进行计量。自然资源实物量核算是进行自然资源核算的重要基础和首要环节。在建立了实物量核算后，利用其中提供的信息便于计算交易流量的货币价值，所以从这个意义来说实物量核算只是一个中介。

由于不同自然资源的属性各不相同，因此自然资源的实物量核算方式也不尽相同。目前，自然资源的实物量统计内容按自然资源的分类和界定为土地资源统计、森林资源统计、生物资源统计、水力资源统计、地下资源统计等五个部分。统计的具体步骤可分为：一是统计不同时期、不同地点自然资源的数量及利用情况；二是按各分类进行实物存量的增减流量核算。关于自然资源存量与增减流量的基本关系可用公式表达如下：

期初存量+本期增加量−本期开采或破坏的数量=期末存量

自然资源实物量核算只能就某类自然资源进行，而价值核算既可针对一类资源，又可针对若干类资源。但资源实物量核算能直观反映某类自然资源的数量及其变化，更有助于揭示自然资源基础消长的直接原因，且核算结果不受价值因素的影响，更易被实际工作者接受和掌握。

自然资源实物量核算固然很重要，但其所依赖的自然资源统计工作是极为不充分的，统计已严重限制核算工作的开展。自然资源统计工作需要制度化，以保证其严肃性、准确性和公正性，为自然资源实物量核算打下良好的工作基础。

6.4.3　自然资源价值量核算的估算方法

自然资源价值量核算是在对自然资源进行实物量统计和合理估价的基础上，运用账户或比较分析方法，反映一定时空范围内自然资源价值总量及其收支或增减情况。由此可知，在价值核算过程中必须对自然资源进行合理估价，价值评估的真实与否，直接关系资源价值核算结果的真实性和准确性。

资源价值应以资源不变价（或基准价格）为基础，同时兼顾市场价。以不变价计算的自然资源价值量在各年度之间具有可比性，因而能比较客观地反映自然资源基础在各年度间的消长变化；而以市场价计算自然资源价值量，更能反映当年或即时自然资源供求关系基础之上的自然资源总供给量及其变化。

资源估价是资源有偿利用和资源市场动作的基础。自然资源价值核算，既可用账户方法，也可用成本效益法。在用成本效益法时，成本的含义扩大为包括物质资本、人力资本、自然资本和环境资本在内；而效益不仅包括经济效益，也应包括资源效益和环境效益。自然资源的估价方法大致有收益资本化法、市场比较法、市场趋势法、影子价格法、竞价法等。

1. 直接参与市场交易的自然资源估价法

1）市场价值法

通过自然资源的交易和转让市场中形成的自然资源价格来推测评估自然资源的价格，但应以自然资源市场已相当发育并且规范化为前提，即市场必须是有效的完全竞争的市场。

2）折现法

在没有充足的市场交易来作出估计时，应该通过自然资产估计的未来收入流量的折现价值作为计算价格的依据。例如，在没有充足的木材市场交易来作出评估木材价格时，应通过以当前价格出卖木材获得的收入扣除管理和开采成本，以及税金后的未来收入的折现价值来计算。折现率一般是通过银行的年利率的调整得到的，其公式为

折现率=风险调整后的银行年利率+通货膨胀率

3）成本费用法

由自然资源价格构成因素推算求得。例如，用成本费用法估计森林资源价格，其公式为

森林资源价格=森林培育成本费用+预期利润+预期税金

4）租金法（净价法）

经济租金是指对一产品投入的回报超出达到现在的使用状态所必需的最低金额的部分。它等于从一种产品的要素收入超出供给成本而取得的利润。例如，如果一桶原油现在的价格是 10 美元，勘探、开采和进入市场的成本是 6 美元，那么，每桶的租金即每桶原油的价格是 4 美元。

2. 可持续发展的自然资源价值模型

鉴于以上方法的局限性，依据自然资源价值核算的理论基础，建立一种新的自然资源价值核算模型。该模型包括“现实社会价值”和“潜在社会价值”，前一部分对于可耗竭资源来说，主要是投入某处自然资源的物化劳动和活劳动的货币表现；对于可再生资源而言，则是人类投入原始再生资源和人工再造资源的物化劳动及活劳动的货币表现。后一部分则表现为自然资源带来未来收益的货币表现。其计算模型可表示为

$$V=\sum_{i=1}^{m}V_i(1+r)^n+\sum_{j=1}^{n}\frac{V_j}{(1+r)^m} \tag{6-26}$$

式中，V 为某处自然资源的总值；V_i 为每年投入该处自然资源物化劳动和活劳动的货币值；m 为从开始投资到确定自然资源价值时的时间间隔，一般以年为单位；V_j 为该处自然资源每年取得的总收益（级差收益和绝对收益）；n 为该处自然资源从确定价值时开始预计可使用年限；r 为贴现率。

3. 边际机会成本法

依据边际机会成本理论，通过估算资源产品的边际机会成本来求得资源的价格，再进一步估计资源价值总量。按边际机会成本理论，边际机会成本由三部分组成：边际生产（私人）成本、边际使用（耗竭）成本和边际外部成本（其中最主要的因素为生态环境系统的损害）。

4. 资源耗竭价值估计法

资源耗竭价值主要是指资源由于今天的使用，使未来（后代）使用者因无法使用而造成的损失，即自然资源未来的价值。

1）成本费用法

是通过使用者成本来进行资源耗竭价值估计的：

$$\mathrm{UC}=Y-R,\quad \frac{Y}{R}=1-\frac{1}{(1+r)^{n+1}} \tag{6-27}$$

式中，UC 为使用者成本；Y 为实际收入；R 为使用费（等于销售价减去成本）；r 为贴现率；n 为资源清偿时间周期。资源耗竭价值估计主要集中在森林资源，地下矿产资源煤、石油和天然气。

2）分离收益法-折现法

这种估算方法特别适合于地下资源矿藏、地下水的核算。分离收益法就是将从事地下资源开采的企业的纯收益分为两部分：一部分为使用者成本（地下资源损耗价值）；一部分为投资收益（增值部分）。其计算公式是

$$P_1=\frac{A(1-\beta)}{r} \tag{6-28}$$

式中，P_1 为地下资源损耗价值；A 为纯收益；β 为开采企业的平均投资收益率；r 为平均利息率。利用折现法计算地下资源储存价值公式为

$$P_2=\frac{A(1-\beta)}{r}\times\frac{1}{(1+r)^n}=\frac{A(1+r)^{-n}(1-\beta)}{r} \tag{6-29}$$

式中，P_2 为地下资源储存量价值；n 为开采年限；A 为在开采年限内预计纯收益之和；β 为在开采年限内开采企业的平均投资收益率；r 为平均利息率；$1/(1+r)^n$ 为折现率。

5. 生态价值估计法

对于每一个生态系统，首先通过认定其生态功能，并将其生态功能分解为各个单项生态功能，然后分别用某种适当的替代法，逐一求得其生态价值，最后将各项生态功能价值加总得到整个生态系统的生态价值。

$$V_{\max}=\sum_{i=1}^{n}V_{i\max}\qquad(i=1,2,3,\cdots,n) \tag{6-30}$$

式中，$V_{\max}$ 为整个生态系统的最大生态价值；$V_{i\max}$ 为系统内各单项生态功能的最大生态价值。

以上几种估计方法是理论上可行的、国际上通用的估计自然资源价值量的方法，有的已得到各国实践的检验。但在实际测算过程中，要根据不同要求、不同核算范围来选用不同的估算方法进行自然资源的价值量核算。

6.4.4　自然资源核算方法

1. 自然资源的分类核算

由于各类自然资源的属性不同，需要分别核算。在核算时，要对各类自然资源变化量、开采量、其他损失量、存量进行核算。其核算公式为

$$S_0 + A - D = S_c \tag{6-31}$$

式中，S_0 为期初存量；A 为期内增加量，$A = A_1 + A_2$，其中，A_1 为期内新发现量，A_2 为期内重估增加量；D 为期内减少量，$D = D_1 + D_2 + D_3$，其中，D_1 为已开采使用量，D_2 为重估减少量，D_3 为期内损失量；S_c 为期末存量。

设 Q 为实物量，P 为单位自然资源价格，则价值量 V 为

$$V = QP \tag{6-32}$$

其核算如表 6-6 所示。

表 6-6　单项资源核算表

序号	项目	计量单位 A	实物量 B	单价 C	价值量 D=BC
(1)	资源名称				
(2)	类别				
(3)	报告期				
(4)	填报单位				
(5)	年初存量				
(6)	年内增加量（包括新发现量、重估增加量、生长量）				
(7)	年内减少量（包括开采量、重估减少量、损失量）				
(8)	净变化量[（8）=（6）－（7）]				
(9)	年末存量[（9）=（5）+（8）]				

由于自然资源价格是自然资源核算的关键，而自然资源价格与自然资源产品的价格有着密切的关系，因此需要观察自然资源价格是如何变化的，即它是由哪些因素构成的、它与相应的自然资源产品的国内市场平均价格及国际市场平均价格之间存在着怎样的对比关系。自然资源的价格和其他产品的价格一样，在一定时期内不是固定不变的，随着市场供求关系的变化，自然资源价格也会变动。因此，还须观察自然资源价格在不同时期内的变化状况，进而为制定正确的自然资源价格政策提供依据。有关自然资源价格的理论、原则、具体定价方法等见本章前面的内容。这里只对核算公式作些说明。

设某种自然资源的价格是由多种要素$(f_1, f_2, f_3, f_4, \cdots, f_n)$构成的，则有$P = F(f_1, f_2, f_3, f_4, \cdots, f_n)$，反映价格变动的基本公式为

$$价格变动率 = \frac{P_1 - P_0}{P_0} \times 100\% \tag{6-33}$$

式中，P_0 为某种自然资源的基期价格；P_1 为报告期的价格。

核算如表 6-7 所示。

表 6-7　自然资源价格变动表

序号	项目	值或说明
(1)	自然资源名称	
(2)	类别	
(3)	报告期	
(4)	填表	
(5)	单位自然资源价格	
(6)	价格形式要素	
(7)	直接成本	
(8)	间接成本	
(9)	自然资源产品国内市场平均价格（人民币）	
(10)	自然资源产品国际市场平均价格（人民币）	

2. 自然资源的综合核算

各种自然资源的实物量是无法加以综合观察与分析的。在商品货币的条件下，只有借助价格这个相同的测量尺度，才能求得自然资源的总量，反映自然资源产业部门的总水平。通过第一层次自然资源平衡表中的价值量指标可以求得自然资源的总量指标。其核算公式同式（6-31）和式（6-32），如表 6-8 所示。

表 6-8　自然资源价值量综合平衡表

序号	项目	合计	矿产	土地	森林	草原	水	……
(1)	报告期							
(2)	计量单位/亿元							
(3)	报告单位							
(4)	年初存量							
(5)	年内增加量（包括新发现、重估价、生长量）							
(6)	年内减少量（包括已开采、重估价、损失）							
(7)	净变化量[（7）＝（5）－（6）]							
(8)	年末存量[（8）＝（4）＋（7）]							

3. 将自然资源核算纳入国民经济核算体系

资源核算是国民经济核算的一个重要组成部分，问题的关键是如何将资源核算纳入国民经济核算中。初步研究认为，可以从固定资产、流动资产、资源资产三个方面综合计算，分两步将自然资源核算纳入国民经济核算中。

1）把自然资源核算纳入国民财富核算

因为资源也是一种资产，它本身就是国民财富的一部分，它同固定资产、流动资产加总

起来，构成了整个国民财富。其基本核算公式是

$$A = B + C + D \tag{6-34}$$

式中，A 为国民财富；B 为固定资产；C 为流动资产；D 为资源资产。

其核算如表 6-9 所示。

表 6-9 国民财富核算表

序号	项目	合计 A	固定资产 B	流动资产 C	资源资产 D
(1)	报告期				
(2)	计量单位				
(3)	报告单位				
(4)	年初存量				
(5)	年内增加量（包括新发现、生长量、重估增加量）				
(6)	年内减少量（包括开采量、各种损失量、重估减值量）				
(7)	年内净变化量[（7）=（5）-（6）]				
(8)	年末存量[（8）=（4）+（7）]				

2）把自然资源核算纳入国民经济产值核算

把资源核算同国民生产总值（GNP）和国民生产净值（NNP），以及资本形成和固定资产折旧连接起来。传统的 GNP 和 NNP 都没有把资源核算包括在内，为保证经济社会持续、快速、健康发展，需要在传统的 GNP、NNP 基础上，如实地把一定时期内的资源增加量当作资本形成的一部分来看待，而把一定时期内的资源减少量（或耗竭量）当作固定资本损耗来处理，这就是资源折旧。为了与固定资产折旧相区别，改称资源折耗。这样，传统的 GNP、NNP 可以继续保留，但要增加经过资源核算调整而形成的新的 GNP（GNP′）和新的 NNP（NNP′），对其加以补充和完善，并且对它们做出比较和分析。

国民经济核算的原则告诉人们，一定时期内，在出口与进口相平衡的情况下，生产出来的东西和使用于消费和投资的东西，总起来说是相等的。也就是说，GNP 的生产和使用量是相等的。总产出（TO）是指一定时期内从事经济、科技、社会活动时所获得的总成果的货币表现；中间投入（IC）指在一定时期内从事经济、科技、社会活动时消耗的物品和劳务的货币表现；折旧或资本损耗（FD）是指一定时期内从事经济、科技、社会活动时消耗的固定资产的货币表现。用 C 代表居民消费、G 代表政府消费、CF 代表资本形成（$\mathrm{CF}=\mathrm{CF}_1+\mathrm{CF}_2$，其中，$\mathrm{CF}_1$ 代表固定资本形成，CF_2 代表存货增加）、M 代表进口、X 代表出口，则传统的 GNP 和 NNP 与它们之间的关系可用下面的公式表达：

$$\begin{aligned}
&\text{从生产角度,}\ \mathrm{TO}-\mathrm{IC}=\mathrm{GNP};\quad \mathrm{TO}-\mathrm{IC}-\mathrm{FD}=\mathrm{NNP}\\
&\text{从使用角度,}\ C+G+\mathrm{CF}+X-M=\mathrm{GNP}\\
&\qquad C+G+\mathrm{CF}+X-\mathrm{FD}-M=\mathrm{NNP}\\
&\text{从生产与使用角度,}\ \mathrm{TO}-\mathrm{IC}=C+G+\mathrm{CF}+X-M=\mathrm{GNP}\\
&\qquad \mathrm{TO}-\mathrm{IC}-\mathrm{FD}=C+G+\mathrm{CF}+X-\mathrm{FD}-M=\mathrm{NNP}
\end{aligned} \tag{6-35}$$

因为资源增加量是资本形成的一部分，它使总产量值增加，用 CF_3 表示；资源减少量是

资本的一种损耗，需要进行折耗，用 RD 表示；（CF_3–RD）是资源的净变化量，用ΔR 表示。这样，在考虑资源核算的情况下，上述关系就变为

$$\begin{aligned}
&\text{从生产角度,}\ \mathrm{TO-IC+CF_3=GNP+CF_3=NGP'}\\
&\qquad\mathrm{TO-IC-FD+}\Delta R=\mathrm{NNP}+\Delta R=\mathrm{NNP'}\\
&\text{从使用角度，}\ C+G+\mathrm{CF+CF_3}+X-M=\mathrm{GNP'}\\
&\qquad C+G+\mathrm{CF}+\Delta R+X-\mathrm{FD}-M=\mathrm{NNP'}\\
&\text{从生产与使用角度,}\ \mathrm{TO-IC+CF_3}=C+G+\mathrm{CF+CF_3}+X-M=\mathrm{GNP'}\\
&\qquad\mathrm{TO-IC-FD}+\Delta R=C+G+\mathrm{CF}+\Delta R+X-\mathrm{FD}-M=\mathrm{NNP'}
\end{aligned}\tag{6-36}$$

因此，传统指标 GNP、NNR、FD 与根据资源核算调整后形成的新的指标 GNP′、NNP′、FD' 之间的关系，可用下式表示：

$$\begin{aligned}
&\mathrm{GNP'=GNP+CF_3}\\
&\mathrm{FD'=FD+RD}\\
&\mathrm{GNP'-FD'=(GNP-FD)+(CF_3-RD)}
\end{aligned}\tag{6-37}$$

则

$$\mathrm{NNP'=NNP}+\Delta R$$

由此可以看出三种情况：

（1）$\Delta R>0$，即 $CF_3>RD$，NNP′>NNP，说明资源增加量大于减少量，经济发展后劲加大；

（2）$\Delta R=0$，即 $CF_3=RD$，NNP′= NNP，说明资源消长平衡，资源与经济同步发展；

（3）$\Delta R<0$，即 $CF_3<RD$，NNP′ <NNP，说明资源基础削弱，生态环境恶化，经济发展受阻。长此以往，经济发展中会出现资源空心化现象。

将资源核算纳入国民经济核算体系后传统指标 GNP、NNP 与调整后的指标 GNP′、NNP′的关系如表 6-10 所示。

表 6-10　传统指标 GNP 、NNP 与调整后的指标 GNP′、NNP′之间的关系

年份	传统指标		综合资源价值量变化			调整后的指标	
	GNP（1）	NNP（2）	增加量 CF_3（3）	减少量 RD（4）	净变化量 ΔR（5）=（3）–（4）	GNP′（6）=（1）+（3）	NNP′（7）=（2）+（5）
1991 1992 ⋮							

核算表中采集的资料，可以反映出自然资源的丰歉、消长，以及其对经济发展的影响。诚然，资源核算本身不能完全解决资源方面存在的问题，它也不是终极目的。但是，从某种意义上说，在科学上，提出问题往往比解决问题更重要。现在，资源环境核算研究的初步成果，已经发现和说明了现行国民经济核算体系对经济社会发展的错误导向作用，据此便可寻求纠正此种偏差的对策，制定资源环境核算并将其纳入国民经济核算体系的实施方案，提出与之配套的方针、政策、措施建议，进而通过立法，使之规范化，这将是实施“持续发展战

略”的一项重要措施。实施资源环境核算并将其纳入国民经济核算体系，可以更全面、更客观地评价经济社会发展的状况和潜力；有助于界定资源资产的所有权关系，强化社会资源资产的权属管理，有助于确立资源的有偿占有和有偿使用制度。

自然资源核算的意义固然重大而深远，但实际开展此项工作难度很大。其原因：一是自然资源核算赖以进行的自然资源价格评估即为一大难题，而且在中国，经济处于转型阶段，自然资源无价或价格扭曲的现象仍很普遍、很严重，因此自然资源核算缺乏真实可信的自然资源价格基础。二是自然资源用途的多样性为测度自然资源利用流向和流量，从而为编制自然资源利用流程图造成了很大困难，而自然资源利用流程图又是自然资源核算所必需。三是在中国现行的社会经济统计和核算制度中，尚无自然资源及其利用项目，这就为自然资源核算在数据资料取得、核算工作责任等方面带来了很大困难。为顺利开展自然资源核算，必须改进和完善社会经济统计和核算制度。

? 复习思考题

1. 应用经济学供给和需求原理，分析自然资源的供给和需求的特殊性。
2. 论述自然资源价值价格分析的基本理论。
3. 掌握自然资源价值的构成及各构成成分的内涵。
4. 试用报酬递减率原理，分析总产量、边际产量和平均产量的关系。
5. 理清自然资源核算的思路和步骤。
6. 试用最近几年的草场资源统计资料，核算其对传统 GNP 和 NNP 的正负调整趋势。

? 引深讨论问题及分析思路

讨论问题

1. 成本效益分析与资源开发及环境保护的关系。
2. 自然资源核算对资源保护的作用。

分析思路

自然资源是经济社会发展的物质基础。储备的自然资源是真正的财富。一个国家国民财富的富余程度，不仅应用国民生产总值来衡量，还应用自然资源的储备来衡量。自然资源核算是对一定空间和时间内的某类或若干类自然资源，在其真实统计和合理评估的基础上，从实物和价值两方面，运用核算账户和比较分析等形式，来核实、测算其总量平衡和结构变化状况，从而反映供需平衡状况的一种经济活动。

第 7 章　自然资源的可得性及生态学原理

内容提要

自然资源的生态过程就是对资源摄取、分配、利用、加工、储备、再循环及保护的过程。自然资源从形成、演化到利用的整个过程，都发生在地球的生态系统中。生物有机体资源是生态系统中最直接、也是人类生存最基本的资源。因此，了解生物资源的形成过程、资源开发过程中的生态演化，是自然资源合理开发利用的前提，也是生物生产量提高的根本。本章首先简要论述了系统生态学的基本原理，包括基本概念、结构和功能、基本生态过程和演化机理；接着详细地阐述了生物资源的形成过程。重点讨论了生物生长过程中的系列规律和生长模型、生物生产量的计算方法、物质能量的转化效率；在此基础上，应用生态学原理，分析了资源开发利用过程中生态系统的正逆演化特征和机理所在，并通过实例探讨了资源化过程中物质能量流的转化特征和人类对资源环境的影响及辅助作用。

重点要求

（1）掌握生态系统的基本结构和功能；

（2）学会分析计算生物生产量及生态过程中的物质能量转化效率；

（3）掌握资源开发过程中的熵增原理；

（4）学会用生态系统中物质能量流转化规律，分析资源开发过程中的人工辅助作用。

7.1　系统生态学基本原理

7.1.1　生态系统的基本概念

1. 生态系统的定义

生态系统是指在一定时间和一定范围内，由生物成分和非生物成分组成的一个有一定大小、执行一定功能，并能自我维持的自然实体。在这个自然实体中，生物成分与非生物成分、生物成分之间，通过能量流动和物质循环及信息传递而相互沟通、相互依存、相互影响和制约，任何一种成分或过程的破坏和变化，都将影响系统的稳定和存在。驱动生态系统运行的能源是太阳能。地球上的生态系统多种多样，大至整个生物圈，小至一个养鱼池。

2. 生态系统的特点

由于生态系统的组成中含有生命成分，并且生物群落是生态系统的核心，这就赋予生态系统以生命特征，使生态系统成为一般系统的特殊形态，其组成、结构、功能、调控及研究方法等都具有不同于一般系统的特点。

1）生态系统具有空间结构

由于生物及其所处的环境是实实在在的实体，所以生态系统通常与一定的空间相联系，反映一定的地区特性及空间结构。往往以生物为主体，呈网络式的多维空间结构。

2）生态系统具有时间变化

生态系统中的生物随时间具有产生、发展、死亡的变化过程，而所处的环境也在不断地变化，从而使得生态系统也和自然界其他事物一样具有发生、形成和发展的过程，具有发育、繁殖、生长和衰亡的特征。在整个变化过程中，生态系统呈现出鲜明的历史性特点和特有的整体演化规律，换言之，任何一个自然生态系统都是经过长期历史发展形成的。

3）生态系统具有自动调控功能

自然生态系统中的生物与其所处的环境经过长期的进化适应，逐渐建立了相互协调的关系，生态系统自动调控机能主要表现在三方面：一是同种生物的种群密度的调控，这是在有限空间内比较普遍存在的种群变动规律；二是异种生物种群之间的数量调控，多出现于植物与动物、动物与动物之间，常有食物链关系；三是生物与环境之间的相互适应的调控。这些调控常通过反馈调节机制使生物与生物、生物与环境间达到功能上的协调和功态平衡。

4）生态系统是开放系统

各类生态系统都是不同程度的开放系统，不断地从外界输入能量和物质，经过转换变为输出，从而维持系统的有序状态。

7.1.2　生态系统的组成

不论是陆地生态系统还是水域生态系统，生态系统的组成因子都可概括为环境因子和生物因子两大部分和四种基本成分，即生物因子和非生物因子两大部分，非生物环境、生产者、消费者和分解者四种基本成分。

1）非生物环境因子

非生物环境是生物生活的场所，物质和能量的源泉，也是物质交换的地方。它包括气候因子，如光照、温度、湿度、降水、风等；无机物质，如 C、H、O、N 及矿质盐分等；有机物质，如碳水化合物、蛋白质、脂类及腐殖质等。

2）生物因子

第一，生产者。生产者主要是利用太阳能将简单的无机物合成有机物的绿色植物，也包括光合细菌和化能细菌。它们属于生物中的自养生物，如森林中的乔木、灌木和草本植物，海洋和湖泊中的浮游植物等。

第二，消费者。主要是指动物，属于异养生物，它们自己不能利用太阳能来生产食物，而只能依靠生产者，直接和间接以绿色植物为食，从中获得能量。在消费者中，有草食动物（一级消费者），如牛、马、羊等；吃草食动物的肉食动物（二级消费者），如狐狸、黄鼠狼等。肉食动物之间，又有三级和四级消费者。另外，还有既吃植物又吃动物的杂食动物。

第三，分解者。分解者也属于异养食生物，是小型消费者，主要是细菌、真菌等微生物。它们的功能是把复杂的动植物有机残体分解为简单的无机物而归还到环境中去，供生产者重新利用，同时它们自己也得到了食物和能量。由于分解者的功能是把复杂有机体分解为简单的无机物归还到环境中去，所以又称为还原者。

对于生态系统来讲，组成生态系统的生物成分和非生物成分是缺一不可的。如果没有环境，生物就没有生存空间，也得不到能量和物质，因而也就难以生存下去；仅有环境而没有生物成分，也谈不上生态系统。但是在生态系统中生物是核心，而绿色植物又是核心的核心。因为只有绿色植物才能固定和转化光能，并将无机物合成供自己需要和供消费者利用的有机物。植物在生态系统中的作用不仅表现在提供能量和食物，还为其他生物提供了栖息场所。所以植物在生态系统中的地位和作用，始终是处于第一位的。生态系统的组成、结构、功能如何，除取决于环境条件外，还要看植物的种类及生长状况。生态系统中的微生物是还原者，它们的作用是极为重要的，只有通过它们的分解作用，才能使物质不断归还给环境，供生产者重复利用。否则，生产者将因得不到营养而难以存在，地球表面也将没有分解过程而使动植物尸体堆积如山。生态系统各组成因子相互作用如图 7-1 所示。

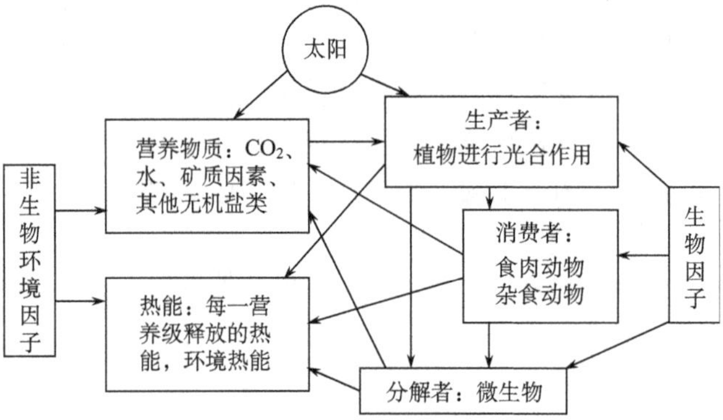

图 7-1　生态系统示意图

7.1.3　生态系统的基本结构

生态系统都有一定的结构，主要有两种形式：一是形态结构；二是营养结构。

1）形态结构

生态系统的形态结构，是指生物成分在空间、时间上的配置与变化，即垂直、水平和时间格局。无论在森林中还是水域中，都可见到这种格局的存在。

生态系统中的垂直结构（成层现象），主要是由生产者和消费者间的关系所决定的。生产者需要利用太阳光能进行光合作用，而光线最强的是上层，所以森林中光合能力最大的乔木就位于最上层，即乔木层，光合能力小的其他植物则位于下层，组成了灌木层、草木层和地被层。水体中上层的光最充足，因而浮游植物多集中在上层。动物为异养生物，它们必须依靠植物为食或栖息，因此，它们在生态系统中也是成层分布的。同样，在土壤中也有成层现象，除了植物的根系外，更有成千上万的微生物和腐食生物。

由于环境条件的不均匀性，植物在地面上的分布并非是均匀的，它们随着地形、土壤、地下水、盐分等的变化而或多或少地群聚在一起，有的地段种类多些，有的地段种类少些，有的地段则很稀疏。植物分布的变化必然引起动物的变化，在植物种类多、植被盖度大的地段，动物种类也相应多，反之就少，这就是生态系统中的水平结构，在水域中也有这种现象，浮游植物多的地方，鱼类相对多，渔民们可以根据这种规律捕到更多的鱼。

生态系统的形态结构在时间上也会发生变化，由于许多非生物因子，如光照、温度、湿度等都具有极强的时间规律，因而物种在时间上也有分化，这是物种在长期的自然选择过程中，在其生理和生态习性上与周围环境相适应的基础上而逐渐建立起来的周期节律，表现为植物的春季发芽、开花，夏季生长旺盛、结果，秋季果实成熟，晚秋叶黄、落叶。动物表现为候鸟的季节迁移、变温动物的冬季休眠、鱼类的洄游等，动物的昼夜活动变化等。这种现象在温带的生态系统中最明显（表 7-1）。

表 7-1　温带生态系统时间结构的季相特征

季相	月份	植物	鸟类	节肢动物
冬季相	11 月～次年 3 月	冬季休眠	留鸟及冬候鸟	冬季休眠
早春相	3～4 月	春花，尚未生叶	最初迁徙开始	越冬蛹将活动
春季相	5 月～6 月初	叶展开	营巢繁殖	生长旺季，高密度
夏季相	6 月中～7 月中	叶极茂盛	幼鸟游荡	极度繁殖
晚夏相	7 月中～9 月中	叶苍老	开始迁徙	密度仍高，移向越冬点
秋季相	9～10 月	落叶	冬候鸟到来	开始冬眠

上述生态系统中垂直结构、水平格局及时间格局的形成和变化，实际上是组成生物群落的各个种群在生态位上分化的结果，不同种群的生态位不同，它们在群落中的时、空位置不同，因而形成了各种各样的结构。

2）营养结构——食物链和食物网

生态系统中各种成分之间的联系是通过营养来实现的，即通过食物链把生物与非生物、生产者和消费者连成一个整体。食物链，是指由于营养关系在生物之间形成的一种链索关系，即能量和物质从植物开始，并一级又一级地转移到消费者动物。食物链上的每一个环节叫做营养级。

按照一般的理解，食物链可以很长也可以很短，如草→蚜虫→瓢虫→蜘蛛→小鸟→蛇→老鹰，共七个营养级；浮游植物→浮游动物→虾→小鱼→大鱼→鱼鹰有六个营养级。但自然界中很少见到这种情况，因为当物质和能量通过食物链由低向高流动时，高一级的生物不能全部利用低一级的能量和有机物，总有一部分不能利用，这样每经过一个营养级，能量和物质都要减少，如鹿仅吃树叶、草叶和嫩枝，而留下树干、根系不被利用，老虎吃鹿时只吃掉肉而剩下骨头、内脏、皮毛等。一般认为，后一营养级只能把前一营养级的 5%～20%转变成为自己的原生质。所以，一般的食物链只有 3～4 个营养级，5 个营养级是罕见的。

在生态系统中，食物链主要有三种不同的类型：一是牧食食物链，从绿色植物开始， 然后是草食动物、一级肉食动物、二级肉食动物；二是腐食食物链，也叫碎屑食物链，从死亡的有机体开始，如木材→白蚁→食蚁兽、植物残体→蚯蚓→线虫→节肢动物、有机碎屑→浮游动物→鱼类、动物尸体→秃鹫等；三是寄生食物链，或是从植物开始，或者从动物开始，接着是寄生物和其他动物，如大豆→菟丝子、牛→蚊子→蜘蛛、老鼠→跳蚤等。上述三种类型的食物链中，第一和第三是从活的有机体开始， 第二是从死亡有机体开始，它们的最初起点都是植物。三种食物链中，第一和第二两种类型是最重要的。

实际上，生态系统中的食物链很少是孤立出现的（除非食性都是专一的）。这样，生态系统中的食物链必然交叉链索，形成一种很复杂的网络，即食物网。 图 7-2 就是一个简化的食物网。生态系统中的食物链也不是固定不变的，它不仅在进化历史上有改变，在短时间内也会变化，动物在个体发育的不同阶段，食性发生改变就会引起食物链的改变。

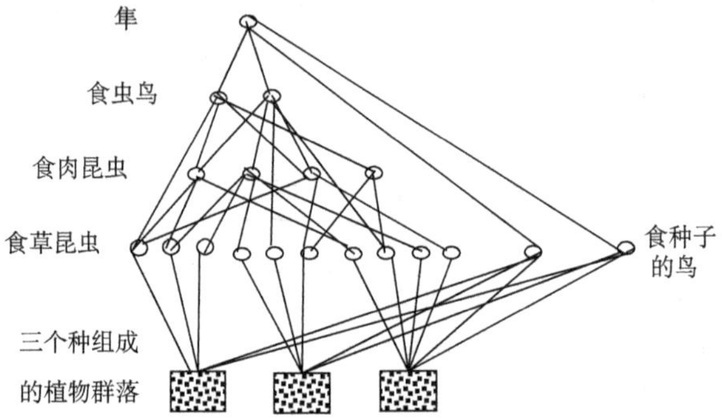

图 7-2　一个假定系统中的食物网示意图

食物链的概念是非常重要的，通过食物链生物和非生物环境才能有机地联成一个整体。而生态系统中的能量流动和物质循环正是沿着食物链这条渠道实现的。食物链的意义还在于，它揭示了环境污染中有毒物质转移、积累的原理和规律。在食物链中，有毒物质的浓度随着营养级的升高而增大，使有毒物质在最初浓度很低的情况下浓缩到上万至百万倍，最终毒害处于较高营养级的生物（表 7-2）。由于人类处于食物链的最顶端，应十分注意这一问题。

表 7-2　通过食物链农药 DDT 浓度的浓缩例子

项目 （各营养级生物）	DDT 残毒 /ppm	浓集倍数 /万倍
水	0.00005	
浮游生物	0.04	0.08
银边条鱼	0.24	0.48
羊头鱼鲷	0.94	1.88
小梭鱼	1.33	2.66
针鱼	2.07	1.14
鹭	3.57	7.14
燕鸥	3.91	7.82
鲱鱼鸥	6.00	12.0
鱼鹰卵	13.8	27.0
秋沙鸥	22.8	45.6
鸬鹚	26.4	52.8

注：1ppm 表示 1×10^{-6}。

7.1.4　生态系统的基本功能及过程

1）生态系统的基本功能

生态系统的核心组成部分是生物群落，正是通过其中生产者、消费者、分解者的相互作用构成食物链、食物网的网络结构，才使得由绿色植物固定的来自非生物环境的物质和能量能不断地从一个生物转移到另一个生物，最终又回到环境中，形成物质循环及能量流动，同时还存在系统关系网络上一系列的信息交换。任何生态系统都是在生物与环境的相互作用下完成能量流动、物质循环和信息传递的过程的，以维持系统的稳定和繁荣。因此，能量流动、物质循环和信息传递成为生态系统的三个基本功能。

2）生产者与有机物的合成过程

绿色植物是自然界有机物质的主要生产者。绿色植物具有叶绿素，能够利用日光能，通过光合作用把 CO_2 和 H_2O 合成碳水化合物，并把太阳能转化成化学能固定在碳水化合物中，碳水化合物又可进一步合成脂肪和蛋白质等有机物。这些有机物便成为地球上包括人类在内的一切生物的食物来源，也是生命活动所需氧气的主要供给者。

除了绿色植物的光合作用外，光合细菌和化能合成细菌也可以生产有机物。在低等植物藻类中，多数只需要简单的无机物质，就可以合成有机物质，因此是完全自养者。还有某些藻类除吸收无机营养物质进行自养外，还需要一些复杂的有机生长物质，因此它们是部分异养者。光合细菌大多是水生的，在自然界有机物质的生产中，虽然只占很小的比重，却有着重要的意义。光合细菌能够在绿色植物生存不利的条件下进行生产。高桥和市村的研究证明，光合硫黄细菌在日本的大多数湖泊中其生产量仅占湖泊年总生产量的 3%～5%，但在富有 H_2S 的湖泊中其生产量可达 25%。化能合成细菌同化 CO_2 为细胞组分时所需要的能量，是靠简单无机化合物的化学氧化而得到的。因此，它们在生态系统中的作用介于自养和异养者之间。

3）消费者与有机物的转化过程

消费者不能制造有机物质，而是直接或间接地依赖于生产者所制造的有机物。从理论上讲，仅有生产者和分解者，而无消费者的生态系统是可能存在的，但对于大多数生态系统来说，消费者是极其重要的组分。没有消费者的生态系统，一方面，分解者的分解任务重，压力大；另一方面没有经过消费者转化的有机物，分解者还原比较慢，这必然影响生态系统内的物质循环和能量流动，降低生态系统机能。消费者不仅对初级生产物起着转化、加工、再生产的作用，而且许多消费者对其他生物种群数量起着调控的作用。例如，蚜虫从寄主植物上吸收了大量具有糖分的浓体，除了合成自身代谢的部分外，还以蜜露的形式排出体外，进入土壤后能刺激固氮细菌的活动，大大提高其固氮的效率。这就表明，寄生植物-蚜虫-固氮细菌是一个已优化了的协同进化系统。此外，动物还在捕食、寄生、传粉、信息传递等方面对生态系统有调节作用。实际上，地球上物种最多、最丰富的还是动物，它们维持了生物圈最大的生物多样性，在过去的 200 多年中，生物学家已发现、命名和记录了 150 多万种生物，其中 70% 以上是动物。

4）分解者与有机物的分解过程

分解者分解有机物质的过程可分两大类：有氧呼吸和厌氧呼吸。高等动物、多数原核生物进行有氧呼吸。腐食性生物中，进行厌氧呼吸者也只是少部分，但在生态系统中具有重要的作用。对整个生态系统来说，厌氧性腐食者能有效地利用能量和物质。分解有机物质的腐食者包括真菌、细菌等，它们具有各种酶系统，酶被分泌到死亡的有机物质中，使有机物质分解。

有机物质的分解可分为三个阶段：一是非生物和生物作用形成有机质颗粒腐屑；二是微

生物作用形成腐殖酸和产生可溶性有机物；三是腐殖质的缓慢矿化。因此，有机物的分解是许多生物（包括动物和微生物）的通力合作和非生物因素的理化作用过程，并不是某一种“分解者”的特定作用。

有机物分解对整个生态系统所产生的重要生态效应有：一是动植物残体的分解，使营养物质得到再循环，微生物种群得到恢复和繁衍；二是为碎屑食物链的各级生物提供了食物和物质基础；三是产生了有调控作用的“环境激素”，可能对生态系统中其他生物的生长产生重大影响；四是改造了地球表面的惰性物质。

总之，有机物质的分解过程使营养物质得以再循环，它们在生态系统中的作用非常重要。若没有分解者将死亡的有机体和排泄物分解转化为生产者可以再度吸收利用的营养，那么，可供植物利用的营养元素总有一天会被用尽，而死亡的有机体和一些废弃物也会堆积如山，最终会导致生物本身也难以继续生存。

7.1.5 生态系统的演化

生态系统的演化表现在外貌上是地表生物群落的演替。生物群落的演替是生态演替的最直接表现。生物群落演替是指一类生物群被另一类生物群落所代替。

1. 控制演替的主要因素

生物群落演替是生物因子与外界环境中各种生态因子综合作用的结果。但对于演替机制的了解目前很有限，还有大量的工作要做。下面仅就控制生物演替的部分原因进行讨论。

1）植物繁殖体的迁移、散布和动物的活动性

植物繁殖体的迁移和散布是群落演替的先决条件。任何一块地段，都有可能接受一些扩散来的植物繁殖体和迁移种。当植物繁殖体到达一个新环境时，植物的定居过程就开始了。植物的定居包括发芽、生长和繁殖三个方面。任何一块裸地上生物群落的形成和发展，或是任何一个旧的群落被新的群落所取代，都必然包含植物的定居过程。

对于动物来说，植物群落成为它们取食、营巢、繁殖的场所。当植物群落环境变得不适宜它们生存的时候，它们便迁移出去另找新的合适生境。与此同时，也会有一些动物从别的群落迁来找新栖居地。因此，每当植物群落的性质发生变化的时候，居住在其中的动物区系也在做适当的调整，使得整个生物群落内部的动物和植物又以新的联系方式统一起来。

2）群落内部环境的变化

群落内部环境的变化是由群落本身的生命活动造成的。有些情况下，是群落内物种生命活动的结果，为自己创造了不良的居住环境，使原来的群落解体，为其他植物的生存提供了有利条件，从而引起演替。

3）种内和种间关系的改变

组成一个群落的物种在其种群内部及物种之间都存在特定的相互关系。这种关系随着外部环境条件和群落内环境的改变而不断地进行调整。当密度增加时，不但种群内部的关系紧张化了，而且竞争能力强的种群得以充分发展，竞争能力弱的种群的地盘则逐步缩小，甚至被排挤到群落之外。这种情形常见于尚未发育成熟的群落。处于成熟、恒定状态的群落在接受外界条件刺激的情况下，也可能发生种间数量关系重新调整的现象，使群落特性或多或少发生改变。

4）外界环境条件的变化

群落的环境条件如气候、地貌、土壤和火等常可成为引起演替的重要条件。气候决定着群落的外貌和分布，也影响群落的结构和生产力。气候的变化，无论是长期的还是短暂的，都会成为演替的诱发因素。地表形态的改变会使水分、热量等生态因子重新分配，反过来又影响群落本身。大规模的地壳运动可使地球表面的生物部分或完全毁灭，从而使演替从头开始。小范围的地形变化（如滑坡、洪水冲刷）也可改造一个生物群落。土壤的理化特性与置身其中的植物、土壤动物和微生物的生活有密切关系，土壤性质的改变势必导致群落内部物种关系的重新调整。火也是一个重要的诱发演替的因子，火烧可以造成大面积的次生裸地，演替可以从裸地上重新开始；火也是群落发育的一种刺激因素，它可使耐火的种类更旺盛地发育，而使不耐火的种类受到抑制。当然，影响演替的外部环境条件并不限于上述几种。凡是与群落发育有关的直接或间接的生态因子都可成为演替的外部因素。

5）人类的活动

人对生物群落演替的影响远远超过其他所有的自然因子，因为人类生产活动通常是有意识、有目的地进行的，对自然环境中的生态关系起着促进、抑制、改造和重建的作用。放火烧山、砍伐森林、开垦土地等，都可使生物群落改变面貌。人还可以经营、抚育森林、管理草原、治理沙漠，使群落演替按不同于自然的道路进行。人甚至可以建立人工群落，将演替的方向和速度置于人为控制之下。

2. 生物演替的顶极理论

生物演替顶极是指群落演替的最终阶段。一些人认为是群落演替的稳定阶段，而另一些则认为是群落与环境达到的动态平衡阶段（图 7-3）。有关演替顶极的理论主要有三种：单顶极论、多元顶极论和顶极-格局假说。

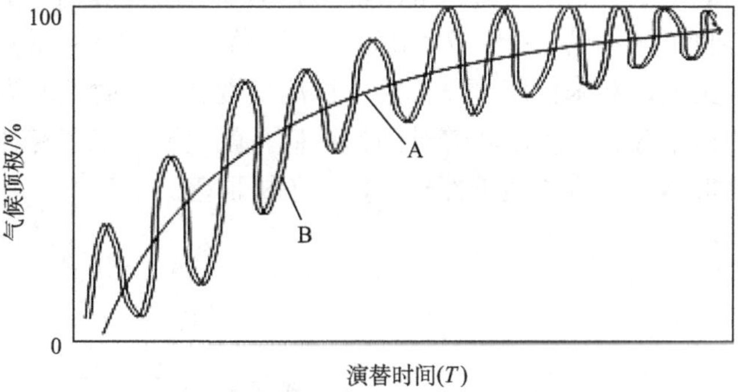

图 7-3　顶极演替理论模型示意图

单顶极论就是指气候顶极。任何一类演替都经过迁移、定居、群聚、竞争、反应、稳定六个阶段，到达稳定阶段的群落，就是与当地气候条件保持协调和平衡的群落。无论水生型的生境，还是旱生型的生境，最终都趋向于中生型的生境，并均会发展成为一个相对稳定的气候顶极群落。

当然，在一个气候区域内，群落演替的最终结果，不一定都汇集于一个共同的气候顶极终点。除了气候顶极之外，还可有土壤顶极、地形顶极、火烧顶极、动物顶极。同时，可存在一些复合型的顶极，如地形-土壤顶极和火烧-动物顶极等。一般在地带性生境上是气候顶极，在别的生境上可能是其他类型的顶极。这样一来，一个植物群落只要在某一种或几种环境因子的作用下较长时间内保持稳定状态，就可认为是顶极群落，它和环境达到了较好的调协。

顶极-格局假说认为，在任何一个区域内，环境因子都是连续不断地变化的。随着环境梯度的变化，各种类型的顶极群落，如气候顶极、土壤顶极、地形顶极、火烧顶极等，不是截然呈离散状态的，而是连续变化的，因而形成连续的顶极类型，构成一个顶极群落连续变化的格局。在这个格局中，分布最广泛且通常位于格局中心的顶极群落，叫做优势顶极，它是最能反映该地区气候特征的顶极群落，相当于单元顶极论的气候顶极。

3. 演替过程

1）原生演替过程

原生演替是指开始于原生裸地和荒芜水域上的群落演替。

陆地演替系列是从环境条件极端恶劣的岩石表面或砂地开始的，包括以下几个演替阶段（图 7-4）。第一，地衣植物群落阶段。岩石表面无土壤，光照强，温度变化大，贫瘠而干燥。在这样的环境条件下，地衣首先出现，地衣分泌的有机酸腐蚀岩石，再加之物理和化学风化作用，使岩石破碎成小颗粒并有了有机的成分。这一作用的不断进行使岩石表层更加松软，有机质也逐渐增多。此时，地衣植物群落创造的较好的环境，不再适合它自己的生存，由较高等的植物群落所代替。第二，苔藓植物阶段。苔藓植物的残体比地衣大得多，苔藓的生长可以积累更多的腐殖质，同时对岩石表面的改造作用更加强烈。岩石颗粒变得更细小，松软层更厚，为土壤的发育和形成创造了好的条件。第三，草本植物群落阶段。群落演替继续向前发展，一些耐旱的植物种类开始侵入。种子植物对环境的改造作用更加强烈，小气候和土壤条件更有利于植物的生长。第四，灌木群落阶段。草本群落发展到一定程度时，一些喜阳的灌木开始增多，它们常与草混生，形成“高草灌木群落”。其后灌木数量大量增加，成为以灌木为优势的群落。第五，乔木群落阶段。灌木群落发展到一定时期，为乔木的生存提供了良好的环境，喜阳的树木开始增多。随着时间的推移，就逐渐形成了森林，最后形成与当地大气候相适应的乔木群落，形成了地带性植被，即顶极群落。

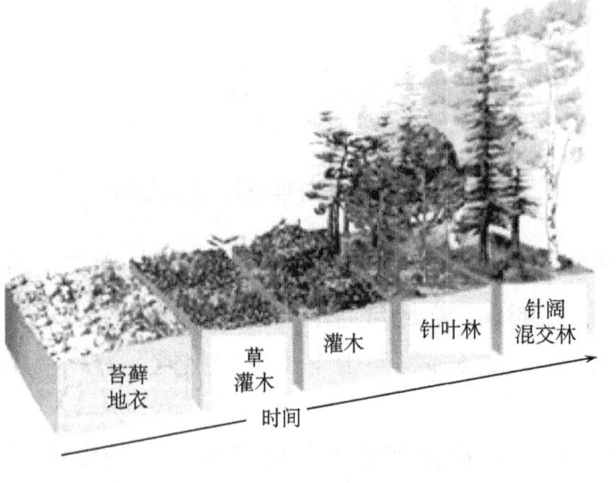

图 7-4　陆地生物演替系列

一般水生演替系列是指从淡水湖泊开始，在水深 5～7m 以内的湖底，才开始有较大型的水生植物生长，而在水深超过 5～7m 时，便是水底的原生裸地了。根据淡水湖泊中湖底的深浅变化，其水生演替系列一般要经历六个演替阶段（图 7-5）：第一，自由漂浮植物阶段。第二，沉水植物阶段。在水深 5～7m 处，湖底裸地上最先出现的先锋植物是轮藻属的植物。当水深至 2～4m 时，金鱼藻、眼子菜、黑藻、茨藻等高等水生植物开始大量出现。第三，浮叶根生植物阶段。随着湖底的日益升高，浮叶根生植物开始出现。第四，直立水生阶段。浮叶根生植物使湖底大大抬升，为直立水生植物的出现创造了良好的条件，最终直立水生植物取代了浮叶根生植物，如芦苇、香蒲、泽泻等。第五，湿生草本植物阶段。新从湖中抬升出来的地面，不仅含有丰富的有机质，还含有近于饱和的土壤水分。喜湿生的沼泽植物开始定居在这种生境上。第六，木本植物阶段。在湿生草本植物群落中，最先出现的木本植物是灌木，而后随着树木的侵入，便逐渐形成了森林，其湿生生境也最终改变成中生生境。

2）次生演替过程

次生演替是指开始于废弃的农田、森林迹地、被严重污染的水域、洪水冲毁地上的群落演替。次生演替的实例是美国东南部农田弃耕后的恢复演替（图 7-6）。该演替开始于一块次生裸地，土壤中还残留着农作物及农田杂草的种子和其他繁殖体。弃耕后的第一年内，首先出现的是飞蓬占优势的先锋群落；第二年，飞蓬的优势让位于紫菀，并且群落中出现相当数量的须芒草个体；第三年，须芒草即取代了紫菀而在群落中占据优势地位。此后随着时间的推移，出现了牧草和灌木共占优势的群落，并维持到大约弃耕后 20 年的时间。接着是针叶树侵入群落中并逐步占据优势，形成松林群落。这一阶段将延续到弃耕后的 100 年左右。后来是栎-山核桃群落取代松林群落，即当地成熟、稳定的群落类型。

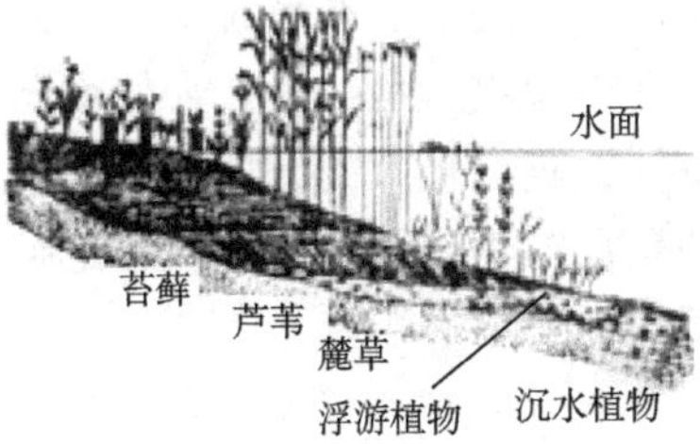

图 7-5　池塘水生植物演替

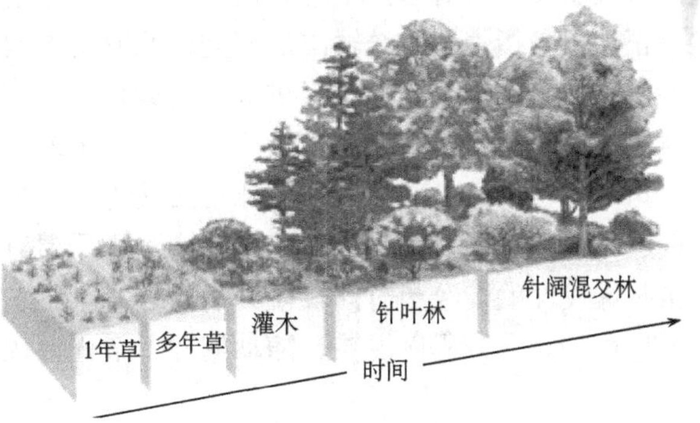

图 7-6　弃耕农田次生演替

在这个演替过程中，繁殖鸟类的变化和优势植物的取代顺序相平行。鸟类种群数量最急剧的变化发生在优势植物的生活型改变的时候（从草本、灌木、针叶树到阔叶树）。没有哪一种植物或动物能在演替开始到末尾始终存在于群落中，各个物种的繁盛期都不相同。虽然植物是引起变化的最重要生物，但是群落中的鸟类也不是完全被动的。灌木和阔叶树阶段的主要优势植物，借助于鸟类和其他动物将种子传播到新的地区。

7.1.6 生态系统的稳定性

生态系统是一种动态的开放系统，与环境因素之间进行物质和能量的交换过程中，会不断地受到外界环境的干扰和负面影响。同时，一些生态系统对于环境所带来的影响和破坏都有一种自我调节、自我修复能力，如草原的合理放牧、海洋的适当捕捞、森林的适量砍伐都会通过系统的自我修复能力来保持饲草、鱼虾和树木的相对稳定。生态系统这种抵抗变化和保持平衡状态的倾向称为生态系统的稳定性或“稳态”。生态系统的稳定性可以分为两类：一是抵抗力稳定性，指生态系统抵抗干预和保护自身结构与功能不受损伤的能力；二是恢复力稳定性，指生态系统被干扰、破坏后自我恢复能力。

生态系统的自我调节作用具有一定的范围——生态阈值，一旦超出这一范围，生态系统的自我调控机制就会失灵或消失，相对平衡遭到破坏，甚至使系统崩溃。生态阈值的大小取决于生态系统的成熟性。系统越成熟，阈值越高；反之，系统发育越不成熟，抵御外界变化的能力越弱，阈值就越低。生态系统在其进化发展的不同阶段有不同的生态阈值。

生态系统的稳定性主要通过系统的反馈调控来实现。当生态系统中某一成分发生变化时，必然会引起其他成分出现一系列相应的变化，这种变化反过来影响起初发生变化的那种成分，生态系统的这种作用过程称为反馈，分为负反馈和正反馈两类。

负反馈是指生态系统中某一成分的变化所引起的其他一系列变化反过来抑制或减弱最初发生变化的那种成分发生变化的作用过程。其结果是促进生态系统达到稳态和保持平衡。例如，食草动物迁入、繁殖数量增加，使得草原植被过度取食而减少，而这种植物量的减少，又会抑制食草动物种群数量的增加。在自然生态系统中长期的反馈抑制促进了生物的协同进化，长期反馈调节对自然生态系统稳定有很大作用。

正反馈是指生态系统输出的变动在原变动方向上被加速的反馈。生态系统中某一成分变化所引起的其他一系列变化促进或加速最初引发变化那种成分进一步发生变化的作用过程，其结果常常是使生态系统进一步远离平衡状态或稳态。例如，一个湖泊生态系统受到污染，导致鱼类死亡而数量减少，鱼类死亡后又进一步加重污染，并引起更多鱼类死亡，使得湖泊污染越来越严重，鱼类死亡越来越加剧。正反馈对生态系统往往具有极大的破坏作用，而且常常是爆发性的，经历时间较短。从长远看，生态系统中的负反馈作用和自我调节总是起着主要作用，表现为程序调控、随动调控、最优调控和稳态调控。

7.2 生物资源形成过程中的生态过程

就人类需要而言，所有的自然资源都是有限的。存在于地表环境中的生态资源的有效性，尽管看上去是相当多的，但是它们均受到各种生物因素或非生物因素的限制。这些限制因子在空间分布上的极端不均匀，使得资源的生产和开发受到了巨大影响。在形成生物资源的环境要素组合中，其整体变化是非常复杂的，各个要素在整体中“贡献率”大小的变化对生物第一性生产力的影响也很大。因此，认识各个要素在组合中的基本特性，应用生态资源优化定律，在生态资源研究中去获取更加积极的成效。

生态资源优化定律的基本涵义：无论对于矿物元素还是有机分子而言，“资源成分”有效性的增加（当利用的营养物质的增加），不可能在资源生产力方面产生无限的增加，要么是条渐近线；要么达到某一最大值，之后便开始下降。此种说法在可更新资源中，更具体地说在绿色植物第一性生产力中，尤其带有普适性。

7.2.1　生物生长环境

生物生存离不开其所在的环境，构成环境的各要素是环境因子。对生物生长、发育、生殖、行为和分布有直接或间接影响的环境要素是生态因子。所有的生态因子构成了生态环境。具体生物个体或群落生活地段上的生态环境称为生境。

生物生长的生态环境因子主要包括气候因子、地形因子、土壤因子、生物因子、人为因子五大部分。气候因子也称地理因子，包括光、温度、水分、空气等。地形因子指地面的起 伏、坡度、坡向、阴坡和阳坡等，通过影响气候和土壤，间接地影响植物的生长和分布。土壤因子包括土壤结构、土壤的理化性质、土壤肥力和土壤生物等，是气候因子和生物因子共同作用的产物。生物因子包括生物之间的各种相互关系。人为因子指人类活动对生物和环境的影响。

1. 生态环境因子作用的特点

综合性：任何一个生态环境，生态因子不可能单独存在，每一个生态因子都是在与其他因子的相互影响、相互制约中对生物起作用的，任何因子的变化都会在不同程度上引起其他因子的变化。

主导因子作用：在生物体所需的生态因子中，对生物所起的作用是非等价的，其中有一到两个起主要作用。对生物起决定性作用的生态因子，称为主导因子。主导因子的改变常会引起其他生态因子发生明显变化或使生物的生长发育发生明显变化。

直接作用和间接作用：有些因子直接作用于生物体，如日照、温度、水分等；有些则通过直接因子而间接作用于生物体，如地面坡向、坡度常影响日照和土壤含水量等。但坡向、坡度等因素有时也常直接影响生物的生存与活动，所以直接和间接作用的划分具有相对性。

阶段性作用：生物在生长发育的不同阶段往往需要不同的生态因子或生态因子的不同强度，因此，生态因子对生物的作用也具有阶段性，这种阶段性是由生态环境的规律性变化所造成的。

不可替代性和可补偿性：生态因子虽非等价，但都不可缺少，一个因子的缺失不能由另一个因子来代替。但某一因子的数量不足，有时可以由其他因子来局部补偿。生态因子的补偿作用只能在一定范围内作部分补偿，因子之间的补偿作用也不是经常存在的。

2. 限制性作用和耐性定律

限制性因子是指在众多的生态因子中，任何接近或超过某种生物的耐受性极限，而且阻止其生长、繁殖或扩散，甚至生存的因素（图 7-7）。在自然界中，各种生物和环境的相互关系是极其复杂的，环境因子对生物的作用是各不相同的，有的显得特别重要，而有的则不那么重要。诸类环境因子中，任何一个因素，只要超过或接近其有机体耐受程度的极限时，就可能成为一个限制因子。

1）最小因子定律

最小因子定律又称李比希的最小因子定律。基本思想是：每种植物都需要一定种类和一定量的营养物质。如果环境中缺乏其中的一种，植物就会发育不良，甚至死亡。如果这种营养物质处于最少量状态，植物的生长量就最少。

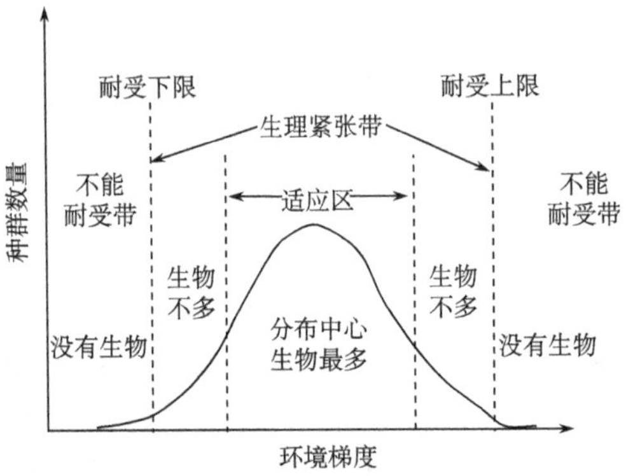

图 7-7　限制因子定律示意图

奥德姆对李比希的最小因子定律进行了补充。第一，他认为李比希定律只有在严格的物质和能量的输入与输出处于平衡的状态时才适用。一旦平衡遭到偏离，那里的生产率就要发生变化，同时，其高低将取决于其他因子。第二，最小因子具有替代作用，即当一个特定因子处于最小量状态时，其他处于高浓度或过量状态下的物质，可能具有替代作用，以替代这一特定因子的不足，至少是化学性质上接近的元素能替代一部分。例如，软体动物的壳需要钙，钙可能是其主要限制因子，如果环境中有很多的锶，它就能部分地替代钙。

2）耐受性定律

李比希提出的是因子处于最小量时可能成为限制因子，但事实上，因子过量时，同样可以成为限制因子。因此，各类生物对每一种环境因素都有一个能耐受的范围，即有一个生态上的最低点（或称最低度）和一个生态上的最高点（或称最高度）。在最高点和最低点（或称耐受上限和下限）之间的范围，称为生态幅或生态价。

谢尔福德（1913）研究指出，生物的生存需要依赖环境中的多种条件，各个生态因子都存在量的变化，当大于或小于生物所能忍受的限度，超过因子间的补偿调节作用时，就会影响生物的生长和分布，甚至导致死亡。这就是耐受性定律，又称谢尔福德耐受定律。

耐受性定律和最小因子定律的关系，可从以下三个方面进行理解：首先，最小因子定律只考虑了因子量的过少，而耐受性定律既考虑了因子量的过少，也考虑了因子量的过多。其次，耐受性定律不仅估计了限制因子量的变化，而且估计了生物本身的耐受性问题。生物耐受性不仅随种类不同，且在同一种内，耐受性也因年龄、季节、栖息地区的不同而有差异。最后，耐受性定律允许生态因子之间的相互作用，如因子替换作用和因子补偿作用。

3. 生物对限制性因子的调整和适应

每种生物对每一生态因子都有一定的耐受限度，但任何一种生物对生态因子的耐受限度都不是固定不变的。在进化过程中，生物的耐受限度和适宜生存范围都可能发生变化，可能扩大，也可能受到其他生物的竞争而被取代或移动位置。即使在较短的时间范围内，生物对生态因子的耐受限度也会出现多种较小的调整。

1）驯化

“驯化”一词通常指自然环境条件下所诱发的生物生理补偿变化，是指一种生物从原产地迁移到新地区对环境的逐渐适应过程，也可以理解为生物体内决定代谢速率的酶系统的适应性改变。驯化包含两个层次：一是引进个体能够完成生长发育；二是引进亲本在引种区可以实现有效繁殖，产生具有生育力的后代。

2）休眠

休眠是动植物抵御暂时不良环境条件的一种十分有效的生理机制。如环境条件超出生物的适宜范围，但不超出致死限度，生物便能维持生命，并常常以休眠状态适应这种环境。因为动植物一旦进入休眠期，它们对环境条件的耐受幅度就会比正常活动期的耐受范围宽得多。

3）昼夜节律和周期性补偿变化

耐受性或对最适条件选择的节律性变化大多是由外在因素决定的，是生物长期适应生态因子周期变化的结果。生物在不同季节和一天内的不同时刻可以表现不同的生理适宜状态和补偿能力。这种补偿性的变化往往是有节律的。生物在不同的季节可以表现出不同的生理适宜状态，因为驯化过程可使生物适应环境条件的季节变化，甚至调节能力本身也可显示出季节变化。因此，生物在一个时期可以比其他时期具有更强的驯化能力，或者具有更大的补偿调节能力。补偿能力的周期变化实际上反映了环境的周期性变化，如温带地区温度的季节变化和热带地区干湿季节的交替等。

4）适应组合

生物的适应性是指生物的形态结构和生理机能与它所生存的一定环境条件相适应的现象。生物对生态因子耐受范围的扩大或变动都涉及生物的形态适应、生理适应及行为适应。生物对环境条件的适应通常不限于单一的机制，而是生物与生物之间及生物与环境之间的生存斗争中长期自然选择的结果。因此，生物对特定环境条件的适应也必定会表现出彼此之间的相互关联性。这样一整套协同的适应性就称为适应组合。生活在极端环境条件下的生物，适应组合现象表现得最为明显。例如，在极端干旱的沙漠中的耐旱肉质植物和典型沙漠动物骆驼，都具有一系列适应干旱缺水生活的特征组合。

7.2.2　生物生长规律

生态系统中，生命物质形式的能量流和物质流，以及生物个体对其环境空间的适应都可用某一物质的种群动态来表达。搞清植物甚至人口的数量动态变化，对认识生态系统和生物资源，以及人口增长与资源极限的关系都是很重要的。一个种群，从其侵入新的栖息地，经过种群增长到建立种群，一般有下述几种情况：一是较长时间维持在同一水平上，称为平衡；二是经受不规则的或有规律的波动；三是种群衰落到死亡。

1）种群增长的一个简单的模型

为了了解引起种群数量发生变化或保持不变的过程，先来研究一个最简单的模型，这个模型只与影响种群增长的内在因素有关。在这个模型中，种群数量将只会因出生（B）和迁入（I）而增加，因死亡（D）和迁出（E）而下降，种群数量从一个时刻到下一时刻的变化就是由这四个参数决定的，即

$$N_{t+1} - N_t = B + I - D - E \tag{7-1}$$

式中，N_t 为种群在 t 时刻的数量；N_{t+1} 为种群在 $t+1$ 时刻的数量。

设种群中个体的出生率为 b，死亡率为 d，则

$$B = bN_t,\ D = dN_t$$
$$N_{t+1} - N_t = bN_t - dN_t + I - E \tag{7-2}$$

显然，在迁入和迁出一定的情况下，如果出生率大于死亡率，种群数量便增加；如果出生率小于死亡率，种群数量便下降。

2）种群的几何级数的增长

第一，模型的假设和概念结构。在这个最简单的单种种群增长模型的概念结构里，包含有下列四个假设：①种群增长是无界的，即设种群在无限的环境中增长，不受资源、空间等条件的限制；②世代不相重叠，增长是不连续的，或称离散的；③种群没有迁入和迁出；④没有年龄结构。

第二，数学模型。最简单的单种种群增长的数学模型通常是把世代 $t+1$ 的种群 N_{t+1} 与世代 t 的种群 N_t 联系起来的差分方程：

$$N_{t+1} = \lambda N_t \quad 或 \quad N_t = \lambda^t N_0 \tag{7-3}$$

式中，N 为种群大小；t 为时间；λ为种群的周限增长率。

第三，模型的生物学含义。假定一年生生物的种群在一个繁殖季节 t_0 开始，有 N_0 个雌体和等量的雄体，其产卵量为 B，总死亡为 D。那么，到下一年 t_1，其种群数量 N_1 为

$$N_1 = N_0 + B - D$$
$$\lambda = N_1 / N_0 \tag{7-4}$$

如果种群在无限环境下以这个速率年复一年地增长，这种增长称为几何级数式增长或指数式增长。将方程 $N_t = \lambda^t N_0$ 两侧取对数，即

$$\lg N_t = \lg N_0 + t \lg \lambda \tag{7-5}$$

它具有直线方程式 $y = a + bx$ 的形式。因此，以 $\lg N_t$ 与 t 作图，就能得到一条直线。式中，周限增长率 λ，从理论上讲可以有四种情况，它在种群增长中的含义是：$\lambda>1$，种群上升；$\lambda=1$，种群稳定；$0<\lambda<1$，种群下降；$\lambda=0$，雌体没有繁殖，种群在一代中灭亡。

3）种群的指数级数的增长

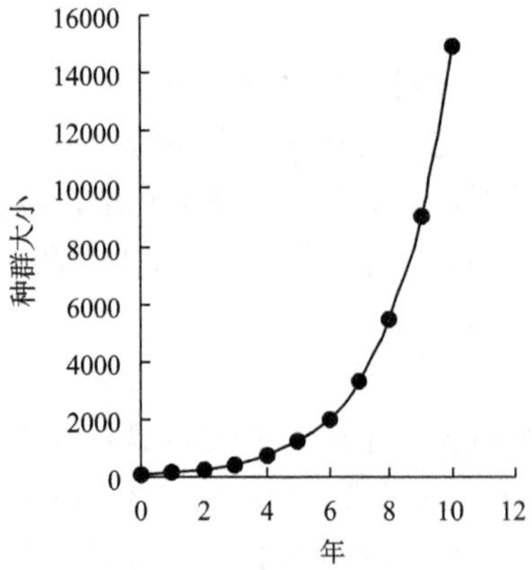

图 7-8　种群的几何级数式增长

$N_0=100$，$r=0.5$

如果世代之间有重叠，种群数量以连续的方式改变，通常用微分方程来描述。

第一，模型的假设：种群以连续方式增长，其他各点同上一模型。

第二，数学模型：对于在无限环境中瞬时增长率保持恒定的种群，种群增长仍旧表现为指数式增长过程，即

$$\frac{dN}{dt} = rN \tag{7-6}$$

其积分式为

$$N_t = N_0 e^{rt} \tag{7-7}$$

式中，e 为一常数，即自然对数的底；r 为种群的瞬时增长率；其他同前。以种群 N_t 对时间作图（图 7-8），则种

群增长曲线呈现为“J”形。比较式（7-6）瞬时增长率 r 与式（7-4）周限增长率 λ 之间的关系，则

$$r = \ln\lambda \qquad \lambda = e^{r} \tag{7-8}$$

由此可知，周限增长率的数值总是大于相应的瞬时增长率。种群的周限增长率有四种情况，瞬时增长率 r 同样有四种情况（表 7-3）。

表 7-3　种群瞬时增长率 r 与周限增长率 λ 的四种情况

r	λ	种群
$r>0$	$\lambda>1$	种群上升
$r=0$	$\lambda=1$	种群稳定
$r<0$	$0<\lambda<1$	种群下降
$r=-\infty$	$\lambda=0$	雌体无繁殖，种群灭亡

一般来说，在种群动态研究中，种群的瞬时增长率 r 较周限增长率 λ 应用更广。

第一，r 为正值、负值或零，能表示种群的正增长、负增长或零增长；而 λ 表示的是 $t+1$ 时和 t 时的种群 N_{t+1} 和 N_t 的比率。

第二，r 具有可加性。若以周为时间单位表示，则 $r = 0.104$；若以年为时间单位（每年 52 周），则 $r=0.104\times52$。因此，种群的瞬时增长率 r 是种群动态研究中一个十分有用的参数。

4）种群的逻辑斯蒂增长

自然种群不可能长期地按几何级数增长。当种群在一个有限空间中增长时，随着密度的上升，对有限空间资源和其他生活条件利用的限制，种内竞争增加，必然要影响种群的出生率和死亡率，从而降低了种群的实际增长率，一直到停止增长，甚至使种群下降。种群在有限环境条件下连续增长的一种最简单的形式是逻辑斯谛增长。逻辑斯蒂增长又称为阻滞增长。

第一，模型的假设。① 假设环境条件允许种群有一个最大值，此值称为环境容纳量或负荷量，常用 K 表示，当种群大小达到 K 值时，种群则不再增长，即 $dK/dt=0$。②种群增长率降低的影响是最简单的，即其影响随着密度上升而逐渐地、按比例地增加，如种群中每增加一个个体就对增长率降低产生 $1/K$ 的影响。若种群有 N 个个体，就利用了 N/K 的空间，而可供继续增长的剩余空间就只有（$1-N/K$）了。③种群中密度的增加对其增长率的降低作用是立即发生的，无时滞的。④种群无年龄结构及无迁出和迁入现象。

第二，数学模型。根据以上的假设，种群在有限环境下的增长将不是“J”形，而是“S”形，如图 7-9 所示。“S”形增长曲线同样有两个特点：“S”形曲线有上渐近线，即“S”形增长曲线渐近于 K，却不会超过最大值水平，此值即为环境容纳量；曲线变化是逐渐的、平滑的，而不是骤然的。从曲线的斜率来看，开始变化速度慢，以后逐渐加快；到曲线中心有一拐点，变化速率加快，以后又逐渐变慢，直到上渐近线。逻辑斯蒂模型的微分式为

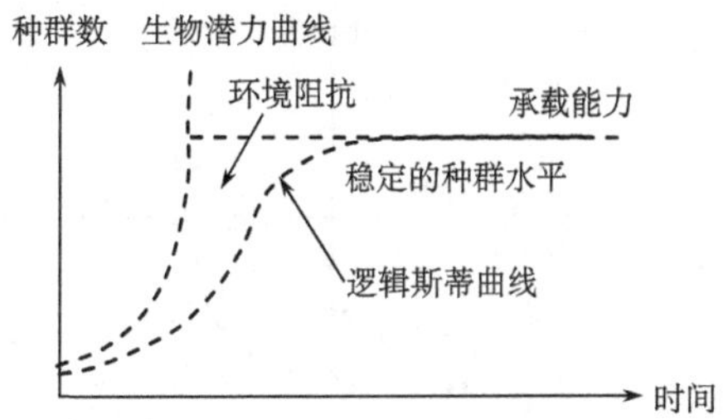

图 7-9　逻辑斯蒂增长曲线示意图

$$\frac{\mathrm{d}N}{\mathrm{d}t}=rN\left(\frac{K-N}{K}\right)\text{或}\frac{\mathrm{d}N}{\mathrm{d}t}=rN\left(1-\frac{N}{K}\right) \tag{7-9}$$

其积分式为

$$N=\frac{K}{1+\mathrm{e}^{a-rt}} \tag{7-10}$$

式中，N 、t 、r 的定义同指数增长模型。而 K 为资源承载力，其生物学意义在于它所代表的是剩余空间，即种群尚未利用的，或种群可利用的最大容纳量中还“剩余”的，可供种群继续增长用的空间。参数 α 的数值取决于 N_0，是表示曲线对原点的相对位置的。

种群数量 N 趋于零，那么 $[1-(N/K)]$ 项就逼近 1，表示几乎全部空间尚未被利用，种群接近于指数增长，或种群潜在的最大增长能力能够充分地实现。

种群数量 N 趋于 K，那么 $[1-(N/K)]$ 项就逼近 0，种群增长的最大潜在表示 K 空间几乎全部被利用，能力不能实现。

当种群数量 N 由 0 逐渐地增加到 K 值时，$[1-(N/K)]$ 项则由 1 逐渐地下降为 0，表示种群增长的“剩余空间”逐渐缩小，种群潜在的最大增长可实现程度逐渐降低，并且种群数量每增加一个个体，这种抑制效应就增加 $1/K$ 。因此，这种抑制效应又称为拥挤效应，因其影响定量之大小与拥挤程度成正比，也有些学者称拥挤效应为环境阻力（或限制因子）。

5）人类种群的增长与资源承载力

人是有智慧的动物，人除了有生物性外，更有复杂的社会性。因此，人口增长与动物种群增长既有联系又有本质区别。作为“理智”的人类，其种群增长必须研究三个基本问题：一是研究和了解人类种群的增长型；二是定量测定人类种群的最适规模和结构（与一定尺度环境范围内的自然资源承载力相关）；三是研究如何采取“文化调节”措施，尤其是在自然调节不起作用（或者不可接受、没有意义或为时太晚）时。

关于第一个问题，人类种群的增长型与逻辑斯蒂型和指数型不尽一致。由于人的生态幅较宽，人类社会的缓冲能力较大，因此人类的“自我拥挤效应”和过度利用自然资源的效应有一定的滞后性。这就使种群密度和数量在开始感觉到有害效应以前已超越了承载力限度。对此，人类可以有两个基本的选择：其一，如图 7-10（a）所示的模式，人口增长继续不受限制，直到超过自然资源的承载能力，然后是人口大量死亡，或忍受深刻的灾难，直到种群数量下降；或者承载能力上升（如果有可能的话）。如此往返波动如图 7-10（b）所示。事实上，地球上已有部分地区经历过或正在经历这个过程，只要稍有干扰，如洪水、旱灾或一季

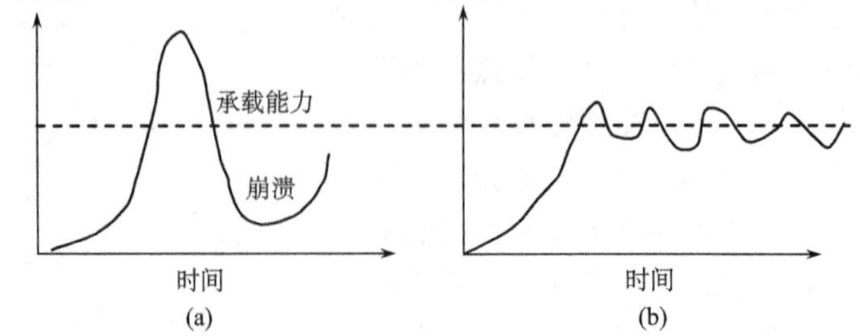

图 7-10　种群与承载力示意图

作物歉收，就导致成千上万人的死亡。对这种灾难往往归咎于“天灾”，其实倒不如说是“人祸”，它是人口过度增长所造成的。其二，人类自觉采取有责任心的态度，预测承载力限度，建立人口控制机制，降低出生率，合理利用资源，保护环境，适度消费等，或提高自然资源承载能力，这样使人口数量保持在临界限度（甚至是最适承载能力）之下。

关于第二个问题，人口承载能力研究和自然资源承载能力研究，以及各国各地区的人口计划，都在努力研究这个问题，这是解决第一个问题所必需的。

关于第三个问题，目前的主要观点可归纳为两种：①技术可以解决人口、资源与环境问题；②技术只能延缓灾难发生时间，而不能根本解决人口、资源与环境的困境，必须采取道德、法律、政治和经济的约束措施。

6）资源承载力动态与组合逻辑斯蒂曲线

资源承载能力受投入水平、技术进步等因素的影响，因此是动态的。从生态系统的性质看，生态系统处于不断的演替过程中，这种演替受多种生态因子影响，按其作用可归为两类因子：利导因子和限制因子。在利导因子起主要作用时，各物种竞相占用有利生态位，种群呈指数型增长（图 7-11 中 *B* 曲线）；但随着生态位迅速被占用，一些短缺性生态因子逐渐成为限制因子。优势种的发展受到抑制，种群增长趋于平稳，呈“S”形增长（图 7-11 中 *A* 曲线）。但生态系统有其能动的适应环境、改造环境、突破限制因子束缚的趋向。通过改变优势种，调整内部结构或改善环境条件等措施，旧的限制因子又逐渐让位给新的利导因子和限制因子，系统出现新的“S”形增长。整个系统就是在这种组合“S”形的交替增长中不断演替进化，不断打破旧的平衡，出现新的平衡（图 7-11 中 *C* 曲线）。

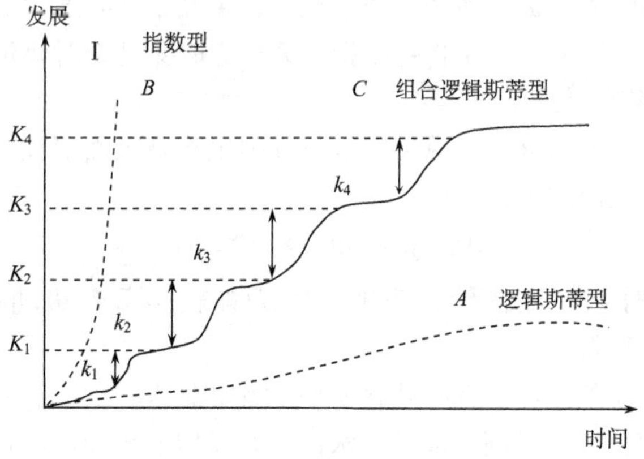

图 7-11 资源承载力动态与组合逻辑斯蒂曲线

图 7-11 中系统 *A* 只有平衡而无发展，是一种没有生命力的发展过程，迟早会被新的过程所取代；系统 *B* 只有发展而无平衡机制，是一种不能持久的过程，迟早也会由于限制因子的作用受阻或崩溃。这两种系统都是可持续能力较差的系统，系统 *C* 具有持续的发展能力，又具备一定的自我调节功能，能自动跟踪其不断演变着的生态环境，实现组合“S”形增长，因而其过程稳定性较好。过程稳定性可由发展速度、“S”形波动的振幅，与受限制因子约束的滞留期等来测度。

7.2.3 生物生产量

能量是生态系统的动力，是一切生命活动的基础。绿色植物的生物生产量不仅是系统生产力的重要指标，还是系统利用光能效率的重要指标，同时也是研究系统物质交换和能量流动的基础。生态系统的物质与能量流动规律都需借助于生物生产量及化学能的测定。因此，开展生态系统生物生产量的研究具有重要的理论和实践意义。

1）净第一性生产量

生态系统中的能量流动开始于绿色植物通过光合作用对太阳能的固定。因为这是生态系统中第一次能量固定，所以植物所固定的太阳能或所制造的有机物质称为初级生产量或第一性生产量。

在第一性生产过程中，植物固定的能量有一部分被植物自己的呼吸消耗掉，剩下的可用于植物生长和生殖，这部分生产量称为净第一性生产量。而包括呼吸消耗在内的全部生产量，称为总第一性生产量。三者之间的关系是

$$\mathrm{GP} = \mathrm{NP} + R \tag{7-11}$$

式中，GP 为总第一性生产量，J/（m^2·a）；NP 为净第一性生产量，J/（m^2·a）；R 为呼吸所消耗的能量，J/（m^2·a）。

净第一性生产量是可供生态系统中其他生物利用的能量。生产量通常用每年每平方米所生产的有机物质干重［g/（m^2·a）］或每年每平方米所固定能量 J/（m^2·a）表示。所以，第一性生产量也称为初级生产力，它们的计算单位是完全一样的，但在强调“率”的概念时，应当使用生产力。生产量和生物量是两个不同的概念，生产量含有速率的概念，是指单位时间单位面积上的有机物质生产量，而生物量是指在某一定时刻调查时单位面积上积存的有机物质，单位是干重 g/m^2 或 J/m^2。

对生态系统中某一营养级来说，总生物量不仅因生物呼吸而消耗，也由于受更高营养级动物的取食和生物的死亡而减少，所以

$$\mathrm{d}B / \mathrm{d}t = \mathrm{NP} - R - H - D \tag{7-12}$$

式中，$\mathrm{d}B / \mathrm{d}t$ 为某一时期内生物量的变化；H 为被较高营养级动物所取食的生物量；D 为因死亡率损失的生物量。

水体和陆地生态系统的生产量都有垂直变化，例如森林，一般乔木层最高，灌木层次之，草被层更低，而地下部分反映了同样情况。水体也有类似的规律，不过水面由于阳光直射，生产量不是最高，最高的是深数米左右，并随水的清晰度而变化。

生态系统的初级生产量还随群落的演替而变化。群落演替的早期由于植物生物量很低，因此初级生产量不高，随时间推移，生物量渐渐增加，生产量也提高；一般森林在叶面积指数达到 4 时，净初级生产量最高；但当生态系统发育成熟或演替达到顶极时，虽然生物量接近最大，系统由于保持在一动态平衡中，净生产量反而最小。由此可见，从经济效益考虑，利用再生资源的生产量，让生态系统保持到“青壮年期”是最有利可图的，不过从持续发展和保护生态着眼，人类还需从多目标间作合理的权衡。

2）生态系统中的第二性生产量

净第一性生产量是生产者以上各营养级所需能量的唯一来源。从理论上讲，净第一性生

产量可以全部被异养生物所利用，转化为第二性生产量（如动物的肉、蛋、毛皮、骨骼、血液、蹄、角及各种内脏器官等）。但实际上，任何一个生态系统中的净初级生产量都可能流失到这个生态系统以外的地方去，如在海岸盐沼生态系统中，大约 45%的净初级生产量流失到了河口生态系统，还有很多植物生长在动物所达不到的地方，因此也无法被利用。总之，对动物来说，初级生产量或因得不到，或因不可食，或因动物种群密度低等，总有相当一部分未被利用。即使是被动物吃进体内的植物，也有一部分通过动物的消化道排出体外。例如，蝗虫只能消化它们吃进食物的 30%，其余的 70%以粪便形式排出体外，供腐食动物和分解者利用。食物被消化吸收的程度依动物的种类而大不相同。尿是排泄过程的产物，但由于技术上困难，常与粪便合并，称为尿粪量而排出体外。在被同化的能量中，有一部分用于动物的呼吸代谢和生命的维持，这一部分能量最终将以热的形式消散掉，剩下的那部分才能用于动物的生长和繁殖，这就是人们所说的次级生产量。当一个种群的出生率最高和个体生长速度最快的时候，也就是这个种群次级生产量最高的时候，往往也是自然界初级生产量最高的对侯。但这种重合并不是巧合，而是自然选择长期起作用的结果，因为次级生产量是靠消耗初级生产量而得到的。次级生产量的一般生产过程如图 7-12 所示。

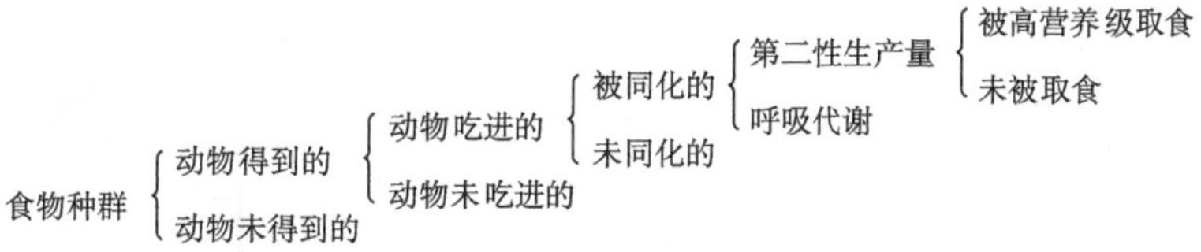

图 7-12　生物次级生产量的普适模型示意图

图 7-12 是一个普适模型。它可应用于任何一种动物，包括草食动物和肉食动物。肉食动物捕到猎物后往往不是全部吃掉，而是剩下毛皮、骨头和内脏等。所以，能量从一个营养级传递到下一个营养级时往往损失很大。对一个动物种群来说，其能量收支情况可以用下列公式表示：

$$C = A + \mathrm{FU} \tag{7-13}$$

式中，C 为动物从外界摄食的能量，J；A 为被同化能量，J；FU 为粪、尿能量，J。

A 项又可分解如下：

$$A = P + R \tag{7-14}$$

式中，P 为净次级生产量，J；R 为呼吸消耗的能量，J。

综合上述两式可以得到

$$P = C - \mathrm{FU} - R \tag{7-15}$$

也就是说，次级净生产量等于动物吃进的能量减掉粪尿所含有的能量，再减掉呼吸代谢过程中的能量损耗。

3）生态金字塔

生态金字塔是指由于能量每经过一个营养级时被净同化的部分都要大大少于前一个营养级，所以当营养级由低到高时，其个体数目、生物量或所含能量就呈现类似金字塔的分布形式。假如用一定比例的长方形图来表示食物链中每营养级上的生产量或能量，再将这些长方形图按营养级高低由下而上叠在一起，就构成了一种金字塔形的图（图 7-13），即金字塔营养级或生态金字塔。

生态金字塔是指各个营养级之间的数量关系，这种数量关系可采用生物量单位、能量单位和个体数量单位表示，采用这些单位所构成的生态金字塔分别称为生物量金字塔、数量金字塔和能量金字塔。

生物量金字塔以生物组织的干物质重表示每一个营养级中生物的总重量（图 7-14）。一般来说，绿色植物的生物量要大于它们所养活的植食动物的生物量，而植食动物的生物量要大于以它们为食的肉食动物的生物量。从低营养级到高营养级，生物的生物量通常是逐渐减少的，因此，利用生物量资料所绘出的生态金字塔图形是下宽上窄的锥形体。尤其是在陆地和浅水生态系统中，这种正锥体图形最为常见，因为在这些生态系统中，生产者个体大，积累的有机物质多，生活史长且只有很少量被取食。但是，在湖泊和开阔海洋这样的水域生态系统中，微小的单细胞藻类是主要的初级生产者，这些微型藻类世代历期短、繁殖迅速，只能累积很少的有机物质，并且浮游动物对它们的取食强度很大，因此生物量很小，常表现为一个倒锥形的生物量金字塔。

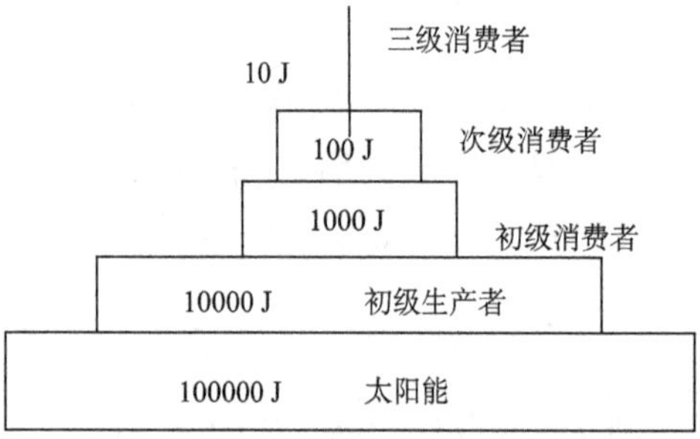

图 7-13　生态金字塔示意图

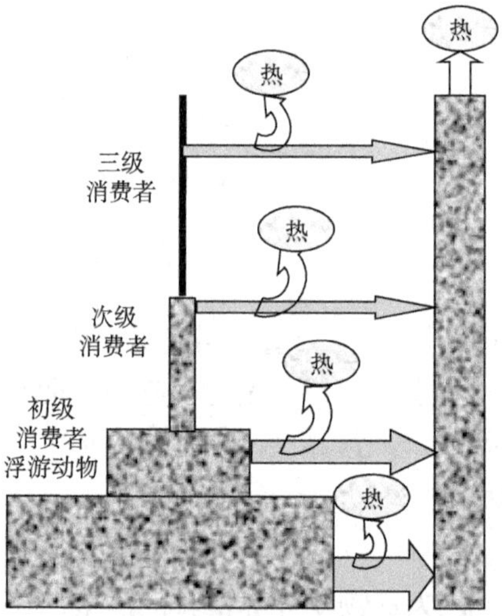

图 7-14　生物量金字塔示意图

在食物链不同环节上生物的个体数量存在着巨大差异。数量金字塔按有机体数量的多少表示（图 7-15）。这种金字塔一般情况下可清楚地表明各营养级由下而上数目逐渐减少的规律，如通常在食物链的始端生物个体数量最多，在沿着食物链往后的各个环节上生物个体数量逐渐减少，到了位于食物链顶位的肉食动物，数量就会变得极少，因此数量金字塔一般也是下宽上窄的正锥体。数量金字塔的缺点是它忽视了生物的重量因素，如一头大象和一只昆虫，生物数目都是 1，但是它们的重量却差别太大，难以类比，有时一些生物的数量可能很多，但它们的生物量却不一定比较大生物的总重量多。数量金字塔在有些情况下也可以呈现出倒锥形，如成千上万个昆虫以一株大树为生，或大量寄生虫寄生于一个生物体上时的情况。

能量金字塔是利用各营养级所固定的总能量值的多少来构成的生态金字塔（图 7-16）。因为它用净生产力或能量来表示，不会出现倒置，所以，它较前两种金字塔更为准确和重要。

一般来说，不同的营养级在单位时间、单位面积上所固定的能量值是存在着巨大差异的。能量随着从一个营养级到另一个营养级的流动是逐渐减少的，能量金字塔不仅可以表明流经每一个营养级的总能量值，更重要的是可以表明各种生物在生态系统能量转化中所起的实际作用。生物量金字塔和数量金字塔在某些生态系统中可以呈倒金字塔形，但能量金字塔绝不会这样，因为生产者在单位时间单位面积上所固定的能量绝不会少于靠吃它们为生的植食动物所生产的能量，同样，肉食动物所生产的能量是靠吃植食动物获得的，因此依据热力学第二定律，它们的能量也绝不会多于植食动物。即使是在生产者的生物量小于消费者生物量的特定情况下(即生物量金字塔呈倒锥形)，生产者所固定的能量也必定多于消费者所生产的能量，因为消费者的生物量归根结底是靠消费生产者转化而来的。

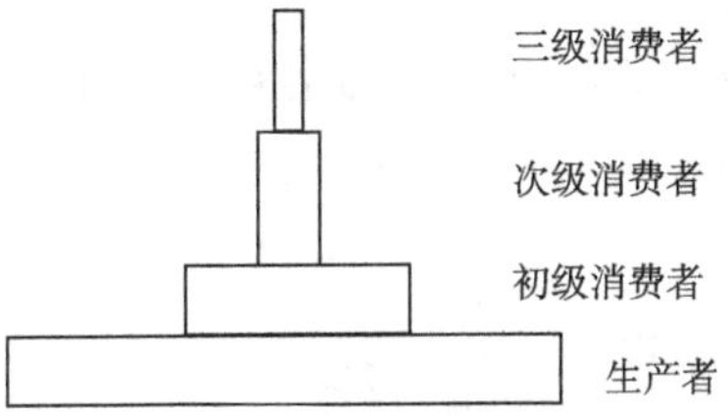

图 7-15　数量金字塔示意图

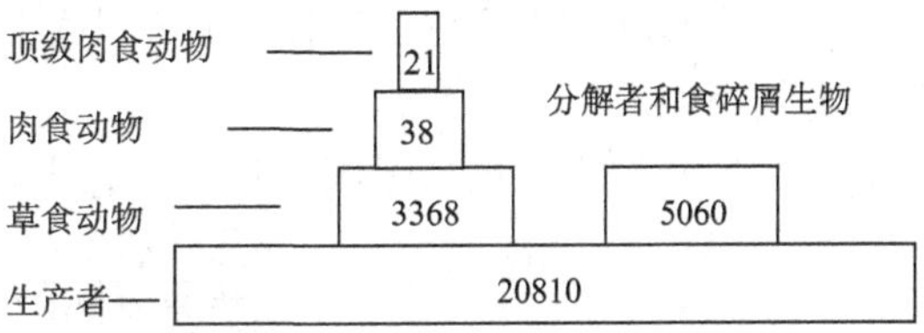

图 7-16　能量金字塔示意图

7.2.4　生态效率

生态效率是指各种能流参数中的任何一个参数在营养级之间或营养级内部的比值，常以百分数表示。这种比值关系，在生产力生态学研究中是很重要的，对估计各个环节的能量传递效率是很有用的。

1. 常用的几个能量参数

为了便于比较生态效率，首先要对能流参数加以明确。其次要指出的是生态效率是无维的，在不同营养级间各能量参数应以相同单位表示。

摄取量：摄取量（I）表示一个生物所摄取的能量。对植物来说，I 代表被光合作用所吸收的日光能。对动物来说，I 代表动物吃进的食物能。

同化量：同化量（A）表示在动物消化道内被吸收的能量，即消费者吸收所采食的食物能。对分解者是指细胞外产物的吸收。对植物来说是指在光合作用中所固定的日光能，常以总初级生产量（GP）表示。

呼吸量：呼吸量（R）指生物在呼吸等新陈代谢和各种活动中所消耗的全部能量。

生产量：生产量（P）指生物呼吸消耗后所净剩的同化能量值。它以有机物资的形式累积在生物体内或生态系统中。对于植物来说，它是指净初级生产量（NP）。对于动物来说，它是同化量扣除维持消耗后的能量，即 $P=A-R$。

利用以上这些参数可以计算生态系统中能流的各种效率。营养级位内的生态效率用以量度一个物种利用食物能量的效率，即同化能量的有效程度。营养级位之间的生态效率则来量度营养级位之间的转化效率和能流通道的大小。

2. 营养级位之内的生态效率

第一，同化效率。同化效率指植物吸收的日光能中被光合作用所固定的能量比例，或被动物摄食的能量中被同化了的能量比例。

$$\text{同化效率}=\frac{\text{被植物固定的能量}}{\text{吸收的日光能}}=\frac{\text{被动物吸收的能量}}{\text{动物的摄食量}} \tag{7-16}$$

即

$$A_n=\frac{A}{I_n}$$

式中，n 为营养级数。

一般，肉食动物中同化效率比植食动物要高些，因为肉食动物的食物在化学组成上更接近其本身的组织。

第二，生长效率。包括组织生长和生态生长效率：

$$\text{组织生长率}=\frac{n\text{营养级的净生产量}}{n\text{营养级的同化能量}} \qquad \text{即}\mathrm{TG_e}=\frac{\mathrm{NP}_n}{A_n} \tag{7-17}$$

$$\text{生态生长率}=\frac{n\text{营养级的净生产量}}{n\text{营养级的摄入量}} \qquad \text{即}\mathrm{EG_e}=\frac{\mathrm{NP}_n}{I_n} \tag{7-18}$$

通常植物的生长效率大于动物，大型动物的生长效率小于小型动物，年老动物的生长效率小于幼年的，变温动物的大于恒温动物的，生物的组织生长效率高于其生态生长效率。

3. 营养级位之间的生态效率

消费效率（或利用效率）：

$$\text{消费效率}=\frac{(n+1)\text{ 营养级的摄入量}}{n\text{营养级的净生产量}} \qquad \text{即}C_\mathrm{e}=\frac{I_{n+1}}{\mathrm{NP}_n} \tag{7-19}$$

或

$$\text{利用效率}=\frac{(n+1)\text{ 营养级的同化量}}{n\text{营养级的净生产量}} \qquad \text{即}U_\mathrm{e}=\frac{A_{n+1}}{\mathrm{NP}_n} \tag{7-20}$$

消费效率可用来量度一个营养级位对前一营养级位的相对采食压力。此值一般在25%～35%，这说明每一营养级位的净生产量有65%～75%进入腐屑食物链，利用效率的高低，说明前一营养级位的净生产量被后一营养级位同化了多少，即被转化利用了多少。

4. 十分之一定律

它相当于同化效率、生长效率和消费效率的乘积。但也有学者把营养级间的同化能量的比值视为林德曼效率，即

$$\text{林德曼效率}=\frac{I_{n+1}}{I_n}=\frac{A_n}{I_n}\times\frac{P_n}{A_n}\times\frac{I_{n+1}}{P_n}=\frac{(n+1)\text{营养级摄取的食物}}{n\text{营养级摄取的食物}} \tag{7-21}$$

即

$$L_\mathrm{e}=\frac{A_{n+1}}{A_n} \tag{7-22}$$

根据林德曼测量结果，这个比值大约为 1 / 10，这曾被认为是一项重要的生态学定律。但这仅是湖泊生态系统的一个近似值，在其他不同的生态系统中，高则可达 30%，低则可能只有 1%或更低。

5. 生态效率计算实例

1）净第一性生产生态效率

第一性生产生产态效率的估计，可以一个最适条件下的光合效率为例，如在热带一个无云的白天或温带仲夏的一天，太阳辐射的最大输入可达 2900 万 $J/(m^2·d)$。扣除 55%属紫外或红外辐射的能量，加上一部分被反射的能量，真正能为光合作用所利用的就只占辐射能的 40.5%，再除去非活性吸收（不足以引起光合作用机理中电子的传递）和不稳定的中间产物，能形成糖类的约为 2.9 万 $J/(m^2·d)$，相当于 120 $g/(m^2·d)$的有机物质，这是最大光合效率的估计值，约占总辐射能的 9%。但实际测定的最大光合效率的值只有 54 $g/(m^2·d)$，接近理论值的1/2，大多数生态系统的净初级生产量的实测值都远远较此为低。由此可见，净初级生产力不是受光合作用固有的转化光能的能力所限制，而是受其他生态因素限制。

表 7-4 为两个陆地生态系统和两个水域生态系统的初级生产效率的研究实例。人工栽培的玉米田日光能利用效率为 1.6%，呼吸消耗约占总初级生产量的 23. 4%；荒地的日光能利用效率（1.2%）比玉米田低。但其呼吸消耗（15.1%）也低。虽然荒地的总初级生产效率比人类经营的玉米田低，但是它把总初级生产量转化为净初级生产的比例却比较高。

表 7-4　不同生态系统的第一性生产效率比较　　（单位：%）

项目	玉米田（Transeau,1926）	荒地（Golley,1960）	Mwadota 湖（Lindeman,1942）	Ceder Bog 湖（Lindeman,1942）
总第一性生产量/总入射日光能	1.6	1.2	0.4	0.1
呼吸消耗/总第一性生产量	23.4	15.1	22.3	21.0
净第一性生产量/总第一性生产量	76.6	84.9	77.7	79.0

两个湖泊生态系统的总初级生产效率（分别为 0.40%和 0.10%）要比上述两个陆地生态系统的（分别为 1.2%和 1.6%）低得多，这种差别主要是因为入射日光能是按到达湖面的入射量计算的，当日光穿过水层到达实际进行光合作用地点的时候，已经损失了相当大的一部分能量。因此，两个湖泊生态系统的实际总初级生产效率应当比林德曼所计算的高，应当是 1%～3%。另外，两个湖泊中植物的呼吸消耗（分别占总初级生产量的 21.0%和 22.3%）和玉米田（23.4%）大致相等，却明显高于荒地（15.1%）。

20 世纪 40 年代以来，对各生态系统的初级生产效率所做的大量研究表明，在自然条件下，总初级生产效率很难超过 3%，虽然人类精心管理的农业生态系统中曾经有过 6%～8%的记录，一般来说，在富饶肥沃的地区总初级生产效率可以达到 1%～2%；而在贫瘠荒凉的地区大约只有 0.1%；就全球平均来说，是 0.2%～0.5%。

2）净第二性生产生态效率

各种生态系统中的食草动物利用或消费植物净初级生产量的效率是不相同的，具有一定的适应意义，在生态系统物种间协同进化上具有其合理性（表 7-5）。

表 7-5　几种生态系统中食草动物利用植物净生产量的比例

生态系统类型	重要植物及其特征	被捕食/%
成熟落叶林	乔木，大量非光合生物量，世代时间长，种群增长率低	1.2.5
1～7 年耕田	一年生草木，种群增长率中等	12
非洲草原	多年生草木，少量非光合生物量，种群增长率高	28～60
人工管理牧场	多年生草木，少量非光合生物量，种群增长率高	30～45
海洋	浮游植物，种群增长率高，世代短	60～99

这些资料可以说明：①植物种群增长率高、世代短、更新快，其被利用的百分比就较高；②草本植物的支持组织比木本植物的少，能提供更多的净初级生产量为食草动物所利用；③小型的浮游植物的消费者（浮游动物）密度很大，利用净初级生产量比例最高。

如果生态系统中的食草动物将植物生产量全部吃光，那么，它们就将全部饿死，原因是没有植物来进行光合作用了。同样道理，植物种群的增长率越高，种群更新得越快，食草动物就能更多地利用植物的初级生产量。由此可见，上述结果是植物和食草动物的系统协同进化而形成的，它具有重要的适应意义。同理，人类在利用草地作为放牧牛羊的牧场时，不能片面地追求牛羊的生产量而忽视牧场中草本植物的状况。草场中草本植物质量的降低，就预示着未来牛羊生产量的降低。

关于食肉动物利用其猎物的消费效率，现有资料尚少。脊椎动物捕食者可能消费其脊椎动物猎物的 50%～100%的净生产量，但对无脊椎动物仅有 5%上下；无脊椎动物捕食者可消费无脊椎动物猎物的 25%净生产量。这些都是较粗略的估计。

同化效率在食草动物和碎食动物较低，而食肉动物较高。在食草动物所吃的植物中，含有一些难消化的物质，因此，通过消化道排泄出去的食物是很多的。食肉动物吃的是动物，其营养价值较高。但食肉动物在捕食时往往要消耗许多能量。因此，就净生长效率而言，食肉动物反而比食草动物低。这就是说，食肉动物的呼吸或维持消耗量较大。此外，在人工饲养条件下，由于动物的活动减少，净生长效率也往往高于野生动物。北京鸭的特殊饲养方法，即采用填鸭式的喂食和限制活动，是促进其快速生长和提高净生长效率的有效措施。

生长效率还因动物类群而异，一般来说，无脊椎动物有高的生长效率，30%～40%。外温性脊椎动物居中，约 10%，内温性脊椎动物很低，仅 1%～2%，它们为维持恒定体温而消耗很多已同化的能量。因此，动物的生长消率与呼吸消耗呈明显的负相关。表 7-6 是七类动物的平均生长效率。个体最小的内温性脊椎动物（如鼩），其生长效率是动物中最低的，而原生动物等个体小、寿命短、种群周转快，具有最高的生长效率。

表 7-6　不同动物类群的生产效率

动物类群	生产效率（P_n/A_n,%）
食虫兽	0.86
鸟类	1.29
小型哺乳动物	1.51
其他兽类	3.14
鱼和社会性昆虫	9.77

续表

动物类群	生产效率（P_n/A_n,%）
无脊椎动物（不含昆虫）	25.0
非社会性昆虫	40.7

注：P_n代表净生长效率；A_n代表同化效率；n代表营养级数。

林德曼效率为 10%～20%，即通常所称的十分之一法则。食物链越长，消耗于营养级的能量就越多。从这个意义上讲，人如果直接以植物为食品，就比以吃植物的动物（如牛肉）为食品，可以供养多 10 倍的人口。世界粮食及农业组织统计富国人均直接谷物消耗低于穷国，但以肉乳蛋品为食品的粮食间接消耗量高于贫国数倍。缩短食物链的例子在自然界也有所见，如巨大的须鲸以最小的甲壳类为食。

7.2.5　生物多样性及其资源意义

生物多样性有几个层次的含义：①遗传多样性，包括一个物种内个体之间和种群之间 的差别；②物种多样性，指一个区域内动植物和其他生物的不同类型；③生物群落或生态系统多样性，指一个地区内各种各样的生境；④功能多样性，指一个生态系统内生物的不同作用。例如，植物的作用是吸收能量，而草食动物的作用在于使植物的生长受到控制。

每个水平的生物多样性都具有实用价值。例如，遗传多样性对玉米的收成是很重要的，某些玉米品种具有抵抗某些害虫的独特天性，农民遇到虫害时，可以选用这些特性而避免使用大量农药或遭受收成的重大损失。

物种多样性为人们提供大量野生的和家养的植物、鱼类及动物产品，用作药品、化妆品、工业品、燃料与建筑材料、食物及其他物品。从野生物种中提取出来的产品是传统及现代医学的基础。适于在不良气候和土壤中生存的新的药用植物及粮食作物可以提高气候严酷和土壤贫瘠地区的生物生产力，改善全球日益增长的人口的健康和生活水平。

多样性在生态系统中的重要性有一部分是由于它们可以为人类提供多种服务：水、气体、营养物和其他物质的循环。例如，湿地可以改善降雨时的水流，并在此过程中滤去沉积物。又如，菌根真菌和土壤中的动物有助于植物获取营养物，对于维持粮食作物、饲料和木材的生产具有极为重要的作用。此外，生物多样性还由于野生生物和荒野地区所提供的旅游、娱乐效益而备受青睐。

7.3　自然资源开发利用过程中的生态学原理

生态学原理的实质内容就是系统中能量的流动和物质循环，它们是生态系统演化的动力，如果这两个过程发生变化，将会导致系统动态平衡的失调。而人类开发利用自然资源，就是人为地改变系统中能量和物质的流动规律，从而在很大的程度上改变生态系统的演化，人类的这一作用包括正反两方面的功能。

7.3.1 自然资源开发与系统的熵变

1. 熵增原理与耗散结构

1）熵增原理

熵是描述复杂系统状态的一个优秀的物理量，熵的大小是无序度的一种量度。熵的概念起源于经典热力学，是指系统热量转变为功的本领，用公式表示为

$$\Delta E = Q - W \tag{7-23}$$

对于微变化过程可以写为

$$\mathrm{d}E = \mathrm{d}Q - \mathrm{d}W \tag{7-24}$$

$$\mathrm{d}E = \mathrm{d}Q - P\mathrm{d}V \tag{7-25}$$

式中，ΔE 为系统初态到终态的内能增量；Q 为外界传递给系统的热量；W 为系统对外界作的功；P 为系统内部的压强；V 为系统的体积。

根据热力学第二定律，任何不可逆过程都是沿着单向进行的。在这个单向进行过程中，不可能把热从低温物体传到高温物体而不产生其他影响。Clausius 找到一个适当的态函数来描述这一不可逆过程的单向性，这个态函数称为熵，用 S 表示：

$$\Delta S = \frac{\Delta Q}{T} \tag{7-26}$$

对于一个微过程的熵变满足

$$\mathrm{d}S \geqslant \frac{\mathrm{d}Q}{T} \tag{7-27}$$

这一表述称为熵的增加原理。

对于远离平衡态的开放系统，系统的熵变可由两项来构成，即

$$\mathrm{d}S = \mathrm{d}_e S + \mathrm{d}_i S \tag{7-28}$$

式中：$\mathrm{d}_e S$ 为系统与外界交换物质和能量引起的熵交换，其值可正、可负或零；$\mathrm{d}_i S$ 为系统内部各种不可逆过程所产生的熵，熵产生具有非负性。具体到某系统状态的变化是系统内熵随时间变化而产生的熵流的变化。

系统中能量转化为功的前提是必须有“温度梯度”存在。随着每一时刻热能的转换，两端间的冷热差异也相应减少。最后，当熵达到最大时，差异消失，系统达到完全均衡的混乱状态，变成随机的、无方向选择的无序的极限。因此，把熵看作“有序或无序”程度的测度，即熵越大，系统越无序，意味着系统结构和运动的不确定和无规则。反之，熵越小，系统越有序，意味着具有确定、整齐的结构和有规则的运动状态。

自然资源生态过程中，参与者既有非生命因子的成分，也有生命因子的成分，还有人类社会经济活动的干预。这样，在资源系统的动态变化中，既有热力学第二定律中“热机”的熵增特点，也有“生命机”工作中的负熵增特点。

2）耗散结构

热力学第二定律的系统熵增原理，是指在一个封闭系统中，当任何过程中所有的贡献因子均被考虑时，熵总是增加的，而且是一种单方向的不可逆过程。生态系统并不是封闭的而

是开放的，开放系统不断与外界交换能量与物质，形成足够的负熵流，使系统的总熵不增长，甚至减少。这样开放系统就能够远离均衡态而产生有序稳定的结构，这就是耗散结构。

耗散结构理论可概括为：一个远离平衡态的非线性的开放系统通过不断地与外界交换物质和能量，在系统内部某个参量的变化达到一定的阈值时，通过涨落，系统可能发生突变，即非平衡相变，由原来的混沌无序状态转变为一种在时间上、空间上或功能上的有序状态。这种在远离平衡的非线性区形成的新的稳定的宏观有序结构，由于需要不断与外界交换物质或能量才能维持，因此称为“耗散结构”。耗散结构要不断地与外界交换物质和能量才能维持，所以它是一种“活”的有序结构。“耗散”的含义正在于这种结构的产生、维持和发展的根源是物质和能量的耗散。这也正是自然资源开发利用过程中的本质，开发利用即自然资源的消“耗”，开发利用后果随之扩“散”。

耗散结构理论成功地解释了远离热力学均衡态的系统机理。生态系统是耗散结构的典型例子，它有一定的功能、结构与自我调节能力。生态系统的生产者：绿色植物固定太阳能，为整个系统输入负熵流，负熵流经过消费者复杂的食物链和分解者的渠道流通转化、消耗散失，最终输出到环境中去。

非均衡是有序之源，一方面是指它必须不断与环境交换能量与物质；另一方面指它是一种自组织现象，是一种动态有序，这种产生新的有序的运动过程就是自组织现象，或称自组织。所以，耗散结构理论也称为系统自组织理论。

自组织过程中会有一些随机的涨落。涨落不仅是形成耗散结构的杠杆，而且小涨落也是耗散结构保持有序态的条件，它使系统表现出自我调节的能力。当小涨落扩大为“巨涨落”时，系统的旧有序态就被破坏，系统将进化或退化，在新的水平上形成新的稳定结构。

2. 自然资源与熵

在地球不断接受太阳能并将其做各种转化的过程中，地球的熵值不断下降，相应的期间所包括的物质与能量会形成具有结构的、非均匀分布的有序状态，形成自然资源。另外，人类在自然资源的开发利用过程中，又不断向环境散热，使熵增加，改变地球物质与能量的结构和有序状态。这种自然资源生态过程与熵的关系如图 7-17 所示。

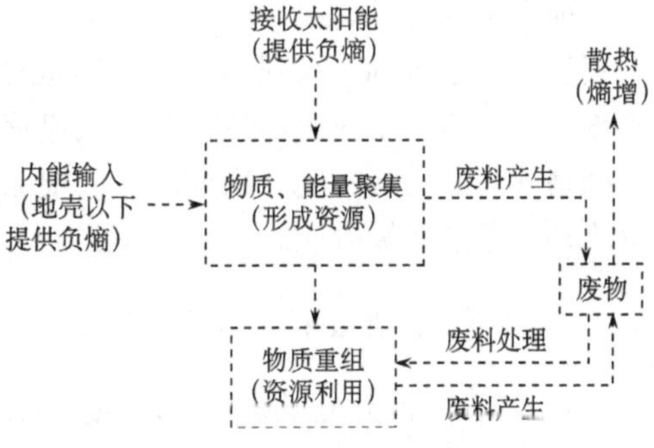

图 7-17　自然资源与熵的关系示意图

可以把熵与负熵的概念引入自然资源的性质中。“高质量”的自然资源，可看作是由“负熵资本储存”所组成的。随着这种具有“高质量”品位的利用，自然资源逐渐变成了“低质量”品位的形式，其“负熵资本储存”也就相应地减少。

显然，生物资源归根结底是来自太阳的负熵的聚集，化石燃料也是如此。无机矿物要形成资源，需要有一定的富集程度，也是由太阳能所驱动的风化、沉积、搬运等过程所产生的，因此也可以看作是主要来自太阳能的负熵储存。

低浓度的自然资源如金矿与银矿，可以通过各种方式提高其品位，但要依赖能量的消耗。所要求的品位越高，需要提供的有效功也就越多。技术进步可以增加这一过程的效率，但必须对其投入能量。随着一定数量有效功的投入，相应的负熵也就增加并储存于自然资源之中。举例来说，石油、煤、天然气资源中负熵的耗散，产生电力，以便从铝矾土中分离出纯铝。对于铝矾土，其品位的提高取决于石油等负熵的减小，相对的它本身的负熵储存却在增加。

从系统科学的观点认识，自然资源的开发与利用，就其本身而言是它的“负熵耗散”；但是就它所起的作用及由它而得益的系统而言，则是“负熵的储存”，二者并不相等。所提供的负熵，一部分由于各类原因转化为无用功，并不能被全部有效地利用；一部分负熵还必须去补偿由释放负熵时留下的废物所造成的环境损失。

可更新资源的利用，若其负熵的耗散超过了来自太阳能的负熵的补充，将使资源走向无序和退化，如林木的过伐、土地的过垦、草原的过牧，都将导致生态环境的恶化。此外，不可更新能源的利用，最终将使其以一种低品位的“废物”的形式耗散。不仅其本身的负熵储存被消耗，而且会向环境释放熵，导致可更新资源的退化。例如，化石燃料的大量消费，使大气圈受污染，损害植被覆盖层，导致地表温度升高，接着自然蒸发力变大，水分损失加剧，土壤抗蚀力减弱，表土流失，河床淤积抬高，洪水泛滥机会加大，最终导致生态环境的恶化。总之，当“废物流”注入自然环境中并致其污染后，必然破坏生态平衡。一个稳定的系统一旦被干扰，要过多长时间或在多大程度上才能恢复它的平衡或抵达一个新的平衡，这一点并不清楚。可以肯定的是，一旦生态平衡被破坏，要使其恢复或达到新的平衡，必须花费更多的资源和人力去进行治理，而这又会从根本上引发不可更新资源的进一步消耗。这种愈演愈烈的反馈圈，只有实施合理的调配，才不致走向崩溃。合理的调配就是前文所述的技术进步和社会经济约束。技术进步提高了人们对低品位资源的开发能力，同时有效地增加了可利用部分的数量和质量。从这点来看，技术进步的确相当于有效的“负熵储存”。

7.3.2 地壳资源开发利用过程中的生态学原理

地壳资源开发利用过程中的生态环境问题，一直是人们关注的焦点。从资源的勘探、开采到加工、运输等一系列活动中都伴随着对生态的影响。追踪资源流动过程的，如进口→物质投入→物质产出→出口各环节，或追踪产品的生命周期的，如原材料开采→产品加工→产品销售→产品消费→废弃物处理，应根据具体研究目标和数据基础等确定适宜的方法，以评价流动过程的环境效应。

1. 地壳资源开发利用对生态环境的负效应

1）地壳资源开采过程中生态负效应

地壳资源的开采可分为地下开采和露天开采两种方式。无论何种方式，都会对地表产生不同程度的干扰破坏。矿井开采引起的地面沉陷、露天开采形成的露天采空区及固体废弃物堆积，改变了地表的高低起伏，破坏了原有的地下水流动体系，导致地表集水或趋于干旱，进而引起地表土壤和生物系统功能的失调和演化的逆转。

地下开采后，受采动影响的地表从原有标高向下沉降，最终在采空区上方形成一个比采空区大得多的地表下沉盆地。当地下潜水位很高时，地面沉陷后潜水出露地表，会使盆地内常年大面积积水，一方面使地面、地下径流不畅，在雨季很容易出现洪涝，使土地沼泽化；另一方面，在旱季潜水蒸发变得强烈，地下水易于携带盐分上升到地表，使土地盐碱化。土地出现沼泽化和盐碱化，使作物生长明显受到抑制，在一些重盐碱土上甚至寸草不生。

露天开采是把矿层上覆及其四周的表土和岩层剥离之后进行的，它除直接挖损形成露天采空区外，还需寻找排土场存放比矿石量多几倍的土和岩石。露天开采可以引起流域地面坡度和水系的改变，进而导致流域物质能量输移的失调，容易造成地表水土流失加重和沙漠化面积扩大。

堆积在矿山周围的固体废弃物，长时间暴露于自然界，加快了风化、剥蚀和搬运过程，会逐渐导致矿区的土壤严重污染，造成土地肥力下降，致使大量农田废弃闲置，使得一些有毒有害物质输入水体，引起水体的严重污染。

此外，采矿过程对人体健康的危害也不容忽视。它可以直接危害矿工和生活在矿区及其附近的人们。长期工作在矿区的工人，一方面，可能会因突发事故（突水、爆炸、塌方和瓦斯爆炸等）而直接伤亡；另一方面，粉尘、机械噪声、爆破等极易引起人体机能的损伤，如听觉器官受损、内分泌和神经系统失调、出现粉尘肺病等职业病。开采过程中排放的“三废”对矿区周围生态环境影响很大，如水体和土壤中重金属超标而引起儿童身体的某种微量元素超标、腹泻、蠕虫感染率大增。

2）地壳资源加工处理和利用过程中的生态负效应

地壳资源在加工处理过程中产生的“三废”是造成全球生态环境系统熵增加的主体。加工处理过程中排放的废水是造成水源恶化的主要因素之一。突出表现在炼油、洗煤工业，重金属的采掘加工，海洋矿产资源的开采所造成的污染。地壳资源在加工处理过程中所排放的工业废气是全球变暖的主体。据统计，全国因煤矿开采加工而产生的工业废气排放量每年达 3950 亿 m^3，相关行业是矿业的 30.5 倍。这些废气是空气的主要污染源之一。废气引起的酸雨，使全国每年粮食减收 10%，约合 1.5 亿人每年的口粮。酸雨还对铁路、桥梁等露天设施造成腐蚀与破坏。

2. 地壳资源开发利用的能量物质流

地壳资源开发利用的能量和物质流，是指在资源开发过程中，各类原材料资源、水、空气等物质在社会经济系统与自然环境之间所发生的输入、转化、输出及循环运动过程的总称。其实质就是追踪产品的生命周期中的能量和物质流动过程，包括原材料开采→产品加工→产品销售→产品消费→废弃物处理过程中的能量和物质流的动态平衡。地壳资源开发利用过程中存在着大量的物质能量交换。地壳资源的能量物质流动涉及社会经济系统及自然环境系统两部分，地壳资源开发的能量物质流动起始于资源的开采及能量物质的投入，其中一部分物质和能量作为库存储存起来，这一过程中产生的各类废弃物排放到大气陆地和水系统中。地壳资源开发的能量物质流动是社会经济系统“吞吐”能量物质的一种状态，也表明了地壳资源开发过程中资源的利用效率和废弃物的排放强度。通过测度资源开发过程中输入、输出社会-经济系统的能量物质流和留存在系统的能量物质量，便可以定量地分析地壳资源开发的能量物质流特征，以及对生态系统的作用。

1）物质能量流的组成

要研究地壳资源开发中物质能量流，就必须要对资源开发区的系统边界进行确定，涉及两种边界：一是地壳资源开发的社会经济系统与自然环境系统之间的边界。从自然环境中开采的各类地壳资源原料，经过此边界进入开发地壳资源的社会经济系统进行物质存在形式的转换，把废弃的物质排放到大自然中。二是本区域与其他区域的行政边界。各类地壳资源的制成品、半制成品及原料经由此边界，由本区域出口到其他区域或由其他区域进口到本区域。

地壳资源开发活动中的物质流是指由开采活动产生物质输入、物质留存和物质输出等过程。在进行矿产资源开发物质流分析时，将进入矿产资源开发活动系统的自然物质分为固体非生物物质、水和空气三类，将排出矿产资源开发活动系统的自然物质分为固体废弃物、废水、废气和其他气体物质三类（表 7-7）。

表 7-7　地壳资源开发物质流分类

<table>
<tr><th colspan="2">物质输入</th><th colspan="2">物质输出</th></tr>
<tr><th>类别</th><th>指标</th><th>类别</th><th>指标</th></tr>
<tr><td rowspan="3">区内固体物质输入</td><td>化石能源类矿产资源的产量</td><td rowspan="3">区内固体废弃物输出</td><td rowspan="3">地壳资源开采过程工业固体废弃物排放量</td></tr>
<tr><td>金属类矿产资源的产量</td></tr>
<tr><td>非金属建材类资源开采量</td></tr>
<tr><td>区内水的输入</td><td>供水量或用水量</td><td>区内废水输出</td><td>地壳资源开采过程工业废水排放量</td></tr>
<tr><td>区内气体物质的输入</td><td>资源开采过程的耗氧量</td><td>区内废气物质的输出</td><td>地壳资源开采过程工业废气排放量</td></tr>
<tr><td>区外物质输入</td><td>各类原材料进口量</td><td>区内物质的输出</td><td>原材料出口量</td></tr>
</table>

物质投入的分类：①各类地壳资源的开采量和相关进口量，如能源类矿产中煤炭的开采量和进口量；金属矿产中的黑色金属矿石、有色金属矿石、贵金属矿石。进口包括金属原料、半制成品、制成品及其他商品等。②非直接使用的区内开挖量，如地下开采矿产资源的巷道掘进量、露天开采矿产资源的剥离量等。③与区外输入有关的非直接流，如输入商品的原料量、输入商品的未直接使用开挖量。

物质排放的分类：①污染物排放。与地壳资源开采过程有关的排放到大气中的物质（CO_2、SO_2、表土上的废弃物、各种固体废弃物，如矿渣等）。②输出。各类地壳资源的制成品、半制成品等有关的输出。③区内未被使用开挖物的处置。各类矿石原料等未被使用的开挖量、与输出品相关的未使用开挖量。

存量物质分类：①存量总增加，如建筑及基础设施、机器及耐用材料。②存量减少，如建筑及基础设施的拆毁。③存量净变化，如建筑及基础设施库存净变化、其他净变化等。

2）物质能量流的动态平衡计算

资源开发中一个最大的问题就是资源的核算，尤其是如何评估资源开发的生态效益和对环境的影响。根据资源生态学的一些基本原理可把一些难以测算的指标量化与货币化，这将为建立资源核算体系发挥重要作用，并可通过建立生态效益补偿机制解决资源开发利用中的环境污染赔偿问题，为生态效益贡献区和受益区提供一种经济上可行的解决方案。

根据以上地壳资源开发物质流的分类，建立整体的地壳资源开发的物质流账户。考虑矿产资源的实际情况，矿产资源开发物质流账户应建各分账户来进行物质流的核算。首先要对计算的物质流进行指标确定（表 7-8），并进行能量折算。衍生指标：为了进一步研究矿产资源开发的强度、效率及对环境的影响等深层次问题，可以将矿产资源开发物质流的基础指标与 GDP 等指标结合，产生一些新的指标以反映矿产资源开发利用的强度和效率。

表 7-8　物质流平衡计算指标

指标类型	指标	指标含义
基础指标	投入类指标	矿产资源开发的直接物质投入、物质总投入、物质总需求和国内物质总需求
	消耗类指标	矿产资源开发的国内物质消耗、物质总消耗
	排出类指标	矿产资源开发国内过程排出量、国内总排出量、物质直接排出量、物质总排出量
	平衡类指标	矿产资源开发的实物贸易平衡
衍生指标	矿产资源生产力和使用强度	矿产资源生产力是单位物质投入所产生的经济产出，而使用强度是单位经济产出所需的物质投入量
	矿产资源开发物质消耗强度与产出率	矿产资源开发资源物质消耗强度是单位经济产出所消耗矿产资源物质量，而消耗产出率是单位物质消耗所创造的经济产出
	矿产资源开发物质排放强度与产出率	矿产资源开发物质排放强度是单位经济产出所产生的废弃物排放量，排放产出率是单位物质排放所产生的经济产出

无论采取何种技术或手段开发利用何种资源，要想全部利用自然资源是不可能的，总会有一定量的资源不可逆地以废物和废热的形式释放出来而不能利用，这部分废物和废热使得自然环境的总熵增加。并且，在自然资源的开发利用过程中，需要投入一定的人力、机械和能源等，这又加剧了环境系统总熵值的增加。因此，由矿产资源不断消耗利用而产生的熵增是不可逆的。如何控制熵增的速度和方向是实现矿业可持续发展的关键，矿业系统作为一个开放系统，与外界之间不仅存在物流、能流，还有信息流、熵流。显然，寻找能从本质上反映矿业环境系统一切行为的通用指标是必要的，在这一切错综复杂的过程中，作为自然界的普适定律之一的熵增定律必然起作用。

通过地壳资源开发物质流分析，可以了解地壳资源开发的物质流情景、地壳资源开发的生产力和使用效率、计算地壳资源开发的生态包袱及对区域环境的影响及冲击，为矿产资源的可持续开发利用和矿业循环经济的发展提供支持。

3. 地壳资源开发利用过程中的生态演化实例

根据生态学原理，生态系统的恢复一般可分为两种，即自我恢复和人为辅助恢复。在不同的自然环境背景条件下，生态系统的自我恢复差别很大。在中国西北如此脆弱的生态背景下，生态系统功能的自我恢复能力很差，需要几十年，甚至几百年的时间。

从生态环境演化的物理意义来讲，在生态系统的动态变化过程中，既有“热机”的熵增特点，也有“生命机”工作中的负熵增特点。生态环境的演化趋势主要取决于二者的变化。负熵增加生态系统为有序演化，否则，生态系统将退化。“生命机”对环境的作用功能体现在：代谢、废弃和导入，一是导入能量和物质，生产有机质，提高系统的负熵流；二是净化空气、涵养水源、保育土壤，防止侵蚀和沙漠化，维持系统的扩散排放场地。有生命存在的多样化系统可以与外界获取巨大的负熵流，即“生命机”工作，系统向有序方向发展。国内外一些专家曾应用热红外多谱仪测量了几类生态系统的黑体温度（表 7-9）。

将表 7-9 数值代入熵计算公式，可发现采石场、裸地的熵值最大，植被覆盖率越大，熵值就越小。从而可以说明，在其他变量相同的情况下，植被覆盖度越低，系统的能量转化率就低，系统无序度增高，系统退化严重；植被覆盖度高，系统的能量转化率高，系统稳定正常演化。熵值的大小还可以反映生态系统的退化强度和受灾程度。

表 7-9　不同类型生态系统的热红外分析

分析项目	采石场	采伐现场	人工植被	天然森林	400 年古老森林
太阳辐射能量（K）	718	799	854	895	1005
净长波反射能（L）	273	281	124	124	95
净转化能量（R）	445	517	730	771	850
表面温度（T）/°C	50.7	51.8	29.9	29.4	24.7
能量吸收百分比（R/K）/%	62	65	85	86	90

资源开发和生态演化存在一个时间差问题。资源开发往往着眼于较快取得经济效益，涉及的时间尺度是几年或几十年；生态演化问题的时间尺度则是几十年甚至几百年。据专家研究沙漠化土地的自我恢复，降水量为 300～400 mm 的地区，恢复时间为 5～7 年；在降水量为 200～300 mm 的区域，恢复时间需花 10 年以上；降水量小于 200 mm 的地带，很难自我恢复。因此可知，水资源是沙漠化土地生态自我恢复的关键因素之一。

生态系统的演化表现在外貌上是地表生物群落的恢复和演替。在没有破坏地形、水文等情况下，生物群落的自我恢复和演替基本上可按这一时间序列发展。例如，内蒙古草原农田弃耕后的自我恢复演替：弃耕后的 1～2 年以黄蒿、狗尾草、苦菜等杂草为主；2～3 年黄蒿占优势；3～4 年羊草、狼尾草等根茎禾草入侵，并成为建群种；7～8 年后，丛生禾草定居，以后逐渐过渡到地带性植被群落，如贝加尔群落。这一过程需 10～15 年以上。

资源开发过程中的生态演化还存在一个正、逆演化的分异问题。本书应用上述原理，分析了神府东胜矿区资源开发过程中的生态演化。一般来讲，在神府东胜矿区如此干旱少雨的脆弱生态环境区，负地形部位生态演化为正，正地形部位生态演化为逆。加之生态环境治理的差别投资，目前，神府东胜矿区地表生物群落的分布呈散点状。在不同的区域和地貌部位，出现了生态演化的分异和生态恢复的差别。①在神府东胜矿区，沿着乌兰木伦河河滩地分布的露天煤矿，在基建和开采初期，废弃的土、石、渣等堆积在河床，造成了高含沙水流和行洪困难，由于煤层的挖掉，地形降低，地下水位较高，再加之负地形是矿物营养元素的聚集场所，有利于植被的生长，容易生态自我恢复，并且可向较高级位的系统演化；②分布在台地和丘陵山地的大型露天矿，弃土、石渣堆积在山坡和山顶，破坏了原有的植被，疏松的堆积体，易导致严重的水土流失，植物生长非常困难，地表沙漠化现象严重；③居民区和办公区，在大力度的投资下，人工植被发育比较好，可誉为黑色矿区的花园。

根据发达国家资源开发过程中和开发后的生态系统恢复经验，结合神府东胜矿区开发以来生态系统的演化过程，资源开发阶段与生态系统的演化和恢复的对应关系，初步可概括为基建期——生态环境破坏期；过渡期——生态环境退化期；达产期——生态环境治理期；稳产期——生态环境恢复期。在未来西部开发过程中，应该扭转这一对应关系，将其优化为基建期——生态环境保护期；过渡期——生态环境保育期；达产期——生态环境建设期；稳产期——生态环境优化期。

7.3.3　生物圈资源开发利用过程中的生态学原理

1. 生物圈资源开发利用对生态环境的负效应

人类为了维持自身的生存与发展必须从生态系统中获得产品，或改变生物圈主要生境的规模和结构来生产所需的产品。这一过程既包含有人类损害生态系统功能的一方面，也包含对生态系统恢复和保育的一方面。积极的影响方面有生态系统管理、生态过程、生态恢复与重建、生态评价与规划等；消极的影响包括土地开垦、水资源开发利用、农业、森林采伐、放牧、捕鱼与狩猎等过程中的过度开发和肆意滥用（表 7-10）。

表 7-10　人类开发生物圈资源活动对生态环境的负面效应

人类活动的类型	对生态环境的负面影响
土地开垦	生境破坏，生物多样性维持能力下降、影响生态系统对大气和气候的调节过程、改变营养物质储存与循环过程、破坏土壤形成与保护，导致生境丧失、生物入侵、物种减少、温室效应、水土流失、土地退化、荒漠化、泥石流及旱涝灾害的增加和富营养化
水资源开发利用	改变水循环、改变和破坏水生生境，影响生态系统对气候的调节过程及水自身的净化能力，降低了灾害缓冲能力、生态系统产品供给能力和生物多样性维持能力，导致湿地丧失、湖面缩小、水污染、洪旱灾害加剧、渔业产量下降、物种减少、疾病增加
农业生产	大量化肥和农药加入生态系统改变生物地球化学循环，物种的引入与减少削弱生态系统净化环境的能力、影响生态系统对大气和气候的调节过程、妨碍有害生物的自然控制，使生物多样性维持能力下降，导致氮沉降、地下水污染、富营养化、气候变化、旱涝灾害增加、虫害加剧、生物入侵、物种减少或灭绝
林业生产	破坏土壤形成与保护，水文调节和灾害缓冲能力下降，导致物种减少或灭绝、生物入侵、温室效应、水土流失、土地退化、水体富营养化、泥石流及突发洪旱灾害加剧
牧业生产	生物多样性维持能力下降、影响生态系统对大气和气候的调节过程、影响生态系统产品提供，导致水土流失、土地退化、荒漠化、食品减少
捕鱼、狩猎	影响生态系统产品的提供和生物多样性维持能力，导致物质减少，一些生物灭绝、食品供给量减少

2. 生物圈资源开发利用过程中的能量和物质流

生物圈的基本结构单位是各种不同类型的生态系统。生态系统是一个开放系统，生态系统内部各部分之间，不断进行着物质和能量的交换，并在一定条件下，维持着相对的平衡，能量流动和物质循环紧密联系形成一个整体，成为生态系统的动力，是生态系统基本功能。

在人类活动影响下的生态系统中，能量流动和物质循环除了遵循自然生态系统的能量物质流动规律外，还有人工辅助的能量和物质的输入，具有双通道特征。下面以陆地生态系统为例说明生物圈资源开发利用过程中的物质和能量流动。

1）陆地生态系统能量和物质分析步骤

首先，根据研究目的确定研究系统的边界，确定研究对象的系统边界。研究对象可以是单一农作物系统、畜牧业系统等，也可以是由种植、林业、渔业等多个亚系统构成的复合农业生态系统。其次，确定系统主要成分及其关系，并绘成物质和能量流图。分别确定各亚系统物质和能量流的输入和输出及其相互关系，再绘出物流能流图。再次，确定系统各组分的实物流量。最后，将各种物质和能量流进行单位转换和折算。能量流分析时，根据具体折算标准的折能系数将各项输入和输出进行能量折算，统一换算成能量单位；物质循环分析时，应将系统各项输入和输出量进行统一物质折算。

2）能量流

陆地生态系统能量的输入除了接受并转化太阳辐射能外，还有人工辅助的能量输入。这两大能量输入中，在目前的科学技术水平下，太阳辐射能的投入是人们难以控制的，它受控于纬度、地形、海拔、天气状况等因素。人工辅助的能量输入量可以根据当地的社会、经济、技术条件人为控制，用以弥补高输出条件下自然能的不足，提高系统能量转化效率。陆地生态系统能量的输出主要是以物质形式的第一性生产和第二性生产产品输出（图 7-18）。

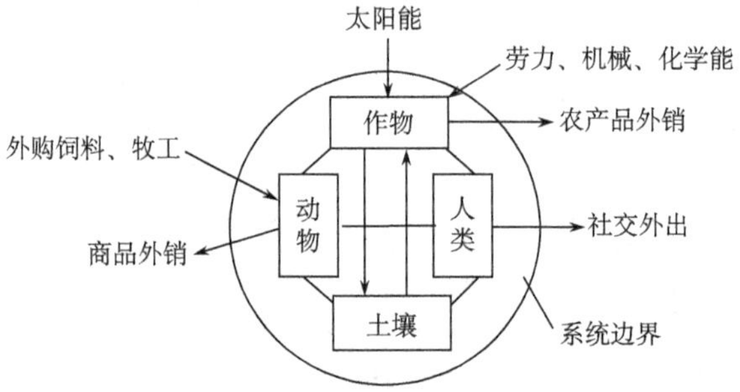

图 7-18　陆地生态—经济系统能量流示意图

在能量流分析时，能量输入与输出结构一般要分析工业能输入和有机能输入占总输入能量的比重；在输入的人工辅助能中化肥、农机动力等所占比重，从而对投能的结构有所了解，输出部分要分析经济产品和副产品占的比重；各类农产品（如种植、养殖、水产等）占的比重；评价整个系统或不同子系统自给能力的强弱、系统的开放程度等。

能量输入输出强度及能量转化效率分析包括对单位面积或单位体积的能量投入与产出的能流密度进行比较分析，把握系统的能量流动状况。同时，要对系统中能量转化的效率进行评价：①系统能量转化效率 = 总产出能/总投入能；②人工辅助能效率 = 总产出能/人工辅助能投入；③无机能效率 = 总产出能/无机能投入量。

对所研究系统的能流状况进行综合分析和评价，并与其他系统进行比较，判断该系统的能流问题并找出调控途径，也可运用系统论和最优化方法作进一步预测分析。

3）物质循环

物质循环是整个生态系统的产品输出关键。一个能量流畅通、构成合理的陆地生态系统只有通过良好的物质流才能达到良性循环的效果。

陆地生态系统物质流主要由环境中的无机元素、大气降水、化肥、人畜粪便构成物质输入源。大气降水大部分输入农田：一部分输入林地；一部分输入草地，这些降水中所含物质都是可利用的。在当前生产条件下，化肥几乎全部输入农田中，人畜粪便也基本如此。物质输出端主要由农产品、林副产品和畜牧产品构成。在农产品中分别为：经济产品（即粮、豆、薯），包括输出到系统外的、当地居民食用的、作种子返回农田的、作饮料的四部分；农作物秸秆，包括用于饲料的、粉碎还田的、用作燃料的三部分；林副产品，则主要包括木材、薪炭材和林菌、林果，这些物质一部分在系统内部消耗，一部分输出到系统外；畜牧产品，则包括畜产品和饲草，其中畜产品大部分输出到系统外，剩余部分为居民食用。整个系统物质流路总计有 19 条（表 7-11）。

在组成系统的各物质流路中，其所用的单位和量纲差别很大，计算系统物质循环和系统生态效率时，要将各流路的输入输出量折算为统一的衡量单位。

一般情况下，陆地生态系统中物质循环的基本途径可概括为：物质经由土壤—植物—牲畜库—土壤这样的循环途径。实际上许多循环是多环的，某一组分中的元素在循环中可通过不同途径进入另一组分。除了一个环节与相邻环节之间的物质转移外，还有物质对系统外的有意识和无意识的输出，以及系统外向系统内的输入等。系统内物质的动态变化，可通过物质进出系统量的大小加以估算。当通过系统边界的输入与输出量相等时，该系统处于稳定状态；当某种养分的输出量大于（或小于）输入量时，说明这个系统中该种营养元素处于减少（或积累）状态。

表 7-11　陆地生态系统物质流路网

输入	大气降水	雨、雪、雹等
	肥料	化肥、有机肥
	地壳中的无机矿物	N、P、K 等
输出	农副经济产品	输出到系统外；当地居民食用；当地作种子返回农田；当地作饲料
	作物秸秆	输出到系统外；当地作饲料；当地作有机肥返回农田；当地作燃料
	林产品	输出到系统外；当地木材；当地薪炭材；当地林菌、林果
	畜产品	输出到系统外；当地居民食用
	草地生产的饲料	输出到系统外；当地居民食用

? 复习思考题

1. 理清生态系统中各组成成分所包含的内容及相互关系。
2. 学会食物链的金字塔规律，分析生态系统中有害物质的累积效应。
3. 试阐述最小因子定律和耐受性规律在人工生态系统培育中的重要意义。
4. 试分析生态系统资源化过程中的能量流和物质流的转化机理。
5. 探讨自然资源开发过程中，人为对资源系统熵演变过程的影响机理。
6. 举例说明生物圈资源开发利用过程中的生态演化过程。

? 引深讨论问题及分析思路

讨论问题

1. 饮食结构的差异对生物圈资源承载力的影响如何？
2. 人类优越性的拥挤与物种自发演化的区别对资源可持续性的剪刀差问题。
3. 自然资源获得过程中应注意的生态问题。

分析思路

自然资源获得的过程就是人类开发利用自然资源的过程，也是人为改变系统中能量和物质流动规律的过程，这在很大程度上改变着生态系统的演化，人类的这一作用包括正反两方面的功能。地壳资源开发利用过程中的生态环境问题，一直是人们关注的焦点。从资源的勘探、开采到加工、运输等一系列活动中都伴随着对生态的影响。人类为了维持自身的生存与发展就必须从生态系统中获得产品，或改变生物圈主要生境的结构来生产所需的产品。这一过程既包含人类损害生态系统功能的一方面，也包含对生态系统恢复和保育的一方面。

第 8 章　自然资源评价原理及综合评价

内容提要

自然资源综合评价是自然资源经济学、社会学和资源地理学原理的实际应用和深入延伸，是自然资源合理开发利用的根本性前提。本章首先论述了自然资源综合评价的目标、内容、方法和评价指标体系建立等方面的内容和科学内涵。在此基础上，就目前应用较为广泛的自然资源综合评价（生态足迹、资源承载力和资源丰度等）三种方法进行了计算过程的系统讨论，并以具体计算实例演示了评价过程。

重点要求

（1）熟悉自然资源评价的基本理论和评价步骤；

（2）学会生态足迹、资源承载力和资源丰度三种资源评价方法。

8.1　自然资源评价的基本理论

自然资源评价是按照一定的评价原则或依据，对一个国家或地区的自然资源的数量、质量、地域组合、空间分布、开发利用、治理保护等进行定量或定性的评价和估价。自然资源评价以自然资源的调查研究为工作基础，是自然资源合理配置、综合利用的前提和依据。其目的是从整体上揭示自然资源的优势与劣势，提出开发利用和治理保护的建议，为充分发挥自然资源的多种功能和综合效益提供科学依据。自然资源评价可分为：单项自然资源评价、自然资源综合评价、自然资源质量评价、自然资源经济评价和区域资源综合评价五种，它们各有侧重，在不同的方面发挥不同作用。

自然资源综合评价是以单项自然资源评价为基础，从利用的角度对区域自然资源进行综合鉴定和分等定级，而不是单项自然资源评价结果的罗列或简单的算术叠加。自然资源综合评价的特点在于综合，应全面评价自然资源的整体组合状况，起到总体大于局部之和的作用。综合评价可以科学地揭示资源的优势与劣势、开发利用潜力的大小、限制性因素及其强度，并指出克服的途径，从而为自然资源的综合开发利用服务。

8.1.1　综合评价的目标

战略目标：通过自然资源评价，提高对研究区内各种自然资源的数量、质量、结构等方面的定量了解程度；揭示各种自然资源空间组合及数量结构上的配置问题；明确所研究区自然资源的整体优势和劣势；分析优势资源在研究区所占的地位；估算优势资源的开发潜力；为自然资源开发利用规划和国民经济发展长远规划服务，为充分发挥自然资源的多种功能和综合效益提供科学依据。为人与自然谐调发展、加强研究区的系统功能提供科学依据。

效益目标：通过对资源评价来估测资源开发所能带来的经济效益、生态效益和社会效益，并从经济、生态和社会效益的角度来评估资源的使用价值和货币价值。

8.1.2 综合评价的原则

在现有技术水平下，对自然资源进行科学评价，既具有现实意义，又具有历史意义。不仅可以协调当前资源与经济发展之间的供需关系，还有助于解决人类社会的可持续发展问题。自然资源综合评价应遵循以下原则。

1）以人类利用为核心的原则

只有当自然环境中的物质和能量为人类所利用时，才称其为资源。因此，对自然资源的评价，必然涉及人类的利用。资源在被利用过程中，会因为利用目的不同，有不同的评价标准。就水资源而言，饮用水和灌溉用水的水质要求就不同，在评价时所采用的指标也不同。

2）比较利益原则

资源的实质是一种特殊的商品，参与着经济活动，因此，必须遵循经济活动的规律，即以最小的投入，获得最大的经济效益。在进行自然资源的开发利用时，应考虑资源本身所具有的价值及投入其上的劳动力。

3）发展和生态原则

自然资源是自然环境中的一个组成部分，它的形成、分布、特性及其演化必然遵循自然规律。尤其是作为物质性资源的数量，以及作为功能性资源的性质，都在很大的程度上受制于自然环境。人类在进行自然资源的开发利用时，既要考虑数量的限制，又要考虑对环境的影响，进行生态适宜性评价，协调人地关系，实现经济、生态、社会三大效益的统一。

4）区域综合性原则

自然资源及其环境是一个有机的整体，并且分布在特定的区域。区域之间具有明显的差异。应根据特定区域内资源的数量、质量及其配置，结合区域的自然条件和经济水平，进行综合开发利用。

5）实用性原则

自然资源评价的目的是更好地开发利用自然资源。因此，在对自然资源进行评价时，所采用的评价指标体系、方法等，应在保证科学性的前提下，既便于获得，又易于操作。

8.1.3 综合评价的内容

自然资源系统主要包括水、土、气候、生物、矿产、能源、自然风景等。在具体评价某一地区时，除了要对每一单项资源进行评价外，更重要的是对区域资源进行综合评价，从而对区内的资源有个全面的认识，从中选择优势资源进行重点分析，它是区域资源开发和生产力布局的重要基础工作。区域自然资源综合评价的主要内容包括：

1）调查和评价资源的种类、数量、质量及资源潜力和保证程度

区域是地理空间的一种分化，分化出来的区域一般具有结构上的一致性或整体性，作为地球表面的一部分，它可能含有若干种资源，是各种资源的承载体。每类资源具有不同的数量和质量特征，并在区域内形成一定结构，由于区域资源的种类、数量、质量、结构和空间组合态势等直接影响着区域经济发展的规模、速度、方向及区域经济结构的调整与优化，所以，在开发利用区域资源之前需要调查和评价资源的种类、数量、质量及资源潜力和保证程度。同时，区域也是自然要素和人文要素组合而成的时空系统，其包括自然资源和社会资源。自然资源构成了生产的物质基础，社会资源是自然资源开发中的关键要素，脱离了社会资源

的开发，自然资源的开发或者难以进行，或者造成浪费。自然资源和社会资源相互作用，共同促进经济发展。

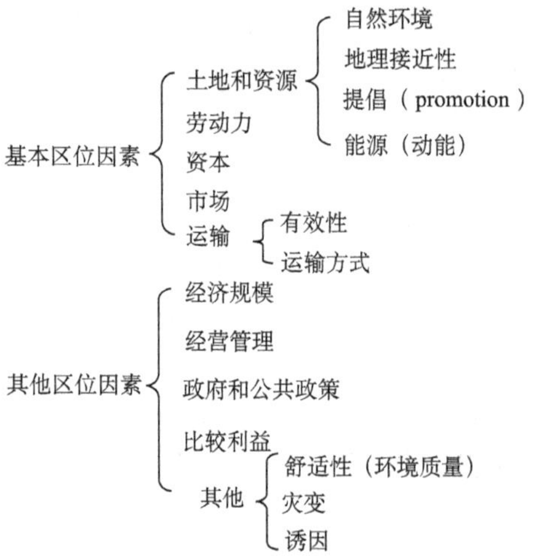

图 8-1　资源区位与开发条件评价因素

2）评价资源区位与开发条件

评价资源区位与开发条件应考虑以下几个因素（图 8-1），资源是一个区域得以发展的物质基础，资源优势又是区域优势的重要组成部分。因此，在开发利用资源前，必须通过区位评价得出应该优先开发利用哪几种资源。区位条件是一个随时间波动的要素，在评价过程中应该注意同一区位因素在不同时间作用大小可能不同。

3）考虑开发中的生态问题及资源保护、更新与再生对策

在区域资源综合评价中，不能只评价资源的开发利用价值，还要考虑资源开发后产生的生态问题，以及如何保护自然资源，使自然资源利用能维持其生态功能的正常性。

总之，区域资源综合评价要求全面、深入地分析区域内各种自然资源和社会资源的数量与质量、优势与劣势、现状与潜力、开发利用条件与限制因素，以及资源开发的经济、社会和生态效益，并同其他区域乃至全国、全球相关资源相比较，从而科学地选择区域资源开发利用方向和主导产业，并提出资源保护措施，以促进区域资源的可持续利用。

虽然，在不同地域类型区内，所选重点评价的内容不同，但是，在许多方面还是有其共同特点，这些共同评价的内容包括：第一，自然资源的整体优劣势；第二，自然资源的组合与结构特征；第三，自然资源的空间分布和地域差异；第四，制约资源优势发挥的主要因子；第五，资源开发利用的潜力。总之，在从事某一区域的资源评价时，要善于从地区实际出发，评价重点，从强化地区功能方面回答上述五个评价内容。

8.2　自然资源综合评价的步骤

由于各单项自然资源的功能、性质和评价标准不同，因此，将各单项自然资源进行有机综合的过程就显得非常复杂，评价的不确定性也会存在，所以对自然资源综合评价的较为完整的标准体系尚未形成。就一般原则而言，自然资源综合评价方法步骤大致如下：第一，确定综合评价工作的目标，整理已有的资料数据，拟定工作计划。第二，进行资源用途的评价研究。根据当地社会经济状况及经济发展的要求，提出资源利用方面的意见，划分自然资源评价的基本单元——自然资源组合类型，拟定利用方案，并对方案中各类资源的必要性和限制因素进行分析。第三，进行资源特征评价研究。根据初步调查结果和资料，确定评价的要素及其评价指标，所选的评价要素既能反映单项资源的质量，又能体现资源组合的总体质量。对每种资源特征与质量进行深入调查，并根据所收集资料和所选要素对基本单元资源环境进行评价，按照优劣程度划分等级。第四，将划分结果与利用上的要求进行比较，判断两者之间是否相适应，如相宜，即可肯定下来；如不相宜，则需要考虑改变利用方式，并采取有效

的改造措施。同时，还要对各种利用方式进行经济效益及社会、环境影响方面的分析，以便获得最佳利用方式。第五，对评价划分的各等级的资源利用方式进行具体规划，提出最终结果，向有关部门推荐。通过综合评价，既可充分发挥各单项资源各自的功能和效益，还可以产生新的功能和效益，从而使整体的功能和效益达到最大。

8.2.1　评价因子的选择和指标体系的建立

无论是单项资源的评价，还是自然资源的综合评价，在评价时首先都要根据评价任务和内容选取评价因素，在此基础上建立评价指标体系。

1）地壳资源的评价因子和指标

地壳资源的评价要从三个方面进行：自然特性评价指标体系，经济评价指标体系，环境影响评价指标体系。

自然特性评价：从矿产资源的形成、分布规律、储量、丰度、质量、开采条件等方面进行评价，如矿床类型、矿石储量、矿石的质量、矿床的开采条件、矿区的区位条件等。

经济评价：是在地质评价的基础上，从国民经济需求、市场供需平衡、技术水平等方面进行评价，如年开采能力与开采年限（总储量/年开采能力）、投资、运营成本（所有的成本）、价值（市场价格和国家调拨或回收价格）、利润（矿产总价值扣除成本的剩余部分）等。

环境影响评价：包括人类健康、生态系统的演化、污染、文物古迹、自然要素的环境效应，对其他资源的影响。

2）生物圈资源的评价因子和指标

以水资源和森林资源为例。

水资源评价：水资源的蕴藏量，水能的开发利用，人均水资源量，水污染等。

森林资源评价：林地面积，森林结构（层次结构、年龄结构、树种结构、森林密度），林产品的数量和质量，森林资源的分布和开发利用条件。一般认为，森林覆盖率应在 25%以上，否则难以维持生态平衡和木材的需求量。我国森林法规定：全国森林覆盖率应达到 30%，目前只有 12.5%；山区应达到 40%以上；丘陵区应达到 20%；平原区应达到 10%，这是评价各地区林地面积的最低要求。

3）区域资源的评价因子和指标

区域资源的评价指标可分为资源基础指标和经济指标两大类（表 8-1）。

表 8-1　区域自然资源综合评价因子和指标

因子	指标分类	指标含义
资源基础因子	土地资源	人均耕地、土地面积、城镇用地面积
	水资源	人均水资源量、水资源保证率
	气候资源	年内变化、年际变化
	生物资源	人均林地面积、植被覆盖率、物质受威胁程度
	矿产资源	金属矿、能源、非金属矿产人均占有量
经济因子	劳动力资源	数量、占总人口比重、增长率
	智力资源	受教育程度、文盲与半文盲比率、义务教育普及率
	资金资源	人均财政收入、经济密度、固定资产投资率、农田基本建设、基础设施投资占基建总投资比重

8.2.2　综合评价方法

第一，实地评价与室内评价相结合，以室内评价为主。主要是应用已收集到的资料，按照一定的评价标准，采用适当的评价方法，在室内进行初步评价。然后，对一些可疑部分、不确定点，到实地进行核对。

第二，纵向与横向对比评价相结合，以横向对比评价为主。纵向是指演化过程的分析评价，共生资源演化规律评价。横向是指本地区与相邻地区相比较，同一地区一种资源组合类型与另一种资源组合类型相比较，从而可以确定优势资源。

第三，单一因子评价与多因子综合评价相结合，以多因子综合评价为主。自然资源评价的目的是开发利用和保护资源，在大多数情况下，以行政区界开发较多。因此，要进行区域整体功能的评价，实行块块评价。

第四，定量与定性评价相结合，先进行定量，后进行定性评价。在进行定量与定性评价时，主要采用的方法有：①主导因子评判法。要选取评价因子，对每个评价项目赋予指标值，通过比较，挑一个或两个主导因子。②最低限制因子评判法。选取多个限制因子，对每个限制因子评级，最后，以限制因子评定的最低级别来判断评价对象的等级。③综合指标评判法。④多因子综合评判法。选择多个限制性因子，应用模糊数学的方法对评价对象进行定级。⑤标准值对照评判法。按照国家（国际）规定的标准进行评价。

在自然资源评价过程中，必须避免四大评价误区：第一，为评价而评价，实用性不强；第二，罗列数字不进行实质性的评价；第三，单一目的评价（尤其是为经济而进行的评价），有些单项资源的评价也是必需的，但限制只评价经济效益，忽略了生态环境等效益；第四，从局部利益出发进行评价。在全盘考虑的前提下，发挥地区优势。

8.3　自然资源综合评价

自然资源的综合评价是以区域自然资源为对象，单项资源评价为基础的，但不是单项资源的简单叠加，而是在其基础上更高层次的综合。

8.3.1　自然资源丰度

资源丰度通常是指自然资源的丰富程度，既可指单项资源（如耕地、森林、煤矿和铁矿等）的丰度，也可指某类资源组合（如农业资源、能源资源或矿产资源等）的丰度，又可指某个国家或地区内各种自然资源的总体丰度。资源丰度是评价国情、区情的重要指标之一。如果排除其他因素的影响，资源丰度高，必然有利于当地经济发展和人民生活水平的提高；否则，情况就可能相反。

1. 资源丰度的有关概念和相关因素

资源丰度可以用地均资源占有量或人均资源占有量来表示，两者都是制定区域规划与发展战略的主要依据。地均资源丰度与人均资源丰度含义有所不同。就农业资源而言，前者更紧密地与环境条件相联系，因而也可以称之为资源环境丰度。凡是热量、水分、地貌三大环境条件组合优越的地区，地均资源丰度必然趋高；反之，则会相应下降。而人均资源丰度的高低，受人口密度大小的制约。人口密度的形成，又受自然和人文因素的共同影响，情况比较复杂。

资源有效空间是由资源丰度引申的概念，指不同地区平均资源丰度比对各地区原有土地面积的倍量。也就是说，不同地区由于平均资源丰度比值大小的区别，表现在单位土地面积上资源有效性的差异。凡是资源环境条件优越的地区，其资源有效空间较原实际面积大，反之亦然。为了取得可比的计算结果，将全国单位面积平均农业资源丰度值定为 1，按以下公式计算各地区的农业资源有效面积：

$$\text{农业资源有效面积}=\text{各地区实际土地面积}\times\frac{\text{地区平均农业资源丰度值}}{\text{全国平均农业资源丰度值}} \tag{8-1}$$

农业资源有效空间可以作为农业资源利用效果的一种评估方法。平均丰度比值越高，资源利用效果越大。换句话说，资源利用效果越高，其资源有效性也就越大。

一般来说，凡是地域广阔、人口较多的国家和地区，尤其是发展中国家和地区，资源是经济发展的主要物质基础，资源丰度的大小与组合状况，必然会影响当地经济特征、产业结构、能源和原材料交换等许多方面。自然资源的形成受气候、水文、生物、地质、地貌等地带性或非地带性因素的制约，资源丰度通常表现为在空间上的相对增强或减弱、集中或分散，以及有规律地组合和质量演替等现象。资源与发展的关系，实质上就是资源丰度与经济发展的关系。在资源分布密集、丰度较高的地区，发展就有更多的选择余地，也有利于促进经济和产业结构的合理化。

2. 资源丰度估算方法的探讨

资源丰度的研究，首先要解决估算方法问题。只有计算出某一地区多种资源的总量，才能求得该地区地均或人均资源丰度值；只有计算出不同地区的资源丰度值，才能进行丰度的地区比较。单项资源的丰度比较容易找到合适的计算单位和计算方法，而多种资源的可比计算，情况就要复杂得多，其难点主要在于如何对不同类别的资源在可比尺度上进行综合估算。

现以农牧渔业为例，试图探讨一种可以综合估算多种农业资源的方法，因其没有包括林业，所以将其命名为“不完全的农业净产值估算法”。此种方法的特点是：第一，以货币作为各种资源价值的可比计算单位；第二，可以利用每年公开发表的统计资料；第三，近年来中国主要农业自然资源都已得到比较广泛的利用，农牧渔业的净产值基本可以反映这些资源的社会生产力；第四，对于一些难以取得全国计价资料的农业资源，如灌溉用水，作物、畜禽、水产品种，野生动植物等，它们的价值也包含在相关部门的净产值中；第五，资源的质量差别，如水田、水浇地和旱地，不同等级的天然草地等，也难以取得全国计价资料，它们的社会生产力同样概括在相关的净产值中。

不完全的部分主要是指森林资源，原因如下：第一，中国林业的产值分散于大农业的林业和工业中的木材和竹林采伐业两个方面，它们计算的口径不一，无法取得完整的林业净产值。第二，据林业部门或专家调查，中国用材林的采伐，分为计划内和计划外两种情况，就全国范围来说，计划外采伐至少相当于计划内采伐量。薪炭林的利用只能粗略估计。经济林内容复杂，各地区差别甚大。还有，防护林与森林的防护作用如何计价的问题迄今尚未解决。在中国这样一个少林国家，森林在涵养水源、保护水土、防风固沙、屏障农田、绿化城乡和道路，甚至保护物种、调节气候等方面都起着十分重要的作用。森林资源这些珍贵的生态和社会效益是难以计价的。针对这种情况，只能根据已有的了解，对全部森林资源提出一个粗略的估算方法，希望尽快有更科学的方法和计算结果来取代。

根据以上思路，设 $i=1, 2, \cdots, n$ 为计算地区，$j=1, 2, \cdots, m$ 为资源种类，那么，x_{ij} 表示第 i 个地区的第 j 种自然资源。这样首先作无量纲化处理，用第 j 种自然资源中的最大值 $\max\limits_{i}(x_{ij})$ 来除相应的 x_{ij}，得到无量纲化的 x'_{ij}：

$$x'_{ij}=\frac{x_{ij}}{\max\limits_{i}(x_{ij})}\qquad (i=1, 2, 3, \cdots, n;\quad j=1, 2, 3, \cdots, m)\tag{8-2}$$

其次，求规范化指数，将第 i 个地区的 x'_{ij} 累计相加，得到该地区的累积值 E'_i：

$$E'_i=\sum_{j=1}^{m}x'_{ij}\qquad (i=1, 2, 3, \cdots, m)\tag{8-3}$$

令累计值最大 $\left[\max\limits_{i}(E'_i)\right]$ 地区的资源丰度等于 10，各地区的资源丰度为 E_i：

$$E_i=\frac{10}{\max\limits_{i}(E'_i)}E'_i\qquad (i=1, 2, 3, \cdots, n)\tag{8-4}$$

第三，用“度”作为资源丰度的计量单位，如累计值最大地区的资源丰度为 10 度。

由于采用了规范化指数来表示资源丰度，因此，这种方法可称为指数表示法。

3. 资源丰度估算实例——中国主要农业资源丰度

根据上述计算原理说明，以 1993～1995 年平均净产值作为估算年度的基数值，求得全国和各地区相对的、可比的农业资源丰度（表 8-2）。为减少自然和社会偶发性因素的影响，也为消除对资源利用的一些短期行为的后果，在估算过程中所引用资料的处理如下。

1）农牧业净产值处理

由于中国是一个农牧结合的国家，虽然种植业和畜牧业的净产值可以在统计上按省份分开，但两者在资源利用上却难以划清界限。因为全国大约 95%的畜牧业产值出自农区，在这里主要以农作物的主副产品作为畜禽饲料，也利用邻近草地放牧部分牲畜。至于大约占畜牧业产值 5%的广大牧区，只能在县乡两级统计中得以反映。由于其比重很小而工作量甚大，并且资料来源也较困难，所以本书以农牧业净产值混合表示农牧两类资源。

2）渔业净产值表示水产资源

因为本书只估算陆地农业资源的丰度，所以只列了淡水产品净产值。

3）作为特殊情况的森林资源

以 1993～1995 年各地区木材平均年产量乘以 2（含计划内外采伐量），再乘以 1.5（资源消耗量系数），又乘以 300 元/ m^3 的资源单价表示用材林资源量。以 1500 元/hm^2、750 元/hm^2 及 150 元/hm^2 的单价分别乘以各地区的经济林和竹林地、其他有林地及全部有林地面积林下资源，表示用材林以外的森林资源量。

又利用式（8-2）～式（8-4）计算，得各地区的地均农业资源丰度（表 8-2）。

由表 8-2 估算结果可以看出，中国各地区平均农业资源丰度的总趋势：沿海高于内地，南方高于北方，平原高于山地，浅山地区高于深山地区，湿润地区高于干旱地区，基本上符合中国农业资源环境的实际情况。

表 8-2　中国各地区主要农业资源丰度估算

地区	*A*	*B*	*C*	*D*	地区	*A*	*B*	*C*	*D*
上海	83.05	8.12	4.54	10	北京	40.71	3.98	6.90	4.6
福建	29.69	2.90	35.13	8.0	天津	42.89	4.19	4.67	4.6
江苏	63.61	6.22	63.10	7.8	海南	23.25	2.27	7.71	4.4
广东	37.76	3.69	64.80	6.7	吉林	16.13	1.58	29.73	3.6
浙江	38.38	3.75	37.81	6.4	辽宁	22.03	2.15	31.04	3.5
湖南	28.45	2.78	58.69	5.6	河南	34.17	3.34	55.50	3.5
安徽	34.09	3.33	45.83	4.9	广西	16.53	1.62	38.41	3.1
江西	20.16	1.97	32.77	4.8	黑龙江	9.67	0.95	43.06	2.9
山东	44.41	4.34	65.55	4.8	河北	25.17	2.46	45.50	2.6
湖北	27.97	2.73	50.46	4.7	四川	15.02	1.47	83.09	2.4
云南	7.84	0.77	29.43	2.0	甘肃	3.09	0.30	13.48	0.5
陕西	10.22	1.00	20.55	1.8	宁夏	4.49	0.44	2.91	0.5
贵州	10.64	1.07	18.32	1.4	青海	0.46	0.05	3.24	0.1
山西	5.32	0.81	12.64	0.8	新疆	1.18	0.12	18.93	0.1
西藏	0.30	0.03	3.69	0.1	内蒙古	2.41	0.24	27.32	0.7

注：①表中 *A* 代表按年度基数值估算的平均资源丰度，*B* 代表平均资源丰度比（地区平均丰度值/全国平均丰度值）；*C* 代表农业资源有效面积（万 km^2）；*D* 代表地均农业资源丰度。

②表中计算的数据来源：农牧渔业净产值和木材产量根据《中国统计年鉴》《中国农村经济统计年鉴》（1994～1996 年）；土地面积和用材林以外的森林面积根据林业部 1984～1988 年森林资源调查资料。在土地面积中已扣除城市建成区面积。

上述净产值估算法也有明显的缺点：首先，对农、牧、水产资源的利用，有劳动的投入。净产值未能扣去劳动成本，尤其在劳动文化素质、管理和经营水平较高的地区，资源利用效果（反映在净产值中）趋高。其次，科技投入各地区也有差别，也影响资源利用效果。同时，在种植业、畜牧业和渔业之间，就资源价值而言，还存在重复计算的问题。最后，净产值只能体现当年投入的资源。虽然在中国投入利用的总是农业资源的绝大部分，但多少有一些未投入利用的资源未能得到反映。

4. 资源有效空间的分类

中国地域辽阔，东、西、南、北地区差异明显，资源环境条件反差较大，资源的平均丰度值、资源的有效空间各地相差甚远。例如，中国西部地区主要为蒙新、青藏和黄土三大高原所占据，其中仅蒙宁甘青新藏 6 省区的土地面积就占全国的 55%，只在局部有水利保证的河谷与绿洲地区，农业土地利用较为集约，而在其他广大的干旱或高寒地区，利用极为粗放。因此，不仅全国地均农业资源丰度，而且土地利用效果都向西部倾斜，按单位面积计算的平均值只相当于贵州和陕西的水平。江苏平均资源丰度比值为 6.22，为内蒙古 0.24 的 26 倍，这是就全省区范围内综合效果而言的。如果以每公顷耕地平均净产值比较，江苏仅为内蒙古的 9.2 倍，因为不论在哪个地区，耕地都是农业土地利用中最集约的方式，它们之间的差别没有全省区各种利用方式综合起来那样明显。

据表 8-2 估算的结果，可将各地区的基本情况归纳分为四类（表 8-3）。

表 8-3　中国各地区主要农业资源平均丰度及有效空间分类

类别	地区（按平均丰度比值大小排序）	土地面积		平均丰度值/(万元/km²)	平均丰度比(以全国平均值为 1)	有效面积	
		万 km²	占全国面积/%			万 km²	占全国面积/%
Ⅰ	上海、江苏、山东、天津、北京、浙江、广东、河南、安徽	86.7	9.1	41.16	4.02	348.5	36.5
Ⅱ	福建、湖南、湖北、海南、河北、辽宁、江西、广西、吉林、四川	203.7	21.3	20.72	2.03	413.5	43.4
Ⅲ	贵州、陕西、黑龙江、山西、云南	137.4	14.4	9.21	0.90	123.6	12.9
Ⅳ	宁夏、甘肃、内蒙古、新疆、青海、西藏	527.0	55.2	1.35	0.13	69.2	7.2

Ⅰ类为高丰度地区，其平均丰度相当于全国平均值的 4 倍。其中河南与安徽，由于平原辽阔，热量和水分条件适中而平均丰度比分别达到 3.34 和 3.33，高过福建、湖南和湖北。Ⅱ类为中丰度地区，其平均丰度值相当于全国的 2 倍。其中，福建主要由于多山；四川盆周山地和川西高原占该省土地面积的 65%而降低了其平均丰度值。Ⅲ类为平丰度地区，其平均丰度值相当于全国的 90%。其中，黑龙江虽地形平缓、土壤大多肥沃且有广阔的森林，但气候条件差、复种指数低，又有大面积沼泽，其平均丰度值略低于全国平均水平。Ⅳ类为低丰度地区。这里是蒙新和青藏高原所在，有水利保证的局部河谷和绿洲地区土地生产力较高，蒙藏有较多的森林资源，但绝大多数地区或为利用效益不高的天然草场，或为沙漠、戈壁、高山、冰川所占据。6 省份可利用天然草场 23268 万 hm^2，占全国总面积的 24%，但大部分草地生产力极低。因此，为了提高西部地区农业资源利用效益，必须加快天然草地的改良，改进牧畜饲养管理，大力推行畜牧业集约化经营。

由表 8-3 可见，属于Ⅰ、Ⅱ类丰度的 19 个省份，只占全国土地总面积的 30%，但按平均丰度比换算的有效面积却占全国的 80%；而属于Ⅲ、Ⅳ类丰度的 11 个省份，虽占全国土地总面积的 70%，但有效面积只占全国的 20%。

以净产值为基础而估算的农业资源丰度值，既然含有活劳动与科技的投入，因而它最终就要受到各地区经济发展水平的制约。以山东与河南比较，两者农业资源规模和环境条件相差不大，但河南单位面积平均资源丰度值只有山东的 77%；江苏与安徽比较，后者平均资源丰度值只有前者的 54%；江西的平原和耕地规模都远大于福建，但江西的平均资源丰度值只有福建的 70%。资源丰度值较高的一方，在经济发展上占有明显的优势。可见，按净产值估算的各地区农业资源平均丰度是一个随着经济发展而相应变化着的数值。由于农业资源与自然环境的关系密切，尽管随着时间的推移，体现农业资源价值的净产值有了很大增长，但各地区平均丰度值的相互比例关系并无明显变化。

虽然资源丰度值的估算，在某些方面存在着局限性，还需进一步的探索，但对于区域资源的合理开发利用，区域规划与发展战略的制定，资源与经济、资源与环境增长关系的探索，都有一定的指导意义，而且是后者各个方面的基础工作之一。

8.3.2　自然资源承载力分析

自然资源是支持地球上生命系统和人类生存发展的物质基础，其量和质都是有限的。它们满足人类现在与未来发展需要的能力也是有限的。因此，为了实施可持续发展战略，分析和估算自然资源对可持续发展的支持能力，特别是找出“瓶颈”资源的承载力，是可持续发展研究的一项重要内容。

1）自然资源承载力

承载力是从工程地质领域里转借过来的概念，其本意是指地基的强度对建筑物负重的能力，现已演变为对发展的限制程度进行描述的最常用概念之一。首先，1838 年比利时数学生物学家 P. E.弗胡斯特，将承载力概念应用于生物生长研究，从马尔萨斯的生物总数增长率出发，认为生物种群在环境中可以利用的食物量有一个最大值，它对动物种群的增长是一个限制因素；种群增长越接近这个上限，增长速度越慢，直到停止增长。该值被称为生态学中的“生物承载力”。弗胡斯特还提出了描述种群增长动态的数学模型。

1920 年，美国两位研究人口问题的学者得到同样的公式，即逻辑斯蒂方程：

$$\frac{\mathrm{d}N}{\mathrm{d}t}=rN\left(1-\frac{K-N}{K}\right) \tag{8-5}$$

式中，N 为种群个体数；r 为该种群的内禀增长率；K 为承载力，其含义是某特定环境条件下，某种生物个体存在数量的最高极限。它是一个从生态学中发展起来，以后又用于反映人口、资源、环境与发展相互关系的具体概念。后来将该定义应用于土地科学研究中，形成“土地承载力”这一较为成熟的概念。1948 年，W.福格特用下列方程式来说明这一概念：

$$C=B/E \tag{8-6}$$

式中，C 为土地承载力，即土地资源能够供养的人口数量；B 为土地可以提供的食物产量；E 为环境阻力，即环境对土地资源生产能力所加的限制。由此，可以根据某一地区的食物资源来确定区内的人口承载力，即一定条件下，土地资源的生产能力所能承载的一定生活水平下的人口数量。

一些研究者把承载力的含义扩展到区域的资源综合体中，定义自然资源承载的能力为一定区域内、一定物质生活水平条件下，当地资源可持续供养人口的规模；也有人把它定义为一个国家或地区，按人口平均的资源数量和质量，对该空间内人口的基本生存与发展的支持能力。从全球人类生存的角度出发，资源承载力一般是指地球生物圈或某区域资源对人口增长和经济发展的支持能力。它主要包括可供开发利用的自然资源的数量和环境对生产及生活过程所产生的各种废弃物的最大负荷量。

20 世纪 80 年代以来，在联合国教育科学及文化组织的资助下，开始了包括能源与其他自然资源，以及智力、技术等在内的资源承载力研究。将资源承载力定义为：一个国家或地区的资源承载力是指在可预见的时期内，利用当地的能源和其他自然资源，以及智力、技术条件等，在保证与其他社会文化准则相符的物质生活水平下，所能持续供养的人口数量。

也有人认为，资源承载力不仅理解为对人口数量的支持能力，还体现了对经济社会持续发展的支持能力。还有人认为，国土资源承载力是指在一个可预见的时期内，在当时的科学技术和自然环境允许的条件下，国土资源对社会经济持续发展和人口数量的综合支持能力。

虽然，这些理解从字面上看有些差异，但实质具有一致性，即资源对人口和经济的支持能力。

自资源承载力研究兴起以来，为统一量纲，人们把不同物质折算成统一的能量或货币量，以期采用更加综合的单一指标体系，增强承载力研究的纵向可比性。这是承载力研究深入发展的一项重要的基础工作。正确理解资源承载力和该项研究的科学内涵非常重要，它反映的是自然资源及其支持能力对一定物质生活标准下人口增长与社会发展的限制目标与限制条件，对人口、资源、环境与发展等均有一定的预警功能。

从研究角度来看，资源承载力研究可分为总体资源承载力研究和各子资源承载力研究。总体资源承载力研究主要通过生态足迹法和相对承载力评价法对承载力进行评价，有些还会通过评价进而拟合其与经济发展的关系曲线。但是，自然资源的复杂性决定了各种自然资源的范围和内涵难以界定，同时，它们对经济发展有着内在的关联和制约关系，很难明确二者的关系。因而，通过资源特性与经济发展的拟合关系的自然资源评价方法具有一定的局限性。

2）相对资源承载力

自然资源承载力限度并不表示一种绝对的极限状态，它不要求或倡导零增长，而是要求在自然资源所能承受的范围内发展经济。由此而提出了相对资源承载力，它是指通过选定资源承载力的理想状态作为参照区，以该参照区人均资源拥有量为标准，将研究区与参照区的资源存量进行对比，从而确定研究区内资源相对可承载的适度人口数量。

相对资源承载力改以土地—食物—人均消费—可承载人口为主线的传统的资源承载力的研究，扩大了人口承载资源的范围，将资源概念广义化，把资源划分为自然资源、经济资源和社会资源三类，将自然、社会、经济三个子系统的作用量化为三类资源的人口承载力。考虑人是社会子系统的主要组成要素，是承载力中的承载对象；为了避免社会资源与人口之间的重复，在计算过程中，一般将自然资源和经济资源作为人口的主要承载资源。基于以上认识，相对资源承载力的类型及其计算公式如下。

相对自然资源（土地资源）承载力：

$$C_{\mathrm{rl}} = I_{\mathrm{l}} \times Q_{\mathrm{l}} \tag{8-7}$$

式中，C_{rl}为相对土地资源承载力；I_{l}为土地资源承载指数，$I_{\mathrm{l}} = Q_{\mathrm{p}_0} / Q_{\mathrm{l}_0}$，$Q_{\mathrm{p}_0}$为参照区人口数量，$Q_{\mathrm{l}_0}$为参照区域耕地面积；$Q_{\mathrm{l}}$为研究区域耕地面积。

相对经济资源承载力：

$$C_{\mathrm{re}} = I_{\mathrm{e}} \times Q_{\mathrm{e}} \tag{8-8}$$

式中，C_{re}为相对经济资源承载力；I_{e}为经济资源承载指数，$I_{\mathrm{e}} = Q_{\mathrm{p}_0} / Q_{\mathrm{e}_0}$，$Q_{\mathrm{p}_0}$为参照区人口数量，$Q_{\mathrm{e}_0}$为参照区国内生产总值；$Q_{\mathrm{e}}$为研究区国内生产总值。

相对资源承载力：

$$C_{\mathrm{r}} = W_1 C_{\mathrm{rl}} + W_2 C_{\mathrm{re}} \tag{8-9}$$

式中，W_1为相对土地资源承载力的权重；W_2为相对经济承载力的权重。

相对资源承载力，以比具体研究区更大的一个或数个参照区作为对比标准，根据参照区的人均资源拥有量和消费量、研究区域的资源存量，计算出研究区域的各类相对资源承载力。一般相对承载状态有以下三种类型：超载状态，实际人口数量（P）大于可承载人口数量（C_{r}）；富余状态，实际人口数量（P）小于可承载人口数量（C_{r}）；临界状态，实际人口数量（P）等于可承载人口数量（C_{r}）。

相对承载力的提出是考虑：第一，相对于周边地区，研究区是一个开放的、动态的地域系统，区内外存在着资源的流通和交换。第二，在经济全球化趋势不断加强的大背景下，自然资源与经济资源之间的优势和劣势在很大程度上可以相互补充。传统资源承载力在一定程度上将研究区域作为一个比较封闭和比较孤立的系统，并且从单一的自然资源角度考察区域内人口的承载情况。与之相比，相对资源承载力扩大了人口承载资源的范围，强调了研究区的开放性及自然资源与经济资源之间的互补性。

8.3.3　生态足迹分析

自然生态系统是人类赖以生存和发展的物质基础，人类要实现可持续发展，就必须生存于生态系统的承载力范围内。从生态经济学的角度来说，就是人类社会要取得发展的可持续性，就必须维持自己的自然资产存量。许多事实表明，人类社会的发展正在远离可持续性。为了将可持续发展的概念变成现实的可操作管理模式，人类必须知道自己目前所处的状态，以及实现可持续发展还有多远的路要走。

由于传统的国民经济账户指标 GDP 在测算发展的可持续性方面存在明显缺陷，为此，一些国际组织及有关研究人员从 20 世纪 80 年代开始就努力探寻能定量衡量一个国家或地区发展的可持续性指标。因此，评价和监测可持续发展的状态和可持续发展的程度，是当前可持续发展研究的热点与前沿。许多研究结果表明，发展的可持续性主要取决于自然资产。但是由于很难定量测量生态目标，这方面的研究进展一直较缓慢。在对生态状况的测量方面，即用具体的生物物理指标来测量人类的发展是否处于生态系统的承载力范围内的研究中，生态足迹模型是一种直观而综合的研究方法。

1. 生态足迹的基本理论

生态足迹（Wackernagel,1999）的含义是指能够持续地提供资源或消纳废物的、具有生物生产力的地域空间，它从具体的生物物理量角度研究自然资本消费的空间。其实，生态足迹是一种账户工具和分析手段，采用这一手段，能将全球关于人口、收入、资源应用和资源有效性汇总为一个简单通用的账户工具，进而进行国家间的比较。

1）生态生产性土地

生态生产性土地是指具有生态生产能力的土地或水体。生态生产也称生物生产。生态足迹分析法的所有指标都是基于生态生产性土地这一概念而定义的。根据生产力大小的差异，地球表面的生态生产性土地可分为六大类：化石燃料土地、可耕地、林地、草场、建筑用地和水域。生态足迹分析的一个基本假设是：各类土地在空间上是互斥的，如一块地当它被用来修建公路时，它就不可能同时是森林、可耕地等。这条“空间互斥性”使得人们能够对各类生态生产性土地进行加总，从宏观上认识自然系统的总供给能力和人类系统对自然系统的总需求。

2）生态容量和生态承载力

Hardin 在 1991 年进一步明确定义生态容量为在不损害有关生态系统的生产力和功能完整的前提下，可无限持续的最大资源利用和废物产生率。生态足迹研究者接受了 Hardin 的思想，并将一个地区所能提供给人类的生态生产性土地的面积总和定义为该地区的生态承载力，以表征该地区生态容量。

3）人类负荷与生态足迹

人类负荷指的就是人类对环境的影响规模，它由人口自身规模和人均对环境的影响规模共同决定。生态足迹分析法用生态足迹来衡量人类负荷。它的设计思路是：人类要维持生存必须消费各种产品、资源和服务，人类的每一项最终消费的量都追溯到提供生产该消费所需的原始物质与能量的生态生产性土地的面积。所以，人类的所有消费在理论上都可以折算成相应的生态生产性土地的面积。在一定技术条件下，维持某一物质消费水平下的某一人口的持续生存必需的生态生产性土地的面积即为生态足迹。它既是现有技术条件和消费水平下特定人口对环境的影响规模，又代表现有技术条件和消费水平下特定的人口持续生存下去而对环境提出的需求。

4）生态赤字/盈余

一个地区的生态承载力小于生态足迹时，出现生态赤字，其大小等于生态承载力减去生态足迹的差数。生态承载力大于生态足迹时，则产生生态盈余，其大小等于生态承载力减去生态足迹的余数。生态赤字表明该地区的人类负荷超过了其生态容量，要满足其人口在现有生活水平下的消费需求，该地区要么从地区之外进口欠缺的资源以平衡生态足迹，要么通过消耗自然资本来弥补收入供给流量的不足。这说明地区发展模式处于相对不可持续状态，其不可持续的程度用生态赤字来衡量。相反，生态盈余表明该地区的生态容量足以支持人类负荷，地区内自然资本的收入流大于人口消费的需求流，地区自然资本总量有可能得到增加，地区的生态容量有望扩大，该地区消费模式具有相对可持续性，可持续程度用生态盈余来衡量。

2. 生态足迹的计算方法

生态足迹的计算主要基于两方面的事实：第一，人类能够估计自身消费的大多数滋养、能源及其所产生的废弃物数量；第二，这些资源和废弃物能折算成生产和消纳这些资源和废弃物的生物生产性面积。因此，任何特定人口的生态足迹，就是其所占用的用于生产所消费的资源与服务，以及利用现有技术同化其所产生的废弃物的生物生产土地或海洋的总面积。

根据上述理论和概念，生态足迹的计算可概括为以下步骤：第一，划分消费项目，计算各主要消费项目的消费量；第二，利用平均产量数据，将各消费量折算为生物生产性土地面积；第三，通过当量因子把各类生物生产性土地面积转换为等价生产力的土地面积，将其汇总并加和计算生态足迹的大小；第四，通过产量因子计算生态承载力，并与生态足迹比较，分析可持续发展的程度。

1）生态足迹指标计算中的生物生产面积类型及其均衡化处理

在生态足迹指标计算中，各种资源和能源消费项目被折算为耕地、草场、林地、建筑用地、化石能源土地和海洋（水域）等六种生物生产面积类型。耕地是最有生产能力的土地面积类型，提供了人类所利用的大部分生物量。草场的生产能力比耕地要低得多，而从植物转化为动物生物量使人类损失了大约 10%的生物量。由于人类对森林资源的过度开发，全世界除了一些不能接近的热带丛林外，现有林地的生物量生产能力大多较低。化石能源土地是人类应该留出用于吸收 CO_2 的土地，但目前事实上人类并未留出这类土地，出于生态经济研究的谨慎性考虑，在生态足迹的计算中，考虑了 CO_2 吸收所需要的化石能源土地面积。由于人类定居在最肥沃的土壤上，因此建筑用地面积的增加意味着生物生产量的损失。海洋生物生产量的 95%以上主要集中在约占全球海洋面积 8%的海岸带，并且目前海洋的生物生产量已接近最大。

由于这六类生物生产面积的生态生产力不同，所以要将这些具有不同生态生产力的生物生产面积转化为具有相同生态生产力的面积，以加总计算生态足迹和生态承载力，对计算得到的各类生物生产面积乘以一个均衡因子，某类生物生产面积的均衡因子等于全球该类生物生产面积的平均生态生产力除以全球所有各类生物生产面积的平均生态生产力。现采用的均衡因子分别为耕地、建筑用地 2.8；森林、化石能源土地 1.1；草地 0.5；海洋 0.2。均衡因子 2.8 表明生物生产面积的生物生产力是全球生态系统平均生产力的 2.8 倍，取后者为 1。均衡处理后的六类生态系统的面积即为具有全球平均生态生产力的、可以相加的世界平均生物生产面积。

2）生态足迹的计算步骤

生态足迹的计算和分析步骤如下。

第一，生态足迹的计算。计算公式为

$$EF = N\text{ef} = N\sum_{i=1}^{n}\text{aa}_i = N\sum_{i=1}^{n}\frac{c_i}{p_i} \tag{8-10}$$

式中，EF 为总的生态足迹；N 为人口总数；ef 为人均生态足迹；aa_i 为 i 种交易商品折算的生物生产面积；c_i 为 i 种商品的人均消费量；p_i 为 i 种消费品的平均生产能力；n 为消费项目数；i 为消费商品投入的类型。

由上式可知，生态足迹的计算要对特定区域的消费商品进行逐项计算。根据消费商品从生产、运输到消费整个过程的物质投入特性，可将其分为四大分量，如下。

原材料消费分量 EF_1：一定区域给定年份的原材料表观消费量等于生产数量与进口数量之和减去出口数量，然后用表观消费量除以相应的世界平均生物生产量的空间，计算公式为

$$EF_{1i} = \sum_{i=1}^{n}\frac{P_i + I_i - E_i}{Y_i} \tag{8-11}$$

式中，EF_{1i} 为某类原材料消费的生态空间分量；P_i 为该类原材料局地生产总量；I_i 为进口总量；E_i 为出口总量；Y_i 为该类原材料的世界平均单位面积生物生产量。

制成品分量 EF_2：表观消费中，在计算净进口的生态空间占用分量时，需考虑废弃因子，以计算生产该类产品所需的原材料数量，计算公式为

$$EF_{2i} = C\frac{\sum_{i=1}^{n}(I_i - E_i)}{Y_i} \tag{8-12}$$

式中，I_i 为某类产品的进口总量；E_i 为某类产品的出口总量；Y_i 为该类原材料的世界平均生物生产量；C 为转换因子或废弃因子，它表示生产单位该类产品所需的原材料数量。

商业能源消费的生态足迹分量 EF_3：使用化石矿物燃料的生态足迹用根据吸收其燃料时释放的 CO_2 所需新栽林面积计算，即碳平衡法。目前，将核能消费的生态足迹用近似于矿物燃料的生态足迹计算。

同化废物的生态足迹分量 EF_4：同化城市释放的主要元素氮和磷及其化合物的生态足迹则按所需湿地、湖泊及农田诸生态系统的面积计算。

第二，生态承载力（生物承载力）的计算。在生态承载力或生物承载力的计算中，由于

不同国家或地区的资源禀赋不同，不仅单位面积耕地、草地、林地、建筑用地、海洋（水域）等的生态生产能力差异很大，而且单位面积同类型生物生产面积的生态生产力也差异很大。因此，不同国家和地区同类生物生产土地的实际面积是不能进行直接对比的，需要对不同类型的面积进行调整。不同国家或地区的某类生物生产面积所代表的局地产量与世界平均产量的差异可用“产量因子”表示。某个国家或地区某类土地的产量因子是其平均生产力与世界同类土地的平均生产力的比率，如耕地面积的产量因子取为 1.66，表明耕地的生物产出率是世界耕地平均产出水平的 1.66 倍。将现有的耕地、牧地、林地、建筑地、海洋等物理空间的面积乘以相应的均衡因子和当地的产量因子，就可以得到带有世界平均产量的世界平均生态空间面积——生态承载力。同时出于谨慎性考虑，在生态承载力计算时应扣除 12%的生物多样性保护面积。

人均生态承载力：

$$\mathrm{ec} = a_j \times r_j \times y_j \qquad (j = 1,2,3,\cdots,6) \tag{8-13}$$

式中，ec 为人均生态承载力（hm^2/人）；a_j 为人均生物生产面积；r_j 为均衡因子；y_j 为产量因子。

区域生态承载力：

$$\mathrm{EC} = N \times (\mathrm{ec}) \tag{8-14}$$

式中，EC 为区域总人口的生态承载力（hm^2/人）；N 为人口数。

第三，生态赤字与生态盈余。生态足迹指标主要用来计算在一定的人口和经济规模条件下，维持资源消费和废弃物消纳所必需的生物生产面积。生态足迹是每种消费资源的生物生产面积的总和，是人口数和人均物质消费的函数。生态足迹测量了人类维持一定的消费水平所必需的生物生产面积，将其同国家或区域范围所能提供的生物生产面积（生物承载力）进行比较，就能为判断一个国家或区域的生产消费活动是否处于当地生态系统承载力范围内提供定量的依据。

生态足迹指标将人类消费的资源和能源折算成全球统一的、具有同等生态生产力的地域面积，就可以进行不同区域的比较。区域的生态足迹如果超过了区域所能提供的生态承载力，就出现生态赤字；如果小于区域的生态承载力，则表现为生态盈余。区域的生态赤字或生态盈余，反映了区域人口对自然资源的利用状况。

3. 生态足迹实例分析

1）中国西部 12 省份的生态足迹分析

根据上述计算原理，以 2000 年统计年鉴数据，计算和分析了中国西部 12 省份 1999 年的生态足迹（表 8-4）。

对中国西部地区 12 省份 1999 年的生态足迹的计算结果表明，除云南、西藏两个省份的人均生态足迹为盈余外，其余 10 个省份的人均生态足迹均为赤字。生态赤字的存在表明人类的消费需求超过了自然系统的再生能力，反映出人类的生产、生活强度超过了生态系统的承载能力，区域生态系统处于人类的过度开发利用和压力之下。由于西部地区进出口贸易量不大，因而进出口贸易对生态足迹的影响不大，因此主要通过消耗自然资本存量来弥补生态承载力的不足。西部地区 12 个省份中除云南、西藏外，其余 10 个省份在省域尺度上处于不可持续状况；除云南外的其余 11 个省份在国家尺度上处于不可持续状况；新疆、西藏、内蒙古 3 个省份在全球尺度上处于不可持续状况。西部地区 12 个省份总人口的生态足迹赤字达 162.5 万 km^2，该数据相当于新疆维吾尔自治区的面积。

表 8-4　中国西部 12 省份 1999 年的生态足迹与生态承载力

省份	1999 年年末总人口/万人	人均生态足迹/（hm^2/cap）	人均生态承载力/（hm^2/cap）	人均生态盈余/赤字/（hm^2/cap）	总的生态盈余/赤字/（万 hm^2）	万元 GDP 的生态足迹/（hm^2/万元 GDP）
陕西	3618.00	1.086	0.742	−0.344	−1244.60	2.641
甘肃	2542.58	1.337	0.806	−0.531	−1350.49	3.596
青海	509.80	1.573	1.173	−0.401	−204.21	3.365
宁夏	543.29	1.278	1.099	−0.179	−97.00	2.875
新疆	1775.00	2.413	1.152	−1.261	−2238.93	3.665
四川	8358.60	0.951	0.385	−0.566	−4731.22	2.141
重庆	3072.34	1.042	0.303	−0.738	−2268.77	2.163
贵州	3710.06	1.228	0.352	−0.876	−3251.48	4.998
云南	4192.40	0.477	0.622	0.145	607.31	1.078
西藏	255.51	2.153	7.584	5.431	1387.75	5.208
内蒙古	2361.92	2.371	2.353	−0.018	−41.28	4.415
广西	4713.00	1.022	0.425	−0.597	−2814.06	2.466
合计	35652.50	1.172	0.703	−0.469	−16246.99	2.721

2）浙江省生态足迹分析

在对浙江省生态足迹进行实际计算时，将生态足迹计算的各部分归纳为三组，即生物资源消费、能源消费和生态环境污染消费。

生物资源消费分为农产品、动物产品、林产品、水果和木材等大类，各大类下有一些细分类。生物资源生产面积折算的具体计算采用联合国粮食及农业组织 2002 年计算的有关生物资源的世界平均产量资料，将浙江省的消费转化为提供这类消费需要的生物生产用地面积，用地类型为耕地、林地、草地和水域。

能源平衡账户部分根据资料处理了如下几种能源：煤、焦炭、燃料油、原油、汽油、柴油和电力等。以世界上单位化石燃料生产土地面积的平均发热量为标准，将当地能源消费所消耗的热量折算成一定的化石燃料土地面积，电力用地折算为建筑用地面积。

生态环境污染消费的计算采取治理消费换算的方法。假定所排出的不符合排放标注的废气由林地来净化，不符合排放标准的废水由自然湿地系统来净化，然后换算出所需要的林地面积和所需要的自然湿地面积。

由于单位面积耕地、化石燃料土地、牧草地、林地等的生物生产能力差异很大，为了使计算结果转化为一个可比较的标准，有必要在每种生物生产面积前乘上一个均衡因子(权重)，以转化为统一的、可比较的生物生产面积。均衡因子的选取来自世界各国生态足迹的报告。化石能源用地、耕地、牧草地、林地、建筑用地及水域的均衡因子分别为 1.1、2.8、0.5、1.1、

2.8 及 0.2。根据上述计算方法，计算了浙江省 1993～2002 年历年的生态足迹（表 8-5），从而可以分析在经济发展过程中生态足迹的动态过程。

表 8-5　浙江省 1993～2002 年生态足迹

项目	年份									
	1993	1994	1995	1996	1997	1998	1999	2000	2001	2002
总生态足迹	1.689	1.747	1.943	1.973	2.165	2.217	2.261	2.294	2.412	3.089
总生态承载力	0.372	0.370	0.375	0.376	0.377	0.378	0.379	0.383	0.364	0.344
生态赤字/万 hm^2	1.317	1.377	1.568	1.597	1.788	1.839	1.882	1.911	2.048	2.745
生态多样性指数	0.953	0.989	1.017	1.020	1.208	1.196	1.197	1.198	1.139	1.117
万元 GDP 生态足迹/（hm^2/万元 GDP）	4.012	3.040	2.501	2.159	2.117	2.016	1.911	1.724	1.621	1.437

由表 8-5 可知，浙江省人均生态足迹呈不断增加的趋势，10 年间增加了近 82.8%，而同期的生态承载力却基本保持稳定，从而导致生态赤字也呈不断上升的趋势，增幅达 108%；生态多样性指数表现为逐年递增趋势，说明土地利用类型的多样化程度有所提高；万元 GDP 生态足迹的大小，能反映出资源利用的高低。1993～2002 年，浙江省万元 GDP 的生态足迹呈快速下降趋势，降低率达到 64%，说明浙江省在经济发展中对资源利用率的大幅度提高。

4. 生态足迹计算分析过程中的注意事项

通过上述实例分析，以下几个方面的因素会影响生态足迹指标的计算和评价结果：第一，生态足迹计算的数据基础是统计资料，统计资料的准确与否直接决定着计算结果的正确与否和可信度。例如，各地区生态承载力的计算，要求各地区的各种生物生产面积的统计数据必须十分准确，否则生态承载力的计算结果就会不正确。因此，准确的统计资料不仅是生态足迹指标评估的关键，也是可持续发展的其他指标评估研究的关键。第二，不同类型生物生产面积的均衡因子和产量因子对生态足迹的最终计算结果影响很大，均衡因子国际上有统一的取值，各地区不同类型生物生产面积产量因子的确定需要有各地区各类生物生产面积的准确产量数据。缺乏各地区各类生物生产面积的产量因子数据，而使用国家的统一产量因子，会使区域的生态承载力计算出现误差。第三，在计算国家的生态足迹时，进行贸易调整可以确定国家的净消费量。但在将国家的生态足迹核算应用到区域和地区级时，只进行国际贸易的调整不能确定区域的净消费量，因为国内贸易也影响区域的净消费量。因此，在区域和地区级的生态足迹核算中，需要更全面、更详细的关于区域和地区人类消费方面的统计资料。第四，生态足迹指标是一种基于现状静态数据的分析方法，其计算结果不能反映未来的发展趋势，所得结论具有瞬时性。同时，基于各国或地区人口的现有消费水平指标计算各国或地区人口所占有的生态足迹，而忽略了各国或地区人口的消费水平和生活质量的差异，因而缺乏对发展公平性的周密考虑。这些问题都需要生态足迹指标核算的不断完善予以解决。

? 复习思考题

1. 理清自然资源综合评价和单项评价的联系和区别。

2. 根据资源丰度的计算方法，试分析一个区域近 10 年的资源丰度的动态变化过程。
3. 试比较资源承载力和生态承载力评价的异同点。
4. 生态足迹概念的引入在资源评价中的积极作用，存在哪些问题?
5. 生态足迹、资源承载力和资源丰度三种资源评价方法的优缺点和改进。

? 引深讨论问题及分析思路

讨论问题

1. 资源丰度和资源有效空间评价在合理利用资源及承载力分析中的作用。
2. 资源丰度的含义，区域资源丰度对经济发展的影响。

分析思路

自然资源评价是按照一定的评价原则或依据，对一个国家或地区自然资源的数量、质量、地域组合、空间分布、开发利用、治理保护等进行定量或定性的评价和估价。其目的是从整体上揭示自然资源的优势与劣势，提出开发利用和治理保护的建议，为充分发挥自然资源的多种功能和综合效益提供科学依据。自然资源评价的方法很多，它们各有其侧重，在不同的方面发挥其作用。综合评价可以科学地揭示资源的优势与劣势、开发利用潜力的大小、限制性因素及其强度，并指出克服的途径，从而为自然资源的综合开发利用服务。

第 9 章 自然资源的优化配置原理

内容提要

自然资源的优化配置是自然资源经济学、社会学和资源地理学原理的实际应用和深入延伸，是自然资源合理开发利用的根本前提。本章主要对自然资源优化配置的基本原理、研究方法、实际应用等方面进行分析，介绍了自然资源的时间、空间、代际、全球配置的含义。就资源的时间、空间、代际、全球配置模型分别做了详细的推导及演算。

重点要求

（1）掌握自然资源配置中各模型的物理数学含义；

（2）掌握自然资源配置各基本原理的实质含义和内在机理；

（3）了解不同自然资源类型配置的侧重点。

9.1 自然资源配置的基本原理

自然资源的合理配置和开发利用是人与自然物质交换的重要环节，也是人类干预和改造自然的过程，自然资源的有效配置或利用是决定和制约国民经济发展的重要因素之一。自然资源的合理配置是自然资源合理开发利用的根本前提，自然资源的合理开发利用是资源可持续利用的具体途径。

自然资源配置是指根据一定的原则合理分配各种自然资源到用户的过程。其目的是提供自然资源配置使有限的资源产生最大的效能。自然资源配置的基本原理就是最优化原理。自然资源的配置有两种基本方式，即市场方式和计划方式。与其对应，形成两种基本的经济体制，即市场经济和计划经济。自然资源配置的内容有两个方面：其一，为自然资源的空间或不同部门间的最优配置，包括区域内、区域整体和多区域配置；其二，为在不同时间段上的最优分布或代间配置，即资源的动态优化。与自然资源时空配置密切相关或是由其派生或内涵外延的两种特殊的自然资源配置是自然资源的全球配置和代间配置。自然资源最优化原理的具体涵义就是要求经济效率最高，资源耗竭最小，资源可持续利用。

9.1.1 效率问题

1）经济效率

经济效率在自然资源配置的经济学分析中是一个核心概念。经济效率包括三个相关但又明显不同的组成要素，即技术效率、产品选择效率和配置效率。如果用自然资源生产出一定产品的过程成本低而收益高，那么这个产业就可说有技术效率。竞争的私人公司会自动寻求这个效率，因为无效率的生产者不能赢利，这样的企业就不能生存。一个资源利用者所生产的产品和服务必须反映消费者的偏好，这就是产品选择效率。表面上看，对产品的偏好是消费者自己的事情，生产者只不过对消费者的要求做出响应。然而，在现实世界里，生产者能通过广告，通过选择把什么产品放到市场上去，来操纵和控制消费者的偏好。消费者的选择取决于可得到什么东西和消费者能购买什么东西。当然，假如没有更好的产品上市，短寿命的产品和将要淘汰的产品也会被购买；如果已安装了昂贵的空气加热系统，家庭主妇就不会再选择其他能源。因为自然资源是有限的，对它的需求又是多种多样的，这就产生了稀缺。稀缺性要求在两方面就竞争的各种用途之间分配资源做出选择：第一，在同一时间点上如何在各种用途、各人群、个人和国家之间配置资源？第二，在长时期里如何在代际之间配置资源？任何“明智的”配置都必须考虑资源的有效利用，这就是自然资源的配置效率。

2）配置效率与补偿问题

配置效率涉及生产要素、产品或服务在一定经济体制内的全面分配。资源的所有权意味着如何使用资源的权利及谁有权利从资源使用中获益。可将盛行的所有权格局称为资源的最初分配，对于某种特定的最初分配，如果不使至少一个人更不利就不能使其他人更有利的话，那么资源配置就被认为是有效率的；换言之，资源的重新分配，如果使一方更有利的同时又不使另一方更不利，这是无效率的。这就是帕累托标准。现实世界中大多数有效率的决策，事实上都使某些人占另一些人的便宜。如果要使一个人或更多人受益又不使其他人受损，需要对帕累托标准加以改进。由此，各种各样的帕累托标准设计出来了，这些问题涉及“补偿规则”的应用。

按照帕累托标准，大多数资源的再分配将会使一些人更不利，这不是一个值得追求的配置效率。如果一些人获得的收益大得足以使他们补偿亏损者，那么资源的重新配置就会更有效率。补偿规则的基础可用图 9-1 直观地反映出来，图中显示的是两个消费者对单一产品的需求（边际效用）曲线。假设开始的形势是：消费者 B 有 OX 单位产品，消费者 A 没有。B 增加一单位额外产品所获得的价值已降为零，但对 A 来说却非常有价值（OZ）。如果仅仅从 B 处把一单位产品给 A、B 的损失很小（黑影部分），而 A 增加的价值（阴影部分）很容易地补偿 B 的损失，还会有明显盈余。这个再分配过程和可能的补偿可以一直进行到 X、Y 个单位产品从 B 转移到 A，这时产品的价值对消费者 A、B 都已相同（EE）；进一步的补偿已不再可行，这时就达到了产品的优化再分配。在这种帕累托改进下，配置效率本质上意味着所有人的经济总收益达到最大。

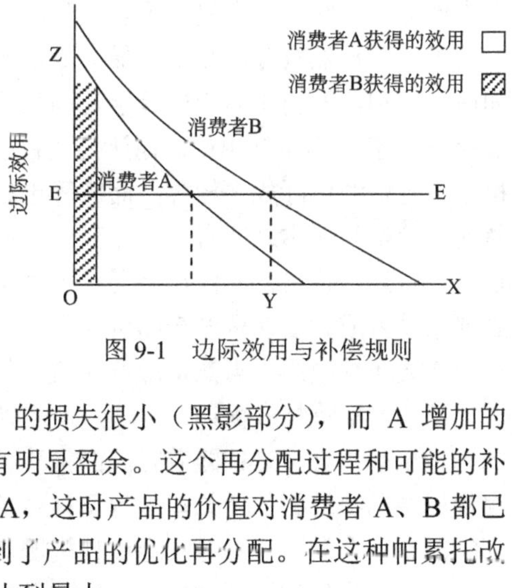

图 9-1　边际效用与补偿规则

帕累托改进可实现一种情形：当获益者补偿了受损者之后，无人会吃亏，甚至某些人还会增益。根据效率的标准，如果 1% 的人口拥有 90% 的财富，这种情况可能是有效率的；如果某个计划或政策使所有的收获都集聚于这 1% 的人口，也可能是有效率的。是否补偿并不重要，重要的是能够补偿。这就涉及分配公平的问题，所有关于配置效率的定义与资源配置的结果在经济上并不相干，配置效率不一定要求分配公平。

3）效率和完备的市场条件

经济学认为市场体系能自动运行实现效率，但必须具有完备的市场条件，其中重要者包括：第一，消费者是理性经济人，不仅要求而且能够在现在和将来都使他们的效用函数达到最大，包括掌握充分的信息。第二，生产者也是理性经济人，理性地要使他们的利润达最大，也具有这种能力，包括掌握充分的信息。第三，经济的各个部分是完全竞争的，包括资本和劳动市场。第四，所有的生产要素都完全可流动。第五，产权完全明确，所有的物品和服务都在市场体系内。换句话说，没有不定价的公共物品，不存在公共性质的环境资源。第六，不存在外部性。第七，经济不受政府干预。

显然，这些条件并不适用于现实世界。经济学透视为了认识主要变量如何运作，必须对现实世界加以简化和抽象。帕累托改进设想经济系统由 A、B 两人组成，对某种资源实行再分配，假设上述条件的部分甚至全部成立。这种抽象模型产生了两个普遍认同的经济学结论：一是市场机制能产生近似的技术效率和资源配置效率；二是无效率根源可以得到纠正，普遍认为某些特殊的市场缺陷可通过立法、管理变革和价格管制来校正，从而恢复“效率”，这就为政府干预提供了理论基础。然而，现实中并不存在完备的市场条件，而是普遍存在不完全竞争的公司、不能充分流动的劳力和资本、非理性的行为、不可流动的生产要素、政府行为、无定价的公共物品、公共性质的环境资源等，要设计出有意义的改进正面临极大的挑战。

9.1.2　资源最优耗竭理论

资源最优耗竭理论是关于自然资源，特别是不可更新自然资源之最优耗竭利用速度和条件的理论。多数自然资源是不能再生和更新的耗竭性资源，这些资源的长期永续利用是一个重大问题。一些科学家提出了自然资源优化利用的两个基本条件。

第一，自然资源产品生产最大效率的必要条件是产品价格等于环境成本、生产成本和时间成本之和，即资源品价格等于资源品边际生产成本和资源影子价格之和。这一条件是由美国经济学家 R.索洛提出的。他认为使社会从一种资源存量中获得的收益净现值最大，资源价格不应与资源边际成本相等，而应等于边际生产成本和这种资源未开采时的影子价格的和。从而，价格与成本之间有一个差额，这便是资源矿区使用费或稀缺性资源地租，即资源影子价格或资源净价格，亦即在市场竞争情况下，企业经营者往往不考虑社会环境的损失，这个必要条件就成为自然资源产品价格等于边际生产成本与资源稀缺地租之和；在垄断情况下，这个必要条件改成为自然资源产品边际收益等于边际生产成本与资源稀缺地租之和。

第二，霍特林最优耗竭定理，是美国经济学家 H.霍特林在“可耗竭资源经济学”中提出的。理论基本含义是：随着时间的推移，矿区使用费须以利率相同的比率增长，即社会持有存量资源稀缺地租的增长率应等于社会长期利率。社会长期利率的高低对资源耗竭速度产生影响。当社会利率提高时，会促使资源耗用加快；相反，社会利率降低，则有利于减少资源的流失而起到保护资源的作用。其实质是根据效率最大化原则，任何时点的资源耗用与其获利水平都是一样的，即资源耗用的时间机会成本为零。

实际上，资源最优耗竭的第一个条件是最优流量或最优开采条件，其中对资源产品最优定价作了说明；资源最优耗竭的第二个条件则是最优存量或最优保护条件，其中对资源地租或资源使用费的合理调整作了说明。由两个条件所组成的资源最优耗竭理论，对于自然资源，特别是对不可更新资源的合理开发、利用和保护极有应用价值。

9.1.3　资源可持续利用

自然资源优化配置的涵义远远超过经济学所追求的经济效率的内涵，它追求的是在资源可持续利用前提下的优化配置和经济效率。因此，资源的稀缺性和有限性决定了在资源配置过程中，必须用资源可持续利用原理指导，以资源的可持续利用为资源配置的主要约束条件。不仅仅是现有资源存量的代际分配和代际公平，而且要谋求资源系统本身的动态平衡，实现资源存量在数量、质量、结构、价值等方面的保质和增值。

自然资源的可持续利用，是指可再生资源的利用要保持在它的可更新的限度内，这样才可持续地利用下去。非再生资源只能提高使用效率和使消耗降低到最低尺度，或使用代用品延长其使用“寿命”。

9.1.4　资源可能性边界

从储存性资源和流动性资源两大类来考虑。就目前科学技术来分析，地壳资源的地质储量是有限的，其开发年限与开发的强度成反比；虽然流动性的资源是可更新的，但根据朱迪·丽丝的资源分类，其利用超过再生能力，临界带的资源就到了灭绝的程度。把这一思考应用经济学原理进行抽象概括，就可以认为资源具有可能性边界。作为一个特定的区域，资源利用的强度选择和可持续性问题，可以通过资源可能性边界曲线来理解（图 9-2）。但对于储存性资源来讲，这一边界的外扩，主要取决于替代资源的出现和资源的循环利用；对于流动性资源来讲，这一边界的有限外扩，主要取决于科学技术的发展。

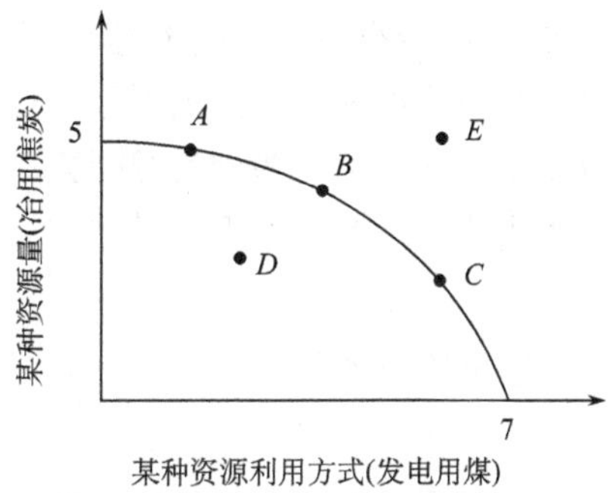

图 9-2　资源可能性曲线

资源可能性边界曲线可以帮助人们理解关于资源的稀缺和选择问题。这条曲线把资源利用划分为三个区间。曲线上的点、曲线以内的点和曲线以外的点。

第一，关于稀缺。对于流动性资源临界带的资源来讲，曲线以内的点 *D*，表示生产效率的低下或资源利用的不充分；曲线以外的点 *E* 说明了资源稀缺的存在。由于资源的有限性，在现有的条件下，即使以最有效率的方法，也无法生产出来这些产品的组合，以满足人们的欲望。对于储存性资源来讲，曲线以内的点 *D*，表示资源的开发利用强度较低，能否满足需求，视经济发展程度而定；曲线以外的点 *E* 说明了资源的过度开发，已经造成了资源的稀缺。由于资源的有限性，在现有的条件下，即使以最有效率的方法，也无法生产人们所需要的产品。

第二，关于选择。在现有条件下，资源开发生产出的产品组合可能有多种。以煤炭资源为例，将其用图 9-2 来解释，*A* 点可以表示大量用于冶用焦炭的煤而减少了发电用煤，而 *C* 点则相反，冶用焦炭用煤减少了。因此，开发投资者的选择就变得非常重要，因为不同的产品组合将带来不同的福利水平。

第三，关于机会成本。在 *A*、*B*、*C* 等各点选择的时候，必须考虑做出一个选择需要放弃多少其他的东西。例如，从 *A* 点到 *B* 点的变化，发电用煤的增加是以冶用焦炭用煤的减少为代价的。

因此，实现资源的合理配置，解决资源如何开发、什么措施能使资源持续利用和环境无污染等问题，对任何一个国家、在任何时候都是极其重要的事情。只不过经济体制的不同，决定了对这些问题的解决方式的不同。

9.2　自然资源的优化配置

9.2.1　自然资源的时间配置

资源时间配置是指自然资源在不同时段上的最优分布，也就是通常所说的动态优化问题，即根据自然资源动态特征，实现自然资源开发利用的最佳时段、最佳时限的控制与决策。根据自然资源的属性，可将其分为不可更新资源和可更新资源两大类。由于这两类资源的动态特征各不相同，其动态优化过程也自然不同。

优化过程在数学运算中常常是一个极值的求解过程，包括极大值（如净收益、产值和产量等 ）和极小值（如成本等）。优化过程包括静态和动态两大类。在静态优化模式中，最常用的有线性规划、目标规划等方法。这些方法已在现实经济生活中发挥了重要作用，并通过巧妙使用解决了一部分资源配置过程中的动态问题。但是，资源的动态优化从根本上讲是一个非线性的问题。近年来最常用的方法是拉格朗日乘数法，即构造一个最优化问题：

$$\max V(x_1, x_2, \cdots, x_n) \tag{9-1}$$

给出约束条件：

$$G(x_1, x_2, \cdots, x_n) \geqslant C \tag{9-2}$$

定义原问题的拉格朗日表达式：

$$L = V(x_1, x_2, \cdots, x_n) - \lambda\left[G(x_1, x_2, \cdots, x_n) - C\right] \tag{9-3}$$

式中，λ为拉格朗日乘数，它表示因为约束参数 C 发生变化而带来的目标值的变化，也反映出约束条件的边际价值，即如果约束参数 C 代表某些投入或资源供应的变化，则 λ 反映了在 V 意义上投入的价格或价值。因此，λ 又常被称作投入 C 的影子价格。

对拉氏函数求解，即可得到资源最优配置结果。根据这一基本模型，可以构建不可更新性资源与可更新资源的最优配置与管理模型。

1）不可更新资源的最优时间配置

任何一段对人类有意义的有限时间内，资源质量不变，数量则随人类的开采活动而减少的资源称为不可更新资源。随着对这类资源，特别是地下矿产资源的不断开采，可采储量会越来越少，长期开采成本逐渐提高，甚至在资源耗竭以前，就可能使成本高到足以扼杀需求量的程度。因此，资源耗竭的严格概念并非指储量为零，而是指成本升高到将需求量压低到零的水平，实际耗竭时限要比理论耗竭时限短得多。

不可更新资源在时间上的最优配置称为期间最优配置，是指在一个有限的时间周期 T 内，各时期 t_i 资源最优开采的策略。这里的最优不是指特定时期的个别变化，而是指保证整个开采周期取得最优效果的总策略及其在各时期的子策略。显然，子策略的最优化必须服从期间最优准则。下面重点介绍期间最优配置的一般模型。

在任何一个时间，矿产资源开采的净收益由两个因素规定，即收益 $P(R)\cdot R$ 和成本 $C\cdot R$，则在一个任意长的有限周期 T 内，最大净收益现值为

$$\max \mathrm{PV} = \int_0^t \frac{P(R)\cdot R - C\cdot R}{\mathrm{e}^{rt}}\mathrm{d}t \tag{9-4}$$

这里，P（R）为需求函数，即开采品价格 P 与开采量 R 之间的关系：

$$P(R)=\beta_1-\beta_2\cdot R \tag{9-5}$$

开采率为存量（探明储量）随时间的变化速率，即

$$\frac{\mathrm{d}s(t)}{\mathrm{d}t}=-R(t) \tag{9-6}$$

则期间开采量为

$$\int_0^t R(t)\mathrm{d}t=R(T)\leqslant S \tag{9-7}$$

另有

$$\begin{cases}P,R\geqslant 0\\ P\cdot R-C\cdot R\geqslant 0\end{cases} \tag{9-8}$$

式（9-5）～式（9-8）诸方程就构成了最优开采模型，模型中的变量是：PV 为纯收益或净收益或净收益现值；T 为时间周期长度；P 为价格或价格需求函数；R 为开采量或开采时间路径；C 为成本变化率或单位成本；r 为利率或贴现率；t 为时间；S 为资源存量；R（T）为累积开采量；β_2、β_1 为价格需求函数中的参数。

该模型的哈密尔顿函数为

$$H=\frac{P(R)\cdot R-C\cdot R}{\mathrm{e}^{rt}}-\lambda R \tag{9-9}$$

上式的第一部分为贴现净收益函数，第二部分是资源的矿区使用费（或影子价格）λ 与开采量 R 的乘积。对时间离散问题，上述模型可修改为

$$\max \mathrm{PV}=\sum_{t=0}^{t-1}\frac{P(R)\cdot R-C\cdot R}{(1+r)^t} \tag{9-10}$$

$$\sum_{t=0}^{t-1}R_t=P(T-1)\leqslant S \tag{9-11}$$

则

$$H=\frac{P(R)\cdot R-C\cdot R}{(1+r)^t}-\lambda R \tag{9-12}$$

根据上两式，可导出最优开采量的时间路径：

$$R_t=\beta_0+\frac{(S-T\beta_0)(1+r)^t}{\mu(T)} \tag{9-13}$$

根据上式，决策者就可以在 T 已定的条件下，按照矿产开发的设计计划，顺利地求出各年度（t_i）的最优开采量。这也是唯一能在既定的需求水平下使整个开采期现值达到最大的开采序列，或称之为最优控制开采量序列。

利用该模型，还可以讨论技术进步对期间最优配置的影响。迄今为止的人类发展表明，技术进步一直脉冲式地缓解着资源的耗竭过程。但矿产资源的不可再生性，决定了技术进步对其影响的局限性。一般来说，技术进步的作用只体现在以下两个方面：通过勘探发现新存量和在生产过程中重复利用或再循环。

对存量增加的情形，只要在模型中引入资源的发现量 Z 和勘探或发现的成本函数 $P(Z)$，则公式变为

$$\int_0^t \left[P(R)\cdot R - C(R) - P(Z)\cdot \mathrm{e}^{-rt} \right] \mathrm{d}t \tag{9-14}$$

满足

$$\frac{\mathrm{d}S}{\mathrm{d}t} = Z - R \tag{9-15}$$

构造的哈密尔函数为

$$H = \frac{P(R)\cdot R - C(R) - P(Z)}{\mathrm{e}^{rt}} - \lambda(Z - R) \tag{9-16}$$

对重复利用或再循环的情形，只是一种节约使用资源的方法，也间接地反映了存量的增加。其模型与式（9-14）～式（9-16）相同，只是 Z 代表资源的节约量或重复利用量，P 为重复利用或再循环的成本。

对上述模型的分析可得到影子价格与资源发现量（节约量）的关系，以及开采量、存量及发现量之间的关系等。最终可得出一个十分有用的结果：技术进步为资源价格随边际成本上涨的过程增加了一个制动调节器，也就是说，技术进步是降低成本、平抑价格的一种有目的的活动。

2）可更新资源的最优管理

可更新资源与不可更新资源的不同之处，就是这类资源具有再生能力，并且在不受人为干扰的自然环境中具有自身特点决定的动态规律。这类资源包括森林、鱼类、土地及水资源等。大多数的可更新资源的数量具有时变动态特征。以生物资源为例，如果将其限定在一种自然环境状态下，那么其数量变化表现为一个连续的生长繁衍过程，并呈现某种规律性，称之为数量动态基本特征，或称自然成长规律。若假定所处环境是无限适应的，其生长的典型特征就是指数增长规律，即生物累积量随时间变化为

$$\frac{\mathrm{d}R}{\mathrm{d}t} = rR \tag{9-17}$$

式中，R 为资源储量（或生物累积量）；t 为时间；r 为纯比率或内禀增长率，$r = b - m$，b 为出生率；m 为死亡率。

该式又称为马尔萨斯生物总数成长规律，也称指数增长率，转化为可预测模型为

$$R(t) = R(0)\,\mathrm{e}^{rt} \tag{9-18}$$

这一模型虽然在数学关系上很简单，但在资源经济问题研究中仍具有广泛用途，它刻画了在广延时间流中呈无限指数增长的动态规律。

任何资源的发展演变过程都会受到人为调节、自身更新机能和环境容量等方面因素的限制，这些限制条件必然会影响可更新资源生长的动态规律。描述这些规律的方法和模型有多种，如单峰曲线模型 $R(t) = a + bt + ct^2 + \cdots + qt^n$、修正指数模型 $R(t) = k + a^{bt}$，或康伯兹增长模型 $R(t) = rb^{at}$ 等，其中，由比利时数学生物学家 Verhulst（1838）提出的逻辑斯蒂模型，可用于刻画种群受环境容量限制而表现的有限增长趋势，其表达式为

$$\frac{\mathrm{d}R}{\mathrm{d}t} = rR\left(1 - \frac{R}{k}\right) \tag{9-19}$$

模型描述的生长累积量的时变受初始量、内禀增长率和环境容量三因素的制约。环境容

量可看作除种群固有增长机制之外的其他要素的限制作用的总和。显然，当初始量很小，而环境容量很大时，R/k 近似地等于零，此时的模型就变成了式（9-17）。

逻辑斯蒂模型在可更新资源最优管理中具有重要应用价值，尤其是对以“收获”生产量为主的资源，可以在观测工作的基础上对其增长规律进行拟合，从而得到单位时间内生长量最大的时间，以及可能达到的单位面积高产量，有利于制定资源管理和收获的最优策略。

根据以上对可更新资源动态特征的分析，从管理者的角度看，这类资源的开发控制应侧重于对种群规模或资源存量的最优控制。从一个连续的时间过程看，管理者的目标应是对整个开发周期的净收益现值最大化，即

$$\max\int_0^T \mathrm{NB}(R\cdot E)\cdot \mathrm{e}^{-\delta t}\,\mathrm{d}t \tag{9-20}$$

式中，NB 为净收益函数，它受种群规模 R 和开发努力量 E 两个因素的影响；δ 为贴现率；T 为开发周期长度。

假设种群在人为影响条件下的数量动态特征为

$$\frac{\mathrm{d}R}{\mathrm{d}t}=F(R)-h \tag{9-21}$$

式中，$h=ER$，E 为投入收获过程中的努力量，R 为种群规模。

效益函数 $\mathrm{NB}=Ph-CE=PER-CE$，这里，P 为收获物的单价；C 为单位成本。对于期间配置决策来说，决策目标就是

$$\max \mathrm{PV}=\int_0^T (PER-CE)\cdot \mathrm{e}^{-\delta t}\,\mathrm{d}t \tag{9-22}$$

满足

$$\frac{\mathrm{d}R}{\mathrm{d}t}=F(R)-h \tag{9-23}$$

最优控制的哈密尔顿函数就是

$$H=\frac{(PR-C)}{\mathrm{e}^{\delta t}}+\lambda\left[E(R)-ER\right] \tag{9-24}$$

根据本模型，就可求出代表最优平衡水平种群规模的解。由于最优解取决于种群变化率方程 F（R）的具体形式，一旦 F（R）的形式确定，便可导出最优平衡解。若 F（R）满足

$$F(R)=rR\left(1-\frac{R}{k}\right) \tag{9-25}$$

则有

$$\delta=r-\frac{2rR}{k}+\frac{C\cdot\left(CR-rR^2/r\right)}{R^2(P-C/R)} \tag{9-26}$$

上式表明，如果环境容量 k 已知，只要获得单位生物产品的价格 P、成本 CR，并选择适当的贴现率水平 r，就很容易从方程中解得一个表征最优种群水平的正实根 R'。此时，对于 R'最优收获工作量为

$$E'=\frac{F(R')}{R'} \tag{9-27}$$

这就是模型给出的对于可更新资源保护有重要意义的最优种群控制的基本结果。

同理，对两种群生物资源的最优收获策略的模型是

$$\max \mathrm{PV}=\int_0^{\infty}\frac{p_1q_1R_1+p_2q_2R_2-C}{\mathrm{e}^{\delta t}}E(t)\mathrm{d}t \tag{9-28}$$

满足

$$\begin{cases}\dfrac{\mathrm{d}R_1}{\mathrm{d}t}=rR_1\left(1-\dfrac{R_1}{r_1}\right)-q_1ER_1\\[2ex]\dfrac{\mathrm{d}R_2}{\mathrm{d}t}=rR_2\left(1-\dfrac{R_2}{r_2}\right)-q_2ER_2\end{cases} \tag{9-29}$$

最终可确定最优种群水平 R_1' 和 R_2'，则最优收获策略就是，根据实际种群规模 R_1 和 R_2，采用适当的努力量 E 或收获率 h，使种群尽快趋于最优水平 R_1' 和 R_2'，如果成本是变动的，则 C 是边际成本。依次类推，可得到多种群可更新资源的最优收获策略模式。

9.2.2 自然资源的空间配置

地球上人们可以利用的自然资源是相对有限的，且在空间分布上表现出极大的差异性。与此同时，资源要素的不完全流动性及社会经济状况的差异性进一步加强了这种差异。因此，如何在时间和空间上优化配置这些稀缺的资源，组织生产，在最大限度上满足人们的物质消费需求，就成为资源学界长期研究的课题。从资源地理学的角度来看，资源优化配置主要是资源在空间上的最优配置问题。

资源的空间配置实质上就是资源在区域上的最优分配问题，对这一问题的研究已有悠久的历史。最早在 1826 年，德国经济学家杜能的“孤立国”区位理论，即资源配置的地理空间效应。该理论主要研究在某些假设条件下，如何安排农业布局才能充分地利用土地资源，在单位面积上获得最大利润的问题。他认为，利润 P 是农业生产成本 E 、农产品市场价格 V 与运费 T 这三个因素共同决定的，即

$$P=V-(E+T) \tag{9-30}$$

在此影响下，韦伯在 1909 年完成了《论工业区位》，这是世界上第一部关于工业区位的比较完整和系统的理论著作，为西方工业区位理论奠定了基础。在若干假设条件下，韦伯研究了运输费用、工资因素、位置因素（包括集中因素和分散因素）等对资源配置和工业布局的影响，他还提出了一个“原料指数”的概念，并根据它的值来配置资源。

德国经济学家廖什用利润原则来说明区位趋势，把利润原则同产品的销售范围联系起来进行研究。他从单个经济单位出发，将它置于实际空间中，探讨在布局过程中会受到的竞争者、消费者和供应者的共同影响。他第一个研究了所有工业配置的相互关系及配置的全面平衡体系。这使得区位理论从局部均衡走向了一般均衡，拓展了区位理论。

上述区位理论都从属于古典区位理论，其共同点都是通过对复杂现实世界的简化，采用抽象的逻辑推理，来达到对一般理论方法的归纳概括。第二次世界大战结束后，区位论向两个方向发展：一是微观布局理论中多种因素（包括非经济因素）分析的加强；二是宏观布局理论的产生，这标志着区域经济学的形成和区域资源配置理论研究的崛起。

20 世纪 50 年代以来，随着以凯恩斯主义为代表的西方宏观经济学的发展，越来越多的

学者开始注重宏观区位问题的研究。廖什和克里斯泰勒试图在区域资源配置研究中阐明并应用“中心地域”概念，他们认为，“中心地域”不是对区域带的再划分，而是在一个区域带内的村庄、小城镇和城市有机联系在一起，形成一个相互依存的网络，在此基础上形成梯级，促进区域资源在各梯级的有效配置，并最终促进区域的发展。1955 年 Perroux 提出了法国国土规划系统中的“成长引力中心”（生长极）理论。该理论将区域看作是由一个中心城镇构成的区域体。中心城镇具有密集的人口和繁荣的经济活动，在其中可以经济有效地部署非农投资。区域的繁荣来源于区域内经济产业的盈利和成长。这些理论在许多欧洲国家被广泛用于制定和评价经济政策。

上述若干理论均探讨区域内或区域整体的资源配置问题，对多区域（或区域间）的资源配置问题的研究，始于 20 世纪 60 年代，继列昂捷夫首先提出国民经济投入-产出模型和艾萨德提出一般区间投入-产出模型之后，发展了许多运输及投资成本最小化的区域配置模型。

可见，从空间上来看，资源的配置包括区域内、区域整体及多区域之上的。而从研究内容上又可分为解释性和政策性的两大类。前者包括投入-产出、空间一般均衡、中心地域、移民、增长引力中心（生长极）、城市土地均衡、运输、空间依存效应等；后者则包括经济增长、运输与投资成本最小化、多区域规划、空间竞争、运输与土地利用优化等。现代区域资源配置研究具有：一是研究方法多元化，且向模拟型方向发展；二是在考虑多区域、多部门有大规模综合模式时，更关心多个亚系统联结的大型配置模型；三是随着计算技术的发展，配置模型由理论向应用性转变等特点。其发展方向则趋向于建模思想、多目标分析、区域结构分析、区域发展模型与区域系统分析应用等五个方面。

1）资源空间配置与区位效应

从上述区位理论的回顾中可以看出，中心地域（或市场）对资源产地具有吸引力，不同的中心又可产生对同一资源产地的争夺。从理论上进一步解释这些现象对资源配置的实践具有重要指导意义。

在资源配置中产生区位效应的根本原因就在于存在区位成本，即在其他条件不变的情况下，由于资源地距离物质集散地（城镇、市场、集运点等）的远近而发生的成本。可以证明，区位成本随距离增加而呈指数上升。因此，在市场辐射范围一定的情况下，企业配置资源的决策应在市场价格与边际运输成本之间权衡。反之而言，市场对资源具有吸引力，而引力的大小也随距离的缩短而呈指数增加。对于多个市场，必然存在多个中心对资源产地的争夺，这就涉及确定各中心地域的引力范围。引力范围是指中心地域吸引原材料、输出产品的有效空间。1949 年，P. D. Converse 发展了 W.J.Reilly 的理论，提出了“断裂点”的概念，即中心地域的引力边界。由中心地域到引力边界的距离可由式（9-31）来确定：

$$R_A = \frac{D_{AB}}{\left(1+\sqrt{\frac{P_B}{P_A}}\right)} \tag{9-31}$$

式中，R_A 为断裂点到中心地域 A 的距离，D_{AB} 为两中心 A、B 之间的距离；P_A、P_B 分别为两个大小不同的中心地域中的人口规模。这一公式虽然过于简化，但它毕竟提供了一种计算思路。

由于中心地域对资源产地的争夺，其竞争的优势与它所处的区位有关，周围原料地越多，距离原料产地越近，竞争优势就越强。当中心地域获得优势时，附近厂家也就得到了相对优势，从市场占有率来看，这种争夺无异于空间竞争。可以证明，厂家的经济收益与其占有的市场空间的大小成正比。

空间竞争除厂家自身的经济实力外，还有一个极其重要的因素，就是地域的条件。资源条件的差异可以由区位优势得以补偿；相反，区位劣势也可以由资源优势得以补偿。可见，空间竞争往往同时作为资源优势和区位优势双重竞争的复合体而出现，这就使得人们在进行资源配置时，不仅要考虑在一定空间上的资源优势，还必须考虑其所处的区位。

综上所述，区域间的资源配置具有不确定性，而这种不确定性源于空间竞争和区位效应。区域内资源配置也会随着区域的开放度和分工度的提高而由封闭型走向市场导向或城市导向型，使资源的全部动用由分散型转向收敛型。

2）区域间的资源配置

区域间的资源配置也称为多区域配置，通常包括两层含义：一是在不同空间的资源配置；二是在同一空间内各亚区域与全局的协调配置。

对第一层含义而言，区域间协调配置的理论基础是比较利益原则，又称“比较成本学说”。它是由英国古典政治学家李嘉图针对国际贸易而首先提出的，以取代传统的绝对利益原则。绝对利益原则认为，各个区域（国家）都有生产条件上的某种绝对优势。如果他们各自利用其优势进行专业化生产，通过贸易进行交换，会使各地的资源、劳动力和资本等生产要素得到最有效的利用。而比较利益原则认为，一国应生产那些资源消耗最低的产品出口，以换取那些虽比国外产品耗费低，但在国内并非耗费最低的产品。因此，一国要生产什么，不是以它的资源绝对优势为依据的，而是以哪种产业耗费资源最少为依据，国与国之间的交换方向和性质依据比较利益而定。这一理论很快就被广泛应用于一切利益主体不同的区域以确定最优的区域间资源配置格局，并从不同研究角度得到了发展。

对第二层含义而言，则侧重于研究在一个统一的发展目标下对特定空间内总体配置效果与其区域自持发展相结合，构成一种协调发展的区间资源配置格局，这些配置问题要考虑下述几个原则。

第一，从总体上把握全区的资源状态、发展目标与可能性，在此基础上考虑各亚区自身发展的一般规律及外部刺激（如价格、利润率、需求等）对各亚区的影响，以及各亚区可能作出的反应。

第二，总体目标的确定要能够充分保证各亚区资源的全面启动，自然和经济资源要在生态许可的范围内全部投入经济流转过程，不存在总体上稀缺的资源在某些亚区有闲置的状况。

第三，亚区域的自持和全局经济辐射力是同等重要的。对于前者，应通过流通费用的详细核算，从社会最终费用的角度构造必要的亚区域自持性约束空间；而对于后者，则通过开放性的约束来实现，即对那些有比较利益的配置项目，暂时牺牲局部利益求得发展，以通过补偿的方式维持亚区的自持能力。

对于局部与整体协调的配置问题，目标多、约束条件也多，需用线性规划模型求解。解法有二：其一是采用大型配置模型的分解原理，把一个总模型分解成若干亚模型；其二是直接构造局部与整体协调的大型配置模型。

资源配置的目标就是资源的配置和利用达到最优化。何为最优化呢？传统经济学中是以资源配置与经济增长之间的关系为评价标准，当资源配置有利于经济增长时就被认为是优化，否则就为非优化。因此，无论利用什么样的资源，采取什么样的资源组合，只要有利于提高经济增长速率就会受到鼓励。这就必然会导致某些支持人类生存与发展的重要资源日益匮乏，生物多样性日趋减少，环境污染日趋严重，最终危及人类的生存环境和经济社会的可持续发展。

正如《我们共同的未来》中指出的："持续发展是一种行为准则，用以约束我们目前消费行为的准则，这种世代间责任感是一种新的政治原则，须用以指导当今经济增长"。持续发展实际上是一种不损及后代人满足其需要的能力基础上来满足当代人的平均生活水平的不断提高，同时又要保证不损害经济社会的持续发展，即不损害未来人的利益。然而，传统经济学主要以"经济增长"为核心，而对持续发展涉及很少，人们很难根据诸如收入、消费和投资等方面资料精确说明持续发展问题。20 世纪末，随着资源价值论与资源核算论的提出，促使资源的输入和耗费纳入整个国民经济的核算体系理念得已形成，也就是说，"经济增长"的概念中包含着对资源的消费甚至是对环境破坏的补偿。随着资源经济理论和方法的不断完善，最终将达到资源配置的双重目标：经济增长和持续发展。

9.2.3　自然资源的代间配置

为了生存和发展，无论是当代人，还是未来人都需要利用资源。人口和贪欲膨胀又会驱使当代人过度地利用资源，破坏资源再生能力，损害未来人的利益，甚至生存基础。这样，当代人与未来人的利益就发生了冲突。因为，未来人无力制止当代人损害他们利益的行为，如何代际公平地处理当代人与未来人的利益，就需要对资源的开发进行代间公平分配。

自然资源代间配置是指地球自然资源的配置不仅要实现同代人的横向平衡，也要实现世代人（当代人与未来各代人）之间的纵向公平，是以自然资源可持续利用为基本原则的配置方式，是随着"可持续发展"概念的提出而形成的新的自然资源配置理念，其远远超出了经济最优理论的范畴。

对于尚未出生的子孙后代而言，当代人具有完全占有资源的优先权。但是，生态伦理观要求人们要把上一代人留下的资源保持同样的水平或者更好地交给下一代。基于这一基本原理，可以借用代际环境冲突公平判断模型来分析资源的代间配置。

$$\frac{E_{n+1}}{f(n+1)}=\frac{E_n}{f(n)}$$
$$f(t)=F\left[d_{(1)},d_{(2)},\cdots,d_{(m)}\right] \tag{9-32}$$

式中，E_{n+1}、E_n 分别为第 n+1 代人、第 n 代人的资源储量，用区域资源货币化的总价值代表；$f(n+1)$、$f(n)$ 为第 n+1 代人、第 n 代人的资源偏好率；$f(t)$ 为描述第 t 代人资源偏好的一个多变量函数，由分别代表人均 GNP、科学发展水平、资源管理水平等的 $d_1,d_2,\cdots,d_m$ 变量组成，m 表示 d 的因子个数。$f(t)$ 函数应该是一条逐渐上升的曲线，因此，$f(n+1)>f(n)$，$E_{n+1}>E_n$，即资源是可持续的。

如果当代人过度地开发资源，设 n 代人留给 $n+1$ 代人的资源储量为 E_n'，则 $E_n'<E_n$，出现了代际之间的资源冲突，为了维护代间公平，第 n 代人应设置一部分资金 M_n 用于弥补第 $n+1$ 代人的资源投资，这个 M_n 称为代间资源补偿资金。代间资源补偿资金的大小应该满足把 E_n' 恢复到 E_n 的投资需要。

针对一个特定的区域，衡量其自然资源的开发是否具有可持续性，应该评价其人口、资源、环境、经济系统的协调程度，其计算公式是

$$H=\left(a\sum_{i=1}^{n}\cos\frac{\pi}{2}\frac{M_i}{M_{i_0}}+b\right)\left(\sum_{j=1}^{l}\frac{G/m_j}{G_0/m_{j_0}}\mathrm{e}^{\frac{G/N}{G_0/N_0}}-\mathrm{e}^{\sum_{k=1}^{m}\lambda_k\frac{\rho_k}{\rho_{k0}}}\right) \tag{9-33}$$

式中，G_0、G 分别为参考年、当年的国内生产总值；N_0、N 分别为参考年、当年区域内的总人口；M_0、M 分别为某种资源的储存量、开采量；m_j 为某种资源的当年消耗量；ρ_0、ρ 分别为某种污染物的允许浓度、当年实际浓度；a、b、λ 均为权系数，并且 $a+b=1$。

在可持续发展过程中，一个特定区域内的收入，是在不消耗资本存量的基础上可以被消耗的量。因此，在自然资源的开采和销售过程中所得到的利润，并非全部都是收入，其中包括了开发自然资源所造成的资源折旧。

在计算资源折旧率时一般采用用户成本法进行。用户成本法将从不可再生资源的开采和销售中得到的利润分成两部分：一是资本要素，即用户成本；二是增加值要素，即真正的收入。用户成本代表了所得利润中必须重新进行投资的部分，这样才能对未来从该项资源中取得利润的减少加以补偿。需要说明的是，在计算过程中首先假设每年取得的租金和真实收入都是不变的，这个假设实际上并不符合资源产出最大化原则。但是，用户成本法易于理解和操作，并可以大致算出必须重新进行投资的部分。

9.2.4　自然资源的全球配置

自然资源的全球配置是自然资源市场配置的一种特殊形式，它以全球范围自然资源的供给可能为基础，通过自然资源或资源产品的国际贸易和其他流转方式实现自然资源的分配和组合。由于一个国家或地区的自然禀赋的优劣和差异，世界各国和地区所拥有的自然资源也多是有优、有劣，有余、有缺，世界各国和地区都需要通过自然资源的流动解决自身的自然资源供需平衡，由此形成了自然资源在国际范围的流转和配置。当今世界上，已没有一个现代化国家能够做到所有自然资源和原材料供应上的自给自足，严重依赖外国既成为经济问题，又会成为国家资源安全问题。

自然资源的全球配置实际上是以国际市场体系规则组织经济运作，在国际自然资源市场的竞争中寻求所需自然资源的安全保障。世界的经验表明，发达国家为了保障自己的经济安全和国防安全，在自然资源的安全供应上，尤其是能源等重要矿产资源上，一直推行以最低廉价格利用国外矿产资源为核心的全球资源战略。这种战略的基本策略是，政府积极支持以跨国矿业公司为主体的大量资本输出，占有、掌握和控制国外重要矿产资源基地，开展矿产资源勘察、开采、加工、冶炼和营销活动，以源源不断的国外矿产资源（品）满足其国内的需求，并抢占国际矿产品市场。实施资源全球战略，是国家一级的行为，是在国家层面上考虑全球的资源战略问题，并将其作为国家全球战略的一个组成部分，依托国家的经济、军事、科学技术、外交等多方面的实力和手段，参与国际资源市场竞争，以获取和保卫本国的资源利益。

？复习思考题

1. 掌握自然资源配置中所应用的经济学和可持续发展基本原理。

2. 理解国际贸易和全球资源配置的关系。

3. 了解自然资源配置时间、空间、代际、配置模型的数理含义及计算方法。

? 引深讨论问题及分析思路

讨论问题

1. 资源的空间配置和全球配置与公平性和资源安全性问题的关系。

2. 资源的代际配置与人类生活水平及区域经济发展的关系。

分析思路

经济全球化形势下，资源的空间配置和全球配置与公平性和资源安全性问题的关系；在区域内交通网络构成和运输速度提高的环境下，如何进行资源的空间配置？区域产业结构的变化对资源配置调整的作用；资源的代际配置与人类生活水平及区域积极发展的关系。

第 10 章　自然资源规划及开发的基本原理

内容提要

自然资源的开发与人类的生存活动紧密联系，只要有人类活动的存在，自然资源的开发就不会停止。基于这一思考，本章系统地讨论了自然资源开发的动因、自然资源开发利用模型的构建、自然资源开发利用规划和目前的资源开发利用模式。第一，系统地阐述了自然资源规划的基本原理、系列专业术语、规划的步骤和方法。第二，就自然资源开发的动因，从人的需求特性、自然资源多功能的服务属性和效益最大化等方面进行了逐步逻辑性的推理分析。第三，任何一种资源的开发，都是在一定的自然、经济、社会、科学技术条件允许下进行的，根据这些条件的约束，分别构建了地下和地表资源的开发模型，并举例说明了模型构建的具体操作方法。第四，概述了自然资源开发利用模式的演变历史和一些重点资源类型、重点区域的资源开发利用模式。

重点要求

（1）熟练掌握自然资源规划的步骤和方法；

（2）学会自然资源开发利用模型的构建方法；

（3）辨证地理解自然资源开发利用模式转变的原因所在。

10.1　自然资源规划的基本原理

在国外，自然资源规划多以土地利用规划形式出现，但土地利用规划的内容相当广泛，是包括土地、森林、矿产、水资源等自然资源在内的资源综合规划。在国内，许多相关研究流域，在某种程度上，将自然资源规划视为国土资源规划。国土，是指国家一定地域范围内自然资源与环境的综合体。因此，国土规划针对的是在一定领土范围内全部或部分可以用于发展生产、安排生活的自然资源和相关自然条件，着重于地面与地下储存的自然资源。自然资源是国土规划的对象，考察和评价自然资源是进行国土规划的前提，国土规划的目的是合理地开发自然资源。

10.1.1　自然资源规划的基本概念

自然资源规划，是指在自然资源可持续发展战略的指导下，在资源调查和评价的基础上，从国民经济需求、技术可能及资源开发利用的长远利益出发，依据一定区域内的资源态势、资源结构、资源开发利用现状和目标对相应区域内自然资源在未来一定时期内的开发速度、规模、时序、重点及利用方向、方式和利用结构所做的整体部署和安排。同时，为资源替代和境外资源输入提供意向性设想。

1. 自然资源规划的任务

一是制订可持续发展的区域自然资源规划的总体部署；二是分析区域自然资源诸要素的特征及存在的问题；三是根据经济发展、自然资源规划的总体部署和国家的宏观战略，制订一定区域近期和远期自然资源规划目标；四是提出开发利用、保护管理自然资源的途径，制订综合整治方案。

2. 自然资源规划的基本内容

自然资源规划的内容决定了规划使用价值的大小。自然资源规划应当按照自然资源的属性进行区别规划。自然资源的种类不同，其属性也各不相同。资源体系中的各种规划因区域、时期的不同，规划内容和重点也不尽相同。一般包括以下几个主要方面。

第一，资源供求规划。是根据各种资源的组合特征、开发条件、开发潜力，结合国民经济对资源需求的状况和需求急迫程度，推算不同规划时期资源的承载能力、供需保证程度和服务期限，进而确定不同时期资源开发的速度、规模，选定资源、供求平衡模式。

第二，资源结构规划。包括资源开发类型结构、空间结构和综合利用结构的规划等，用动态变化观点分析未来资源结构演替特点和规律，制定适应资源结构变化的区域产业结构与经济结构，推动资源结构向高级化和现代化发展。

第三，资源转化增值规划。按照资源产业论观点，确定不同规划期资源、转化增值模式，以及资源深层次开发和加工增值途径。

第四，资源建设规划。主要指新型资源的发现和勘探规划、枯竭资源的替代规划、资源产业替代规划及资源进出口规划等。

第五，资源保护规划。主要指依靠经济、政策、立法等手段，制定不同规划期资源保护的种类、方式与措施。

3. 自然资源规划的整体思路

在规划编制过程中，通过按照因果关系进行分析，找出资源规划要解决的核心问题。在排除不属于规划要解决或难以解决的问题后，针对问题提出相应目标与策略。在设计规划方案时，对于规划的总体目标、分项目标、措施及投入严格按逻辑性进行检验，为保证逻辑检验的可操作性，对总体目标、分项目标、措施、投入等四个方面设计出检验指标、检验方法、外部假设条件。

这一思路充分体现了目的性原则、整体性原则、针对性原则，对提高规划的科学性和可行性有重要作用，因而被发达国家和国际社会广泛采用。

4. 自然资源规划的基本体系

资源规划在空间尺度上可分为全国规划和区域（地区）规划，而区域（地区）规划又可细分为大区域、跨省、省、地市和县规划等。在时间尺度上分 3～5 年的近期规划和 10～20 年的中长期规划，通常以后者为主。资源规划按其用途可分为四类：单项资源开发规划，如某省的水电资源规划、某地区的非金属矿产资源开发规划等；产业资源开发规划，如我国林业规划、某省矿业规划等；区域资源综合开发规划，如黄土高原地区农业资源综合开发规划等；全国资源综合开发规划。

这四种类型的资源规划基本上可分为综合性和专题性（单项）规划两大体系。

1）综合性资源规划

综合性资源规划的最高层次是全国资源规划，其下又可分为两类，一是依照行政区范围制定的资源规划，依次为省（自治区、直辖市）级、地（市）级、县级资源规划；二是跨行政区的资源规划，如大经济区规划、流域规划等。全国资源综合规划是以全部资源为对象，对其开发、利用、生产力布局、基础设施建设及资源管理等进行的战略性安排。区域性资源综合规划是以一定范围的资源为对象的规划体系，是以行政区为基础的省（自治区、直辖市）地（市）县级资源规划和跨省大经济区规划、跨地市和县的规划，以及跨流域规划，如长江流域规划。

综合性资源规划具有系统性、整体性、战略性、综合性、地域性的特点，综合性资源规划始终将国土资源作为一个整体来对待，处处从全局着眼，照顾整体利益。对某个局部规划可能不是最优的，但对于整体、整个国家确是最优的。综合性规划是以资源开发与保护作为出发点与归宿的。综合性资源规划对一切问题均作系统全面的考虑，从时间、空间的横纵面去研究资源。其规划的内容大多具有宏观、长远及战略性的特点，规划期较长。具体规划时不仅要兼顾自然、经济、社会、科技各个领域，还要对国家、地区、个人的利益和社会利益及制约资源的各种因素进行综合分析。全国综合性资源规划是各省(自治区、直辖市)、地(市)、县级综合性国土资源规划的纲领，各级综合性国土资源规划必须符合全国规划的要求与原则，这是宪法规定的资源归国家所有的具体体现之一。各省地市县综合性资源规划是结合了当地的地理条件、区域特点，扬长避短、发挥资源优势的地域性规划。跨行政区资源规划是从促进区域经济协调发展、优化资源配置出发而进行的规划，是对行政区国土资源规划的综合与补充，是全国国土资源规划的战略体现。

2）专题性资源规划

专题性资源规划也分为两类：一类是按资源的种类制定的规划，如矿产资源、耕地资源、森林、水资源、草地资源等；另一类是为解决重大专门性问题而进行的规划，如全国生态环境建设规划等。专题性资源规划是指为满足国家经济建设中对资源需求和解决资源开发、保护中某些重大专门性课题为目的而进行的规划，如全国矿产资源规划、全国耕地保护规划、全国生态保护建设规划、黄土高原水土保持专项规划、全国综合运输网规划等。

专题性资源规划是综合性资源的细化，是综合性国土资源规划战略在各类资源和重大专门问题的体现，同时，专题性资源规划又是综合性资源规划的组成部分；综合性资源规划是专题性资源规划的空间体现。专题性规划之间的协调关系通过综合性规划具体落实。专题性国土资源规划体系也有全国和区域之分，各省（自治区、直辖市）、地（市）、县级专题性资源规划必须符合上级规划的战略与原则。

10.1.2　自然资源规划的理论依据

1）系统工程理论

系统工程理论要求人类在利用资源时，必须要有整体观念、全局观念和系统观念，考虑资源系统的内部和外部的各种相关关系，不能仅单一地考虑资源的开发利用及其受益，而忽视对系统内其他要素和周围环境的不利影响。系统工程方法之所以对资源利用规划研究也产生直接的影响，主要是由于资源系统大而复杂，无法直接分析和实验，一般利用模型来替代真实系统，然后加以分析。资源的开发利用过程和结构调整包含生态的、技术的和经济的问题，其内在关系错综复杂。要把这些问题加以综合处理，使各种因素组成一个达到最优水平的完整体系，就得求助于系统的方法，规划过程中的系统分析方法是以数学模型为主要手段的定量分析过程。

2）控制理论

规划的目的就是让有限的资源按照人的目标，实现资源的经济效益、生态效益和社会效益的最佳组合，为人类的生存和发展创造更多的物质财富与优良的空间环境。控制论的基本原理要点包括：一是控制与控制论研究的对象是一个信息系统，信息的传递推动有机体的变动；二是信息的传递是可控制的；三是在研究信息系统的传递中，比较注重的是量变到质变的过程，而且量变带有可逆性；四是控制与控制论是研究信息系统的手段，而不是最终目的。

3）弹性理论

规划是对未来的预测。由于客观条件的不断发展和变化，制约规划方案的各项因素都处于动态变化中，因此，弹性规划思想被广泛运用到各个规划领域。资源开发利用规划中的弹性理论内涵主要包括以下几点：一是规划的弹性是一种动态的思想，面对规划中内外部环境的不确定性和各种非理性行为，这种动态思想使规划更好地适应世界的变化。二是规划的弹性是一种协调的思想。规划的重要特征之一便是具有多样性和复杂性，各种因素间都存在相互作用、相互影响的关系。因此，协调它们之间的关系，有利于规划各方的协调发展。三是规划的弹性强调规划各方选择的多样性，包括规划工作者与参与者、规划的目标、规划的技术方法等。面对难以预测的未来世界，弹性理论认为，在多方参与之下制定多种目标，采取多种方式，有利于规划不断促进人类的进步和社会的发展。

4）地域分异和功能分区理论

自然资源的空间分布受制于其所在区域的自然环境条件。由地球表面各纬度受热不同所引发的气候、地质地貌、水文等自然条件的差异造成自然资源分布的区域分异特征，它们决定着资源的经济区位价值和配置的综合程度，进而对资源规划产生重大的影响，并要求在资源规划时要进行合理功能分区，建立相应的资源基地，以保证资源得到合理利用，获得最大的综合效益。

5）生态学理论

生态学原理是资源开发利用规划的基础理论。生态学的原理要求：一是从生态角度提出资源的评价和规划，强调的是生态要素之间的相互作用及各种生态系统的适应性特征；二是从系统生态学和生态经济学角度提出生态规划，强调生态系统的良性循环和资源的生态功能；三是依据不同区域的生态结构和功能特征，对不同区域采取不同的资源开发、利用、整治和保护措施，遵循自然规律编制资源开发利用规划，使一定地域范围内的生态结构更稳定，功能更优化；四是在遵循生态平衡原理的前提下进行资源规划。

10.1.3　自然资源规划的步骤和方法

一般来说，自然资源规划的研究与编制包括以下 10 个步骤及相应的分析方法（表 10-1）。

表 10-1 自然资源规划的主要步骤、工作内容和相应的规划方法

序号	步骤	主要工作内容	规划方法
1	明确问题，界定规划范围	界定规划范围；了解现状和问题；搜集基础资料；确定项目工作机构	
2	规划组织与准备	制定工作计划和时间进度；计划所需投入	
3	问题分析	收集资源利用现状资料与数据；分析资源利用存在问题之间的因果关系	RS、GIS、GNSS；利益主体分析；问题树；目标树
4	机会分析	针对要解决的问题；分析资源利用面临的机会；设计多种规划方案	面向目标的项目规划方法
5	资源综合评价	设计资源评价指标；对资源的多种属性进行综合评价；绘制综合评价图	多目标决策；GIS
6	规划方案评价	分析每个规划方案的环境、经济和社会效果；方案对比分析	成本效益分析；社会影响分析；环境影响评价；GIS
7	确定最佳规划方案	公示规划方案评价结果；公开咨询与听证；修改规划方案	多目标决策
8	起草规划文件	制定政府部门、资源利用者的目标和任务；编制投入计划；建立规划实施监测和修改、沟通、参与政策和措施	
9	规划实施	加强不同群体、不同部门之间的沟通与协作	
10	规划实施监测与修改		

1. 明确问题，界定规划范围

确定规划区域，搜集关于资源、基础设施、人口、政府部门、非政府组织、企业等方面的基础资料；初步分析存在的问题、制约因素和有利条件；确定规划研究与编制的人员、组织机构和资金等。

2. 规划组织与准备

制定工作计划和时间进度表。针对每项计划任务，确定人员、资金、设备和时间投入量；进行规划编制资金预算；购置设备、软件和资料等。

3. 问题分析

收集有关资源、人口、就业与收入、开发利用现状、基础设施等方面的资料与数据；分析资源开发利用中存在的问题和原因，进行走访调查，了解当地政府的社会需求。在收集数据时，充分利用各种手段和数据来源，包括政府部门公布的统计数据，通过地图、卫星图片、航空照片等手段所获取的数据，以及通过实地调查获得的数据。这些数据可用 GIS 技术进行管理。分析问题时主要用的方法如下。

1）利益主体分析

利益主体是指能够影响决策或受决策影响的各个部门、团体和个人，包括政府部门、非政府组织、企业、社会和个人。这种分析方法的主要内容包括：第一，明确问题。不同的问题涉及不同的利益主体，因此应首先界定问题的性质与边界。第二，分析问题涉及的所有利益主体。利益主体可以根据资源开发对他们的重要性，以及他们对项目的影响大小分为主动

影响者、被动影响者，直接影响者和间接影响者。分析各种主体的利益，并根据影响力和重要程度这两个指标将它们分为四种类型。对于重要程度高且影响力较高的主体，项目工作人员要与他们保持良好关系，争取他们的支持；对于重要程度较高但影响力较低的主体，要采取特殊措施来保护他们的利益;对于重要程度较低但影响力较大的主体，项目对他们的利益没有太大影响，他们可能是项目的风险因素，需要加强管理。第三，分析各利益主体对项目的参与程度及其之间的相互关系。

2）问题树

在利益主体分析的基础上，政府部门、规划项目组、社会团体及规划（或项目）的执行者等对资源利用中的问题进行分析。不仅要分析问题的起因，而且要分析问题对其他方面的影响。按照内在的因果逻辑关系，以核心问题为中心点，将所有问题绘成树状结构图，即问题树。

3）目标树分析

对问题树中的每一个问题提出解决方法，以及解决此问题应达到的目标。将这些目标绘成树状结构图，形成目标树。

4）战略决策分析

通常目标树可能包括规划不可能实现的目标，将之排除后，剩下的规划目标形成战略决策。

4. 机会分析

排除不属于自然资源规划要解决的问题；在考虑资金投入、资源利用、技术、人力资源等方面的基础上，分析解决问题的途径；按照最大产出、最小投入、最大保护、最大公平等原则设计规划方案，规划方案应满足经济效益、资源保护、可持续性、矛盾最小化等方面的要求；将问题分析及各种方案公布于众并进行讨论。

5. 资源综合评价

建立资源利用的地理信息系统，选定评价指标并设定各指标的状态范围，对各种资源（包括森林资源、水资源、旅游资源、矿产资源、基础设施、人力资源等）进行综合评价，将各种资源的数量、质量与开发利用要求相比较，并考虑开发利用对资源与环境的影响，确定土地用途。根据评价结果，做出土地适宜性分布图。资源综合评价技术与方法为多标准评价法和 GIS 技术。

6. 规划方案评价

对每一种规划方案，都要进行环境影响评价、经济评价、社会影响评价。进行环境影响评价时，要充分考虑每个规划方案对土壤、水资源、牧草地、森林资源、野生动物保护、旅游资源等方面的影响，并尽量对各种影响进行量化。经济分析一般采用成本-效益分析法来进行，充分考虑规划方案对当地社会经济增长的影响。社会影响分析着重考虑规划方案对不同社会群体的作用与影响，尤其是弱势群体。

7. 确定最佳规划方案

政府部门、非政府组织、企业和社会等各方面的代表对不同规划方案的资源评价、环境影响评价、经济评价和社会分析等进行讨论和协商，讨论每个规划方案的可行性和可接受性，确定最佳规划方案；根据有关意见，对规划方案进行调整修改，并做好规划文件的起草准备工作，初步提出规划实施的管理措施和建议。

一般来说，多目标决策的评价方法可分为四类：层次分析法（analytic hierarchy process, AHP）、序列法、图解法及共识最大化法。其中，应用最广的是层次分析法，其基本原理是将复杂的决策问题分解为若干评价指标，形成递阶层次结构，通过比较各指标的相对重要性来确定它们的权重值。通过对规划方案各评价指标的叠加分析，得出该方案的综合优势度，从而得到各方案优劣势的总排序。

8. 起草规划文件

确定政府部门、非政府组织、企业和社会在资源开发利用方面的目标和任务，明确实现目标的途径与方式；编制资金和其他投入计划；建立规划实施监测、政府与社会之间沟通协商的制度与措施。

9. 规划实施

编制规划的目的在于实施，政府和资源主管部门在规划实施中起主导作用。政府部门要加强与企业、社会公众之间的沟通，协调不同实施主体的行为，加强部门之间的联系。为了确保规划的顺利实施，需要做好以下几方面工作：第一，规划必须体现国家的整体利益，要求资源规划逐步实现规范化、法律化，使其具有权威性和可行性；第二，制定并颁布规划工作实施细则，对不同层次的规划提出具体要求，规划一旦制定并通过，即具有法律地位；第三，调整和选定资源管理机构，明确资源产权，建立资源核算体制，逐步实现资源开发利益的合理分配和有偿使用，广开筹资渠道，增强管理部门的宏观调控能力和手段；第四，严格资源立法管理，广泛宣传已颁布的法令，建立并维护执法机构的权威，做到有法必依，违法必究。

10. 规划实施监测与修改

对资源利用单位或个体的行为进行实地调查，根据所发现的问题，修改调整规划。

此外，遥感、全球卫星导航系统、地理信息系统在自然资源规划中所起的作用也很大。遥感技术能快捷地获取大面积地理范围内的自然资源数据；地理信息系统能快速进行数据处理和更新；全球卫星导航系统则能通过实地勘测获取或校正特定自然物或资源利用的位置信息。

10.2　自然资源开发的根本动因

10.2.1　人类对自然资源的需求和资源的服务特性

人们之所以开发和利用自然资源，因为自然资源的开发利用可为人类提供生存必需的产品和服务，还因为自然资源的产品和服务可以提高人类福利和生活质量。人类开发自然资源的基本动力来源于生存的需求，以及改善福利和生活质量的需求。

1）人类对自然资源的需求

人的需要可以分为两大部分五个层次（表 10-2）。

表 10-2　人类对自然资源的需求概括表

大类	层次	内涵
生理需求	基本生理需求	食、衣、住、行的需要，这是维持生存的最基本、最底层的需要
心理需求	安全需求	希望生活有保障（如免于受伤害、受剥削、失业等）；希望人类赖以生存的自然资源不要枯竭，自然环境不要退化
	社会需求	即感情的需要，社会交往的需要，爱的需要，归属感的需要
	尊重感的需要	需要自尊，需要受到别人的尊重
	自我实现的需要	需要实现自己的理想，自己的价值，这是最高层次的需要

从需要的角度来考察，人的需要通常被认为是无穷的。这些需要一个接一个地产生，一旦前一种需要得到满足甚至只有部分得到满足，就会接着产生后一种需要。然而，满足需要的资源却是有限的。

显然，生理需要直接是一些物质要求；心理需要则间接与物质要求有关，如要求满意的工作、要求自我实现，这些除了涉及个人能力、价值观、社会制度等非物质因素外，也必须有一定的物质装备和经济基础。

满足人类需要的物质从何而来？追根寻源后不难发现，它们都来自自然界，即自然资源。甚至某些心理需要也要从自然资源中得到满足，如环境质量和湖光山色等风景资源。

2）自然资源的服务特性

自然资源不仅种类很多，而且每一种资源的服务功能多样、效用各有千秋，因而存在一个开发规模、先后次序的问题，衡量各种资源的服务功能和开发效用，往往需要对自然资源进行功能价值分类，基本上可抽象为物质价值、精神价值或审美价值。物质价值往往可以用货币来衡量，而精神价值或审美价值不能用货币来直接衡量，但其社会价值或价值的潜延性非常大，衡量其价值的间接货币标准，是随着其年限的长短、工艺的难度及人们生活水平的高低而发生变化的。具有这种精神价值的资源往往是对个人权力的一种追求象征、或一种胜利的纪念物，或者是其他个人的或社会的目标。例如，兴建金字塔的效用很难用货币来直接衡量，它可能作为某人灵魂安息的场所，也可能作为天堂的象征或慈善行为的纪念物，或者是作为军事防御线上的一个堡垒。只能随着时间的延续，作为一种旅游纪念性资源，通过开发来进行价值衡量。

10.2.2　自然资源开发的成本-效益原理

自然资源开发决策过程中最重要的事情，莫过于收集和分析赖以决策的数据资料，进行成本-效益分析，权衡其效用最大化。一般情况下，只有效益超过成本，开发者及投资者才会决定着手工作。由此可知，成本-效益分析法可以为资源开发方案的选择提供决策指南，是用来评估自然资源开发项目经济前景的重要方法。它既可以用来确定一个项目方案是否经济可行，即是否可以在扣除成本之后带来净效益；也可以用来评定或排列各种可供选项目的优先顺序。特别是政府部门已经认识到，应用各种成本-效益分析方法来比较备选公共项目和规划的效用潜力，既很重要，也有可能。

1. 成本和效益的构成

1）成本的构成

资源开发项目成本包括直接成本、附加成本和派生成本。直接成本是直接用于建设、维持和运营这些项目的全部资源、劳动和材料的价值，以及由项目直接导致的负效应。附加成本是为使项目产生的产品或服务能为人们所利用或销售出去，而必须追加的物品和服务的价值。派生成本是除项目开发的直接成本和附加成本以外，由项目开发引起的所有物品或劳务的价值，包括所有加工中间产品或服务的成本。正如加工中间产品或服务而增加的价值叫作派生效益。

2）效益的构成

自然资源开发的效益包括基本效益、无形效益和派生效益。基本效益是资源开发项目产生的产品和服务的直接价值，这里主要指可用货币衡量的有形物质效益。无形效益是指虽然被认为在满足人们需要和欲望方面有实际价值，但不能全用货币衡量或在正式分析中不能用货币单位表示的效益。派生效益指由某个项目实施所“引起”或导致的附加价值。这种效益还包括由某个项目“引”发的经济增长所带来的效益。然而，只有在项目实施使得比没有该项目时增加了净收入的时候，才能说产生了派生效益。

2. 成本-效益的估算

成本-效益估算应采用一致的价格水平、利率、风险折扣和考虑同样影响因子。可以按成本-效益发生时的期望价格来估算成本和效益。如果资源开发项目即将开始，成本往往按现有价格计算。效益估计和对未来经营、维持更新等成本的估计，往往需要假设一个未来的价格水平，这种估计一般应该保守一些。也有些项目采用长期平均价格或产品产量预测作为估算的标准。

在成本-效益评估时，首先，应将拟议中项目的成本-效益折为现值。这需要确定合适的贴现率，在项目评价过程中，用利率和贴现率来把所有未来效益和成本估计折现成可对比的现值。其次，由于这种利率年际间波动不定，还需要确定每个项目的预期经济寿命和期末预期残值。然后，考虑无形和有形价值的处理、经济活动水平的调整、受影响公共设施的成本计算，以及土地的获得和改良费用、税收、已有设施报废的替代成本、有效生命期和各种损失计算等。最后，进行风险和不确定性预测，并且能根据保险费和其他适当费用计算风险折扣。

不同的项目预期经济寿命有很大的差别。为了便于进行成本-效益分析，将经济分析限制在项目预期寿命之内，扣除项目预期残值之后的所有成本都要在这个时间段内分摊。

3. 成本-效益的比较

成本-效益分析的基本原理是，对经济决策将要付出的社会成本（直接的和间接的）与可获得的效益（直接的和间接的），以尽可能统一的计量单位（货币）分别进行计算，以便从量上进行分析对比，权衡得失。为此，必须确定两大类指标体系：所耗费的成本和所获得的效益。一旦成本和效益计算出来，扣除项目直接成本和附加成本的基本效益剩余称为净基本效益；扣除派生成本之后的派生效益剩余，称为净派生效益。这两种效益和成本一起用来确定成本-效益的比率。在进行多方案比较时，一般采用三种方法：一是在成本相同的情况下，比较效益的大小；二是在效益相同的情况下，比较成本的大小；三是在成本和效益都不相同的情况下，以成本与效益的比率和变化关系来确定。

成本-效益分析方法的使用有以下前提：一是只有在对某项目资源产品存在着需求的情况下，项目才有经济价值；二是每个项目都必须在使净效益最大的规模上实施；三是每个项目或项目各个独立组成部分，都必须以与项目总目标相符的最小可能成本来实施；四是每个项目的优先开发顺序应按其经济合理程度排列。

4. 对成本-效益分析的评价

对资源开发项目决策评估中使用的成本-效益方法，可以从正反两方面进行评价。

成本-效益方法已使用多年了，并且在运用过程中也得到了不少改进，为评估拟议项目的相对经济效益和可行性，提供了一个总的衡量标准，为指导开发者投资决策起到了决定性的作用，为项目的合理性论证提供了一个合乎逻辑的有效手段，而且该方法中的成本-效益比率的计算简单，涵义通俗易懂，容易理解。

成本-效益分析方法也存在一定的局限性：第一，当前成本可能很容易估计，但是对将来的效益和成本作价却很难。第二，在成本-效益估算中，所采用的数据往往缺乏统一标准，因此，有时把效益估低了，有时估高了。第三，成本-效益分析对未来的自然资源存在分歧，开发者给未来效益和成本的权重低于当前的效益和成本，而保护论者们对自然资源的未来价值却给予更多的重视，他们还确信：未来经济增长未必能提高平均生活水平，除非人们把这种增长重新导向减少其有害方面和增加其有益方面。第四，在实际生活当中，多是将成本-效益分析方法用作确定各个项目经济可行性的方法，把有利的效益/成本比率作为通过项目的条件。这种做法避免了不合理的项目，但远远没有使投资收益最大化。第五，效益和成本离异问题。当投资人与受益人不是同一人时，情况就复杂了。第六，成本-效益分析的另一严重局限是，所评价的很多事情是不能折算成货币的。例如，资源开发对人们健康的损害、对大气和水体的污染、对美丽风景的破坏、对野生生物区的不利影响、对自然界自净能力的损害，都是难以用价格来评价的。第七，成本-效益分析法的另一个有争议的问题是，用什么样的利率把未来成本和效益折成现值才合适。第八，多数资源开发项目具有很多目标，其中有些目标并不能完全用经济方法来评定，需要考虑促进国民经济发展、提高环境质量、增加社会福利和促进地区开发等方面。因此，在最后决定是否采纳各个项目计划时，对每个独立的评估内容在选定合适的权重时也会出现严重的问题。

5. 成本-效益分析方法的改进

成本效益分析的这些问题并不意味着这种方法无用。虽然它是粗略的估算，甚至有时会是有意歪曲的估算，但只要决策者和公众知道它只是根据一定的前提和假设对自然资源利用和环境管理给出了大致的估价和指导，那么它还是有用的。但不要把它看成是准确的数字。

实际上在环境保护和自然资源管理中运用成本效益分析已有一些成功的案例。目前，发达国家的很多环境与自然资源保护法都以经济学家所作的成本-效益分析为依据。自然资源与环境保护者和经济学家已对如何改善成本-效益分析提出了一些建议：第一，要求所有的研究都使用统一的标准；第二，明确陈述所有前提和假设；第三，显示根据每一前提和假设而得出的全部不同的预期成本；第四，估算对全部受影响人群的短期和长期效益与成本；第五，评估所分析项目或法规的执行情况，而不是像往常那样假设所有项目和法规都能百分百有效地执行；第六，公开评价结果，让公众参与评价过程。

10.2.3　自然资源的多宜性为资源的再开发提供了可能

资源的再开发利用是指针对已开发的资源进行追加开发或替代开发，即资源利用的更替性。自然资源的多宜性和效益多变性，为资源的再开发提供了可能。无论是单项自然资源，还是复合自然资源，都具有多功能、多用途和多效益的多宜性特征。例如，土地资源可供农、林、牧、渔各业使用，也可以为城镇建设和工矿交通使用；一条河流既是农业灌溉水源，又是电力部门的动力源，还是交通部门的廉价运输线，当然也可以是工业生产的便宜水源和旅游用地。如图 10-1 所示，作为生物圈重要基础的森林资源的多宜性功能则更为突出。

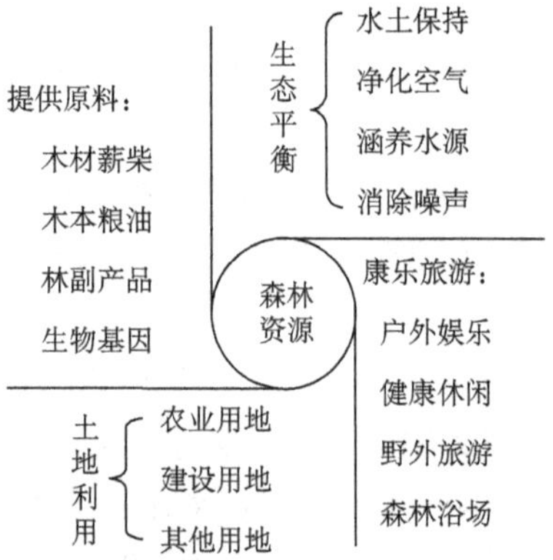

图 10-1　森林资源的多宜性功能示意图

虽然，大部分自然资源都具有多宜性和效益多变性特性，但并非所有的资源多宜性功能都具有同等意义。因此，在资源开发、区域规划和地区发展战略研究时，就需全面权衡利害，特别是在面对社会多种需求、资源广泛利用时，自然资源的多宜性功能抉择就更显重要。

人类利用自然资源的历史是一个长期的资源利用更替历史。随着科学技术和社会经济的发展，一些已经用作那些用途的资源，必然会在一定时间期内被再开发，改作其他有更高净效益的用途。例如，原始森林给经济效益更高的种植业让路；采伐过后生长起来的灌木林地被再开发成商业性林地；曾经是沙漠的土地上开辟出灌溉农业或牧场；与世隔绝的大自然奇境被开发为旅游胜地；一片荒野被开发建设成为一座繁荣的商业城市。

10.2.4　效用最大化是自然资源再开发的根本动因

根据自然资源经济供给原理，资源再开发的决策与初始开发一样要适应市场需求，要追求效用最大化。自然资源要向那些出价最高的经营者手中转移，趋于向那些效益最高的用途转移。这种自然资源利用的总趋势表现出“资源利用更替性”原理。按照这个原理，每当不同资源用途的有效需求变化，导致适于这些用途的资源的经济潜力也发生变化时，所涉及的资源就趋于向最高层次和最有经济效益的用途转移，除非这种转移为制度所不容许，或者有非营利的其他目标。

资源的再开发利用是一个动态过程，会随需求和技术的变化而不断做出调整，但这种调整要在开发规划的基础上进行。因此，资源的再开发利用往往要求做出长远的规划。由于多数自然资源的再开发都需要相当数量的投资，因此，资源的再开发利用还必须进行仔细的投资核算、成本-效益估算，以便平衡收支，并能获利。要做出一些重要抉择，如不同开发计划之间的抉择、不同规模与比例的可比项目之间的抉择、使利润最大化的项目与强调社区和社会目标的项目之间的抉择。下面以土地资源为例来说明自然资源的再开发原理（图 10-2）。

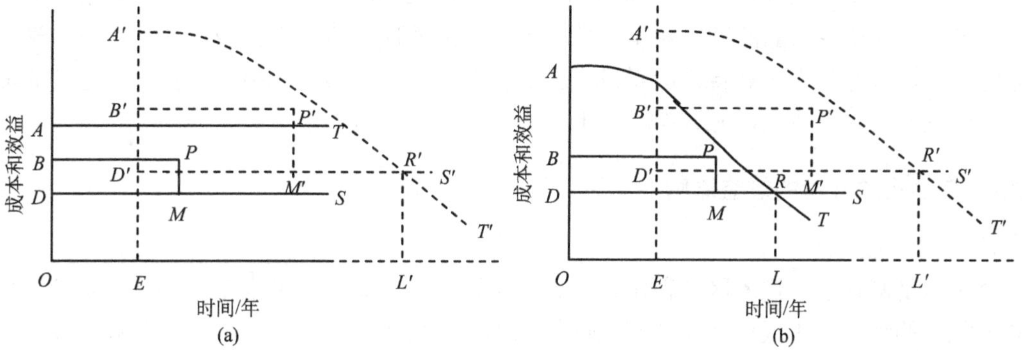

图 10-2　预期成本-效益对土地资源再开发投资决策的影响

假设市场条件的变化要求在 E 年后进行新的土地用途开发，这个新用途比现有两种土地用途需要更高的年经营成本（$D'S'$），同时在可预见的未来具有更高的总收入水平。扣除成本之后的期望效益包括提高了的地租水平（即 $B'D'M'P'$），并包括增加了的经营所得。在此类情形下，大多数有经营头脑、着眼于未来且有一定财力的经营者，将会很快地将土地资源转向更高层次和更好的新用途，即使这样会使已投入目前利用的部分资本投资报废。

土地资源向更高层次和更好用途转移的问题，会出现两种不一样的情况。在图 10-2（a）中，经营者目前总收入曲线（AT）的形状使其只要乐意继续经营就能盈利，而如果再开发则势必会损失掉已开发项目可获得的收入，并且如果财产税和经营成本增加（经营成本曲线向上移），其利润空间就会缩小，新开发的期望并不乐观。图 10-2（b）中的经营者面临的问题则不一样，他可能继续现有的土地利用方式，但再开发显然使他可以获得更大的净效益。然而，他不能将目前的经营延续到 L 年以后，因为此后其总收入将会降到经营成本的水平之下，他必须在赔本经营和再开发两者之间做出抉择。

此外，自然资源的再开发还应包括被破坏或退化土地的修复和再利用。土地的修复是指对被破坏或退化土地的再利用及其生态系统恢复的综合技术过程。大部分情况下，它特指对工矿业用地的再生利用和生态系统恢复，包括对煤矿坑采破坏的土地、煤矿露天开采破坏的土地、油气田开采破坏的土地、烧砖、炼焦煤破坏的土地、道路技术破坏的土地、工矿企业技术破坏的土地、矿区城镇技术所破坏的土地的复垦等。

自然资源再开发的基本原理，除了考虑地租和利润最大化外，也可以考虑其他目标，包括各种精神享受、个人满足和社会价值。同时，要避免出现一些不良现象，如由各种原因造成的土地资源闲置或向较低的用途转移，或出现一些土地投机现象，或个人利用与社会利益发生冲突等。

10.3　自然资源开发利用的基本模型

人类的生产发展历史也就是人类开发利用资源的历史。人类开发利用各类资源的历史进程中，不仅在探寻着扩大开发利用资源的深度与广度的对策与方法，也在不断地探索着如何在开发利用资源的同时保护自身的生存环境、如何使各类资源能物尽其用。特别是在全球性的人口-资源-环境-发展问题对人类的胁迫力越来越强的今天，要求人类在开发利用资源的过程中，寻求更加稳妥可靠的开发利用方式与方法。随着现代科学理论的发展和地理科学计量革命的深化，资源作为一种特殊的系统，人类在资源开发利用过程中不仅找到了坚实的理论基础，而且寻找到了建立资源开发利用的数理模型这一有效方法。

10.3.1 自然资源开发的效益原则

1）生态效益原则

资源总是赋存于一定的区域范围内，使得资源具有一定的区域限定性，其开发利用总会对其所赋存的地域产生或多或少的有利或不利影响。由于当代科学理论与方法对区域环境演化的预测与调控能力还相当有限，自然环境系统在自然发展规律的控制作用下，其发展与演化是不以人类的意志为转移的，人类目前还难以对环境进行有效的控制，使之向有利于人类的生存与发展的方向演化。人类在开发利用自然资源的过程中不可避免地在质上或量上改变着自然环境系统中的一个或一类因子，尽管这种改变会为人类创造或多或少的利益，有时对自然环境本身也有一定的积极意义，但往往在更多的情形下是不幸的，将给人类和自然环境带来不可估量的恶果。因此，在资源开发利用的过程中，首先需要强调的是必须进行有保护性的开发，即将资源开发利用对环境造成的不利后果尽可能地控制在人类能够承受的范围之内。

2）经济效益原则

资源的开发利用对其所赋存地域的种种冲击，除产生对自然环境的各种有利和不利影响外，也会对这一区域的社会、经济和文化等诸多方面产生影响。资源开发利用的首要目的是获取一定数量的经济效益，即在资源开发利用后一定时期内的各种直接与间接经济收益的总和必须高于资源开发利用的总投资，但这种经济效益的取得必须建立在环境的保护与控制基础上。

3）社会效益原则

在环境保护与控制基础上的资源开发利用虽然可取得一定的经济效益，但也会导致各种各样的社会问题。例如，大型水利工程的建设，在水力资源的开发利用、航运、防洪等诸多方面产生一定的效益，也会产生诸如移民安置和社会就业方面的问题，在资源开发利用过程中这些问题若不能得到妥善处理将会引发社会动荡，而且这种社会动荡没有现存的治理良策，处理不妥将会趋向无穷远或者趋向混沌，在很大程度上抵消其取得的经济效益。

10.3.2 自然资源开发利用的基本模型

人类通过对自然资源的长期开发利用，已总结研究出了一些较为成熟的优化开发理论模型，这一理论的出发点是某类自然资源的可耗费性和此类资源总量的动态平衡，即人类通过对资源的有效开发利用，一方面获得最大的经济利润或经营利益；另一方面有效地控制该类资源及所处区域的环境处于相对稳定态，并使之向有利于人类生产与生活方向发展。

自然资源开发利用的基本方程可抽象为

$$R = f\left(x,u\right) \tag{10-1}$$

式中，x 为资源量，包括资源的地质储量、资源的循环利用量、资源的节约利用量等；u 为资源开发过程中的可控制变量，包括资源开发的投资量、破坏环境的修复投资量、开发风险损失量等。

1）地壳资源开发的基本模型

对于地壳资源的开发利用，可以由以下方程来进行描述：

$$R_{\mathrm{e}} = -u(t) \tag{10-2}$$

即资源量的变化是由资源的开采量单一决定的。根据资源开发利用的经济效益原则，可以建立以下资源开发利用的经济利益目标函数

$$\begin{aligned} &\max J = \int_0^T L(x,u)\mathrm{e}^{-\delta t}\,\mathrm{d}t \\ &u(t) \in U \end{aligned} \tag{10-3}$$

式中，U 为控制允许集，即可能做到的控制策略的全体；L（x,u）为效益函数，一般定义为

$$L(x,u) = \left[P(x) - C(x) - B(x)\right]u(t) \tag{10-4}$$

式中，P（x）为资源的价格；C（x）为开发及运输销售费用；B（x）为环境修复投资费用和风险损失量；t 为资源服务年限，其值的大小可根据资源的实际储量、资源的循环利用量、资源的节约利用量，以及资源的开发利用速率等来确定。考虑资源开发利用过程中资金运行的周期和金融市场的波动特征，经济利益目标函数中引入了贴现因子 $\mathrm{e}^{-\delta t}$，消除资金运行中的通货膨胀率的影响，δ 为资金的贴现率。

为求解式（10-3）、式（10-4）定义的最优化问题，需引用最优控制理论并取系统的哈密尔顿函数为

$$H = L(x,u) + \lambda(t) f(x,u) \tag{10-5}$$

则有

$$\begin{aligned} R &= \frac{\partial H}{\partial \lambda} \\ \lambda &= \delta\lambda - \frac{\partial H}{\partial X} \end{aligned} \tag{10-6}$$

上式为协态方程，从而可以证明 λ 是资源的影子价格。式（10-5）和式（10-6）均为系统最优开发策略（x，u）应满足的系统方程，由极值原理给出的哈密尔顿极值条件、横截条件和边界条件即可容易地写出求解方程。

资源学家一般认为资源的生产函数 u（t）为下列形式：

$$u(t) = qE^{\alpha}(t) \cdot X^{\beta}(t) \tag{10-7}$$

式中，E 为开采设备条件；X 为资源量；α、β 为参数；q 为比例常数，所以生产量的实际控制能力为 E（t）。

对于矿产资源，Farrow 等（1989）取下列方程为确定 T 的横截条件：

$$\lambda(T) \geqslant 0 \tag{10-8}$$

$$\mathrm{e}^{-\delta T} \lambda(T) X(T) = 0 \tag{10-9}$$

当市场上资源的影子价格小于零时，资源开发应停止，而式（10-9）除了考虑影子价格

外，还考虑了当贴现率过大或资源开发、耗损、折旧使得收获量接近于零时，开发也应停止。

2）生物圈资源开发的基本模型

以土地资源为例。对这类资源开发的研究主要关注的是利用潜力和承载能力，如利用不当，则容易带来资源潜力退化或容量收缩。为了遏制这种潜力的退化或容量收缩，必须在开发利用的过程中不断地进行各种形式的投入，以保证资源的潜力可持续地维持正常的生产能力乃至开发出新的潜力。

以记为土地资源的潜力或容量，一般有资源的状态转化方程：

$$\boldsymbol{P} = \boldsymbol{g}(p) + \boldsymbol{f}(u) \tag{10-10}$$

式中，$\boldsymbol{P}$ 为状态矢量；矢量函数 $\boldsymbol{g}(p) \leqslant 0$，为潜力衰退函数；$u$ 为投资量，$\boldsymbol{f}(u)$ 为投资效益函数。最简单的情况下，状态方程可写作

$$\boldsymbol{P} = -ap + bu \tag{10-11}$$

式中，a，b 为回归系数，且 $a \geqslant 0$，$b > 0$，方程描述了土地资源在投资情况下的最简单的线性动态。土地资源开发利用中的最优控制问题是最小费用和最短时间控制。

最小费用目标函数：

$$\min J_1 = \frac{1}{2}\int_0^T u^2 \mathrm{d}t \tag{10-12}$$

边界条件是 $P(0) = x_0, P(T) = p_1$，求解这个问题的哈密顿定义为

$$H = u^2 + \lambda(t)[\boldsymbol{g}(p) + \boldsymbol{f}(u)] \tag{10-13}$$

最优状态和协态方程为

$$\begin{aligned} \hat{P} &= \frac{\partial H}{\partial \lambda} \\ \hat{\lambda} &= -\frac{\partial H}{\partial P} \end{aligned} \tag{10-14}$$

最短时间目标函数：

$$\min J_2 = \int_0^T \mathrm{d}t, \text{即} \min T \tag{10-15}$$

这种追求速度的开发战略不同于地壳资源“有水快流”的开发方式。对于地壳资源来说，如果急功近利盲目地加速开发，缩短服务年限，将导致资源枯竭或资源开发的设备潜力得不到充分发挥，从根本上使资源的价值打了折扣。而对土地资源而言，加快开发速度主要是为了尽快实现潜力或缩短“等待容量空出”的时间，因而从根本上是提高资源的利用效益。

在最优控制目标下，土地资源的最大利润目标函数为

$$\max J_3 = \int_0^T \mathrm{e}^{-\delta T} \left\{F\left[G(P), P\right] - u\right\} \mathrm{d}t \tag{10-16}$$

式中，G（P）为潜力的产出量，相当于增加一个静态方程，它与 P 决定了一个市场收获；u 为投资额。在这种情况下，地壳资源的横截条件可以用于此目标函数。

值得注意的是，土地资源的投入 u 并不能立即生效，而有一个延时问题，因而较为适合的资源状态方程可转化为

$$\begin{aligned} \hat{P} &= g(P) + f(u - \tau) \\ G(P) &= \max C(P) \end{aligned} \tag{10-17}$$

10.3.3　自然资源开发利用模型举例

1）水资源可持续开发利用模型

根据自然资源开发利用的效益原则，水资源的开发利用总控制目标，可用综合效益最大来表示，其函数式为

$$\begin{gathered}\max[E(X), S(X), R(X)] \\ \text{受约于}\quad G(X)<0 \\ X_j \geqslant 0 \quad (j=1,2,\cdots,n)\end{gathered} \tag{10-18}$$

式中，X 为 m 维向量的决策变量；E、S、R 分别为经济效益、社会效益和生态效益；G 为对系统起制约作用的约束统计集，包括资源环境的承载力活容量限制及其他社会、技术等约束；X_j 为决策向量的非负条件。

求解这一函数形式模型的解法很多，现以费用效益分析方法来求解。首先，通过开发工程对环境影响的评价方法，识别工程项目对环境的影响和预测影响变化的数量及质量。其次，是以某种形式的费用效益分析法进行求解

$$\max \mathrm{NPV}_n=\max\left\{\sum_{j=1}^{3} \lambda^j \sum_{t=1}^{T} \frac{B_t^j-C_t^j}{(1+i_j)_t}\right\}_n \tag{10-19}$$

式中，NPV_n 为第 n 个设计模型的净效益值，$n=1$，2，…，N；j 为多目标数目；t 为计算时段（以年计）；B_t^j 和 C_t^j 分别为 n 模型第 j 个目标、第 t 年的毛效益和费用；i_j 为第 j 个目标的利率或折现率；λ^j 为第 j 个目标折现效益的权重。在持续发展模式下，设各目标的权重相等，即 $\lambda^j=1$。当 j 和 t 一定时，则第 n 个模型的净效益为

$$\mathrm{NPV}_n=\left\{\frac{B_t^j-C_t^j}{(1+i_j)_t}\right\}_n \tag{10-20}$$

为了统计方便，可用更为清晰的方程式表示：

$$\mathrm{NPV}=B_{\mathrm{d}}+B_{\mathrm{e}}+C_{\mathrm{d}}+C_{\mathrm{p}}+C_{\mathrm{e}} \tag{10-21}$$

式中，B_{d} 和 C_{d} 为项目的直接效益和费用，或称为内部效益和内部费用；B_{e} 和 C_{e} 为环境效益和环境保护费用，称为外部效益与外部费用；C_{p} 为环境另外支付费用，也是外部费用。这些项目均可换算成现值。

评价项目的收益或直接收益（B_{d}）是指水资源开发（治理）利用后，本身所产生的直接效益，如发电、供水、航运、防洪效益等。而水资源开发利用后对环境产生的效益（B_{e}）多表现为生态效益或社会效益，其价值一般难用货币值表示，可采用影子价格进行估计。水资源开发利用的费用（C_{d}）是指开发利用资源所需的直接支出费用，包括基建投资和经营投资等费用。而费用（C_{p} 或 C_{e}）是指资源开发利用中周围环境恶化所导致的损失。这部分损失，如以环境保护措施投资予以补偿或改善，可用投资费用（C_{p}）表示，如果认为环境损失的补偿不是资源开发者直接的支出，就可作为外部费用（C_{e}）处理，其货币值可用影子价格和机会费用来估算。

2）矿产资源经济有效开发利用模型

矿产资源的开发利用既要对其储存的地质状况进行分析，还要根据开发的经济投资和技

术水平进行衡量，只有这样才能决定其是否开发、开发规模的大小、开发年限的限制等问题。因此，可以说矿产资源的开发利用是矿产资源储量（Q）、矿产资源质量（α）、矿产资源的矿种组合类型（C）、开发的经济（E）技术条件（S）、矿区区域组合状况（β）等的函数。

$$R_e = f(Q,\alpha,C,E,S,\beta) \tag{10-22}$$

在这几个要素中，矿产资源的储量（尤其是相对储量）和质量要求是有联系的，如果技术水平高能够开采品位较低的矿产，则储量就会提高，同时也可以开采各种组合矿产；开发的经济条件和区域组合状况可以用经济限额来确定。基于这一思考，首先应考虑矿产资源开采的边际品位：

$$边际品位=\frac{采选费}{(金属价格-冶炼费)\times 回收率} \tag{10-23}$$

矿山产品的成本与矿产的地质品位、金属回收率、采矿费用等因素的关系：

$$M=\frac{100c}{\alpha(1-\gamma)\varepsilon} \tag{10-24}$$

式中，M为精矿含金属每吨的纯成本（元）；c为用于每吨矿石的开采费、选矿加工费及相应的运销费、管理费（元）；α 为矿石品位（%）；γ 为由采矿贫化引起的品位降低率；ε 为选矿回收率。

成本限额 M_L 是指在最劣条件（即开采品位为允许的最低品位$\alpha_{低}$的矿石）时的产品成本，则上式可写成

$$M_L=\frac{100c}{\alpha(1-\gamma)\varepsilon} \tag{10-25}$$

可见，影响矿产资源成本的因素除α外，还有 c、ε 和γ 。它们取决于：①矿床地质和水文条件；②矿体产状和空间位置；③矿石加工性质；④采、选矿技术水平；⑤矿床开采方式；⑥采矿方法；⑦选用的选砂流程；⑧所在地的经济地理位置。

上式模型的求解方法，首先绘制品位与矿石吨位分布曲线图。其次，选取与不同品位相对应的 c、ε 和γ 值，从而计算出当采用不同$\alpha_{低}$时的 M_L、总金属吨数 Q、可以回收的金属吨数Q'，并求出当回收Q'时的总平均单位产品成本 $M_{均}$。总成本 P 则为

$$P=\int_0^{Q_i} M_L \mathrm{d}Q' \tag{10-26}$$

最后，投资总成本确定以后，式（10-24）或式（10-25）中的 c 和ε 就可用迭代法求解，即现估计一个近似的$\alpha_{低1}$，据此求得相应的 c_1 和ε_1，然后代入原式中反复迭代，直到最后所迭代的值$\alpha_{低n}$与前次的$\alpha_{低n-1}$值相差小于某一规定的值为止。

10.4 自然资源开发模式

资源开发是在遵循资源永续利用与高效利用原则的条件下，因地制宜地采取合适的开发方式对某一特定资源或所有资源进行生产性开发。资源开发模式研究是指局部地区、具体部门对某类资源进行生产性开发研究。资源开发模式的研究，有利于资源的合理利用，有利于把资源作为一种商品来生产，实现资源价值。资源开发模式由下列内容组成：①资源的基本

情况；②资源开发模式确定的依据；③资源开发模式的分类；④资源开发模式的技术选择和政策选择；⑤资源开发的经济效益评价；⑥资源开发的后效性估计。

10.4.1　地壳资源开发模式的演变

地壳资源的开发利用模式是人类社会发展与对资源需求关系长期演变的产物，是资源开发技术进步与对环境影响关系的演变结果。从历史上看，人类对自然资源开发利用的模式经历了三个阶段的变化，并朝循环经济的模式转变（图 10-3）。

1）传统经济的资源开发利用模式

分析人类社会发展史，可以初步得出这样一个结论：传统的农业经济与工业经济都是以人类自身的需求为中心，以“高开采、低利用、高排放”为特征，以“资源—生产—流通—消费—丢弃”和“资源—产品—污染物”为社会运行模式和物流模式[图 10-3（a）]，没有自觉考虑经济活动对环境的冲击；从大自然不断索取资源，没有考虑资源的可持续利用，并不加处理地向环境中排放废弃物，必然会不断加剧环境污染、生态破坏和资源短缺。由此造成出入经济系统的物质流远远大于系统内部相互交流的物质流，经济增长以大量消耗自然界的资源和能源及大规模破坏人类生存环境为代价，不能实现可持续发展。

2）先开发后治理的资源开发利用模式

20 世纪 60 年代以来，发达国家普遍采用末端治理的方法进行污染防治，投入了大量的人力和物力。这种模式虽然开始注意环境问题，但其具体做法是“先污染，后治理”，即在生产链终点或者是在废弃物排放到自然界之前，对其进行一系列的物理、化学或生物过程的处理，以最大限度地降低污染物对自然界的危害[图 10-3（b）]。“末端治理”模式虽然在治理过程中出现小循环，但是整个物质流动过程依然是线性的，仍然会造成环境质量下降，资源供应枯竭，最终导致人类生存环境的恶化。

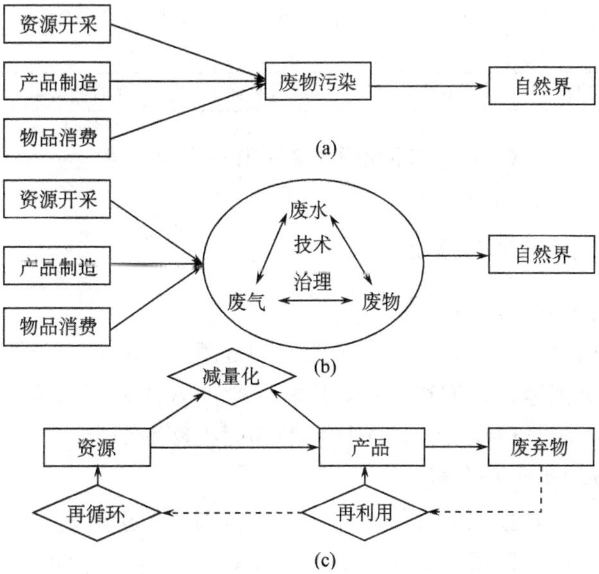

图 10-3　地壳资源开发模式演变示意图

3）循环经济的资源开发利用模式

循环经济把清洁生产和废弃物的综合利用融为一体，它既要求物质在经济体系内多次重复利用，进入系统的所有物质和能源在不断进行的循环过程中得到合理和持续的利用，达到生产和消费的“非物质化”，尽量减少对物质特别是自然资源的消耗；又要求经济体系排放到环境中的废物可以为环境同化，并且排放总量不超过环境的自净能力。循环经济实现“非物质化”的重要途径是提供功能化服务，而不仅仅是提供产品本身，做到物质商品“利用”的最大化，而不是“消费”的最大化，并在满足人类不断增长的物质需要的同时，大幅度地减少物质消耗。同时，经济体系各产业部门协调运作，将一个部门的废弃物用作另一部门的原材料，从而实现“低开采、高利用、低排放”，进而形成“最优生产、最优消费和最少废弃”的社会。总之，循环经济物流模式可以认为是“资源—生产—流通—消费—再生资源”的反馈式流程，运行模式为“资源—产品—再生资源”[图 10-3（c）]。

10.4.2　农业资源开发利用模式的演变

生物圈资源的开发利用模式也是人口发展与饮食结构长期演变的结果，是技术先进与生态环境动态变化的产物。在一定自然条件下，生物圈资源的开发模式具体表现为自然资源在生产系统中的分配比例和物化资源投入水平，影响生物圈资源开发利用模式的外部条件是自然环境和社会经济条件。一般情况下，自然条件具有相对稳定性，而社会经济条件却在不断发展，它们直接或间接影响和决定物化资源投入水平，因此，生物圈资源开发利用模式也处于不断演变之中。从演变历史来看，人类对生物圈资源开发利用的模式也经历了三个阶段的变化，并开始向生态良性循环的模式转变（图 10-4）。

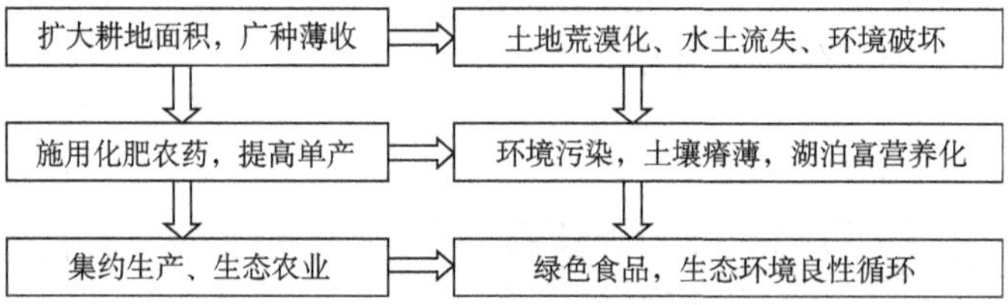

图 10-4　农业资源开发利用模式演变示意图

1. 农业资源开发利用模式的演变

1）传统的扩大面积的开发模式

在农业生产的最初时期，为了获得更多的生物资源，人类所采用的开发模式，以扩大面积为主，大面积地开垦荒地，以刀耕火种和广种薄收的方式来利用资源，最终造成了土地荒漠化、水土流失加重、石化现象突出，土地资源的面积逐渐减少。

2）单一提高产量的集中开发模式

随着人口的增加和科学技术的发展，作物品种得到了改进，发展了水利灌溉，尤其是化学肥料和农药的开发利用，使得农业生产的产量大幅度提高，人类的生活质量日益改进。但在人类沉浸在获得成就的喜悦时，也认识到了对环境污染的严重性。一方面使得土壤变得瘠薄，有机质大量减少；另一方面 N、P 的流失，造成的湖泊的富营养化。

3）生态式开发利用模式

20 世纪 90 年代以后，生态农业是农业发展的主要方向，人们根据生态食物链原理，减少了农药的使用量和化肥的施用量，注意到了食品安全的重要性。

2. 农业资源开发利用模式转变的特点

一些专家以华北平原农业资源利用模式的动态转化为例，总结出了中华人民共和国成立以来的农业资源开发利用模式的转化特点（表 10-3）。

表 10-3　农业生产各部门灰色关联的动态变化

时间/年	种植业	林果业	畜牧业	副业	渔业
1950～1959	0.8862	0.4122	0.4701	0	0
1960～1969	0.7366	0.8844	0.8827	0.4505	0
1970～1979	0.8846	0.8720	0.5779	0.7142	0
1980～1997	0.8957	0.7911	0.8110	0.7840	0.6794

第一，农村社会经济发展水平不断提高，农业自然资源在农业生产系统中的分配比例和物化资源投入水平不断变化，农业资源利用模式处于不断演替过程中，农业资源利用效率不断提高。

第二，农业资源利用模式的演替具有明显层次性。在粮食生产内部，作物品种逐步减少，更趋于专业化生产，以利于机械化作业；种植业内部，农业自然资源由单纯粮食作物生产向经济作物、油料作物、蔬菜等生产方向转移；在农业生产系统内部，农业自然资源由种植业向畜牧业、林果业等流转，它们之间的关联程度逐步提高，形成了农牧、农林、农林牧等多种农效利用复合结构模式。

第三，从占用农业自然资源数量的比例来看，小麦-玉米两熟种植业结构模式是目前华北平原区的主体模式，它为人们提供了最基本的食物需求；其他非主体模式虽然占用农业自然资源数量的比例较低，但农业自然资源利用效率较高，劳动力、资金等社会资源投入量较大，甚至超过了在主体模式中的投入，并逐渐成为农村社会经济收入的主要来源。

第四，同一类型区内，由于社会经济发展水平不同，农业资源利用模式在客观上具有明显的差异性，在空间层次上表现为农业资源利用模式的多样性。农村经济发展水平的不同和农业资源利用模式的差异，决定了农业资源利用技术体系的多样性。

10.4.3　自然资源开发利用模式举例

自然资源开发利用模式主要体现在区域资源基础背景下的各资源种类和资源组合类型的开发利用模式。其既要综合区域资源禀赋特征，还要反映资源开发优势。由于我国面积辽阔，自然环境和自然资源组合的区域差异明显，因此，自然资源的开发模式种类很多，主要有增量型、增值型、增量型和增值型相结合三种形式。这些开发模式还可以派生出不同的开发方式。例如，改造型开发模式可以派生出治用结合的开发模式；选择型开发模式可以派生出立体开发、分层利用的综合开发模式；重点发掘选择型潜在优势的综合利用型开发模式。以下仅以西部的矿产资源、中国的煤炭资源和土地资源为例进行论述。

1. 西部地区矿产资源开发模式

在综合分析研究西部地区区情、矿情、生态环境等情况和相关理论、模式的基础上，西部矿产资源开发应采取以下几种开发利用模式。

1）重点矿种重点倾斜勘察开发模式

要使西部落后的矿业经济、区域经济全面赶上或超过全国发展水平，在矿业方面就必须实行开发，重点倾斜勘察的非均衡开发模式。本着满足国家急需、加快西部优势矿产资源勘察开发利用，促进产业结构的调整和优化的原则，重点是天然气、石油、铜、锌、镍、优质锰、铬、金、银、铂族、钾盐、磷、地热等优势矿产资源的勘察、开发。把天然气的勘察开发作为重点，尽快建成大规模天然气生产和外输基地；加强石油资源的勘察，实行合理开采；大力调整煤炭工业结构，加快开发和推广应用洁净煤技术；开发比较优势明显、市场前景好的有色金属、优质锰矿、铬铁矿、稀贵金属、钾盐、磷矿及重要建材非金属等矿产资源，逐步提高产品加工深度。同时，把地下水资源勘察与开发利用放在突出位置，改善西部地区发展条件。

2）重点区域重点倾斜勘察开发模式

利用西部地区土地广袤的优势，发展占地量大的矿业等项目。以重大优势资源开发项目及其下游产业为龙头，重点加强“十大”矿产资源集中区的勘察和开发利用，发挥“增长极”的作用，带动基础设施建设和地区经济发展：①塔里木以油气为主的能源资源集中区。②黄河中游以煤为主的煤、油、气能源资源集中区。同时，依托白云鄂博丰富的稀土资源，大力发展稀土深加工，加大内蒙古狼山地区有色金属和硫铁矿的勘察开发力度。③东天山北祁连有色贵金属及能源资源集中区。④柴达木能源化工矿产资源集中区。⑤ 秦岭中西段地区有色贵金属资源集中区。⑥西南三江有色金属资源集中区。⑦攀西滇东黔中矿产资源集中区。⑧四川盆地天然气资源集中区。⑨红水河右江有色贵金属资源集中区。⑩西藏“一江两河”有色贵金属资源集中区。

3）区域经济持续发展模式——在开发中保护

采取矿产资源与生态环境保护——区域经济持续发展模式。在西部地区矿产资源调查评价、开发利用和管理中，要正确处理好生态建设、环境保护与科学开发利用矿产资源的关系，建立生态环境良性循环资源优化配置、充分高效的资源可持续利用系统。为了实现这一模式，一是要根据国家战略利益和发展需要，通过与内地产业结构的互补，积极推进优势资源的开发利用，保持良好的矿业秩序，切实保护矿产资源和生态环境，加强矿山生态环境恢复治理工作，不断提高生态恢复治理率；加强资源开发中“三废”的处理和综合利用；不断提高矿山开采的技术水平和管理水平，促进矿产资源开发利用向集约型转变。二是要完善矿产资源要素市场，建立科学的矿业权流转制度。三是要注重生态环境建设，处理好开发与保护的关系。坚持依法开发矿产资源，依靠科技进步加快建设进程，使生态环境建设和保护法制化，实行“边开发，边保护”的原则，使生态环境建设与产业开发、农村脱贫致富、区域经济发展相结合。

4）赶超发展模式——点轴开发

东、中、西部地区经济发展不平衡，矿产资源呈点状分布是这一模式的现实物质基础。该模式的主要目标是实现工业总产值的高速增长，其方法是加速发展工业，特别是石油化，尽快实现工业化以摆脱贫困，迎头赶上发达国家和发达地区。西气东输工程是典型的点线开发、东西联动、赶超发展的模式。西气东输不仅带动了塔里木、陕甘宁盆地的油气开发，而且带动了沿线的经济发展，为沿线地区原始资本积累和扩大市场创造了条件，同时推动了上海及长江下游地区的经济发展。西电东送、长江产业带、新欧亚大陆桥等沿线矿产资源开发均是这一模型研究的内容。

2. 煤炭资源综合开发利用模式

煤矿综合开发模式是指煤炭企业的发展方向和方式，主要是产业和产品结构的调整。不同煤矿区的特点和条件决定了综合开发的模式是多种多样的，目前主要有煤、电综合开发；煤、电、焦、化综合开发；煤、电、高能耗产业综合开发；煤、气（液）、化综合开发；煤、电、路（港）综合开发等。

1）煤、电综合开发模式

在矿区建设大型燃煤电厂和低热值燃料热电厂，变运煤为输电及供热，如我国的伊敏、元宝山矿区是煤电综合开发的典型。

2）煤、电、路综合开发模式

在矿区及附近建设经营运煤的铁路、公路、港口及航运，保证煤炭外销并开发运输服务。在矿区建设大型火力发电厂，除自用外向电网输电销售电力。大屯煤电集团公司和准格尔矿区是我国煤、电、路一体化综合开发的典型。神华集团公司是我国目前最大的煤、电、路综合开发的企业。

3）煤、电、焦、化综合开发模式

在矿区重点发展炼焦和煤化工产业，适合于炼焦煤牌号品种较齐备的大型矿区，这种模式从煤炭开采经洗选加工后，精煤产品炼焦，焦油深加工，从而形成煤化工产品链，特别是生产石油化工不可替代的针状焦和染色体等产品，提高煤炭产品的附加值。洗选加工后的副产品用于低热值燃料发电和供热。这种模式是世界上大型煤炭生产基地（公司）发展的一条成功之路。美国的阿巴拉契亚煤炭基地、德国的鲁尔和萨尔矿区、我国的太原煤气化公司及平顶山煤业集团公司均属此开发模式。

4）煤、气、化综合开发模式

将煤炭通过气化转化为可燃混合气，混合气作为民用燃料供矿区或附近城乡，作为工业使用主要用于有机合成化工或向燃气发电供热方向发展。哈尔滨伊兰煤矿的煤气化工程是我国第一个大型坑口城市煤气联产甲醇的工程。

5）煤、电、高能耗产业综合开发模式

矿区重点发展火力发电和消耗电能的高耗能产业，变输电为利用电生产高耗能产品，目前高耗能产业与煤电产业联合发展的趋势已形成，电解铝业、硅铁、碳化硅、烧碱、高功率石墨电极为代表的碳铝制品。矿区依靠煤的优势发电，电用于生产高耗能产品，可以降低成本，减少电力输配损失，取得产品竞争的优势。大屯煤电公司是我国煤、电、高能耗产业综合开发的典型企业之一。

3. 我国土地资源开发模式的类型

当前国内已经推行的较好的土地资源开发模式，大体上可概括为如下三类。

1）单一适应自然的开发模式

该类模式是以适应自然为主，改造自然为辅，开发利用当地优势，从而获取较好的生态效益和经济效益。利用草山草坡资源种植牧草，建设人工草场发展畜牧业，既能充分利用自然优势，在短期内获得较高的经济效益，又能为种植业提供大量的有机肥，并能促进饲料、食品、皮革等工业的发展，增加植被覆盖，保持水土。在宜林山地营造速生丰产林，是开发山地资源的较好模式。森林是大自然生态平衡的主体，开发宜林山地发展林业，对于建立良好的生态平衡具有重要作用，对改善人类生产、生活环境有着重要意义，同时能够培育和提供森林后续资源，满足国民经济建设和人民生活需要。

2）农、林、牧结合间套轮作主体开发模式

这是一种适应和改造相结合的土地资源综合开发模式，是在单一层次适应自然的集约开发模式基础上，采取间套轮作方式实行土地资源多层次协调综合开发，农、林、牧综合发展。这里也可以只是农林结合、农牧结合或农渔结合，这一模式是单一层次模式（仅从资源的平面横向利用）向多层次模式（土地的主体、纵向利用）方向的发展，扩大了地面以上和地面以下的土地利用范围。

3）良性生态多循环利用深度开发模式

它是按照食物链的规律，对土地和农业资源进行多层次利用，从单一适应性和农林牧结合开发向能量多级转换和良性循环的高效无废料系统开发转化，从而获取深度开发的更高一级的经济和生态效益。

目前，第三类开发模式已在国内很多地方开始试验和应用。将来随着农业生产的不断发展，农业科技的进步，土地和农业资源的开发模式，还将向工程化、规范化方向发展，像现代工程那样，可以由人类的经济活动和环境工程设施加以控制，少受或不受自然条件的干扰或限制。这种由适应化、集约化到工程化的过程，由单一利用向综合利用、由单一层次开发向多层次多级资源开发、由低级模式向高级模式发展，应该作为我国从现在开始进行土地和农业资源开发建设实现农业现代化的努力方向。

? 复习思考题

1. 论述自然资源开发利用的根本动因。
2. 不同自然资源开发利用规划的异同点。
3. 理解不同自然资源开发利用模型中各符号的物理意义及相互关系。
4. 理清自然资源规划每一步骤的主要工作内容及采用的分析方法。

? 引深讨论问题及分析思路

讨论问题

1. 试用科学技术进步、人口增长和生态环境演化要求这三个方面的变化，分析自然资源开发利用模式转变的原因。

2. 讨论恒定性资源、可更新资源与不可更新资源在开发利用规划中的差异。

分析思路

自然资源规划的内容决定了规划使用价值的大小。自然资源规划应当按照自然资源的属性进行区别规划。自然资源的种类不同，其属性也各不相同。资源体系中的各种规划因区域、时期的不同，规划内容和重点也不尽相同。资源开发是在遵循资源永续利用与高效利用原则的条件下，因地制宜地采取合适的开发方式对某一特定资源或所有资源进行生产性开发。资源开发模式研究是指局部地区、具体部门对某类资源进行生产性开发研究。资源开发模式的研究，有利于资源的合理利用，有利于把资源作为一种商品来生产，实现资源价值。

第11章 自然资源可持续利用原理

内容提要

自然资源可持续利用是21世纪全球经济、社会发展的主体。循环利用已有的资源、开发新的资源、节约利用资源和自然资源保护等是自然资源可持续利用的具体战略措施。本章基于可持续发展原理，阐述了自然资源可持续利用的内涵、研究内容和可持续开发的条件，分析了自然资源可持续利用的战略方向和主要影响因素。系统性地讨论了资源循环利用模式及评价方法，分析了科学技术进步在开源节流过程中的作用，阐述了建立资源节约型社会对促进自然资源可持续利用的重要作用，论述了自然资源保护在资源可持续利用战略中的重要性。对自然资源保护的目标和自然保护区对促进自然资源可持续利用的作用进行了概述。

重点要求

（1）掌握自然资源可持续利用、节约型社会、循环经济、自然保护区等基本概念和含义；

（2）熟悉资源节约型社会的评价方法；

（3）学会辩证地分析科学技术在促进自然资源可持续利用中的作用；

（4）掌握不同资源类型的长期效用最大化原理。

11.1 自然资源可持续利用的基础理论

可持续发展是指既满足现代人的需求，又不对后代人满足其自身需求的能力构成危害的发展。换句话说，就是指经济、社会、资源和环境保护协调发展，它们是一个密不可分的系统，既要达到发展经济的目的，又要保护好人类赖以生存的大气、淡水、海洋、土地和森林等自然资源和环境，使子孙后代能够永续发展和安居乐业。可持续发展的核心是发展，但要求在严格控制人口、提高人口素质和保护环境、资源永续利用的前提下进行经济和社会的发展。

11.1.1 自然资源可持续利用的内涵

自然资源可持续利用是指在人类与自然资源协调发展的过程中，自然资源在时间和空间上合理配置，使人类对自然资源的开发利用的质量和数量不被降低并有所提高，从而满足人类社会发展需要的能力。它强调人与自然的协调性，代内与代际间不同人、不同区域之间在自然资源分配上的公平性，以及自然资源动态发展能力等。它是自然资源作为基本生产要素在质和量上对社会进步、经济发展和环境保护的支持或保证能力。它是由资源、经济、社会、环境和智力所构成的反映自然资源可持续利用状态、水平、趋势和能力的复杂系统。

自然资源可持续利用是一个发展的概念，而非仅仅限于增长的内涵。它既要反映自然资源禀赋、结构方面的总量特征，更要反映其可持续利用的水平和能力。自然资源可持续利用是一个代际的概念。从时间维度上看，涉及代际间不同人所需自然资源的状态与结构；从空间维度上看，涉及不同区域从开发利用到保护全过程自然资源的发展水平和趋势，是强调代际与区际自然资源公平分配的概念。自然资源可持续发展是一个协调的概念。这种协调是时间过程和空间分布的耦合，是发展数量和发展质量的综合，是当代与后代对自然资源的共建共享。可见，它是一个涉及数量维、质量维和时空维并强调发展、代际公平和协调的系统概念。

11.1.2 自然资源可持续利用的内容

自然资源可持续利用在具体含义上包括资源利用的可持续、环境生态的可持续、经济发展的可持续和人口与社会的可持续。

1）资源利用的可持续

自然资源利用的可持续要求当代人尽可能谨慎地对待自然资源的耗用，以便在被“后续资源”所替代前，人类能持续地使用这种资源；要求资源在开发过程中尽可能减少浪费，提高资源回收率，尽可能减少对其他资源的连带破坏和浪费；还要求资源及其产品在利用过程中充分节约，提高使用效率，通过技术进步，充分挖掘既定的自然资源中的“附加值”。

2）环境生态的可持续

可持续发展要求发展与有限的自然承载能力协调，因此它是有限制的，正是这种有限制的发展，保证和保护了生态的可持续性，才能实现可持续的发展，也就是说，没有生态的可持续，就没有可持续发展。生态可持续性是可持续性发展的前提，同时，通过可持续发展能够实现生态的可持续发展。

3）经济发展的可持续

可持续发展鼓励经济增长，而不是以保护环境为由取消经济增长。当然经济增长不仅指数量的增长，而且指质量的增长，如改变高投入、高消耗、高污染为特征的粗放的经济增长，实现以提高效益、节约资源、减少废物为特征的集约的经济增长。一方面，可持续的经济增长增强了国力，提高了人民生活水平和质量；另一方面，它为可持续发展提供了必要的能力和财力，否则，可持续发展只能停留在口号上。

4）人口与社会的可持续

持续性的人口方面应考虑到环境资源承受力，持续性的社会方面强调满足人的基本需求和较高层次的社会文化需求。社会可持续概念具有平等的含义，包括代际平等和代内平等。代际平等指为后代保护自然资源基础，保护他们从资源用获得收益的权利和机会。代内平等是指资源利用和资源开采活动的收益和代价在国际、国家内部、区域之间和社会集团之间的公平分配。

11.1.3 自然资源可持续利用的基本原则

1）自然资源的代际公平原则

在自然资源的利用过程中要保证自然资源的可利用存量基本保持不变，以便使后代能够获得与我们当代人同样的利用自然资源的机会。为了遵循这一原则，如果一种自然资源量在减少，必须进行经济补偿，使自然资源的价格体现这种资源补偿费，反映出资源的稀缺性。如果一种自然资源枯竭，必然要求出现一种替代资源。总之，不论自然资源的利用结构如何变化和调整，都应该保持自然资源总的可利用存量基本不变，以保证后代的自然资源福利水平不至于降低。

2）生态环境不变性原则

在自然资源的利用过程中，不能超出自然资源和生态环境的承载能力，要保证生态环境的质量不降低。如果对生态环境造成了破坏，在经济上必须对环境进行补偿，使自然资源的产品价格体现环境成本。根据自然环境的外部成本，提高产品价格，抑制这种产品的需求，从而减缓对自然环境的损害，保护环境质量，以保证后代的生态环境水平不至于降低。

3）成本有效原则

在自然资源的利用过程中，不仅要考虑代际公平原则和生态环境不变性原则，也需要考虑效率原则。在实际实践中，成本有效原则得到具体的应用。成本效益分析在自然资源可持续利用中得到了应用。

4）因地制宜的原则

由于地域分异规律的作用和影响，各个地区的地理位置、范围大小、资源形成过程、开发利用历史等在空间上均存在不平衡性，使得每个资源的种类、数量、质量等都有明显的地域性。因此，在开发过程中：一要发挥当地的资源优势和拳头产品；二要关注当地的生态环境与资源开发的协调关系；三要鼓励开源节流。

11.1.4 自然资源可持续开发利用条件

1）资源开采不可逾越开采通量极限

资源的总储量及蕴藏量，是一个物理概念，代表资源的最高极限，资源开发决不能达到其极限。而通量是强调经济体系中的资源流通量，通量极限是资源的最大开采利用量，是资源开采利用应满足的极限约束。若 $X(t)$、$\bar{X}$ 分别为资源的开采量、通量极限，则应满足：

$$\max X(t) \leqslant \bar{X} \tag{11-1}$$

资源开采的通量极限并非生态系统的阈值或者生态系统的临界值。在一定时期内，这一极限暂时被突破不至于导致系统的不可逆变化和毁灭。例如，矿产资源的开采量便是一种进入经济体系的资源流通量，如果这一通量超过了新探明储量及可替代资源的补充量，短时间越界不会使矿产资源立即枯竭，但长期如此，则会使资源耗竭，并导致系统毁灭。

2）废物排放不可逾越环境吸纳通量极限

资源开采过程中排放到自然环境中的废物也有一个限量，这些废物包括废水、废气、固体废弃物等，它们进入自然环境进行降解、吸收和转化。自然环境吸纳废弃物的总量及单位时间有效降解转化量也有一个极限。这个废弃物排放量不得超过这个极限。

3）资源环境损耗量与补偿量动态平衡

对于非再生性资源来说，其开采利用率（资源折旧率和资源损耗率）不应大于已探明的储量（折合成可采量）增长率和可更新资源的替代率，对于再生性资源来说，其开发量要小于资源的可更新量。除此以外，资源开发利用中产生的污染物排放不应高于回收利用、环境吸收或转化为无害物的速度，对环境的破坏能为环境所自我恢复。

4）储备足够的后备资源

当人口、经济以不可持续的速度获得资源或排放污染物时，社会经济便处于一种超限运行状态。超限源于系统反馈的滞后性，即系统的决策者没有得到极限已被逾越的信息。只有资源库存有积累时，超限才有可能，累积的可采储量会暂时支撑过量的开采。如果只是简单地关注可采储的绝对量，而忽略新探明储量的变化趋势及可替代资源的替代率，结果就会超限。因此，短期应密切关注可采储量的变化与长期关注新探明储量增量趋势，二者并重，才能保证资源的可持续利用。

5）缓减资源开采速度

开采速度越大，物理惯性就越大，不仅滞延报警信号，而且也滞延对这些信号的反应，从而使系统进入一个不安全的状态。如果越限再得不到及时控制，资源可采储量将以非线性负指数变化趋势接近于阈值，一旦超越这一阈值，资源品质会越来越低，开采成本将大幅上升，于是将需求迅速逐出市场。这时，资源将耗竭，人类将面临毁灭性灾难。缓减资源开采速度，提高资源利用水平，比治理过量的消费更为经济有效，再通过建立资源账户考察系统中存量和流量的变化，对资源损耗予以价值补偿，使资源在功能上达到永续利用。

11.1.5　自然资源可持续利用的主要影响因素

在自然资源可持续开发利用研究中，主要涉及的问题是资源消费的主体、资源本身的特征和资源开发过程中的环境影响。这三大因素组合的不协调，会严重阻碍资源的可持续利用。

1）资源消费的主体

人是资源消费的主体，人口数量的大小，资源消费基数的多少，即人口的数量和消费水平，这些是影响自然资源可持续利用的基本因素。由于人口的增长，对资源的压力增加，只有人口发展与生态系统变化着的生产潜力相协调，才能使得资源可持续利用。

2）资源本身特征

主要指资源的质量和储量对可持续利用的影响。资源的开发利用一般是有限度的，超过这一限度就会发生生态灾难。可持续发展要求：在未达到这些限度以前，全世界必须保证公平地分配有限的资源，调整技术上的努力方向，以减轻资源的压力。如林业、渔业这类可再生资源的利用率应控制在再生与自然增长的限度内，否则就会趋于耗竭。资源可持续利用要求：不可再生资源耗竭的速率应尽可能少地妨碍将来的选择。

3）资源开发过程中的环境影响

资源科学技术的双面剪刀效应所造成的环境影响阻碍了可更新资源的可持续利用。人类社会的发展，尤其是技术发展能解决一些迫在眉睫的问题，但却也导致更大问题的出现。盲目的发展可能会危害许多人的利益，如空气污染、盐渍化、全球变化等。可持续发展的要求是不应危害支持地球生命的自然系统——大气、水、土壤、生物等。

除以上这些影响因素外，还要受到经济和政治的不平等影响。要使资源能够可持续利用，就必须强调平等。“满足需要”基本上是经济的概念，“减缓限制”是生态的概念，而“平等”则是社会的概念。

11.1.6　自然资源可持续利用战略

1）消除贫困与恢复增长

绝对的贫困多发生在发展中国家，这些国家的人们收入水平很低，甚至个人或家庭无力购买日常生活必需品。假定在减缓人口增长的条件下，把贫困率从 50%降到 10%，若人均年收入增长 3% ，需 18～24 年；若增长 2%，需 26～36 年；若增长 1%，则需要 51～70 年。根据目前实际人口的增加数量，要求亚洲发展中国家国民收入每年应增长 5%。要达到这一目的，必须要稳定人口数量，减低人口增长速率，提高人均收入。工业化国家应为振兴世界经济作出贡献，应减少原料和能源密集型产业，提高原料和能源的利用率；增加对第三世界的内部刺激（刺激消费），以促进经济增长；调整国际经济关系。

2）改变增长的质量

保持经济发展所必需的自然资源储备是经济持续发展的基础。应实行外部成本内化，减少自然资源储备耗损。利用市场机制合理分配世界资源。经济发展过程中应采用风险较小的生产技术，构建能灵活地适应市场波动的经济结构和产品结构，增加储备，特别是粮食和外汇的储备，从而可以减少增长的脆弱性。为了实现改变增长的质量，就要提高人的素质，引导人们学会致富，改善市场收入分配，不是靠救济来生活。

3）满足人类基本需要

满足人类需求是资源可持续利用的核心。人类的这些需求包括粮食、衣服、住房、就业等。食物是人类生存的基础，可持续发展要求不仅能够养活更多的人口，而且要改变营养不良状况，因此，需要更多的食物，以提供人类生存必需的热量和蛋白质。但是，粮食生产的增长不应以生态环境为代价，也不应危害食物保障的长期前景。能源是人类另一个基本需要，目前，还不能全社会满足。大多数第三世界国家的家庭能源主要还是薪柴，而且，只相当于工业化国家家庭能源消耗的一小部分。就这样下去，地球上的森林植被也会受到严重威胁。

目前世界上人口的消费水平差异很大，发展中国家的大多数人的基本需求没有得到满足。他们有权利要求这些基本需求得到满足，同时，也有理由要求提高生活质量；发达国家很多人的生活超过了世界平均的资源和生态条件。可持续发展就必须扭转两种倾向，要求在生态可能范围内，平衡人类的基本消费标准，平等分配资源，确保每人都有平等的机会。

4）开源节流、保护和加强资源基础

要持续地满足人类的需要，必须加强对地球自然资源的保护。具体包括：第一，加强发展中国家技术革新的能力，提高农业产量和质量，使可再生资源的年减少量不得超过其再生量。第二，实现开源节流，节约并有效地利用能源。改变技术发展方向，人工促进资源和鼓励使用替代品。加强矿物原料的循环利用，防止和减少污染。第三，制定合理的资源保护政策，在行政管理机制上，要严、宽结合，扩大人们的经营选择性。

5）在决策中协调环境和经济的关系

生态和环境协调是资源可持续利用的共同主题。但有时也会出现冲突，如只追求自己的利益不顾对他人的影响；追求短期利益不顾长远的后果；决策分散无综合平衡。解决这些问题的办法有：第一，加强部门间的相互依赖和协调；第二，强调公共利益，改变法律和组织机构；第三，管理权下放、加强地方民主、公开提供信息、公审表决，充分发挥公众参与决策的优越性；第四，通过贸易、财政、投资和旅游进行经济和物质的相互联系，经济和生态的相互依赖加强，实现国际上的协调一致。

11.2 自然资源的循环利用原理

循环经济以“减量化、再使用、再循环”为基本准则，通过努力构建资源环境要素利用的闭环系统实现资源高效利用即污染减排，以减少经济社会发展的资源环境压力，因此循环经济理论是资源可持续利用的重要原理之一。

11.2.1　循环经济的定义

循环经济是对物质闭环流动型经济的简称。从物质流动的方向看，传统工业社会的经济是一种单向流动的线性经济，即“资源—产品—废弃物”[图 11-1（a）]。线性经济的发展模式，依靠的是资源消耗的不断增长，高强度开采和消耗资源的同时高强度地破坏生态环境。而循环经济的发展模式遵循的是“资源—产品—再生资源”的反馈式流程[图 11-1（b）]，所有进入这个系统的物质和能源可以在这个不断进行的经济循环中得到合理和持久的利用，从而将经济活动对自然环境的影响降低到尽可能小的程度。

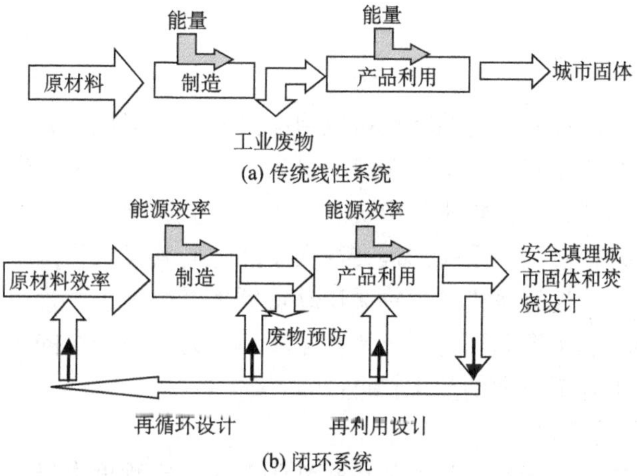

图 11-1　传统线性和闭环系统的物质流模式

循环经济本质上是一种生态经济，它运用了生态学的规律而不是机械论规律来指导人类社会的经济活动。一个理想的循环经济系统应该像一个由多种角色组成的复杂的生态系统，最基本的四类行为者包括：资源开采者、处理者（制造商）、消费者和废物处理者。系统内部以互联的方式进行物质交换，使进入系统的物质和能量得到最大限度的利用，从而形成“低开采、高利用、低排放”的效果。由于反馈式和网络式互联的存在，系统内不同行为者之间的物质流量远远大于出入系统的物质流量。

11.2.2　循环经济的基本原则

“减量化、再利用、资源化”（“3R”原则）是循环经济最基本的原则。

减量化原则是循环经济的第一原则，就是要减少进入生产和消费流程的物质量。在生产中，制造商通过优化设计，减少每个产品的物质使用量来节约资源，减少排放；在消费中，要求人们减少对物品的过度需求。

再利用原则是循环经济的第二个原则，其属于过程性方法，就是要求尽可能多次或多种方式地使用一件产品，防止其过早成为废弃物，目的在于提高产品和服务的利用效率。

循环经济的第三个原则是资源化原则，是属于输出端方法，尽可能多地利用再生废弃物的资源，从而减少末端处理的负担。其包括回收废弃物包含的可再生的资源，粉碎后再利用于新的产品的生产，使其燃烧回收体所包含的能量等方式。

在循环经济中，这三大原则的重要性不是并列的，而是按照“减量化—再利用—资源化”的顺序排列的。减少自然资源的消费，首先是在源头上减少各类活动污染物和废弃物的产生，是循环经济具有最高优先级的原则；其次是通过再利用尽可能延长产品的寿命，避免使其过早地成为废弃物；然后对于源头不能削减的污染物和废弃物，如经过使用的包装废物和旧货等，回收利用其包含的资源，使其回到经济活动的循环中去；最后，只有当以上方法都不能实现时，才考虑将最终废弃物进行环境无害化处置。强调减量化优先，实现低排放或零排放是循环经济发展理念下追求的最终目标。也只有这种方式才能从根本上达到既保护环境，又减少自然资源消耗的双重目的，从而达到经济与生态环境的协同发展，真正走上可持续发展之路。

11.2.3　循环经济的基本特征

在线性经济模式中，资源利用的特征可以用高投入、高消耗、高排放和低效率等几个方面来概括，即在线性经济模式中，资源在流动过程中先后经过开采、生产、消费和废弃几个环节，在经过这几个环节之后，物质就由资源变成了毫无用处的废物，并且由于物质流动形式为单向流动，为维持社会经济系统的运转需要不断地向其投入资源，否则社会经济系统将无法维持运转。因此，线性经济模型中物质运动遵循大量生产、大量消费和大量废弃的资源利用特征，这样不但增加了资源压力，还增加了环境压力。与传统的线性经济模式相比较，循环经济发展具有以下几个方面的基本特征：

1）生态环境的弱胁迫性

传统的经济发展方式对于环境生态的依赖性强，在一定程度上导致快速的产业发展，进而加剧了资源消耗、生态破坏和环境污染。循环经济发展方式占用更少的资源及生态环境要素，从而使得快速的经济发展对于资源、生态、环境要素的压力大幅降低。

2）资源利用的高效率性

随着经济发展规模的不断扩大，资源消耗不断加剧，也在一定程度上使得全球经济发展尤其是处于快速工业化时期的国家或地区经济发展开始从资金制约型转为资源制约型。而循环经济的建设与发展实现了资源的减量化投入、重复性使用，从而大大提高了有限资源的利用效率。

3）行业行为的高标准性

循环经济要求原料供应、生产流程、企业行为、消费行为等都要符合生态友好、环境友好的要求，从而对于行业行为从原来的单一的经济标准，转变为经济标准、生态标准、环境标准并重，并通过有效的制度约束，确保行业行为高标准的实现。

4）产业发展的强持续性

在资源环境生态要素占用成本不断提升的情况下，循环经济产业的发展将更具备竞争优势，同时由于循环经济企业或行业存在技术进步的内在要素，这样就会更有效地推进循环型产业的可持续发展。

5）经济发展的强带动性

循环型产业的发展对于经济可持续发展具有带动作用，而且产业之间及内部的关联性也将增强，从而推进了产业协作与和谐发展。例如，循环型生产的发展将对于循环型农业、循环型工业乃至循环型社会的建设与发展产生有效的带动作用，从而提升区域经济竞争力，并有效推进实现区域经济可持续发展战略的全面实现。

6）产业增长的强集聚性

循环经济的发展，将在一定层次上带来区域产业结构的重组与优化，从而实现资源利用效率高、生态环境胁迫性弱的产业部门的集聚，这将更有效地推进循环经济及循环型企业快速、健康地发展。

7）物质能量的闭环流动

循环经济作为一种经济模式，区别于传统线型经济的最大特征是物质流动方式采用了闭环系统。就物质闭环流动而言，可以在单个企业、单个家庭实现。但是，就一定区域或者一个国家而言，整个区域在资源利用方面形成闭环系统才算得上实现了循环经济模式。当然，区域层次物质闭环系统的形成也离不开家庭和企业这样的社会经济细胞对资源循环利用的行为和支持。

11.2.4　循环经济的主要模式

从发展循环经济的驱动力来看，循环经济的发展模式可分为技术推进型、形象塑造型、成本压迫型、产业发展型、市场引导型、制度规范型和规划促进型等几种类型。从循环型层次来看，可以将循环经济划分为小循环即循环型企业、中循环即循环型园区、大循环即循环型社会模式三种类型，如果考虑得更细致些，还有微循环即城市家庭和农村家庭层次上的循环。

1）循环型企业模式

循环型企业模式主要是企业根据循环经济“3R”原则，按照清洁生产方式，通过工业生产的合理组织或者重新构建生产工艺或者延长生产链条，在企业内部形成资源循环利用系统。不同生产环节之间对于资源和废物有不同的定义，上游环节生产过程完成后对本环节无用的物质对下游生产环节是该生成环节的有用原料，即上游生产环节的排放端和下游生产环节的投入端对接，如此连接循环实现资源在企业内部多次使用，发挥资源的最大效率。不同资源循环利用的难易程度不同，例如，水资源相对容易循环使用，因此，有不少企业在水循环利用方面取得了一定的成效。但是，有些资源循环利用的难度则要高些，要在企业内部实现对这些资源的循环利用往往需要企业延长生产链，通过产业链的延长将具有不同资源需要的生产环节组合在一起实现资源的循环利用。由于延长生产链通常意味着企业要扩大规模，对企业而言具有一定的风险。因此，循环型企业模式并非对所有的生产企业都适合。以美国的杜邦公司为例：杜邦公司通过生产工艺的创新设计形成厂内各工艺之间的物料循环，并且发明回收本公司产品的新工艺，他们在废塑料（如废弃的牛奶盒和一次性塑料容器）中回收化学物质，开发出了耐用的乙烯材料等新产品。我国已有企业实现了企业内部资源循环利用模式，例如，广西贵糖（集团）股份有限公司在集团内部建成了包括制糖物流、造纸物流、发酵制品物流三大主物流，轻质碳酸钙、水泥和甘蔗专用复合肥生产线是三条制糖副产品和连产品次级资源化生态工业链，三条主物流和三条生态工业链在企业生产中形成网状结构，形成广西贵糖（集团）股份有限公司内部资源循环利用的生产网络。

2）循环型园区模式

园区模式就是将生产不同产品的企业集中在园区内，不同企业之间通过市场交易建立资源循环利用链条。与循环型企业模式类似，单个企业循环经济模式是在企业内部不同生产环节之间将排放端和投入端连接起来，而园区模式则是在更大范围内，即不同企业之间，通过市场交易关系，将不同企业之间的排放端和投入端对接，在园区范围内建立循环经济网络，实现资源的循环利用。园区模式最常见的形式就是生态工业园，在生态工业园内部，聚集了从事不同产品生产的企业，不同企业之间对于资源和废弃物的定义有所区别，对某个企业而言生产过程完成后在本企业无法再利用的物质对别的企业是进行生产的原料之一。

通过将不同企业组织起来实现资源循环利用，不仅提高了资源效率，同时，将不同企业之间的排放端和投入端连接在一起，将原本废弃物的处理变成了原料生产，减少了园区的废弃物排放量，从而减轻了园区生产的环境冲击。另外，从园区企业经营效益来看，由于将企业之间的排放环节和投入环节对接，原本需要投入成本进行终端处理的废弃物成为可以带来收益的交易品，这可能减少企业的成本投入并增加企业的经营收益。因此，园区模式的循环经济既提高了资源效率也提高了环境效率，同时还可能提高了园区内企业的生产效益，园区内企业有可能获得更好的经营效益。但是，园区模式的循环经济也存在一定的风险和缺陷。园区的企业通过产业共生关系连接在一起，它们在分享产业共生带来的好处的同时，也需要承担因此而带来的风险。

园区模式不仅限于工业企业之间建立循环经济体系，同样可以用于农业生产企业之间通过企业之间排放投入端的对接形成资源循环利用链条，也可以将工业企业和农业企业聚集起来建立循环经济园区。以广西贵港国家生态工业（制糖）示范园区为典型实例。

该工业园由六个系统组成，各系统内分别有产品产出，各系统之间通过中间产品和废弃物的相互交换面互相衔接，从而形成一个较为完整和闭合的生态工业网络，使园内资源得到最佳配置，废弃物得到有效利用，环境污染减少到最低程度。在蔗田系统、制糖系统、酒精系统、造纸系统、热电联产系统、环境综合处理系统这六个系统之间，形成了甘蔗—制糖—蔗渣造纸生态链、制糖—废糖蜜制酒精—酒精废液制复合肥生态链及制糖—低聚果糖生态链这三条主要的生态链。利用相互间的耦合关系，物流之间没有废物概念而只有资源概念，各环节实现了充分的资源共享，将污染负效益转化成了资源正效益。而且，这一生态园区是纵向闭合的，由甘蔗发展出糖、纸、酒精等主要产品的生产，最后，酒精厂复合肥车间产出的甘蔗专用复合肥和热电厂生产出的部分煤灰又作为肥料回到了蔗田。

3）循环型社会模式

循环型社会模式是在较大范围内乃至一个国家范围内，从资源开采、产品制造、生活消费等各个环节和各个领域综合考虑资源循环利用问题。这种模式不仅要求各个生产企业要考虑到资源循环利用问题，而且还要求考虑到企业之间、生产环节与消费环节之间相互连接形成一个大的资源流动闭环系统。

与前面几种模式不同，循环型社会模式涉及范围要比前面几种模式所涉及的范围大得多，不是就某个工厂、某个企业或者某个园区进行资源循环利用设计，而是区域范围内对整个区域的资源循环利用进行设计。因此，循环型社会模式需要在社会范围内系统地考虑生产过程的各个环节并将生产过程和消费过程等连接起来形成一个大的系统，循环型社会建设是一项系统工程。如果说前三种模式属于企业主导类型，那么循环型社会模式则是循环政府的有效介入。当然，政府在循环型社会建设中的角色并非替代企业直接从事资源循环利用活动，而是承担制度供给以及实施监督角色，即由政府负责制定相应的法律法规和政策措施并监督这些法律法规和政策措施的实施，对企业和消费者资源利用行为进行监管，保证资源利用者能够按照法律法规要求利用资源，尤其是循环利用资源，以达到提高资源循环利用的目的。生产企业或者组织可以根据自身条件和目标采取循环型企业模式、园区模式、逆向物流系统模式来实现资源、循环利用或者参与循环型社会的建设。

日本是最早建设循环型社会模式的一个例证。日本通过法律、经济、教育和科技等多方面全面打造循环型社会。在法律制度建设上主要是明确废弃物排放者的责任并且采取了扩大生产者责任制度，即要求生产者不仅要对其生产的产品质量负责，而且将产品生产者的责任延伸，要求产品生产者对产品使用废弃后对该产品的合理回收和处置担负责任。为落实扩大生产者责任制度，日本以《推进循环型社会形成基本法》为基础，围绕资源综合利用及产品层次的循环经济发展制定了完整性的法律体系，如综合性层面的法规有《固体废弃物管理和公共清洁法》、《促进资源有效利用法》等；根据各产品性质制定的具体法律有《促进容器与包装分类回收法》、《家用电器回收法》、《建筑及材料回收法》、《食品回收法》、《绿色采购法》等。

日本为建设循环型社会，各级政府在财政上给予大力支持。日本中央政府 2001 年和 2002 年在循环型社会建设方面的预算分别为 4214 亿日元和 3988 亿日元，此外还有地方政府的预算。日本还充分重视经济手段的作用，对生活垃圾及废弃物回收等进行收费或者开征相关税收，押金-退款制度也得到一定程度的应用。政府还出台《绿色购买法》，通过政府采购促进绿色产品消费。此外，还通过教育提高公民的环境资源意识，引导公众积极参与循环型社会建设，推进有关环境和资源循环利用的科学技术的发展。日本通过法律、税费、财政、政府采购及环境教育等手段有效地提高了资源效率，在社会范围内建立了资源循环利用的网络体系，将日本社会的生产和消费连接在一起，形成资源利用的闭环系统。

除以上几种循环模式外，还有逆向物流系统模式和循环社区模式。在这些模式中，循环型企业模式、园区模式主要是生产领域的循环经济模式，循环型社会模式如逆向物流系统模式涉及服务行业和生产领域，循环社区模式则主要是消费领域的循环经济模式。

11.2.5　自然资源循环利用的效益分析

人类赖以生存的物质资源除了自然资源外，还有一类是在生产和消费过程中，已经失去原来的使用价值，但经过加工处理仍可重新利用的物质资源，称为“二次资源”或再生资源，它包括各种固体、液体和气体的废弃物。人类开发利用自然资源，会使自然资源越来越少，而“二次资源”则随着科学技术的不断进步，是可以永续利用的。“二次资源”的开发是资源可持续利用的一项重要举措。

1）可以增加原材料来源，缓解工业生产对资源需求短缺的矛盾

例如，废旧钢铁是钢铁工业炼钢的重要配料，特别是生产优质钢 80％～90％要配用废旧钢铁。每利用 1 吨废钢铁可以冶炼成品钢 900kg，相当于同等数量的生铁，此外还大大减少采矿、炼铁等生产环节，节约大量人力、物力和建设投资。再如，破布、废纸、废棉、废麻等植物纤维及其制品，是造纸工业的重要原料，每吨废料平均生产成品纸 680 kg。我国每年回收利用的废旧造纸原料占轻工业造纸原料的 1/5～1/4。各种化学工业的合成材料，在生产过程中和产品消费后存在大量可以利用的“二次资源”，如热塑性的废塑料可以造粒，作为原料加工成为塑料鞋底、凉鞋、洗衣板、塑料地板等工业用品，或制成建筑材料；用废橡胶生产再生胶，每吨废轮胎可生产 700 kg 再生胶，废橡胶同石油沥青共同混制成防水涂料，可代

替油毡沥青用于建筑材料；化学纤维中的涤纶废料通过化学还原法，可制成生产原料。或通过机械开松弹成纤维，生产砂布和无纺织物等。

2）可以减轻环境污染负荷，促使资源、环境、经济、科技协同发展

科技进步导致各类资源可以被大规模地经济开发，随之而来也相应地增加废弃资源的种类和数量，对资源、环境构成严重威胁。因而，世界各国都把资源和环境能否妥善解决，作为 20 世纪 90 年代以来的重要研究课题。随着工业发展，各种新产品、新材料的大量应用，一方面为社会进步、经济繁荣、人民的物质和文化生活的提高均有重大作用，另一方面也为生态环境带来负担。例如，各种化学合成材料在主产和生活领域的应用，对大气、江河湖海及土壤的污染；空气中二氧化硫的排放导致酸雨泛滥；此外，工业水质变坏、动植物种类和数量减少等，同生态平衡遭破坏、自然环境受污染有着直接关系。

3）有利于节约工业资源，降低生产成本，减少原材料在采掘过程中的运输量

如能源是国民经济建设的基本条件，应摆在优先发展的地位，而“二次资源”的开发是节约能源的有效办法，利用废旧的“二次资源”与使用原生原料的能耗相比，废钢铁是原生铁的 40%，再生铜为原生铜的 20%，再生铝为原生铝的 5%，再生铅为原生铅的 27%，再生锌为原生锌的 38%，每吨废旧造纸原料节约生产用煤 400kg，电力 512kW·h；利用二次有色金属同使用原生矿石的生产成本相比，铜降低 60%，铝为 35%，锌为 15%，铅为 60%，黄金为 87.5%，白银为 96%。每吨废钢铁降低生产成本约 160 多元，每吨废造纸原料可节约成本 200 余元。

目前，资源综合利用的范围是非常广阔的，如对伴生矿产和伴生岩石的利用，低品位矿石的利用，废料和尾矿的利用，同一矿产不同质量的利用，加工后所排放的废渣、废水、废气的利用等。西方国家从有色金属矿选冶过程中，可回收 70 余种有价值的元素。在 20 世纪 90 年代，美国就能回收利用 20 多种金属，生产的稀有、稀散金属绝大部分由铜及多金属矿选冶过程中回收，将其中比重较大的几种金属回收利用列于表 11-1；加拿大的镍、钴、铂族金属几乎全部产自铜硫化物矿石，原苏联铜矿系统综合利用高达 87%～90%。20 世纪初，世界铜矿石开采含铜 4%的矿石才能盈利，而到 20 世纪中期，铜矿石平均开采品位从 1.5%下降到 1.25%，目前已降至 0.53%。日本在 20 世纪末资源的二次开发利用水平就已经很高，如表 11-2 所示。

表 11-1　美国 1990 年部分金属的回收利用情况

金属类型	二次利用量/t	占二次利用的比例/%	二次利用的价值/亿美元	二次利用的价值占比/%
铁	55500000	91	250	68
铝	2400000	4	39	11
铜	1300000	2	36	10
铅	920000	2	9.3	2
锌	340000	1	5.6	2
白金	71		6.6	2
金	49		6.0	2

表 11-2　日本全社会废弃物减排和重复利用率

年份	废弃物排出总量/亿 t	再生利用量/亿 t	再生利用率/%	最终处理量/亿 t
1998	6.16	3.00	48.7	0.71
1999	4.00	2.21	55.3	0.61
2000	3.80	2.31	60.8	—

11.2.6　循环经济理论的形成和发展

在人类社会发展史上，最初认为资源是没有限制的，技术的发展可以突破资源开采难导致的资源限制问题，但人类很快认识到这一观念的错误性，观察到人口增长和资源供给之间的矛盾。进入 20 世纪后期，伴随着人口的增长、科学技术进步和经济发展，人类活动造成的环境负荷也在同步增长，人们开始意识到经济发展与环境保护间的矛盾也日现突出。面临这些矛盾，早期循环经济思想的萌芽产生。20 世纪 60 年代，美国经济学家鲍尔丁提出了“宇宙飞船理论”，该理论认为必须以新的“循环式经济”代替旧的“单程式经济”。20 世纪 70 年代，国际社会开始有组织地开展环境整治运动，但这一时期的环境保护运动更多关心的是如何治理和减少污染物所带来的危害，也就是所谓的末端治理方式。到了 20 世纪 80 年代，人们这种思想开始转变到要采用资源化的方式处理废弃物和污染物，但对于是否应从生产和消费的源头防止污染的产生，大多数国家仍然没有明确的意识。进入 90 年代，随着生态环境保护和可持续发展理论的进一步发展，人们逐渐认识到源头预防和全过程治理的重要性，以此为特征的循环经济发展模式开始替代传统的线性经济加末端治理的发展模式，逐渐成为一些发达国家环境保护与经济发展政策的主流。循环经济的理念才得到越来越多的重视和迅速发展。

人类对资源循环利用具有较长的历史，然而循环经济的提出则只是近几十年的事情。在短短的几十年间，循环经济的发展基本上经历了以下几个阶段。

1）废弃物回收利用阶段

这个阶段主要是由于生产生活产生大量的废弃物，随着废弃物尤其是固体废弃物大量增加，废弃物处置问题越来越突出。废弃物急速增加，一方面面临着填埋场地不足的问题；另一方面面临着废弃物处理费用急增问题。这两方面的问题使得废弃物尤其是城市固体废弃物的处理变得越来越困难。为了减轻废弃物处理的困难，城市政府开始尝试废弃物的回收利用。有人将这一阶段的循环经济称为“垃圾经济”。当然，“垃圾经济”的发展不仅减轻了废弃物处置压力，而且催生了资源回收行业，促进了资源再生行业的发展。

2）废弃物污染防治阶段

工业发展尤其是化工产业的发展不仅带来了大量的固体废弃物，而且产生了大量的污染气体和污水。这些进入大气和水体的污染物严重危害了人的生存环境，威胁人类生命健康。因此，为了减少污染排放，清洁生产的要求逐渐被社会确立。但是起初的清洁生产也只是从生产末端考虑污染减少问题，到后来才从生产环节内部角度考虑污染预防，通过工业过程的改进来减少污染，减少废弃物的产生。

3）生态工业阶段

随着实践的发展，人们越来越认识到按照生态学的原理来改造生产是有必要的。因此，工业生态学应运而生，在工业生态学的指导下，仿照生态系统组织生产的活动陆续开展，出现了仿生态系统的生产工厂和工业园区。在这个阶段，开展了单个企业按照工业生态要求组织生产提高资源效率的实践，也从工业园区的层次开展了生态工业园的实践活动，尝试在企业之间完成资源的循环利用。

4）延伸生产者责任阶段

由于割裂生产和消费的污染预防措施并不能达到预期效果，而局限于生产领域的工业生态也只能提高生产领域的资源效率，因此，随着实践的展开，扩大生产者责任制度逐步确立，生产者的责任不再限于产品制造环节，而是延伸到消费环节，要求生产者不仅在产品设计阶段要考虑产品对环境的影响并尽可能减轻产品的环境冲击，在产品制造阶段要减轻产品制造的环境负荷，而且要求产品生产者对使用后的产品承担回收责任以提高资源利用效率。

5）循环型社会阶段

近年来，工业国家越来越认识到仅仅在产品制造方面实现资源的循环利用是不够的，资源的回收利用不仅需要加强企业的责任，同时也要提高产品消费者的参与程度。因此，循环经济的实践，不仅提倡和要求企业以及企业之间按照资源循环利用的要求进行生产，而且通过立法手段要求个人、家庭和社区参与资源的循环利用活动。

11.3　自然资源的开源节流

要实现我国可持续发展，控制人口、节约资源、保护环境的目标，遵循的途径就是要依靠科学技术，建立资源节约型的社会。一方面，依靠科学技术去寻求新的替代资源，使以前人们难以想象具有利用价值的自然物成为宝贵的资源，为人类突破资源供给的限制带来希望；另一方面，依靠科学技术去有效地利用有限的资源，尽量减少资源浪费和消耗，极大地提高资源利用率，解决节粮、节地、节水、节材和节约其他一切资源中的技术难题，引导有利于节约资源、保护环境的产品开发，形成有利于节约资源的生产模式、消费模式和城市建设模式，实行全社会节约，建设资源节约型社会。

11.3.1　科学技术与自然资源

虽说科学技术是一把双刃剑，在为人类认识和改造自然发挥作用的过程中也对人类的健康、生活和生存环境产生许多负面效应，但是人类文明的发展历史也是科学技术发展的历史，并且被危害环境的恢复和治理仍然需要科学技术的支撑。如果说自然条件和自然资源为资源开发和产业布局提供了一定的可能性，那么技术条件是把这种可能性转变为现实性的有利手段和方法，可以说经济的发展依赖于对资源的开发利用，而资源利用的深度和广度及效率都与科技进步紧密相关。自然界的物质只有通过一定的技术加以利用才称为自然资源，在这资源化的过程中，自然界的物质是基本的生产资料，人和科学技术是生产力。当今社会，科学技术日益渗透到经济发展和社会生活的各个领域，成为人类物质文明和精神文明的基石和推动力。科学发展观是资源可持续利用的主导思想。

资源利用是人类社会的永恒主题，人类的生产活动离不开资源的开发利用，而资源的利用又是有限的，尤其是地壳储存性资源更是如此。开发新的资源和寻找替代资源就成为资源可持续利用的主要方面，但这一过程必须依靠科学技术，即科学技术是开发新的资源和寻找替代资源的根本。

1. 科学技术与矿产资源

从近 200 年世界矿业史来看，如果说 19 世纪是以煤、铁等基础资源为象征，20 世纪以石油、铝、铜、镍等近代资源为象征，那么 21 世纪则是以稀有、稀土金属和稀散元素等资源广泛应用为标志。随着新技术革命在世界范围内掀起，许多高新技术产业不断涌现，被称为“太空金属”、“电子金属”、“超导金属”的稀有、稀土金属等将成为尖端技术不可缺少的基础原料。现代航空、航天技术的发展，对材料的性能要求越来越高。用稀有金属、稀土金属等制成的合金具有更好的强度和耐腐蚀性，在低温和超高温条件下有良好的工作性能，特别适合于飞机、火箭、航天飞机等在特殊条件下工作时使用。在核动力时代，锂、铌的消费量至少会成 10 倍地增加，铍、锆、钒、稀土金属的消费量也将大大增加。此外，大型集成电路、超导材料等领域也广泛应用稀有金属、稀土金属和稀散元素，使得它们将成为 21 世纪的战略资源。

深海洋底沉积有许多有用物质，其中不少是可以开采利用的有用矿物，如钙质软泥、硅质软泥等。钙质软泥可用来代替石灰岩，其氧化钙含量高，而氧化镁、氧化钾、氧化钠含量较低，是较理想的水泥原料；硅质软泥可用于目前硅藻土所应用的许多领域，如用于过滤材料、制造混凝料及填料、磨料等。大洋底还有一种重要的沉积矿物——钙结核，它含有锰、镍、镭、钴等几十种元素，是目前人类致力于开发利用的重点对象（表 11-3）。随着一系列科学技术的发展，锰结核将会成为锰、镍、铜、钴等几种主要金属的来源（可采自海底）。

表 11-3　太平洋底锰结核中的金属储量

矿产元素	平均含量/%	储量/亿 t	陆上探明储量/亿 t
锰	2.42	4000	30
镍	0.99	164	2
铜	0.53	88	19
钴	0.35	58	—

2. 科学技术与能源资源

1）减低能耗

工艺改进、管理加强、技术进步、产业结构升级，直接带动了中国能耗强度的降低。通过设施绿色照明工程、企业节能技术改造、能源需求侧管理、农村电网改造、建筑节能改造等措施，节约了大量能源。

过去 20 年，中国 6MW 及以上电厂，发电热耗效率水平有了显著改善，发电标准煤耗率由 1982 年的 404g 标准煤/（kW·h），下降到 2002 年的 356g 标准煤/（kW·h），平均每年下降 2.4g 标准煤/（kW·h）。供电煤耗率由 438g 标准煤/（kW·h），下降到 383g 标准煤/（kW·h），平均每年下降近 2.8g 标准煤/（kW·h）。大规模投资改造农村电网后，农村电网线损率由 20%～30% 降低到 12%。

在工业部门，主要能源密集产品单耗逐年下降。1990～2000 年，20 种高耗能产品都有不同程度下降。其中，钢铁工业由于高炉加大喷煤量、减少喷油量，淘汰平炉炼钢等，钢可比能耗下降幅度达到 26.8%；铝综合能耗、平板玻璃、卫生陶瓷、建筑陶瓷、砖、乙烯等综合能耗下降幅度在 30% 以上，小型合成氨、甘蔗制糖等能耗下降幅度在 10% 以上。由 1201kg 标准煤/t，降低到 781kg 标准煤/t，与国际先进水平的差距从+70.4% 降低到 +20.9%。

据《中国统计年鉴》数字，可以计算出改革开放以来，随着科学技术的进步，国民经济和各产业部门单位产出的能源和电力消耗强度分别见表 11-4 和表 11-5。

表 11-4　单位增加值（当年价格）的能源消耗强度（t 标准煤/万元增加值）

年份	GDP（包括消费耗能）	GDP（不包括消费耗能）	第一产业	第二产业	第三产业
1980	13.34	11.22	2.55	19.15	5.44
1985	8.55	7.07	1.59	13.54	2.72
1990	5.32	4.47	0.97	8.91	1.59
1995	2.24	1.97	0.46	3.42	0.69
2000	1.46	1.29	0.40	2.03	0.62
2002	1.41	1.25	0.40	1.94	0.59

表 11-5　单位增加值（当年价格）的电力消耗强度［（kW · h）/元增加值］

年份	GDP（包括消费耗能）	GDP（不包括消费耗能）	第一产业	第二产业	第三产业
1980	0.67	0.64	0.20	1.15	0.12
1985	0.46	0.43	0.12	0.87	0.09
1990	0.34	0.31	0.09	0.64	0.07
1995	0.17	0.15	0.05	0.27	0.03
2000	0.15	0.13	0.05	0.22	0.04
2002	0.16	0.14	0.05	0.22	0.05

2）新能源和替代能源

可持续的能源支撑和替代能源特别是生态能源的开发，是生态与经济协调发展的基础，大力发展核能、太阳能、水能、风能、地热和生物等替代能源，是能源可持续发展的根本出路，并使利益诱导成为替代新能源开发的基础机制。

太阳能是地球上最重要的能量来源，人类利用的能源绝大多数都直接或间接地来源于太阳能。在很早以前，人类就利用阳光晾晒湿物和制盐，在随后的漫长岁月里，太阳能的利用一直处于这种自然状态中。受能源危机的影响，许多国家政府和科学家竭尽全力研究和开发太阳能，并认为太阳能不仅取之不尽、用之不竭，而且对环境没有污染。但由于太阳能能量密度低，且受地球自转、公转和气候变化的影响较大，加上太阳能利用的主要形式“光电转换”的效率很低，使得目前尚不可能大规模利用太阳能。近年来，深洋能、地热能、风能等新能源逐步受到了人们的普遍重视。我国沿海地区对海洋能的利用取得了很大进展，在内地一些地热能、风能丰富的地区，利用地热能、风能发电已很普遍，如西藏的地热电站、内蒙古的风力电站等。

3）改善环境质量

节能技术的进步在推动节能的同时，也推动了污染排放的下降。1981～2000 年，累积节约和少用能源 11.45 亿 t 标准煤，相当于减排二氧化硫 2080 万 t，减排二氧化碳 7.22 亿 t。

从单位产出的排污强度指标来看，改革开放以来，我国单位产值的排污量总体上也呈现出下降的趋势。工业部门是生产环节中主要的排污部门，表 11-6 的数据表明，工业部门单位增加值的污染物产生和排放强度，总体上也是呈降低的趋势。例如，1998～2003 年的六年间，单位工业增加值排放废水、排放工业粉尘和产生的固体废物分别下降 30.1% 、55.6%和 21.8%。需要指出的是，表 11-6 中的数据是按照 1978 年不变价格计算的工业增加值，如果按照当年价格计算增加值，单位增加值排污量下降的趋势将会更加明显。

表 11-6 1998～2003 年工业生产（1978 年价格计算的增加值）对环境的污染情况

项目	1998 年	1999 年	2000 年	2001 年	2002 年	2003 年
单位工业增加值排放废水/（t/元）	0.013	0.012	0.011	0.010	0.010	0.009
单位工业增加值排放废气/（m^3/元）	8.036	7.686	8.234	8.155	8.220	8.186
单位工业增加值排放粉尘/（kg/元）	0.009	0.007	0.006	0.005	0.004	0.004
单位工业增加值产生固体废物/（kg/元）	0.531	0.479	0.454	0.454	0.440	0.415
单位工业增加值排放固体废物/（kg/元）	0.047	0.024	0.018	0.015	0.012	0.008

3. 科学技术与农业发展

1）粮食增产技术

依靠科技进步促进粮食增产主要体现在：第一，基因改良，培育良种。新中国成立以来我国粮食品种更换了 4～5 次，每更换一次，粮食单产增加 10%～30%。第二，改进施肥技术和方法，化肥利用率从目前的 30% 提高到 40% 以上，可增产粮食 8%～15%。第三，推广节水灌溉技术。采用农业节水技术可增加灌溉面积 330 万～860 万 hm^2，增加粮食产量 100 亿 kg。第四，加强病虫害防治。全国每年因病、虫、草、鼠等灾害损失粮食 10%左右，采用现有防治技术，可减少损失 100 亿 kg。此外，农业部的专家综合考虑各种科技要素，提出将现有 6040 万 hm^2 的中低产田可逐步改造为高产田，可新增粮食数百亿千克。总之，依靠科技进步，可解决我国在 21 世纪人口达到高峰时的吃饭问题。

2）种养殖业技术

我国一些科学家应用现代遗传学理论，将常规育种与分子标记辅助选择相结合，选育出各具特色的瘦肉型猪专门化新品系，研制出“工厂化养猪生产新工艺模式”及营养调控技术，以及新型蛋白质资源利用、猪场疫病监测与净化、猪场环境控制、粪污处理等几项规模化养猪关键技术。在奶牛热应激的遗传标记基因选择、奶牛品种调整、新型牛舍设计、防暑降温设施优化、饲料营养调控和抗热应激添加剂开发应用等方面取得较大突破，初步建立了我国南方高湿高热地区奶牛抗热应激综合技术体系，为解决困扰夏季奶牛饲养的瓶颈问题提供了技术支撑。初步建立活体采卵、利用分离的 X－精子进行体外受精生产胚胎的技术方法，母犊的正确率达 100%，实现胚胎工厂化生产，降低胚胎生产成本，在奶牛胚胎产业化中全面应用。在集约化水产养殖方面，成功开发了具有国际先进水平的集约化养殖技术，研制了抗风浪网箱，能够抵御 12 级台风的冲击，可将海洋鱼类养殖推进到 40 m 水深海域，拓展可养水域面积上亿亩，形成养殖水体 450 万 m^2 的大产业，劳动生产率提高 3～5 倍，并建成了循环水工厂化养鱼系统，水的循环利用率达 96%，推动沿海地区形成了规模达数百万平方米的工厂化水产养殖产业。该项技术为保护海洋生态环境、增加农（渔）民就业、推动渔业现代化提供了有效的技术保障。

4. 科学技术与资源管理

管理使人与生产工具、人际关系达到最佳组合，协调运行科学，管理也随着物质生产的发展、自然科学的进步而不断创新，以适应新物质生产与社会发展的需求。计算机技术的应用和不断的改进，使资源这一庞大系统的管理水平和管理模式得到了大幅度的提高。信息网络给资源管理带来的变化不仅仅是技术方面的，而且将对传统资源管理的概念也有很大突破。尽管如此，科学技术的进步仍是在向更高性能、更具易用性方面做出努力。

随着资源管理全球化的发展，计算机和信息网络技术就成了 21 世纪资源管理的核心技术。许多国家将计算机和信息网络技术应用于资源开发、产品销售、回收利用、环境修复等系列工作环境中。网络技术的推广，使得资源信息共享得以实现，减少了管理层次，缩短了管理流程，方便了善后处理。

人工智能的使用使自然资源进出口管理中的监测、检验等问题得以解决。专家系统就是人工智能程序的典型实例。专家系统的应用促进了与自然资源管理相关的其他程序软件的发展，如自然资源管理专家系统、GIS 系统、各资源环境要素的模型软件系统、决策系统等。

模拟仿真技术是一个应用十分广泛的信息技术，它是一种可以创建和体验虚拟世界的计算机系统，是借助于计算机来实现的。构建一个模拟仿真系统，需要用到计算机图形学、图像处理与模式识别、智能接口技术、人工智能技术、多传感器技术、语音处理与音响技术、网络技术、并行处理技术和高性能计算机系统等，而这些技术都是信息技术的分支。近年来，模拟发展系统及其技术在很多领域得到了广泛的应用。它能用于地壳矿产资源的勘探；它能仿真自然资源分布的三维特征；它能模拟和解决人无法到达的危险境地去探险等。

总之，可持续发展战略的实现，需要先进的科学技术。只有大量采用先进适用技术和科学管理方法，才能大幅度地降低单位产量的能耗和物耗；只有依靠科学技术，才能开发出环境无害化的资源、能源利用和环境污染控制技术；只有依靠科学技术，才能开发出资源的循环利用技术和节能措施。科学技术的进步是促进自然资源可持续利用的关键。

11.3.2　建设资源节约型社会

资源节约型社会建设，不仅是我国统筹人与自然和谐发展、实现自然资源持续利用、保障经济社会可持续发展的重要战略，而且是我国未来发展的唯一出路。我国将资源节约型社会建设的重点明确为节能、节水、节地、节材、资源综合利用和发展循环经济，并在国民经济及社会发展中提出了单位 GDP 能耗、水耗及污染排放等控制性指标。2007 年积极开展节能减排工作，推进资源节约型社会建设及发展低碳经济。

1. 资源节约型社会的内涵

资源节约型社会是指在社会生产、流通、消费等各个环节，农业、工业、服务业等各个产业部门，通过行政、法律、技术、经济等综合性措施，节约和集约使用土地、水、能源、矿产、建材，促进资源综合利用和循环经济发展，从根本上改变传统经济增长模式，最大限度地节约资源，提高资源利用效率，以尽可能小的资源消耗和环境成本，获得尽可能大的经济效益及社会效益，实现可持续发展。

1）资源节约型社会的生产结构

就是用最小的投入获得最大的产出，提高生产的效率和质量，减少单位产出对自然资源的耗费或浪费。主要体现在：产业结构有利于资源持续利用和环境保护；生产的产品应当是物质消耗低、附加值高的资源综合利用产品及功能替代型和可循环利用产品；推行清洁生产，淘汰落后工艺、设备和技术，以节约资源和减少污染的方式制造绿色产品。

2）资源节约型社会的流通结构

着重体现在通过再生资源的回收，能够节约资源，促进资源合理配置，实现经济增长方式转变，推动经济可持续发展；通过发展再生资源市场，可协调由城乡居民收入水平、消费水平不均衡所引起的消费差异，满足消费多样性的需求。实践证明，再生资源的流通在节约资源、促进生产等方面具有极大的作用。

3）资源节约型社会的消费结构

主要是倡导绿色消费。一是倡导消费未被污染或者有助于公众健康的绿色产品；二是在消费过程中注重垃圾资源化、无害化，减少环境污染；三是政府需要开展绿色采购，引导绿色消费。

4）资源节约型社会的制度结构

经济学上的节约主要表现为生产成本和交易成本的节约两种形态，这需要严格的制度规范约束人类行为，包括资源节约型社会经济制度、行政制度、法规制度及道德伦理等规范，以使得经济主体按照生产成本节约、交易成本节约的要求进行生产组织与生活消费。

2. 资源节约型社会评价指标体系

分析和评价国家或者地区的资源节约型社会的建设程度如何，除了进行定性的描述和分析之外，更重要的是需要对其进行定量描述和定量分析，即构建一个科学、系统、简明的指标体系作为度量标尺，通过这一度量标尺去测算地区的资源节约状况，揭示当前经济社会发展中资源节约方面所面临的主要问题，从而为科学制订或调整资源节约型社会建设政策提供决策参考。

1）评价指标构建的原则

第一，突出资源利用节约效果的原则。指标体系设计应突出刻画资源利用的“节约”，包括节约的效果、效率、效益等，而且要体现在资源节约的各个主要领域。

第二，系统性与层次性的原则。资源利用具有关联性或系统性，要统筹考虑节能、节水、节地、节材等之间的相互关系，指标体系要能全面反映主要资源消耗的情况，同时分层次体现具体指标内容。

第三，应用性与操作性原则。为了增强可操作性和应用价值，有关指标主要以政府历年统计数据和各类公报数据为基础，选取的指标数值可以直接获得或者通过计算、修正等数学方法间接得到，对于有些难以采集的数据尽可能地用其他指标代替。对于难以收集的指标或理念性的指标，在资源节约型社会建设评价时尽量减少或避免，但在指标体系构建中仍需列出以供政府部门参考的改革统计口径，完善资源节约型社会建设评价指标体系。

第四，可比性原则。从时间和空间尺度上看，资源节约型社会的指标要能按照统一的量纲量化，这样既可以形成资源节约型经济和社会系统的时间序列，分析资源节约型经济和社会建设的发展速度和效果，又可以在空间范围上进行不同区域、不同时期资源节约型经济和社会发展水平的比较，为评优工作提供依据，同时有利于落后地区找出问题，借鉴发展较好地区的经验，促进资源节约型经济和社会的协调快速发展。

第五，动态与静态相结合的原则。资源节约型社会静态评价是指现状评价，注意剖析目前系统结构状况，衡量整个系统所达到的功能和效益水平，静态评价反映的是系统横截面的状况。静态评价不能反映资源节约型社会发展的连续性和趋势，因此必须引入动态评价的指标来揭示资源节约型社会系统的结构、功能及效益等方面的演替规律，考察系统发展的趋势，分析系统结构的稳定性、缓冲能力和应变能力，以掌握系统可持续发展的运行规律，进行系统的有效协调和控制。资源节约型社会评价静态和动态指标相结合，从纵横两个方面反映资源节约型社会系统的全貌。具体来说，在指标构建中引入了经济学中常用的弹性分析和边际分析等手段来体现这一原则。

2）评价指标选择的依据

根据资源节约型社会的内涵，在生产、建设、流通、消费等各个环节中，选择具有代表意义，而且能反映资源节约水平的实质指标作为评价依据。鉴于此，指标选择的主要依据包括：生产和消费是现代经济核算体系的核心，资源的循环利用可反映对资源的综合利用水平，废弃物的再利用水平，资源的储备水平则反映资源利用的现实潜力，而效率型节约则以经济分析中常用的弹性分析技术深入研究经济发展中资源利用的集约度，它基本上反映了资源节约中技术进步的贡献。

3）评价指标体系

根据对资源节约型社会评价指标的分析研究，在资源节约型社会发展指数评价的实证研究中，以刻画资源利用的节约效果为核心，考虑评价对象与层面的多元性，突出资源节约型评价的系统性和综合性，根据资源节约型社会发展评价指标体系构建原则，结合中国经济和社会发展模式对资源能源的消耗，认为资源节约型社会可从生产型资源节约、消费型资源节约、效率型资源节约、循环型资源节约和储备型资源节约五个方面综合反映。

在确定以上五个大类后，根据数据可获得性、采用的普遍性、可比性、可操作性和导向性等原则，选取能反映五大类规定性特征的指标。这个层次的指标或者可以从各类统计资料中直接读取，或者可以根据已有的数据资料计算得到。同时根据总量分析、平均分析、边际分析、弹性分析等研究方法，经多方研究，最后确定措施层指标（C）总共 39 项，其中生产型资源节约 7 项、消费型资源节约 8 项、效率型资源节约 9 项、循环型资源节约 8 项和储备型资源节约 7 项。具体指标体系如表 11-7 所示。

3. 资源节约型社会评价技术流程

资源节约型社会评价的技术路线包括了从确定评价目标，收集与处理数据，到最后得出评价结论的全过程如图 11-2 所示。

表 11-7　资源节约型社会评价指标体系

	策略层指标（B）	措施层指标（C）
目标层（A）	生产型资源节约（B1）	单位 GDP 能源消耗（C_1），单位 GDP 取水（C_2），单位工业增加值能源消耗（C_3），单位工业增加值取水量（C_4），单位非产值占地（C_5），单位农业增加值能源消耗（C_6），单位农业增加值取水量（C_7）
	消费型资源节约（B2）	城镇居民人均生活用水量（C_8），城镇居民人均生活用电（C_9），农村居民人均生活用电（C_{10}），城镇人口边际取用水量（C_{11}），城镇人口边际电耗（C_{12}），城市化边际水资源消耗（C_{13}），城市化边际电耗（C_{14}），城市化边际占地（C_{15}）
	效率型资源节约（B3）	GDP 能源消费弹性（C_{16}），工业能源消费弹性（C_{17}），GDP 电力消费弹性（C_{18}），GDP 耕地占用弹性（C_{19}），城市化能源消费弹性（C_{20}），城市化占地弹性（C_{21}），工业化能源消费弹性（C_{22}），工业化占地弹性（C_{23}），GDP 水资源消费弹性（C_{24}）
	循环型资源节约（B4）	“三废”综合利用贡献率（C_{25}），能源最终利用率（C_{26}），工业重复用水率（C_{27}），城市污水再用比率（C_{28}），工业固废综合利用率（C_{29}），土地复垦率（C_{30}），秸秆综合利用率（C_{31}），禽畜粪便资源化率（C_{32}）
	储备型资源节约（B5）	人均耕地（C_{33}），人均水资源（C_{34}），森林覆盖率（C_{35}），耕地比例（C_{36}），自然资源保护区面积比例（C_{37}），能源自给率（C_{38}），未利用土地比重（C_{39}）

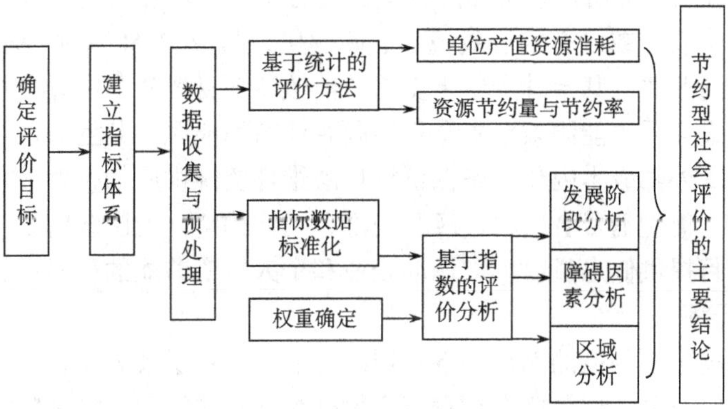

图 11-2　资源节约型社会评价技术流程

4. 资源节约的国际经验

资源节约型社会建设是全人类的责任，更是当前应对气候变化、增强全球可持续发展能力的重要手段。因此，各国都根据自身的经济社会发展阶段特征提出相应的要求，主要体现在以下几个方面。

1）推动政府优先节约

政府的率先垂范与导向有巨大的推动作用。政府机构节约资源不仅是控制或降低资源消费增长幅度，减少公共财政支出，推动新技术、新设备、新材料推广应用的重要措施，也是向全社会做好示范表率、引导和推进全社会节约资源、建设节约型社会的有效途径。例如，加拿大、荷兰等国家要求所有政府机构都参与节能项目的实施；美国专门制订了白宫短期及长期节能行动计划，并在法律中对政府节能等相关问题进行了规定；日本的政府部门中有专门负责节能的机构和健全的节能中介机构；澳大利亚非常重视政府机构能耗的降低，联邦政府规定所有机构每年都要向工业、旅游和资源部报告其年度能耗状况，报告同时提交国会，接受议会和公众监督，以提高政府机构节能工作的透明度。

2）制定节能法律法规

努力提高资源利用率，以尽可能少的资源投入获得最佳经济效益，已成为各国增强产品竞争力、保证资源安全、降低环境损害、减少温室气体排放的重要手段和各国能源战略的重要组成部分，很多国家都以立法形式制定了国家级和地方级的节能法律法规。美国先后出台了《资源节约与恢复法》(1976)、《国家节能政策法》(1978)、《公共汽车预算协调法》(1985)、《联邦能源管理改进法》(1988）等法律，此外还对各部门制定了节能具体规定，如交通运输部门向燃料消耗高的汽车征税等；日本在 1979 年颁布实施了《节能法》，又分别于 1998 年和 2002 年进行了修改。与此同时，一些发达国家还将能效标准和标识作为一种重要的节能法规形式，如德国 2002 年生效的《能源节约法》制定了德国建筑保温节能技术新规范，从控制建筑外墙、外窗和屋顶的最低保温隔热指标改为控制建筑物的实际能耗。

3）创立政策激励机制

发达国家在节约资源政策上建立激励机制，以鼓励高效节能产品的研发和应用。例如，日本对企业购置政府规定节能设备并在一年内使用的，实行节能专项补贴、减免税政策，即按设备购置费的 7%从应交所得税中扣除；英国实行节能基金和低息贷款政策，其碳排放信托基金主要用于促进新的或已有的能效技术的商业化，其中约 50% 的基金用于高效节能低碳新技术的开发和商业化，其余基金用于支持节能改造项目融资和中介机构开展节能活动，此外，英国政府还设立了“能源效率基金”鼓励企业节约能源；芬兰通过收取资源环境税使资源价格反映环境等外部成本内化，确保价格反映维持资源供应的长期成本，从而通过市场信号影响资源需求，促进消费者节约资源和资源、结构调整；德国政府推出二氧化碳减排等项目，并为节能项目提供低息贷款，以调动企业和个人投资节能的积极性。

4）发展循环经济

各国都十分重视不同领域的循环经济发展，有的还制定了较为完善的法律制度，如德国通过《垃圾清除法》、《关于避免废弃物和废弃物处置法》、《循环经济法》等法律促进循环经济建设；日本在 20 世纪 80 年代末至 90 年代初就开始生态型循环经济发展模式，提出了“环境立国”及“循环经济”和“循环型社会”的发展战略，2000 年日本参议院与众议院表决通过《循环型社会推进基本法》；韩国推行“废弃物再利用责任制”，实行了产品的全生命周期管理制度，规定了家用电器、轮胎等一批废旧产品须由生产单位负责回收和循环利用；法国通过“绿色包装”集团，80%以上的生活垃圾得到可循环处理，其中 63%的废弃包装类垃圾经再处理后被制成了纸板、金属、玻璃瓶和塑料等初级材料，17%的垃圾被转化成了石油、热力等能源。

5）实行产品能耗认证

美国环保局从 20 世纪 90 年代推出“能源之星”商品节能标识体系，将符合节能标准的商品贴上带有绿色五角星的标签，并进入政府的商品目录得到推广。德国根据欧盟《能源消耗标示法规》制定了产品能耗标签制度，对多种市场销售产品按照其能耗情况粘贴不同等级的能耗标签，而消费者在购买或租赁房屋时，建筑开发商也必须出具一份“能耗证明”告诉消费者这个住宅每年的能耗，主要包括供暖、通风和热水供应。澳大利亚和新西兰实行住宅节能等级评定制度，住宅节能等级被分为六档，从零星级到五星级，分别代表了住宅在取暖和制冷方面的能源效率利用情况。

6）采用新型节能技术

技术是实现资源节约型社会建设目标的根本性措施，各国都十分重视在节能、节水、节地、节材等方面的技术创新与推广。芬兰新的建筑物均采用新型绝热墙体材料，降低了室内能源消耗，并在企业推广全新的高能效生产工艺；美国能源部大力推广“零能耗住宅”新技术，旨在通过最佳整体设计、利用最先进的建筑材料及已上市的节能设备，达到房屋所需能源或电力 100%自产的目标；日本注重通过市场机制引导企业节能，节能产品是日本市场的最佳选择，若无法在节能技术上不断创新，产品最终将失去市场；韩国政府和民间积极普及太阳能高效造氧技术，以替代化石能源。

7）加大节约宣传力度

增强资源节约型社会的意识是关键，通过宣传教育将有效提高公众意识，更有利于资源节约型社会政策措施的落实。德国消费者中心联合会提供有关节电的信息和咨询服务，德国能源局开设有关节电的免费电话服务；日本开展全民节能运动的同时，经常举办“节约生活”大型展览会；澳大利亚和新西兰两国政府积极推广和实施住宅节能等级评定制度。

5. 资源节约型社会建设的战略

第一，建设资源节约型社会要紧紧抓住转变经济增长方式，调整、优化产业结构和发展循环经济这些核心环节。第二，建立资源、能源审计制度，将其同现行的环境评价制度一道共同构成新的社会性管制制度。具体而言，即要建立三项具体制度，一是从能源、资源、环境方面提出更为严格的产业准入标准和准入制度；二是建立高耗能落后工艺、落后技术和落后设备的强制淘汰制度；三是建立重点耗能产品的市场准入制度。第三，倡导资源节约、可持续的消费方式。第四，建立经济激励机制，并形成长效机制。应该尽快构建资源的价格形成机制和价格结构，制定鼓励资源节约和限制资源过度消耗及奢侈消费的税收政策，以及更为严格的资源节约能效方面的强制性国家标准和法规。同时为新技术创新和成果应用创造更好的市场环境和政策环境。第五，建设节约型社会需要全社会的共同参与和共同行动。要增强公众的资源忧患意识和资源节约意识，在全社会各个层面形成资源节约的良好氛围。

11.4 自然资源保护

随着人口的增长和社会的进步，自然资源的消耗量日益加大，对自然资源的开发越来越广泛。不少地区不可更新资源出现枯竭，可更新资源的消耗量也大大地超过了再生速度，导致生态平衡失调。资源的有限性和资源需求的日益膨胀间的矛盾，迫切要求人类对自然资源进行切实的保护。

11.4.1 自然资源保护的含义

自然资源保护有多种含义，不同研究领域其定义各不相同。归纳起来可分为三个层次：第一，生态伦理层次。生态伦理学认为，自然界中没有等级差别，在人与自然的关系中，人与其他物种乃至其他自然要素都是平等的；就像人有其价值和权利一样，自然资源和自然环境也有价值和权利；人的价值和权利应该得到保护，自然资源和自然环境的价值和权利同样应该得到保护。第二，可持续发展层次。自然资源保护就是要给后代留下同等的利用机会和条件，实现自然资源利用的三大效益。从这个意义上讲，自然资源保护的严格含义应该是，保护地球上的资源，以使潜力和效率不降低，或是保持近似于自然状态下的条件，或只允许明智地耗用资源。第三，经济含义层次。资源不利用是不可能的，应限于在保护政策与目前有效利用方案不矛盾的范围内进行，即要强调资源的长期明智或最佳利用目标。资源的有序高效利用，消除浪费，使社会长期净收益最大化。

11.4.2 自然资源保护的内容

自然资源保护是自然资源合理利用和科学管理的有机结合，并不是一种消极的保护措施，它是资源可持续利用和经济建设不可分割的部分。主要研究内容有以下各方面。

1）动植物物种的保护和利用

利用各种各样的动植物资源已经是很普遍而广泛的事情。问题是要持续地最大限度地不断扩大利用新的种类，以满足各个方面的要求。一次性地或短暂地利用自然资源不是生态发展的原则所允许的。这就需要清楚动植物区系的种类、地理分布、生物生态学特征和资源的消长与国内外贸易特点等基本情况。当前最急迫的要求，是研究和确定保护濒危物种的措施，特别要注意反映需要采取紧急处理措施的种类，管理好动植物物种的利用和保护，濒危动植物物种国际贸易公约所规定的工作是大量的必需的。

2）自然保护区的建立和有效的管理

在全国不同生态环境范围内，选择典型的地区，建立一定数量不同类型的保护区，制定保护区建设的规划，确定建立不同类型保护区的原则、标准及不同区域不同要求建立保护区的办法和有效管理的措施，弄清各个保护区的基本情况和特点，说明它们在经济建设和科学研究中的作用，提出具体管理措施和已有的经验等。

3）区域生态环境平衡研究和规划

对不同生态系统类型的经营管理和不同区域的经济建设提出因地制宜的生态评价方法，促进采用新的科学管理方法，特别注意制定持续利用自然资源的方法，加强对各类生态系统的管理。不同环境的地区，自然条件、资源特点和人力、物力、财力等不同，经济发展的方向和途径也各异，需要应用生态发展的概念和观点来制定发展规划，即应用生态学的原则和方法，根据不同的要求来规划如何充分地但又能保证持续地利用自然资源，引种和饲养本地有价值的急迫需要的生物资源，引入外来的珍贵有用的生物资源。

4）加强自然保护教育工作和相关政策法规的制订与执行

加强教育和宣传，提高群众对自然与自然资源保护和合理利用重要性的认识。从校内教育和校外教育全面考虑，根据实际需要和可能，制订切实可行的办法是非常必要的。这项工作主要涉及人对环境影响的社会、政治和经济的实质及立法问题。如果说教育是启发人们自觉的遵守和履行自然保护的任务，那么立法就是强迫人们必须按照法律规定办事，否则就必须依法采取措施加以处理，当然，奖励也要列入有关的政策和条例之内。

以上各项工作虽然性质有所不同，但是彼此是密切联系、相互促进的，都是开展自然资源保护的重要组成部分，应该在统一管理机构的管理下，妥当安排，大力开展。

11.4.3　自然资源保护的主要目标

1）维持自然生态平衡

维护自然的生态平衡即保持基本的生态过程和人类赖以生存的生态系统。基本的生态过程是指受生态系统支配、支持或制约，并对人类健康、生产、生存等方面起着关键作用的过程。以农业为例，农业发展的基础是土地，土地是人类赖以生存的一个关键因素。人类为了扩大耕种，对有限的可利用土地进行大面积的开垦，虽然增加了一些农田，但不合理开垦常导致土地沙化或贫瘠化。农业生态系统的生产能力，不仅取决于土壤质量的保持，还取决于所采用的耕作方法及对益虫和益鸟栖息场所的维护。由此可见，要保护和提高农业生态系统的生产能力，就要保护好基本生态过程与赖以生存的土地，不要造成生态失调和土地退化。这是保护自然资源的一个重要目标。

2）保证自然资源的可持续利用

随着人口的增长和经济的发展，人类对自然资源的需求量也越来越大。不合理的开发利用不但破坏了环境，还加速了资源枯竭。不同类型的自然资源，其可持续利用的方式是不同的。对于可再生资源，主要是如何合理调控其使用率，使资源的总量与质量保持在稳定的条件下利用。对于不可再生资源的持续利用，则是一个资源最优耗竭问题。它包括根据资源的质和量及人类发展的需求，对不同时期合理配置有限的资源、研究开发以可再生资源替代不可再生资源、继续勘察未查明的不可再生资源等三个方面。从经济学分析，高效率资源配置的社会目标就是使资源利用净效率的价值最大化。

要达到生态环境持续良好和自然资源持续利用的目标，不仅取决于人们的科学技术程度，有关部门合理规划与管理的科学性程度，也与人们的资源保护意识密切相关。资源的开发、利用和增值、保护，关系到生产发展的速度和长远的经济利益。保护的目的是达到持续利用，过度开发可能取得一定的暂时利益，但从长远看，势必破坏生产力，阻碍经济的发展。只有做到自然资源的持续利用，人类才能从这些资源获得长期的利益。

3）资源利用的长期效用最大化

自然资源的长期效用最大化包括两个方面的含义，其一是要可持续地利用资源；其二是在持续利用的前提下实现效益最大化。然而，由于资源类型不同，在开发利用中，其寿命的长短相差很大，人们对它的长期效用要求不同。

对于恒定性资源（降水、阳光、风、潮汐等）来讲，利用不利用都是如此，不利用就会流失。除了水可储藏起来以外，目前还没有保证将这些资源派到未来用场的可行性方法。其切实的保护工作，就是消除由于资源闲置而造成的经济损失和社会浪费现象，在现有条件下尽可能有效地利用这些资源，如海洋、河流的开发，水能的利用，太阳能发电，利用风能、潮汐能发电等。只要对产品或劳务有需求，只要提供这些产品或劳务的成本都可望降到它们预期的售价以下，那么该开发就是经济可行的（图 11-3）。

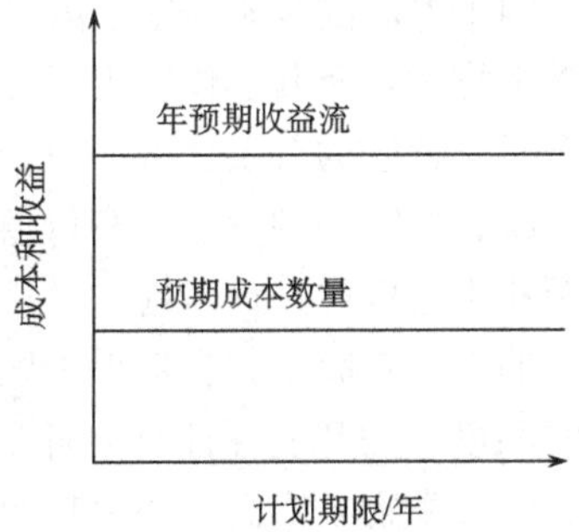

图 11-3　恒定性资源开发的年预期收益与预期成本的关系

对于储存性资源（地壳资源）而言，其情况就大不相同。要求供给量分散在较长的时间内使用，要求在开发利用时降低资源的耗损或消费的速度，增加期末未利用的剩余资源量。

临界资源则是介于上述二者之间，包括：生物资源、土壤资源，既流失又更新，还可通过一些方法提高生产力或降低水平，或维持现状。临界性资源的长期效用最大化，是指在每个开发规划期都能带来尽可能大的效益，而同时又维持或者尽可能地提高资源的未来生产力。

11.4.4　自然保护区在自然资源保护中的作用

自然资源的保护依据不同的目的有不同的方式，现在最常见的方法是就地保护，即将所要保护的自然资源划出一定范围加以保护，并有立法给予保障，这就是现在大家都普遍认识的自然保护区。另一种方法是异地保护，这种方法多用于抢救一些在自然界受到严重威胁或珍稀、濒危物种。采用植物园、动物园、物种繁育中心等方法将其饲养、繁殖，当到一定数量后再放回自然界。以上两种方法以前者为最有效而被世界广泛采用。因为建立自然保护区不仅对个别重要物种进行保护，而且对完整的生态系统和自然资源也得到保护，并对当地社会经济发展和居民带来良好的经济效益，其作用已经超越了建立自然保护区时的单纯目的。

1）自然保护区的定义

我国把自然保护区定义为：国家为了保护自然环境和自然资源，促进国民经济的持续发展，对具有代表性的不同自然地带的环境和生态系统、珍贵稀有动物自然栖息地及其他历史遗迹和重要水源地等划出界限加以特殊保护的自然地域。自然保护区以保护自然资源为主，还须把科研、教学、旅游和生产结合起来，统一经营管理，使之成为以自然保护为主的科学实验、生产示范和旅游的基地。保护区可划分为核心区、缓冲区和实验区。核心区是原始状态保护较好的自然景观地区，是开展生态系统研究的基地。缓冲区设在核心区周围，是半开发地区，由一些演替植被组成，可结合实际需要在不破坏原有群落环境的前提下，开展一些合理利用和改造的试验。实验区可根据所在地的特点和需要，利用本地资源，生产自己特有的产品，为当地的植被恢复和建立新的人工生态系统起示范推广作用。

2）自然保护区的类型

自然保护区类型的划分，不同的研究领域采用不同的划分方法。考虑到自然资源的类型、保护对象的性质和任务，将自然保护区综合划分为五个类型（表 11-8）。

3）自然保护区的功能

尽管自然保护区的类型多样，但它们都应当成为一个具有多功能的自然社会经济的复合实体，争取生态效益和社会效益的统一。为此，自然保护区必须协调保护、科研、文化和教育等四个方面的基本职能。第一，自然保护区能提供生态系统的天然“本底”，是动物、植物和微生物物种及其群体的天然储存库，是保护生物多样性的基地。保护自然资源与自然环境是自然保护区的首要任务。对于保护意义而言，自然保护区的最大作用是保护各种典型的生态系统、生物物种及各种有价值的自然遗迹。同时，自然保护区保护着丰富的水资源、植被资源和土地资源，这对地方经济的持续发展和资源永续利用具有重大意义。第二，开展科学研究的天然实验室。自然保护区保存有完整的生态系统、丰富的物种、生物群落及其赖以生存的环境，为开展各种科学研究提供了得天独厚的基地和天然实验室，其研究领域不仅包括生态学、生物学方面，还包括经济学及社会学方面。第三，进行宣传教育的自然博物馆。自然保护区是宣传国家自然保护方针、政策的自然讲坛。其宣传对象（自然保护区）也是文化教育的天然课堂和实验场所。第四，合理开发利用自然资源的示范。建立自然保护区，并不是为了单纯和消极的保护，而是为了在实现有效保护的前提下，也可以在保护区的实验区开展科学研究，对自然资源进行间接利用，其中在保护区开展生态旅游也是合理开发、利用保护区的一种有效形式。

表 11-8　不同自然保护区的特性

自然保护区类型	内　　容	实　　例
生态系统自然保护区	对各类较完整的生态系统及生物与非生物资源进行全面保护	长白山、西双版纳、神农架、武夷山、太白山、三江源等自然保护区
珍贵林木与其他植被自然保护区	对珍贵植物资源及有特殊效益或价值的植被进行保护	云雾山草原、丰林的红树林、金佛山的银杉、莘口的格氏栲等自然保护区
野生动物自然保护区	对各种珍稀动物或其他有特殊价值的野生动物资源进行保护	佛坪的大熊猫、南湾的猕猴、白河的金丝猴、向海的鹤鹳、靖安的大鲩等自然保护区
森林公园保护区	自然景观优雅、有观赏价值的自然景观区	张家界、黄山、缙云山等自然保护区
自然历史遗迹保护区	对一些需采取特殊保护措施的非生物资源形成的自然历史遗迹进行保护	五大连池温泉、伊通火山群、天津蓟县地质剖面、山旺化石等自然保护区

? 复习思考题

1. 探讨自然资源可持续发展战略实现的具体措施。
2. 理清三种循环经济模式的相关性。
3. 科学技术进步在促进自然资源可持续利用中的重要地位。
4. 探讨不同的自然资源组合区的节约型社会的评价体系和方法。
5. 熟悉自然资源保护的内容和目标以及不同类型自然保护区的生态功能。

? 引深讨论问题及分析思路

讨论问题

1. 资源的生态伦理观对资源环境可持续的作用如何?
2. 人口文化素质提高对建立资源节约型社会的促进作用。
3. 国际资源节约型社会建设经验对我国建设资源节约型社会的作用及我国的特殊性。

分析思路

资源节约型社会建设，不仅是我国统筹人与自然和谐发展、实现自然资源持续利用、保障经济社会可持续发展的重要战略，而且是我国未来发展的唯一出路。我国将资源节约型社会建设的重点明确为节能、节水、节地、节材、资源综合利用和发展循环经济，并在国民经济及社会发展中提出了单位 GDP 能耗、水耗及污染排放等控制性指标。就我国的实际情况，试分析国际资源节约型社会建设的经验对我国建设资源节约型社会的作用和我国的特殊性；科学技术在自然资源开发和可持续性利用中的作用；节约型社会的评价问题；资源的循环利用等。

第 12 章　自然资源管理及资源法规

内容提要

自然资源管理是指政府对自然资源及其开发利用采取的一系列干预活动。重点是协调人类开发活动与各种自然资源及生态环境之间的关系。自然资源管理是以自然资源开发利用为核心的管理活动，是自然资源合理开发利用的关键，是国家资源安全的主要保障措施，而国家资源安全又是自然资源可持续利用的实际体现。基于这一逻辑关系，本章系统地论述了自然资源管理的基本理论，归纳出了目前国际上现行的一些自然资源管理模式，总结了中国现行的自然资源相关法规体系及发展趋势，阐述了资源所有制和资源产权的相关基本理论以及二者的辩证关系，探讨了产权制度的演化及对资源管理的影响。

重点要求

（1）掌握自然资源管理的目标和内容；

（2）掌握资源产权与资源产权制度的专业术语；

（3）掌握自然资源产权与所有制的实质内在联系。

12.1　自然资源管理

资源管理是以自然资源开发利用为核心的管理活动，既包括自然资源与资源产品管理，又包括自然环境和环境效应管理；既包括单项自然资源管理，又包括自然资源的综合管理；既包括自然资源的微观管理，又包括自然资源的宏观管理，更包括资源生态经济系统的复合管理。要实现自然资源持续利用和经济与社会协调、持续发展，资源管理至少要开展以下三个方面的工作。第一，要将资源开发、环境保护、经济增长和社会发展纳入生态经济系统中，寻求相应方法和技术支撑，进行统一规划和管理，体现经济、社会和环境综合效益最佳。第二，通过立法途径，保证人类目前和未来所需的生态环境和各种资源免遭退化和破坏。制定和执行有关的法律和法规，进行生态环境意识、资源可持续利用概念与知识的宣传教育。第三，强化科学管理，探索有效的组织机构和合理的管理体制与制度，采用灵活有序的管理机制和先进的管理信息手段，旨在推动实现可持续发展目标的资源管理。

12.1.1　自然资源管理的对象和目标

一般说来，资源管理是指政府对自然资源及其开发利用采取的一系列干预活动。资源管理主要是围绕自然资源的开发、利用、保护与治理进行的，重点是协调人类开发活动与各种自然资源及生态环境之间的关系。可以通过资源管理的对象、内容与目标，来界定资源管理的内涵与外延。

1. 自然资源管理对象

自然资源管理的目的在于通过调整人与人之间的关系，来调整人与自然之间的关系，合理开发与高效利用自然资源，以实现人口、资源、环境与经济可持续发展。因此，自然资源管理的对象可以通过资源、环境与组织机构来认识。

1）资源对象

主要指自然资源，一般包括气候资源、水资源、土地资源、生物资源、矿产资源、能源资源、海洋资源与旅游资源等。不同的自然资源分别归属不同的资源管理部门，但它们相互依存、相互作用和相互制约。因此，必须加强部门间的协调和区域自然资源综合管理。

2）环境对象

自然资源除具有物质属性外，还具有环境属性。自然资源构成因子与自然资源本身，在一定意义上，就是自然环境的组成因子与物质构成，自然资源的总体构成了人类赖以生存和发展的环境。由自然资源开发利用所导致的环境问题，如水土流失、土地沙漠化和盐渍化、土壤污染等被纳入资源管理的范畴。

3）组织对象

从管理科学的角度出发，一切管理都是对人而言的，或者说是通过各种组织机构，以法律和法规为准则对人类行为的制约。资源管理者，特别是高层次资源管理机构的直接管理对象是各层次的资源管理机构，通过对这些管理机构的管理实现各级管理机构的功能，保证自然资源管理目标的实现。

2. 自然资源管理的目标

自然资源管理的根本目标是实现资源的持续利用，要使资源、环境和经济社会协调、持续发展。主要包括以下几个方面的具体目标。

1）经济效率

从经济学意义上讲，经济效率一般是指以最少的稀缺资源成本得到最多的社会福利总量。具体包括两层含义：一是生产效率，指生产单位如何把得到的资源在时空上有效组合，以最小的资源耗费创造最多产出；二是配置效率，指全社会以优化的资源配置获得较好的经济增长。资源管理在宏观层面上更强调资源有效配置，一是现有资源供给在生产者之间与区域之间的分配；二是资源存量在不同时间上的开发规模与耗竭速度选择。

2）公平分配

公平也具有两层含义：一是经济学意义上的公平，追求的是竞争规则和过程的公平，而不是结果的平等。“机会均等”是这一公平的最大体现。二是社会学意义上的公平，是国家通过税赋制度和社会保障体系对社会财富的调节与二次分配，体现的是人道主义原则。资源管理中的公平更强调后者，主要是指在国家土地上和各个社会利益集团之间公平分享资源收益和公平负担资源破坏的消极后果，也就是资源收益的合理分配与资源保护成本的合理分摊。

3）经济增长

经济增长是指与商品和劳务生产增长相结合的社会生产能力的增长。从资源经济角度看，经济增长目标首先要求制定合理的资源贸易政策，减小国际资源贸易摩擦对国内经济的波及效应，实现国内经济的平稳增长；其次是在产业政策和区域政策支持下，合理开发利用自然资源，调整产业布局，创造就业机会，促进区域经济可持续发展。

4）资源安全

资源安全是指一个国家或地区可以持续、稳定、及时、足量和经济地获取所需自然资源的状态或能力，是指自然资源对经济发展和人民生活的保障程度。由此决定了国家必须把自然资源维持在一定的存量状态、资源产品维持一定的生产能力，以求在维护繁荣、保护国家利益的前提下，国家能稳定可靠地获得资源，减少国际价格波动对国内经济带来的消极影响。

5）环境安全

环境安全是一个与资源安全密切相关的问题。它是指通过国家干预把资源退化和环境污染减少到可以接受的水平上。事实上，除去原生的环境问题外，现有的环境问题都是由自然资源的不合理利用与过度耗费引起的，资源问题是本，环境问题是末，治标不治本是永远解决不完环境问题的。环境安全的实现必须通过合理地利用资源与优化资源利用结果来完成。

12.1.2　自然资源的管理内容

1）资源产权管理

“产权”是法学和经济学中的一个重要概念，系指由于物的存在及其使用而引起的人与人之间相互认可的行为关系，即在资源稀缺条件下，人们使用资源的适当规则。产权安排确定了每个人相应于物的行为规范。资源产权是最重要的产权构成。广义的资源产权是指赋予资源权利主体的一切保护资源价值的权利，包括资源的债权和资源物权。狭义的资源产权是资源的债权。资源物权是指资源权利主体对资源占有、享用和处置的权利。资源产权是一个权利集合，它包括资源的所有权、使用权、收益权和处分权（详见 12.3 节）。

资源产权管理是对资源产权的产生、界定、行使、保护和转让等方面的管理。资源产权管理融集资源经济管理与资源立法管理为一体，其内容主要包括：一是资源产权产生管理，其目的是保证资源产权正常、健康地生成；二是资源产权界定管理，即对资源产权的空间范围、时间范围、权益与义务等方面的界定及管理；三是资源产权行使及过程管理，其目的是防止行使中的偏差、失当行为的发生；四是资源产权纠纷的处理和保护资源产权人的正常权益；五是资源产权登记转让方面的管理。

国家自然资源管理机构代表国家行使自然资源权益管理的职能，对外保障国家自然资源的权属，对内保障国家和集体对自然资源的所有权。国家自然资源管理机构代表国家行使自然资源的使用分配权，包括使用者和利用方式变更的审批。国家通过不同的法律规定了自然资源的权益和代表国家的管理机构。自然资源法中的物包括自然资源和资源产品，二者的权益常常是分设的，应引起特别注意，诸如池塘与水产品、林地与林木等。

2）资源合理配置管理

资源合理配置方式是自然资源持续利用的具体体现，是国家自然资源管理机构通过制定合理的自然资源区划与资源开发利用规划，实现资源管理目标的宏观调控。资源配置关系到资源开发利用的效益、公平原则和资源、环境可持续利用能力的强弱。

资源配置方式直接受经济体制、资源产权及其产权转让关系支配，从而有计划配置和市场配置之分。有人认为：计划配置资源弊病多端，主张应按市场机制来配置，有一定的道理。但根据我国国情和资源特性，完全的市场配置方式，即通过灵活变动的市场价格，配置与人人有关的和无法替代的自然资源，只重视了经济效率的一方面，而忽略了社会公平和福利的另一方面，人们认为，按照生态经济持续发展理论，为满足今天和明天的社会发展需要，应探索计划配置与市场配置相结合的办法，既使资源配置取得高效利用，又使资源分配公平、取得最大的社会效益。这样的资源配置方式和政策，应是我国可持续发展应走的道路。

3）资源政策管理

政策一般是指特定条件下进行决策的规则与指南。例如，自然资源法、资源产权、资源配置、综合开发、利用、保护资源等的政策管理等。资源政策管理是为实现可持续发展战略下的资源持续利用任务而制定和实施的方针政策方面的管理。制定资源政策管理的依据是我国的宪法、发展经济过程中保护环境的基本国策、实施经济体制和经济增长方式的根本转变和科教兴国、可持续发展战略方针。目的是通过制订国家和区域自然资源开发战略与相应的宏观政策，指导各类资源管理部门协调与合作，并以此作为协调各资源管理部门的基础。

资源政策管理有宏观和微观管理的诸多方面。首先是与人类生存发展攸关的环境与发展的协调持续性政策，如产权、资源法、资源时空配置、资源长期供需平衡和开发、保护等政策；其次是资源工程开发、利用经营和环境保护管理、技术管理等。资源管理必须有组织和制度的强力支持。在制度方面，符合可持续发展战略的资源法是管理制度的基础。

4）资源信息与技术管理

资源规划与管理离不开自然和社会的基本资料和系统的信息供给，因此，加强资源动态监测、建立资源综合管理信息系统，以掌握自然资源数量、质量及时空变化的规律性，是管理好资源开发、利用、保护、环境治理的基础，并能为资源的科学管理和合理配置提供依据。主要工作有自然资源调查与统计、实施资源定期报告制度、建立资源动态监测体系等。此外，还应包括资源评价、资源的区域规划、区域保护等。

5）资源组织与综合协调管理

目前的自然资源管理体制基本上是按自然资源门类的统一管理与分级、分部门管理相结合的形式，因此，对多种自然资源实行综合协调管理就成为高层资源管理的主要内容。这主要是基于自然资源系统的整体性、多宜性与资源开发利用的外部性特征。我国自然资源的管理体制从中央到地方已确立了一套组织机构。但就实施资源的规划、配置和区域整体发展而言，应对这些机构的组织结构、职能范围、协调机制和执行监督权威等予以调整、改革和加强，以资源持续利用和发展的统一管理。

如水资源管理，一方面要纵向上进行组织协调，除加强和扩大国家级的水资源全国综合管理外，要完善和健全以河流流域为单元的流域机构的水资源统一管理体制，要把流域范围内的地表水与地下水、水量和水质、开发和治理、利用和保护、水污染控制与治理统一起来，并对省、县和城市、农村的水管理范围、责权利和合作关系等明晰界定，增强协调和监督的机制与作用。另一方面要进行横向协调，要统一管好水资源，必然要与本系统外的一些部门打交道，其中水与土、水与环境最为密切。除现水利部所属有关部门与农林部加强合作外，水利部与环境保护部的关系也很密切，因为水资源和环境都是人民生活和国民经济发展的基础资源。同时，地矿部和城建部对地下水的勘测、使用、管理权也应归属水利部统一管理。还有内河航运与水电建设的协调，同样应进一步完善和加强。此外，我国的部分河流和水域（如湖泊、水库）是跨越国界的，对这种国际性水资源的开发、利用、保护和管理，应建立双边或多边的国际协定或公约。

6）监督职能

监督职能是指资源管理部门依照自然资源法规对自然资源用户的开发、利用和保护自然资源的活动实施有效的监督。一方面对违反资源法规行为施以不同程度的处罚和限期纠正，弥补所造成的损失；另一方面对自然资源的限额利用实行监督，对自然资源用户所造成的环境损害程度进行限制。

12.1.3　自然资源的管理方法

自然资源管理涉及自然、社会、经济诸多方面，管理必须采用多种方法相互配合和支持，才能达到开发资源、保护环境、促进经济和社会的共同持续发展的目的。

1. 法律手段

法律是资源管理活动的根本依据。它不仅规定了资源行政管理的机构和职责，还具体规定了经济管理的内容、权限和执法者。自然资源的相关法律制度主要包括：资源产权制度、资源勘查与调查制度、资源登记制度、资源许可与审批制度、资源有偿使用与征收税费制度、资源保护制度和承包经营制度等，以及相关的自然资源部门法。就我国现行的法律而言，主要有水法、土地管理法、矿产资源法、渔业法、森林法、草原法、野生动物法、水土保持法和防沙治沙法等。还有相关的行政法律、规章和地方性法规。

1）自然资源法的概念

自然资源法是调整人们在自然资源开发利用、保护和管理中所发生的各种社会关系的法律规范的总称。这是从内涵的角度出发对自然资源法做出的理论限定。从外延方面来看，自然资源法主要包括各种不同自然资源类型方面的法律。作为国家制定或认可的、以国家强制力保证其实施的资源法，不仅规定了资源行政管理的机构和职责，而且具体规定了经济管理的内容、权限和执法者，是资源管理的根本。

2）自然资源法的调整对象

自然资源法所调整的社会关系是十分广泛和复杂的，所有围绕自然资源开发利用和保护管理而产生的社会关系，无论其是横向的还是纵向的，无论其具有公的或私的属性，都属于自然资源法的调整对象。自然资源法的调整对象可归纳为：自然资源的权属关系、自然资源的流转关系、自然资源的管理关系。此外，还会涉及一些诸如财政、税收、金融、劳动、保险等关系。

3）自然资源保护法

自然资源保护法是有关保护和管理、合理开发利用自然资源的法律规范的总称。自然资源保护法的主要任务是确保自然资源的合理开发利用，防止自然资源的破坏和浪费。主要措施手段有经济的、行政的、法律的，也有技术的和宣传的。其调整的对象是人民在保护和管理自然资源、合理开发利用自然资源过程中发生的多种社会关系。自然资源保护法规范了人民保护自然资源、合理利用自然资源的目的，是为了保证自然资源持续地为人类所利用，调整好人与自然环境的关系。目前，我国主要的自然资源保护法有渔业资源保护法、森林资源保护法、草原资源保护法、土地资源管理法、水资源法、矿产资源保护法等。

2. 行政手段

自然资源管理体制是一个递级组织结构形式，各级组织有各自的隶属关系和一定的责、权、利关系。中国自然资源属国家和集体所有，国家法律规定各级政府行政主管部门对自然资源实现管理，通过行政手段可以上情下达和下情上报，维持正常工作的运转。因此行政管理是资源管理的基本方法，管理过程中的法律、经济与科技等手段，均通过行政管理部门实施。行政管理内容包括资源实物账户管理、资源权属管理和资源政策管理。例如，水利部门对水资源管理实行的“五统一”：统一规划、统一调度、统一发放取水许可证、统一征收水资源费、统一管理水量与水质，全面反映了资源行政管理内容。

3. 经济手段

自然资源是国家经济发展的基础，各资源产业部门是国民经济的重要基础产业，其开发利用必须按国家的经济发展和经济规律办事，既保证自然资源各产业的发展，更要利用市场机制与国家宏观调控相结合的自然资源管理体系。

中国的自然资源大部分属国家所有，一部分属集体所有。但长期以来，国有资源基本上是无偿占有，淡化了国家的资源所有权。为改变这种局面，国家用法律形式规定了资源的有偿使用，经济管理手段的作用正在逐步加强和完善。目前有偿使用制度主要包括：资源税、资源费、资源补偿费与资源损害赔偿费等。

目前自然资源价值与核算尚未纳入国民经济核算体系，对导致资源退化的不合理利用方式缺乏有效经济手段，水土资源的有偿使用尚未形成合理的资源价格体系，直接影响区域自然资源的高效与节约利用。中国急需建立完善的资源核算制度，建立健全资源产权制度、消除外部性；把资源作为资产管理，建立适宜价格体系，促进自然资源利用效率的提高。

4. 科技手段

科学技术是贯彻资源管理方针的重要手段，资源信息系统的辅助决策作用正在得到重视，作用日益突出。从微观管理出发，科学技术可以为节约资源、保护资源、提高资源利用效率提供技术途径；从宏观管理看，资源动态监测与资源信息系统的建立可以为自然资源宏观调控与综合协调提供决策支持和科学依据。加强自然资源基本资料的动态监测、建立资源监测网络，加强信息资源基础建设，建立国家级综合的自然资源管理信息系统，加强自然资源持续利用理论方法的研究，是实施国家可持续发展战略的必须和有效管理自然资源的重要手段。所有关于自然资源的开发规划、运行管理、政策制定和预测决策等，都要借助自然资源相关学科理论的提高和现代技术方法实现，特别是资源和环境的持续利用与经济社会的持续发展，离开技术手段是不可能实现的。因此，有效地管理自然资源必须以科教兴国战略为指导，依靠科技进步，采用新理论和新方法，从而使自然资源持续利用管理日趋完善和发展。

12.1.4 自然资源的管理模式

目前，各国自然资源所有制形式大致可分为以下三种：属国家所有权体系；属公共（共同）财产，国家（联邦）、省（州、区）市、县等各级政府所有权体系；属国家（联邦）政府、省（州、区）、土著民族群体和私人所有权体系。资源所有权体系对各国的资源管理有着不同的影响，各种所有制带来的消极作用，往往通过行政管辖权加以调整。目前，各国自然资源管辖机构及其职能体系，大致可分为四种模式。

1）集中管理模式

集中管理模式是将土地、矿产、海洋、森林等主要资源由中央政府的一个部门统一综合、协调管理，如美国、加拿大、俄罗斯等国家实行的是集中管理模式。美国的土地、矿产、森林（部分）由内政部集中统一管理；加拿大的矿产、森林、土地（部分）由自然资源部集中统一管理；俄罗斯的矿产、海洋、环境等统一归自然资源部管理。

这种管理模式往往被计划经济国家和部分发达国家在全部自然资源管理或部分自然资源管理中采用，如美国、日本、朝鲜的土地资源管理，英国、法国、日本、南非、墨西哥的矿产资源管理，法国的海洋资源管理和巴西的森林资源管理等。

矿产资源的自然赋存决定了它的公共财产地位，较多的国家实行一切矿产资源归国家所有。在行政管辖权上，英国、法国、日本、南非、墨西哥等国家都采取集中管理模式，通过中央政府的职能或空间管理方式达到集权目的，而不受资源所有制制约。日本对矿产资源实行法制管理，高度集中，日本矿业法都有明文规定。

美国内政部土地管理局对联邦土地实行层层负责的垂直领导，全国设有 13 个区域土地管理办公室、58 个地区土地办公室、143 个资源区域土地管理办公室。内政部长颁布为实施（联邦土地政策管理法）及对国有土地的管理、利用和保护的有关规定所需的各种条例， 农业部长制定与国有土地有关的各种规章、条例，土地管理中关于牧地的管理由农业部长和内政部长联合研究。

2）相对集中管理模式

相对集中管理模式是指中央政府部委以下的二级机构管理或少数专门的中央政府部委对土地、矿产、海洋、森林、水等主要资源的管理。在矿产资源管理方面美国、加拿大、澳大利亚、瑞士、巴西等联邦制国家采用分权式管理体制，如美国的职能分权、澳大利亚的空间分权和德国的职能—空间分权等。澳大利亚根据国家矿产资源所有权进行中央和地方分权管理，联邦所有权矿产资源包括石油、天然气、岩盐和含铀、钍的矿物原料，州的矿物原料是指脱离土地权，依法申请勘查和开采的矿产资源。

例如，美国的水资源管理。联邦法律适用于全国，州（省）的法律仅在本州有效，并不得与联邦法冲突。联邦政府有权控制和开发国家河流，并在其开发中居领导地位；美国东部各州气候湿润、水资源丰富，采用英国早期的河岸权，实行“沿河用水法”；美国西部各州较为干旱、水资源有限，采用加州矿业习惯采用的优先占有权，实行“优先用水法”；有些州两者兼用。

3）分散管理模式

分散管理是将土地、矿产、海洋、森林、水等主要资源分别由中央政府的多个部门管理。以印度较为典型。印度的矿产、能源、土地、水、森林和海洋均有专门的部门管理，森林资源由环境和森林部管理。有些资源涉及多个部门管理，如能源资源分别由石油天然气部、煤炭和矿山部。印度中央政府颁布通用全国的资源法律、法规，拥有对一切矿产资源的管辖权，执行重要的矿产项目审批；各邦政府执行邦内矿产资源勘查和开采发证管理；县政府执行次要矿产开发申请和发证管理。各邦政府与中央机构无垂直的组织关系。南非、印度尼西亚和巴西的矿产资源管理也属这种管理模式。

4）区域分权制体系模式

这种体系模式是以自然综合体为单元，进行某些专项自然资源管理，如流域、海岸带、山地、矿区等。主要包括：按流域进行管理的模式，如美国田纳西河流域管理局、印度达莫尔河流域管理局；按山区进行管理的模式，如美国东部 13 州的阿巴拉契亚山地委员会；按垦区进行管理的模式，如美联邦西部 17 州的垦务局等。中国也有类似的管理机构和区域，如黄河水利委员会、东北和西北地区林区与垦区等。

各国的资源管理体制从横向关系可相对划分为集中管理体制、分散管理体制、集中与分散相结合三种模式，从纵向关系也可相对划分为资源管理与产业管理结合、资源管理与产业管理分开、资源管理、产业管理与生态环境管理结合三种模式。主要代表性国家与部门如表 12-1 所示。

表 12-1　资源管理一般模式与代表性国家和机构

资源管理		代表性国家和机构
横向关系	集中管理	俄罗斯自然资源部：管理除土地之外的大部分资源与环境 美国内政部：管理大部分自然资源
	分散管理	日本国土交通省：管理土地和水资源 日本经济产业省：管理能源和矿产资源 日本农林水产省：管理森林和渔业资源
	相对集中管理	印度乡村发展部、矿山部、钢铁部、石油天然气部 印度煤炭部、水资源部、环境和森林部、海洋开发部
纵向关系	资源管理与产业管理分开	日本经济产业省：资源能源厅 日本农林水产省：林业厅、水产厅
	资源管理与产业管理结合	俄罗斯自然资源部：与生态环境结合 美国内政部：与生态管理结合、与环境管理分开
	资源、产业与环境管理结合	加拿大自然资源部、渔业与海洋部 澳大利亚工业、科学与资源部

12.2　自然资源相关法规

12.2.1　自然资源法的基本概念

自然资源法是调整人们在开发、利用、保护和管理自然资源过程中所发生的各种社会经济关系的法律规范的总称。自然资源法不是仅指某项法律，而是以对水、土、矿产、生物、生态系统等自然资源的合理开发、利用、保护和管理为主要内容的各种自然资源法律所组成的体系。

中国自然资源法的基本原则主要包括：①全面规划、合理利用自然资源原则；②开源与节约的原则；③产权化与有偿使用的原则；④可持续发展的原则。

自然资源法包括十分丰富的内容，其主要针对一些资源开发过程中必须遵守和容易发生纠纷的问题做出了相应的规定，如有关自然资源工作的方针、原则和政策；有关自然资源权属的规定；有关自然资源管理体制的规定；有关自然资源规划、标准的规定；有关自然资源基本制度的规定；有关自然资源调查、考察、勘察、统计、信息的规定；有关合理开发利用、可持续利用自然资源的规定；有关法律责任和纠纷处理的规定等。

目前，在中国有关自然资源相关法律的完善过程中，本着自然资源可持续利用的根本准则，融入和体现了生态整体观、自然资源内在价值、生态伦理、环境友好、资源节约等生态文明的观念和理念。将自然资源的开发、利用与保护、改善结合起来，实行自然资源的有偿使用及其使用权的流转制度，合理划分各级支付的管理职权，在维护国家利益的同时，尊重公民、法人和其他组织的自然资源使用权、对权利主体实行平等保护。

12.2.2　中国有关自然资源法规体系

中共“十八大”提出要更加注重发挥法治在国家治理和社会管理中的重要作用，十八届四中全会对推进我国依法治国作了全方位的论述和部署，这是中国共产党历史上第一次以研究全面推进依法治国为主题的党的全会，会议通过了“全面推进依法治国，建设法治国家”的相关决议。目前，中国已颁布了许多资源行业法、单项资源法、自然资源保护法和其他相关法律法规。资源行业法、专项资源法和自然资源保护法构成了中国资源法律体系的主干法，自然资源政策法和国际自然资源法是中国资源法的重要补充。中国现行的主要的有关自然资源的法律法规见表 12-2。

表 12-2　主要的自然资源行业法

序号	名称
1	中华人民共和国土地管理法
2	中华人民共和国森林法
3	中华人民共和国草原法
4	中华人民共和国渔业法
5	中华人民共和国畜牧法
6	中华人民共和国矿产资源法
7	中华人民共和国煤炭法
8	中华人民共和国可再生能源法
9	中华人民共和国野生动物保护法
10	中华人民共和国节约能源法
11	中华人民共和国水法
12	中华人民共和国海域使用管理法
13	中华人民共和国领海及毗连区法
14	中华人民共和国防沙治沙法
15	中华人民共和国水土保持法
16	中华人民共和国海洋环境保护法
17	中华人民共和国水污染防治法
18	中华人民共和国大气污染防治法
……	……

随着经济全球化的发展，国际贸易组织的多元化形成，“一带一路”经济带的推进，国际化贸易进程进入了前所未有的繁荣，在这样的时代背景下，中国自然资源相关法规与国际自然资源相关法规的对接显得十分重要。国际自然资源法主要是指中国自然资源法与其他国家签订、缔结的有关自然资源利用和保护的国际条约和协定，以及中国参加的有关自然资源利用和保护的国际公约等，如《濒危野生动植物国际保护公约》、《保护世界文化和自然遗产公约》、《国家捕鲸公约》、《南极条约》、《中日候鸟保护协定》及中国与美国的《自然保护议定书》等。

12.3 资源产权制度

12.3.1 资源产权的基本理论

1. 资源产权的含义

资源产权是最重要的产权构成。通常，对资源产权有广义和狭义的理解。广义的理解是指赋予资源、权利主体的一切保护资源价值特征的权利，包括资源债权和资源物权。资源债权是指资源权利主体处置资源使自己或有债务关系的他人受益（或受损）的权利。资源产权的狭义理解是资源债权。这里的债不单是一般的借贷关系，而是泛指通过契约、侵权行为所产生的人与人之间的权利和义务关系。资源物权是指资源权利主体对资源占有、享用和处置的权利，又可以分为资源自物权和他物权两类。前者是指资源权利主体对自己所有的资源享有的权利；后者是指资源权利主体对他人所有的资源享有的权利。债权的权利和义务主体都是特定的人，它是通过个人选择方式来确定的，属于对人权；物权的权利主体是特定人，义务主体是不特定的，包括除权利人以外的一切人，它是通过公共选择方式来确定的，属于对世权。

2. 资源产权的内容

1）资源所有权

指社会赋予资源所有者对自己所有的资源行使的排他性权利。它不是一系列财产权利的集合，而仅仅是一种体现资源价值的权利，一种最完整、充分的自物权。完整的资源所有权包括资源所有者对自己所有资源行使占有、使用、收益和处置等方面的权能。不同的历史时期，对资源所有权界定的权限是不相同的，历史上曾将资源所有权界定为资源所有者对自己所有的资源可以绝对自己行使的权利，以后资源所有权在法律上或事实上逐渐受到不同程度和不同方面的限制。

2）资源使用权

指资源使用者在法定范围内和一定的契约关系下，对资源按其性能和用途进行实际利用的权利。在大多数情形下，资源使用权初始是界定给资源所有者的。资源使用权并非全是物权，如租赁使用权就属于债权。资源使用权是派生于资源所有权而建立起来的一系列权利，是根据一定契约关系从资源所有者的资源所有权中转移让渡来的一系列权利，是一系列对资源不同用途行使利用权力的总称，并可细分为一系列不同用途的具体使用权。

3）资源收益权

指资源所有者和使用者在所拥有和所占有使用着的资源上获得经济利益的权力。资源收益权对资源所有者而言，其收益是资源所有权的收益；对使用者而言，其收益因使用资源而产生，收益权与使用权紧密联系，是资源使用的结果。由于资源的所有权具有多种不同的产权形式，资源的使用权又具有国有制下和私有制下的不同使用形式，资源的收益又有直接收益和间接收益之分，加上资源的种类繁多，因此，资源收益权的实现是一个复杂的问题，世界各国通行的做法是通过建立和完善适合本国国情的产权制度和相关的法律法规体系，以保证资源收益权的实现。

4）资源处分权

指资源所有者在法律规定允许的范围以内对所拥有资源进行处置的权利，处分权是拥有所有权的根本标志，它最直接地反映了所有者对资源的支配，其重要支配形式为资源所有权的让渡，包括出让、转让、抵押、出租等，资源处分权的行使决定着资源的归属。

3. 资源产权形式

1）私有产权

是界定给一个特定的人的那些资源产权，它们的权利人可以自由地行使该资源所有者相应的占有、使用、收益、处置等权利，并排斥他人对该资源行使同样的权利。

2）集体产权

是界定给一个特定的集体组织的那些资源产权，是集体组织成员共同拥有的产权，每个集体成员都平等地拥有一份产权，其资源产权权利需要该集体组织按某种公共选择的方式来决定它们的行使，集体内任何个人不可以擅自行使它们，如我国农民集体所有的土地资源就是典型实例。

3）国有产权

是以国有形式界定的那些资源产权，它是以国家作为资源的所有者，享有占有、使用、收益、处分的权利。其资源产权权力需要国家机构按照某种公共选择的方式来决定它们的行使。

4）无产权（又称公共产权）

指没有所有者或者控制者的那些资源，如空气、阳光、公海资源等，它们没有获取规则，也没有保护规则，不具排他性也不具转让性。由于这类资源可以自由获取，其中的某些正被过度开发而趋向耗竭，如公海中的鲸鱼正由于过度捕捞而面临灭绝。这些无产权资源需要世界各国、国际组织共同维护，规范其开发利用，如签署《联合国海洋法公约》等。

4. 资源产权制度及其功能

资源产权制度是自然资源法律制度的核心内容，是关于资源归谁所有和使用，以及资源的所有者、使用者对资源所享有的所有、使用等权利的法律规范的总称，是其他一切资源法律制度的基础。资源产权制度主要包括自然资源所有权制度和自然资源使用权制度，它们分别是自然资源所有制度和使用制度在法律上的反映和确认。

资源产权的主要功能在于通过制度的方式，促使外部性内部化，以约束人们无效率获取和使用资源的行为。资源产权的确立，首先可以促使人们用合作的而不是对抗的方式来解决人们对稀缺资源需求的冲突，减少资源流转中的交易成本，提高资源的配置效率；其次，可以提供资源交易合理预期，促使人们谋划长期性经济活动，从事对资源进行投资、保护和节约的活动，保证资源使用的有效性。资源产权制度其主要功能有：

1）降低交易成本

有效率的市场只有在交易成本为零的情况下才存在。资源由市场来配置，并不意味着有序的市场规则就可以自然而然地建立起来，资源产权制度的制定可以界定资源的排他性产权，排他性产权的建立是市场机制发挥效能的必要条件。资源产权制度形成资源资产借贷、租赁、拍卖等产权交易方式，建立独立的资源开发与保护的市场主体地位和交易规则，减少主体之间的信息不对称，约束主体的机会主义行为，使资源得到最优化的利用和最有效的保护。

2）提供激励约束机制

产权的排他性，使得产权行为人的权利和义务明晰化和对称化成为可能，行为人可以根据投入产出关系判断其行为的结果，作出产权处置的决策。在明确的产权制度下，可以使社会收益接近个人收益。社会收益是资源开发利用与保护中，社会所获得的总收益，这个总收益包括直接相关人员的个人收益及对社会其他成员造成的收益。产权制度的设计就是要设法使个人收益接近社会收益，这也是制度创新的根本目标。

3）有利于外部效应内部化

通过产权制度创新，不仅使个人收益接近社会收益，也使个人承担其行为所引起的成本，反过来，还要使其不行动时不承担他人的行为引起的成本。成本和收益的界定成了产权制度的结果。根据这一点，人们将产权制度的主要功能界定为引导人们实现将外部性较大内在化的激励。建立排他性产权制度的过程也是将外部性内在化的过程，也只有在排他性产权制度建立后，成本-收益之类的经济计算才有了真实的意义。

12.3.2　资源产权制度与所有制的关系

我们通常所说的所有权与产权是有区别的，所有权是指财产所有者支配自己财产的权利，而产权则是指一个社会所实施的选择一种产品的使用的权利。它用来界定人们在经济活动中如何受益、如何受损，以及他们之间如何进行补偿的规则。所有权只是初始的产权结构，在产权内容分离的情况下，所有制并不对资源配置起直接作用。对资源配置起直接影响的是产权制度。所以，在近来一些西方经济学著作中，主要使用产权这个概念，而不使用所有权概念。

所有制在法律上表现为所有权。以所有权关系为主要内容的产权关系，构成了所有制的核心和主要内容。然而，所有制内部关系并不是一成不变的。当经济关系还不复杂时，所有制的范围是狭窄的，所有者可以完整地行使其权力并享有收益。随着生产力的发展、经济规模的扩大，所有者要直接行使各项所有权可能会变得日益困难，这就必然会把自己的财产委托给他人经营，让渡给别人一部分产权。可见，所有制内部的所有权、占有权、支配权和使用权可以全部归一个主体去行使，也可以拆分或组合，同一所有制可能有不同的产权配置格局，有不同的实现形式。

在制度体系中，产权制度又是最基础性的制度。人类社会发展过程中，所有制与资源产权制度的产生、演变和发展大体经历了三个阶段：一是建立排他的产权制度，人类社会早期的历史在某种程度上讲就是一个建立排他的产权制度的历史，如强权、等级、惩罚等；二是建立可转让性的产权制度，产权的交易、转让是与社会分工、市场经济制度的发展联系在一起的；三是与各种组织形式创新联系在一起的产权制度，如股份公司制度的建立使产权分割、转让、交易等更加容易，从而使产权制度效率不断提高。

自然资源国家或集体所有是我国自然资源所有制的基础。1949 年以来，我国的改革一直围绕着所有制进行改革，从私有制到单一公有制再到“一主多元化”，以公有制为主体，多种所有制并存，共同发展，成为改革的主旋律。我国的自然资源所有制的改革，伴随着我国市场经济建设而进行，这种改革由于宪法的限定不是围绕着所有制进行的，而是使用权的改革。1984 年，我国进行土地使用制度的改革试点，由无偿、无期限的行政划拨体制，改革为国有土地的有偿出让制度，实现了所有权与使用权的分离。1996 年我国矿产资源法修改确认了探矿权、采矿权有偿取得制度和探矿权、采矿权依法转让制度，结束了由国家一统的矿权制度，实现了所有权与使用权的分离。

? 复习思考题

1. 试探讨哪一种自然资源管理模式适合于中国的自然资源管理。
2. 正确理解产权制度的主要功能。
3. 深入理解资源产权制度与所有制的关系。
4. 讨论不同所有制形式下，自然资源管理优缺点。
5. 理清自然资源保护法与我国其他相关的资源环境法的从属关系。

? 引深讨论问题及分析思路

讨论问题

1. 资源产权制度的完善对资源可持续利用的促进作用。
2. 社会制度和政策对自然资源开发利用管理的作用。

分析思路

从社会发展历史来看，不同的发展阶段对资源的管理方式不同。在原始社会、奴隶社会、封建社会、资本主义和社会主义社会，其所有制形式差别很大，在对自然资源的管理方面存在很大的差异。资源所有权体系对各国的资源管理有着不同的影响，各种所有制带来的消极作用，往往通过行政管辖权加以调整。在我国自然资源开发、利用和保护方面法律法规制定和完善的过程中，国外有关自然资源法律法规方面的优越之处对中国自然资源法律法规完善过程的借鉴作用。

第 13 章　自然资源安全评价及国家资源安全

内容提要

人类社会目前正处于人口速增和生产力大力提高的时代，一度被认为是取之不尽用之不竭的各类自然资源突显结构性短缺，尤其是一些战略性资源的全球分布不平衡，使每个国家都意识到资源安全的重要性。国家资源安全是自然资源可持续利用的实际体现。基于此思考，本章系统地讲述了国家资源安全的基本内涵、研究内容和分类体系，探讨性地概述了资源安全的评价步骤和定量化计算方法，分析了中国的资源安全态势，总结出了一些保障国家资源安全的战略措施和保障机制。

重点要求

（1）掌握国家资源安全的实质内涵；

（2）理清资源安全评价指标的选取思路和指标值计算公式的涵义；

（3）理解资源安全机制对资源安全战略实现的保障作用。

13.1　自然资源安全的基本理论

资源安全是资源短缺时代的产物，资源短缺是一个与社会经济发展水平及人类对资源、环境等客观世界的认识和利用水平相关的经济范畴。由于自然资源的储量有限，资源勘探开发速度又受到科技发展水平、勘探和开采成本等条件的限制；同时资源的特有属性和特定功能，在可以预见的将来难以产生为人类所接受的替代性资源，所以在一定的时空范围内，就形成了有限的资源供给能力与人类社会不断增长的需求之间的矛盾冲突。如果不能够及时预见和理性处置资源供给与需求的矛盾，则会出现资源供应不安全的问题，从而严重影响人类社会的可持续发展。

13.1.1　自然资源安全的概念及资源安全观

1. 自然资源的概念和基本含义

资源安全是指一个国家或地区可以持续、稳定、及时、足量和经济地获取所需自然资源的状态或能力，是资源对经济发展和人民生活的保障程度。资源安全所论述的资源特指自然资源，特别是与国民经济发展紧密相关、供需矛盾紧张而且对社会经济发展具有限制作用的基础性、稀缺性的自然资源。

资源安全应包括五层基本含义：一是数量的含义，即数量要充裕，既要有总量的充裕，也要有人均量的充裕，从国家的安定与经济社会发展的意义上来说，后者更具有现实意义。二是质量的含义，即质量要有保证，由此产生了最低质量，如最低生活用水质量和最低安全标准。三是结构的含义，即资源品种结构的合理性和供给渠道的多样性。其中，资源品种结构的合理分布可以保证在经济合理的条件下获得资源利用最大的生态环境效益，而供给渠道的多样性则是稳定性的基础。保证资源供给的稳定，要发展资源贸易伙伴关系，特别要注意建立资源共同体。四是均衡的含义，包括地区、行业均衡与人群均衡两方面。资源分布的不均衡，以及资源的非遍布同质性，增加了资源供给的时间和成本，是导致资源安全问题的原因之一，资源安全的目标是最大限度地实现资源供求的地区均衡和人群均衡。五是经济或价格的含义，指一个国家或地区可以从市场（特别是国际市场）上以较小的经济代价（如较低的价格）持续稳定地获取所需资源的能力或状态。在常态（非战争状态）下，任何国家都可以从市场上获取其所需的资源，只是代价的不同而已，资源安全所要追求的是以最低的经济代价获取所需资源，所以资源价格的合理和稳定就成了资源安全一个很重要的内容。

自然资源安全问题的提出，基于三个原因：一是资源对于人类生存与发展贡献的基础不可替代性；二是资源供给的有限性；三是资源系统的整体性，各类资源之间存在内在联系、构成有机系统，资源系统结构破坏会导致资源功能衰减甚至消亡，进而产生资源安全问题。

2. 自然资源安全观

1）开放的资源安全观

经济全球化、环境国际化、科技传播加速等，都决定了任何国家都不可能脱离国际资源市场考虑资源安全问题。中国以加入 WTO 为主要标志正在迅速融入世界，其国情决定了须着眼于世界保障我国国家资源安全，切实利用好两种资源、两个市场，争取及早掌握国际战略资源，特别是战略能源。

2）动态的资源安全观

价值取向是发展的，资源需求与供给是变化的，科技是不断进步的，制度是不断创新的。所有这些决定了资源安全是一个动态过程，资源安全的研究和决策要具有前瞻性。

3）持续发展的资源安全观

资源安全问题的提出源自对国家可持续发展前景的思考；资源安全问题的研究和解决，主要立足于可持续发展理念。我国正处在经济快速发展、社会迅速转型时期，这也是实现经济增长方式和社会价值取向根本转变的时期。为此，要加速经济增长由粗放向集约、由资源过度消耗向资源可持续利用的转变，建立资源节约型国民经济体系与资源节约型社会，这是保障国家资源安全的根本出路。

4）系统的资源安全观

资源安全问题涉及方方面面，环境安全、生态安全、经济安全等都影响资源安全。从资源安全内部看，一种资源的安全与否对其他资源安全状态也有着重要影响。

13.1.2 自然资源安全的基本属性

资源安全具有如下属性：第一，主体性或利己性。资源安全主体是很重要的因素，资源安全是利己主义概念，有资源为我所有和所用的含义。为此，应树立世界资源为我所用的观念，并立足于世界资源供需关系研究和解决中国的资源安全问题。第二，目的性或针对性。资源安全问题研究和管理具有目的性和针对性，目的是要发现不安全因素、不安全领域、不安全方面和不安全地区，并进行调适和干预。第三，动态性。资源安全问题与资源稀缺问题一样，是一个永恒主题，任何国家或地区在资源安全领域都会不断出现新的问题。第四，层次性。资源安全有大小之分，于是产生了国家资源安全和区域或地区资源安全，群体资源安全和个体资源安全等衍生概念。第五，互动性或相关性。不同类资源安全间，资源安全与生态环境安全、食物安全及经济安全间有互动性或相关性，表现为高度的正相关性，即其他安全状态的改进有助于资源安全状况改进。

13.1.3　自然资源安全的研究内容

今后对资源安全研究的主要内容包括以下方面：资源安全概念、属性及类型的研究；资源安全识别和评价方法的研究；国家及区域资源安全态势的评价研究；国家资源安全保障体系的研究（涉及资源安全意识、资源系统管理、资源储备、资源贸易伙伴选择、资源效率原则与资源替代等方面）；资源安全机制研究（包括资源安全激励机制、资源安全约束机制、资源安全风险机制，以及资源跨国开发机制等）。研究的重点应揭示不同战略资源安全之间及其与生态环境安全和经济安全的互动关系，构建国家战略资源安全指标体系，确定国家战略性资源安全阈值；分析不同阶段和不同区域资源安全的主要影响因素及其影响；描述资源安全的区域格局，并进行区域资源安全类型划分；揭示国家及区域资源安全态势的发展过程、规律与前景；提出保障国家与区域资源安全的基本对策和政策建议。

13.1.4　自然资源安全分类

按照现代安全的类型划分，把军事、政治、外交等领域的安全问题作为传统安全问题，而把经济、信息、资源、跨国犯罪、恐怖主义等作为非传统安全问题。很显然，资源安全在大类上属于非传统安全的范畴。根据不同划分依据对资源安全的分类见表 13-1。

表 13-1　资源安全的类型

划分依据	安全类型	特征或说明
按区域来划分	全球资源安全	全球尺度或跨越国界
	国家资源安全	国家尺度的资源安全问题
	地方资源安全	国家内部的资源安全
按资源本身的类别划分	能源安全	主要是石油安全问题
	水资源安全	水资源短缺和水污染
	矿产资源安全	战略性矿产资源安全
	土地安全	水土资源的载体安全
	生物资源安全	特别包括基因安全
	海洋资源安全	
	生态和环境安全	
按诱因划分	内生型资源安全	主要由国内因素造成
	外生型资源安全	主要由外部因素造成
	内外结合型资源安全	内外因素结合造成
按资源过程划分	资源基础安全	
	资源供给安全	
	资源环境安全	
按资源安全时间划分	长期资源安全	
	短期资源安全	

13.2　自然资源安全评价

资源安全评价指标系统主要包括影响资源安全因素的确认、资源安全指标遴选与指标体系构建、资源安全度等级的划分和指标阈限的确认。包括水资源安全指标阈值的确认、土地（耕地等）资源安全指标阈值的确认、能源资源安全指标阈值的确认，以及矿产资源安全指标阈值的确认等。

13.2.1　影响资源安全因素的确认

评价一国或地区的资源安全状况，必须先考虑对该国或地区资源安全可能的影响因素。影响资源安全的因素很多，归纳起来主要有以下几个方面：资源本身的因素、政治因素、经济因素、运输因素、军事因素等。

1. 资源本身的因素

资源因素主要指一国本身的资源储量、质量和分布状况，它是影响资源安全的最基本、最直接和最重要的因素之一。一般来说，一个国家自身的资源越丰富，对经济发展的保障程度越高，资源供应的安全性就越高。如果不考虑其他因素，利用本国资源受外界不安全因素影响的可能性就小，相对就比较安全。美国计划开采阿拉斯加保护区内的石油，除了考虑大财团的利益外，稳定国内石油产量也是重要的考虑因素之一。当然，资源因素对资源安全影响巨大，但并不是说资源贫乏国家的资源安全问题就最严重。事实上，日本在经历了第一次石油危机的沉重打击后，通过建立庞大的战略石油储备系统和其他一系列风险防范机制，其资源供应的风险得到了有效控制。

2. 政治因素

对资源安全的影响主要有两个方面：一是资源进口国与资源出口国之间关系对资源进口国资源安全的影响，如历次发生的石油危机就是阿拉伯国家与西方国家政治关系紧张所导致的结果；二是资源生产国国内的政治因素对资源安全供应的影响，如第二次石油危机就是由伊朗国内政治与宗教因素所造成的。当今资源开发的重点地区，往往都是政治、民族和宗教矛盾相对突出的地区。

3. 运输因素

运输的安全程度与运输的距离、运输线的安全状况、运输方式及运输国对资源运输线保卫能力的强弱有关。一般来说，运输距离越远，影响资源安全的因素越多，资源的安全性就越低；反之，距离越近，资源的安全性就越高。也就是说，资源的安全性与生产国或地区与消费国之间的距离呈反比关系，如运输线上有没有海盗的侵扰，通过的海峡多少和海峡受控制、封锁的可能性大小，海域运输事故的多少等都会影响资源的运输安全。

4. 经济因素

对资源安全的影响是一种间接的影响，对资源进口国来说，最主要的影响就是经济能否支持进口资源所需要的外汇，如果没有出口的强有力支持，就很难保证有充足的外汇用于资源产品的进口。资源产品的价格变动是经济因素影响资源安全的另一个重要方面，对进口国来说，主要是价格上涨对进口能力和进出口平衡的影响。在和平时期，价格的剧烈波动是影响资源安全最主要的问题之一。

5. 军事因素

对资源安全的作用是多方面的。对运输安全来说，拥有强大、反应快速的海上军事力量，资源海上运输线就会受到很好的保护。对重要海峡的控制能力也是保障资源安全的重要方面。军事因素对资源安全的影响还表现在对主要资源产地的军事干预能力上，美国拥有对海湾地区和世界主要海运要道的军事控制和干预能力，保证了美国及其盟国石油和其他战略性资源的供应安全。

6. 技术进步方面的因素

技术的进步可以加快未探明资源的勘探、已有资源的开发和替代资源的发现，同时提高资源的利用效率。此外，太阳能等可再生能源开发利用技术的进步也会改变各国资源安全的态势。

7. 循环经济因素

大力推行“3R”资源开发的经济原则：减量化，再利用，再循环，将会大大地节约自然资源，从而提高自然资源的安全度，提倡资源节约型的全民生产与生活方式，也会提高自然资源的安全度；大力发展循环经济，使资源利用效率最大化，废物产生最小化，同样会提高自然资源的安全度。

13.2.2　资源安全评价指标遴选与指标体系构建

进行资源安全评价，主要是建立评价的指标体系，根据指标体系获取影响资源安全的全面数据，并对这些影响因素进行定性和定量评估，最后汇总做出综合评价。其中，最重要的是指标体系的建立。资源对象属性不同，指标的选择也不尽相同，从每个领域选择一定的指标，组成一个评估指标体系。

1. 资源因素指标（B）

包括资源的保障度、储备率、对外进出口的依赖程度等。

第一，资源保障度（B_1）。计算公式是

$$B_1 = K \times (R_s / R_c) \tag{13-1}$$

式中，K 为资源综合回收率；R_s 为资源的剩余可采储量；R_c 为资源的消费量。这个指标主要是测定资源安全的国内基础，即目前剩余的资源可供消费的时间长短。表明在外界资源供应中断的情况下，国内资源的可支撑程度。

第二，资源的贸易依存度（B_2）。 计算公式是

$$B_2 = (Q_i - Q_e) / Q_c \tag{13-2}$$

式中，Q_i 为资源进口量；Q_e 为资源出口量；Q_c 为资源消费量。资源的贸易依存度主要反映资源总需求中有多少资源是通过贸易方式从国外获取的。一般来说，对国际市场依存度的提高，意味着风险因素的增多和不安全程度的提高。

第三，资源储备率（B_3）。计算公式是

$$B_{31}=\frac{资源储备量}{资源日均消费量} \quad 或 \quad B_{32}=\frac{资源储备量}{资源消费量} \tag{13-3}$$

用 B_{31} 计算出来的是资源储备量可供消费的天数，而 B_{32} 计算出来的结果是储备的资源量占消费量的百分比。现在，一般石油和矿产品的储备率都用储备的资源量可供消费的天数来表示，而粮食储备大多数情况下是用储备量占消费量或生产量的比例来表示。

第四，资源进口集中度（B_4）。计算公式是

$$B_4=\frac{前三位或前五位国家的资源进口量的和}{总进口量} \tag{13-4}$$

资源进口集中度主要是反映资源进口来源地的集中程度，资源安全要求资源进口来源呈多元化和分散化。如果资源进口集中度高，表明资源进口来源太集中，不利于分散风险。

第五，资源进口份额（B_5）。计算公式是

$$B_5=\frac{资源进口量}{世界资源贸易总量} \tag{13-5}$$

资源进口份额主要是反映一个国家资源进口量在国际市场上所占的比例。如果一个国家在国际贸易中的份额过大，资源供应的稳定性就极易受到国际市场任何一次小波动的影响。有人就认为中国粮食的进口高限不能超过世界粮食贸易量的30%。

2. 政治因素指标

包括内部政治稳定性和对外关系的友好度。

第一，对外关系友好度（D_1）。根据资源进口国与主要资源贸易国的政治关系稳固程度的不同，将其分成五个等级，各种关系对应的评分标准如表13-2所示。

表13-2　对外关系友好度分级评分表

关系类型	评分值
盟国关系	1
战略协作伙伴关系	0.8
一般关系	0.6
关系紧张	0.4
敌对关系	0.2

第二，内部政治稳定度（D_2）。内部政治稳定性主要从资源进出口国的政权基础、政治体制和法律完善程度等方面来综合评估，相应也分为五个等级（表13-3）。

表 13-3　资源供应国及资源进口国国内稳定程度评分表

稳定程度	评分值
非常稳定	1
稳定	0.8
较稳定	0.6
不太稳定	0.4
很不稳定	0.2

3. 经济因素指标（E）

经济因素对自然资源安全的影响，主要表现为对进口自然资源的支付能力，可用短期资源进口能力指数、长期资源进口能力指数和价格的波动系数来表示。

第一，短期资源进口能力指数（E_1）：

$$E_1=1-\frac{\text{资源进口额}}{\text{资源出口总额}} \tag{13-6}$$

出口额越高，表示进口资源的能力越强。

第二，长期资源进口能力指数（E_2）：

$$E_2=1-\frac{\text{资源进口额}}{\text{外汇储备总额}} \tag{13-7}$$

长期进口能力的强弱与国家外汇储备多少有关系，外汇储备越高，表示长期支付资源进口能力就越强；反之，则越弱。

第三，价格的波动系数（E_3）。价格的波动是自然资源不安全最重要的表现特征之一，计算公式：

$$E_3=(R_h-R_l)/R_a \tag{13-8}$$

式中，R_h 为某一时期资源的最高价；R_l 为同期最低价；R_a 为同期平均价。

4. 运输因素指标（F）

一般指运输线的安全，常用运输距离的长短和通过线路的险情点的多少来判断，见表 13-4。

表 13-4　运输距离与资源安全的评分表

运输距离/km	评分值
<5000	1
5000～10000	0.8
10000～15000	0.6
15000～20000	0.4
>20000	0.2

第一，运输距离安全度（F_1）。运输安全与运输距离的长短有一定的关系，运输距离越短，运输安全性越高。

第二，运输线的安全度（F_2）。运输线的安全度，主要考虑受人为不安定因素影响的程度。这里主要用通过狭窄海峡的多少或位于重要航线附近的岛屿多少来代表险情点的多少，通过的海峡或岛屿越多越不安全，见表 13-5。

5. 军事因素指标（G）

主要考虑对主要资源产地的控制能力和对重要运输通道的控制能力。

第一，对主要资源产地及供应地的军事控制和干预能力（G_1），见表 13-6。

第二，对重要运输通道的控制和干预能力（G_2）。可以根据各个国家对世界主要运输通道的实际控制力来判断，也可以间接地用海军的远洋作战能力来判别（表 13-7）。

将上面各主要影响因素所选指标汇总，便可建立资源安全评价指标体系（表 13-8）。

表 13-5　运输线的安全情况分级表

经过的海峡和岛屿数量/个	评分值
≤2	1
2～4	0.8
4～6	0.6
6～8	0.4
≥8	0.2

表 13-6　对主要资源产地及供应地的军事控制和干预能力评分表

控制和干预能力	评分值
完全控制	1
基本控制	0.8
盟国控制	0.6
有影响力	0.4
无影响力	0.2

表 13-7　对重要运输通道的控制和干预能力评分表

控制和干预能力	评分值
全部控制	1
基本控制	0.8
部分控制	0.6
单个控制	0.4
无控制和干预力	0.2

表 13-8　资源安全评价指标体系

类别	指标
资源指标	资源保障度、资源储备度、对外依存度、进口集中度、进口份额
政治指标	对外相关友好度、内部政治稳定度
经济指标	短期资源进口能力、长期资源进口能力、价格波动系数
运输指标	运输距离的远近、运输线的安全度
军事指标	对资源供应的军事控制干预能力、对重要资源运输要道的控制能力

13.2.3　自然资源安全评价指标体系指标值的计算及安全度等级划分

第一，对于可用公式计算的指标，可用式（13-1）～式（13-8）计算其指标值。

第二，表 13-2～表 13-8 所示的各个级别的评分值，可利用模糊数学的隶属度公式，或者利用灰色理论中的白化函数确定其指标值。

第三，利用层次分析法、专家评价优先数法、灰色关联度法、熵系数法等，皆可层层求得各层指标的权重，可根据实际情况予以选择。

第四，利用加权和法、模糊综合评判、资产负债法、矢量投影法、灰色统计方法等，均可以求出某种自然资源安全现状的总体评价值，以此了解自然资源的安全度，即某种自然资源对国民经济建设的保障和支持程度。

第五，各指标的值及总体评价值的取值范围为 0～1，由此可以把自然资源安全度的等级分为四级，即不安全、临界安全、基本安全和安全。

上述所建的是自然资源安全现状评价的总体框架，由于各种自然资源的特征不同，在具体应用时，可根据各种资源的不同特征，予以适当的取舍或有所侧重。

13.3　国家资源安全

13.3.1　国家资源安全态势

国家资源安全态势主要是对战略性资源的认识。包括水资源安全基本态势、能源资源安全基本态势、土地（耕地）资源安全基本态势、矿产资源安全基本态势、生物资源安全态势，世界资源安全态势，世界资源供需格局中的中国资源安全态势。

1. 国家资源安全总体趋势

国家资源安全从本质上表现为资源供给的脆弱性，决定这种脆弱性的因素涉及资源、经济、政治、交通及军事等五大方面，包括现实或潜在的资源状况、国际和国内政治局势和经济稳定性、国家之间空间距离、国际政治关系、国内资源开发的基础设施状况及资源开发历史等。具体地讲，影响国家资源安全的因素有：一是国际资源进口依赖度；二是国内资源产量和储量的空间集中度；三是资源供给国的政治倾向及对别国政治或军事的依赖度；四是资源净出口国对资源出口换取的资本和外汇的依赖度；五是资源净出口国对资源净进口国的资金、技术或制造业的依赖度；六是资源替代成本和可供性，这决定并影响着资源的需求价格弹性。对于依赖资源进口的国家，一旦资源中断生产（如矿工罢工）或禁止贸易甚至关闭资源贸易通道，都会造成潜在的资源供给短缺。

进入 21 世纪，世界各国之间不仅存在着对水、石油等自然资源的掠夺，也存在对人才、信息与科技等社会资源和对资本、设备等经济资源的竞争，国家资源安全出现了新的视角。

国界对于资源而言是存在的，但资源型加工产品，如货物，则可以超越国界。既然资源贸易是跨国界交换，就必然存在着国家资源安全问题。经济全球化的加速发展，使得国家安全概念也从军事安全扩展到包括政治、经济、社会、资源与环境等广泛内涵的立体安全。

国家资源安全不仅体现在占有的资源数量上，更反映在资源质量和资源开发技术方面。资源下游产品加工和技术尖端领域的竞争日趋复杂。国际资源贸易是按比较优势原则进行的，但除了少数资源禀赋“特别优越”的国家（如中东石油国家）可以依靠出卖资源致富外，任何国家要跨入富国行列，必须参与资源下游产品加工和技术尖端领域的竞争，并取得优势。面对世界资源产业上下游一体化的角逐，资源初级产品在未来整个经济产出中的比重日趋下降。因此，从国家资源安全角度考虑，选择资源开发利用的多样性，建立独立、完整的资源开发利用体系，不仅可以加强中国短期内经济的适应性，而且符合中国中长期资源安全战略目标的要求。

2. 中国的资源安全态势

在世界经济一体化和资源开发全球化的大趋势下，国家主权的弱化，使得国家对风险的控制能力减弱，资源的不安全因素加大，资源安全已成为中国 21 世纪国家经济安全和社会全面可持续发展面临的重要问题。结合国情实际及国际资源环境，准确判断中国的资源安全态势，明确对策思路，对中国在 21 世纪的发展十分重要。中国资源安全的基本态势如下。

1）资源总量丰富，但人均占有资源量少，并可能会进一步降低

中国主要资源的总量均居世界前列，主要自然资源的总丰度与世界各国比较，仅次于俄罗斯和美国，居世界第三位。但是中国人口众多，按人口平均，中国是一个资源小国。中国各类资源的人均状况是：人均国土面积仅 0.7667 hm^2，是世界人均量的 1/3；人均耕地 0.1053 hm^2，为世界平均数的 1/3；人均草地 0.3233 hm^2，为世界平均数的 1/2；人均森林面积 0.124 hm^2，为世界平均数的 1/6；人均水资源量 2200 m^3，为世界平均数的 1/4；人均可开发的水力资源装机 0.3 kW，所占比重较大，也仅为世界平均数的 3/4；人均矿产储量总值约 1.5 万美元，各类矿产资源如果按人口平均，绝大部分均低于世界平均水平。

2）资源分布的空间差异大，地域结构错位，资源分布与生产力布局不匹配

地壳矿产资源与生物圈资源分异作用的复合，使中国资源的空间分布存在着大的 差异。水资源是东多西少，南多北少；耕地资源是平原盆地多，丘陵山区少，东部多西部少。矿产资源的分布基本是由西部高原到东部平原的山地丘陵地带逐步减少，而中国工业却主要集中在东中部地区，特别是沿江沿海的平原地带，在这一经济带中，除了农业资源比较丰富外，其他资源特别是能源、原材料严重不足。广袤国土的农用比率（耕地、草场和森林占国土总面积比率）仅为 56 %，相当于世界平均水平的 89 %，其中土地垦殖率（耕地占土地总面积比率）仅为 10 %，低于世界平均水平；除煤炭和少数有色金属外，矿产资源的富集度也较低，如中国国土面积占世界 7.2 %，而石油储量仅占世界的 2.3 % 。

3）自然资源安全阈限较小，多数资源已临近安全警戒线

中国是发展中国家，经济快速增长，人民生活水平提高对资源特别是水资源和能源资源的压力与日俱增。目前，中国正面临着日益严峻的国内石油天然气供应短缺。中国目前的人地关系矛盾已经进入全面紧张阶段，随着人口数量的增长和生活水平的提高，其紧张状态还会更为严峻，经济建设快速发展与自然资源保障之间的矛盾日益突出。在近几十年内，中国人口数量将继续增长，人均占有资源量还将继续降低，特别是决定国计民生的耕地和淡水资源会出现较严重的供应不足（预计到 2030 年，人均耕地占有量和人均淡水占有量可能较目前分别减少 1/4 和 1/5 强），中国人口与资源矛盾将进一步加剧，成为社会经济继续发展的制约因素。

4）开发利用效率不高，浪费严重，同时导致了严重的环境和生态问题

中国正面临着水资源供应紧张和水质污染、由粗放操作引起的耕地和草场资源退化、由能源燃烧效率不高带来的大气污染和矿产资源无序开发带来的废弃物占用耕地和污染水源等严重的生态环境问题。

21 世纪上半叶，中国主要的战略性资源供应不仅缺口加大，而且峰值相逼，相互叠加，资源供应将处于最困难、最严峻时期，形势不容乐观。中国在资源安全方面存在客观和主观两方面的问题。客观上，资源丰度相对较差，经济快速增长，人民生活水平提高对资源，特

别是水资源和能源资源的压力与日俱增。主观上，一是资源意识不强，稀缺意识、有价意识淡薄；二是资源贸易伙伴关系不甚理想，建立和发展资源伙伴关系的工作起步较晚，伙伴较少，关系稳定性较差；三是资源的浪费和破坏现象严重，资源利用率和利用效率均与世界先进水平有较大差距，这是中国资源安全的最大问题；四是资源安全保障体系尚未真正建立并有效地运行起来；五是资源安全的激励和约束机制尚未形成。

13.3.2　国家资源安全战略

国家资源安全是一项系统工程，资源系统涉及从资源采掘、资源产品生产、加工、贸易直到终端利用的全过程，是一个完整的复杂体系。从国家高度来分析，要保障国家资源安全必须构建资源全系列的安全保障供给体系，即从资源保护、流通、消费、回收、利用、创新、管理等全系列经济活动过程中进行综合考察，它是应对资源威胁和挑战的基本对策。

1）加强资源系统保护，树立科学的资源安全意识

资源是全人类生存与发展的物质基础，其开发利用必须兼顾全球范围内的资源效益、环境效益、社会效益和经济效益，有效地保护全球资源。从国家角度看，资源安全保护的核心是保护资源宗主国的开发主权、资源的多样性和资源的持久性。世界各国既有保护和开发本土自然资源的主权权利，也有不损害别国环境资源的责任。中国既是现在的资源存量大国和资源开采大国，也是未来的资源消费大国，在全球资源保护中应发挥重要作用。系统地构建国家资源保护体系的核心目标就是保障国内资源基础，使得本国在遭遇国际供给风险之时，有较稳定的国内资源保障，使国家经济社会发展免遭资源供应中断的威胁和损害。

资源可持续利用的核心是保持人与资源环境的和谐发展，这是人类社会文明与进步的重要标志。人类必须对其子孙后代的资源基础承担起历史责任，对全人类自然财富共享及人地关系和谐担负起社会责任。要大力开展资源国情教育和法制教育，提高全民资源安全忧患意识，树立资源可持续利用的社会意识，促使人们自觉地加入保护资源的各种活动之中，依法行事。此外，能源及矿业是最易于影响我国在国际战略格局中地位的资源产业，在当前以科技为先导的技术和经济的实力中，充分利用国外的资金、技术和管理经验，开展跨国之间和国际组织之间的协作，有利于增强我国的综合竞争能力，也有利于确保我国的战略性能矿资源安全供给。

2）建立科学的资源管理战略

资源安全管理是对国家资源利用的现实目标与未来目标的调控，是保障我国政治与经济安全和可持续发展的重要手段，包括建立资源安全预警系统，规范资源产权管理、市场管理、资产管理，以及开展资源法制教育、国情教育和国际合作。

资源既体现人类的共同财富，又是一个国家的主权所在。在国际上，必须加强对公共资源的统一管理，发挥政府的宏观调控职能，以及非政府和公众的参与及监督的作用。对于国内资源，必须在明晰产权的基础上，加强产权管理，确立资源所有者、开发者、管理者的各自责权关系，协调各方利益，保证资源合理和高效利用。坚持“污染者和使用者付费”的原则，引入市场管理机制。对资源开发者征收资源税，对污染者征收环境税（费），取消对资源使用者的不合理补贴，建立资源、原材料、加工产品之间的合理价格体系，理顺价格扭曲关系。研究并完善资源价格理论及定价方法，以及资源核算理论体系，加强资源资产管理和核算管理。把资源的实物账户和价值账户作为国民经济核算体系的卫星账户，完善国民经济核算体系。

3）重视资源储备，合理实施资源流通战略

在当今国际化和国际分工日益深入的背景下，任何一国都不可能完全拥有国家经济持续发展所必需的各项资源，因此在合理利用本国资源的基础上积极地利用国外资源发展本国经济，是世界各国普遍认同和采用的方式。为此，中国要充分利用各缔约国在资源领域内对我国开放市场的大好时机，结合中国资源环境状况、社会经济发展的特点和经济全球化的趋势，坚持“引进来”与“走出去”相结合，充分利用两种资源和两个市场，构建合理的资源国际贸易安全体系，这是中国未来的资源安全战略核心。

为了抵御自然灾害、应付突发和不测事件、避免价格的剧烈波动及保证战时资源供应，应该在根据需要和可能确定合适的储备规模的基础上，建立和完善中国的资源储备体系，从根本上完备资源风险防范体系。从国际上看，一般采取三种不同的具体对策来保障国家资源贸易安全：一是应对短期资源贸易安全的威胁必须依赖资源储备。通常应急措施是采取资源储备或压缩资源特别是能源资源的消费需求。二是对付中期资源贸易破裂，必须尽早建立多元化的资源市场和资源产业。资源供给短缺既可通过资源储备和价格调节得以缓解，又可充分重组资源进口结构和调整资源加工产业结构，化解危机。三是缓解长期资源安全的威胁和压力，最根本的对策还是在于大力开展节约资源和增加研究及开发方面的投资。

4）调整经济结构，鼓励废弃物资源化，倡导适度消费的资源节约型战略

资源节约型体系是资源安全体系建设的内在动力，节约资源本身就是为了建立一个低度消耗资源、杜绝资源浪费、提高资源利用效率和单位资源产出率的节约型国民经济体系，增强资源对国民经济发展的保证程度，缓解资源供需的紧张状态，提高资源安全保证程度。

资源的无效消费受人们的资源消费意识和资源利用技术水平的双重限制。前者表现在资源无价、乱采滥挖、无节制地开发利用资源等具体行为，后者表现为资源利用技术水平粗放低下、资源综合利用水平低等特点。为此，必须建立资源节约型的国民经济体系，倡导建立以节地、节水为中心的集约化农业生产体系；建立以节能、节材为中心的节约型工业生产体系；建立以节省运力为中心的节约型综合运输体系，以及建立以适度消费、勤俭节约为特征的生活服务体系。

废弃物资源化在节能、节材、节水方面的经济效益和在保护土地、大气污染等方面的环境效益很显著。未来应大力开展玻璃、金属材料和纸张等回收利用，促使城镇居民和工业用水的循环利用。在资源生产过程中的废弃物再利用，重点是金属矿产中共、伴生组分或低品位矿石及脉石，煤矿开采中的煤矸石和粉煤灰等。总之，建立废弃物资源化的回收体系，必须以最小机会成本为经济社会效益指标，走无尾矿、无废料和无污染的最低熵途径，实现资源利用的良性闭合循环。

5）提高资源利用率，开发替代资源，加强资源创新技术战略

重点是开发新能源、新材料和新资源，不断提高资源利用的深度和广度，促进能源和资源（包括材料）的革命。中国目前是以煤炭为主能源结构的国家，未来应形成以水能、太阳能、核能、生物质能等为主的多元化能源结构。在新材料方面，应大力发展高性能、新型的金属材料、陶瓷材料、高分子材料、先进的复合材料和光电子材料，拓展资源利用的空间，推进资源领域的革命。从传统资源结构看，新能源和新材料的开发利用将带动新资源的开发，引起资源利用结构的全面革新。其中，传统金属特别是铁、铜、铝、锌等大宗金属矿产原料的用量将逐步减少，稀有金属、稀土金属、分散元素矿产原料需求急剧增加，新兴非金属矿

产原料的需求不断扩大，天然气的开发利用规模将逐步扩大并替代煤炭等传统能源资源。

资源安全的科技保障体系就是人类为获取更大效益而采取的一系列方法与手段，包括研究与开发体系、技术创新体系、技术推广体系。在当今知识经济时代，未来国家竞争关键是科技与知识资源的竞争，其核心更是善于创新，并且关键是增加国家对基础科学研究项目的投入。总之，节约资源和提高研究与开发的投入应是保障中国长期资源安全的战略之举。未来中国资源安全的科技保障体系，必须以科技进步为导向，明晰资源产权，建立国家、科研、企业一体化的资源技术创新模式。

13.3.3　资源安全机制

为了保证上述国家资源安全宏观战略的实施，必须构建一系列符合中国国情的资源安全保障机制，包括资源安全法律保障机制、资源安全激励机制、资源安全风险机制等。

1）资源安全的法律保障机制

资源安全法律保障制度不同于关联的资源性法律，尽管二者存在很大的相关性和近似性。资源安全法律保障制度以国家资源安全为理念，坚持可持续发展的原则，以具体的法律制度安排来实现不同资源部门之间的呼应和系统化，从而在宏观上形成一个严密的国家资源安全法律保障体系。

鉴于我国目前资源安全的现状，在资源安全立法中应以节约资源、合理开发和有效使用资源为指导思想，并立足于资源形势现状和未来发展趋势，实现我国资源安全法律制度的创新。一方面要继续建立和完善资源安全的立法，如建立和完善《战略资源储备法》《资源安全法》和《循环经济法》等方面的法律法规；另一方面，要调整我国现行法律体系，设立专章专节进行资源安全的法律规定，将资源安全观念融入立法的指导思想，从而构建资源安全法律制度体系，这将有利于与立法、执法、司法条件相配套，使其具有有效性和可行性。此外，在制定资源法律时应考虑与国内其他法律的衔接和国际公约、条约的接轨，以增强法律的效率，促进法律的实用性。

2）资源安全激励机制

激励机制旨在建立一套有效的激励运转系统，让受管制的一方按照管制方预期目标行动。激励机制是否有效率，需要同时具备激励和约束的功能。建立自然资源开发利用激励机制属政府行为，合理的政府激励机制，有利于促进政府有效配置资源和社会福利的最大化。

建立国家资源安全补偿机制。包括资源系统的自然补偿、国家机制的行政补偿和利益机制的市场补偿。自然补偿是保持资源系统自身的自然补偿能力，如定期的封山、休渔、休牧、休耕等。行政补偿是国家作为社会长期利益的代表，征收资源产业链下游的部分收益，以补偿保持该资源效用的可持续性和所失去的该资源的其他效用。在流域水资源的开发利用过程中，国家应采取从下游地区收益转移支付的形式，以补偿上游地区进行资源保护的投入。此外，通过矿产品链下游产品加工增值过程中的税收，补偿上游资源勘察的部分费用。市场补偿是通过利益调节机制，鼓励资源经营企业和个人从长期获益考虑，定期对自身经营的资源基础加以补偿。

建立国家惩罚性赔偿机制。赔偿是指对个人或集体的不良品德行为做出否定的评价，目的在于控制和促使改正不良品德行为。惩罚性赔偿是指基于加害人特定的不法行为，而由加害人向受害人给付在受害人实际损失之外的金钱的制度。它具有补偿受害人遭受的损失、惩罚和遏制不法行为等多重功能。目前我国合同法中已经有了惩罚性赔偿制度的相关规定。

就自然资源开发利用和资源安全方面，资源安全激励机制主要指对资源开发过程中所造成的资源浪费现象、对环境的破坏、导致资源风险性扩大等一系列错误行为所实行的经济赔偿制度。目前，具体操作方法有：一是实现外部成本内化，即可将资源开发成本、环境退化成本和资源利用成本纳入资源的价格中来。同时，根据“谁利用谁补偿，谁受益谁付费”的原则，修正与环境有关的产品价格政策，使得产品定价包括环境污染治理成本或资源环境损失费用。二是建立押金抵押返还政策。规定经济当事人在开发利用自然资源之前向政府职能部门上交一定数额的押金，如果其在开发过程中节约资源和保护环境，或者对造成的生态环境破坏予以恢复和补偿，可以返还押金，反之没收。三是在税费政策中，实行“强制性征收”和“税费减免”双轨并行的征收政策，扩大征收范围，强制性税费政策能起到鼓励节约利用资源、防止环境污染、促使经济人采用先进技术、提高技术水平的作用，是一种不可或缺的激励措施。

3）资源安全风险机制

随着各种资源使用量的逐年增长，经济对资源的依赖性不断增强，为了使经济获得持续增长，有必要对各种作为经济发展动力源的资源或能源进行安全风险分析及资源安全风险机制的建立。风险机制，就是风险的产生及其对资源安全的功能和作用。风险对资源合理开发利用的二重影响，决定了健全有效的风险机制，既包括迫使资源开发利用主体正确决策与选择的风险约束机制，又包括保护创新的风险分散、转移机制。前者是风险机制的核心，它表现为风险的存在，迫使投资者、经营者努力回避和降低风险，在客观上促进了资源的合理配置和充分利用。后者是对前者的补充和校正，是政府为鼓励创新、促进高科技新兴产业的发展而降低、转移、分散创新过程中风险的手段。

风险首先是造成损害的可能性，然后是造成损害结果的不确定性及预期结果的偏离程度。它的实质是由于人们认识的局限性，不可避免地不能全面认识与某一事物具有现实和潜在联系的其他事物，以及不可能准确和足够深入地认识这一事物和这些事物之间的内在联系，而导致损害具有发生的可能性。风险具有普遍性、动态性、潜在性及主观性和客观性等特点。

风险状态是由于人们对信息掌握不完全、不完整或不准确时风险主体所处的一种状态。在这种状态下人们没有足够的信息来表明风险客体、风险因素及风险状况，另外风险主体对环境和自身未来将要发生的情况不清楚。而风险分析就是在风险主体处于风险状态或人们预测风险主体将会在某种条件下处于风险状态时，风险分析人员利用已知信息推测未知信息、评估风险状态、寻找消除风险的方法，以达到规避风险、减少风险主体损失目的的工作。

对于风险分析工作，首先，要明确风险分析不是决策人员在有了不祥的预感后采取的应急措施，而是贯穿于整个风险主体的开发和运行过程的连续行为。其次，风险分析应是在事物运行之前就开始，到事物完成使命后才结束的过程。再次，风险分析是人们在对信息掌握不完全、不完整或不准确时，风险分析人员对风险主体未来风险的预测。最后，风险分析不仅仅是对风险主体、风险客体和转化条件等构成要素的分析，还应包括产生、发展和消亡全过程的系统分析，即风险分析要着眼于全要素的系统分析。

? 复习思考题

1. 资源安全评价指标值计算的优缺点，试设计一个更为合理的方法。

2. 试论述实现国家资源安全的激励机制和风险机制的内涵和作用。
3. 分析自然资源管理、国家资源安全与自然资源可持续利用的内在联系。
4. 了解中国的资源安全态势及发展趋势。

?引深讨论问题及分析思路

讨论问题

1. 新形势下中国的资源安全态势与安全战略。
2. 全球经济一体化形势下的国家资源安全。

分析思路

资源安全是资源短缺时代的产物，资源短缺是一个与社会经济发展水平及人类对自然、环境等客观世界的认识及利用水平相关的经济范畴。在世界经济一体化和资源开发全球化的大趋势下，资源国际贸易的因素严重影响国家的资源安全。资源安全已成为中国 21 世纪国家经济安全和社会全面可持续发展的主要问题。讨论主要围绕：国际资源贸易政策，影响国家资源安全的因素；经济发展、军事力量和国际关系对资源安全的影响展开。

第 14 章　自然资源合理开发利用案例分析——以海洋资源为例

内容提要

海洋是生命的源泉、资源的宝库、人类新的生存空间和未来发展的希望，也是世界可持续发展的重要基地。开发海洋巨大的资源潜能和资源优势，对我国政治、经济、安全方面都具有重要意义。本章以海洋资源为例，应用所学的自然资源分析的基本原理，从海洋资源的基本理论、新的海洋观入手，论述了海洋资源的社会经济价值，分析了中国海洋资源与经济发展，关注了海洋资源开发的区域性差异和主导方向，总结了我国海洋资源管理和海洋保护的区域现状和功能。

重点要求

（1）掌握有关海洋空间和所属权益划分的相关专业术语；

（2）掌握海洋资源的主要类型及开发意义；

（3）理解海洋资源类型的区域分布差异及因地制宜开发的相应关系。

14.1　海洋资源分析的基本理论

21 世纪是海洋世纪，随着陆地资源的日益减少，开发海洋资源、发展海洋经济，引起了世界各国政府的高度重视，海洋成为各国提高综合国力和争夺战略优势的制高点，成为人类社会实现可持续发展的重要战略举措。在人类面临人口、资源、环境三大危机时，资源丰富的海洋已成为人类生存的重要空间，人类已进入全面开发、利用海洋的时代。从海面到海底，地球海洋蕴藏着种类繁多、数量巨大的生物资源、化学资源、矿产资源、动力资源和空间资源，被人类誉为“蓝色的聚宝盆”。

14.1.1　海洋与海洋资源的基本概念

关于海洋资源的涵义有狭义和广义两种说法。

狭义的海洋资源，是指与海水水体本身有直接关系的物质和能量，包括海洋中生存的生物、溶解于海水中的化学元素和淡水、海水运动所产生的能量、海水中储存的热量、海底蕴藏的矿产资源，以及在深层海水中所形成的压力差、海水与淡水之间所具有的盐分浓度差等。

广义的海洋资源，是指不论是海水水体本身还是海洋空间的利用，凡是可以为人类创造财富的物质、能量、空间、设施等，都可称为海洋资源，如水产资源的加工、海洋上空的风、海底的地热、海上航运、海上娱乐场所、海底隧道和电缆线等。总之，一切沿岸海洋空间的利用都属此范畴。

14.1.2 新的海洋国土观

几千年来，人类的生存和发展一直以陆地为基地，所以政治权力范围也是在陆地上划分，海洋基本上是无主的或者是公有的。随着人口的增加，陆地资源开采强度的加大和稀缺问题的出现，人类开始注意到海洋资源的勘探和研究。基于航海业发展的海洋权力范围的划分也基本形成，领海的概念在研究领域提出，领海与领土具有同等的含义，是国家主权管辖的水域。经过几个世纪的领海宽度范围的演化和讨论，在 1982 年第三次联合国海洋会议上通过了《联合国海洋法公约》（简称《海洋法公约》），1994 年生效。按照《海洋法公约》，海洋主要被划分为国家管辖海域和国际海域两大部分。国家管辖海域包括内海、领海和毗连区、专属经济区、群岛水域、大陆架等（图 14-1），国际海域包括公海和国际海底。由此，确立了新的海洋国土观——沿岸 200 海里（n mile, 1n mile=1852 m）以内的水域面积。图 14-1 中的相关专属名词如表 14-1 所示。

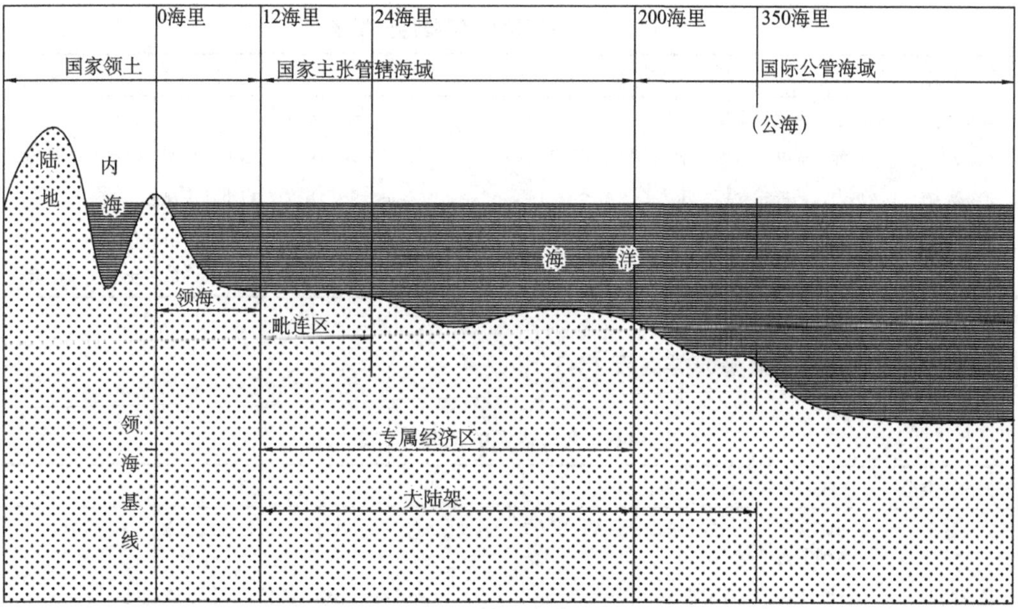

图 14-1　领海基线示意图

表 14-1　图 14-1 中相关专属名词的涵义

名词	涵义
领海基线	是指量算领海宽度的一条起点线。这条起点线在海洋法中被称为“领海基线”
内海	领海基线向陆地的一侧水域，其法律地位与陆地相同
领海	是指沿着国家的海岸和内水，受国家主权支配和管辖下的一定宽度的海域。目前国际上通行的是 12 海里的一带水域
毗连区	是指邻接沿海国领海的海域
专属经济区	是领海以外，并邻接领海的一个区域，受国家海洋法规定的特定法律制度的限制，其宽度不超过 200 海里
大陆架	包括其领海以外依其陆地领土的全部自然延伸，扩展到大陆边缘的海底区域的海床和底土，其组成包括大陆架、大陆坡和大陆基

14.1.3　海洋资源的特点

海洋资源的特点可概括为三点：①海洋资源的公享型。国家管辖的海洋资源通常属于国家所有；国际水域的资源属于全人类所有。②水介质的流动性和连续性。海水、海水中的物质和能量、海洋生物都是流动的，使得人们难以对这些资源进行明确的有效占有和划分。地球上的海水又连成一个整体，洄游的生物和污染物是无国界的，这样人类的开发利用在不同的国家之间，就存在利益、责任、治理的分配问题。③水介质的立体性。具有三维特性，深度、平面范围特性。风险性也比陆地大得多。

14.1.4　海洋资源的分类

根据不同的分类原则和依据，分类方法不尽相同，常见的分类方法有四种。

1）按照海洋资源的自然属性分类（表 14-2）

表 14-2　海洋资源的自然属性分类表

资源类型	开发内容	有关产业
海水化学	淡水、常量、微量元素提取	矿业、化学、电力、机械
海洋矿产	石油、天然气、铁锰钴等结核，矿砂等	矿业、石油、造船、钢铁、土建等
海洋动力	热力、势能、动能、压力差、温差等	电力、电机、土建
海洋生物	植物、动物	水产、造船、电机
海洋空间	海岸带、海面、海水中、海底	交通、水产、通信、土建、旅游等

2）按照海洋资源的来源分类（表 14-3）

表 14-3　海洋资源的来源分类表

资源来源类型	开发内容	有关产业
太阳辐射	海底石油、天然气、波浪、温差、压力差，以及各种生物	矿业、电力、石油、机械、水产、造船等
地球内源	化学元素、沉积矿产等	矿业、化学、钢铁、金属、土建等
相互作用	潮汐、潮流	电力、电机等

3）按照海洋资源的再生特性分类

海洋中的动植物、海水淡化、波浪、潮汐、海流和温差能等属于再生性资源。它们的共同特点是再生力强，被利用之后，短期内可得到恢复。在人类的生存期内，甚至可以说是取之不尽，用之不竭。海洋中的石油、天然气及其他金属矿产资源是在漫长的地质历史时期形成的，用一些就会少一些，即使恢复也需要地质时期的跨度，与人类生存尺度相比几乎是不能“再生”的，因而称为非再生资源。

4）按照海洋资源的提取特性分类

按照能否提取，可将海洋资源划分为可提取与不可提取两类。生物资源、矿产资源和化学资源称为可提取资源，波浪、潮汐、海流、温差能等称为不可提取的资源，因为这些能源人们不能直接利用，必须把它们转化为另一种能量形式才能被人类利用。

14.2　海洋资源的社会经济特性

14.2.1　海洋资源的价值和作用

海洋与人类的关系极为密切，生命起源于此，正是由于她的惠施生命才得以生存、进化和发展。海洋控制着地球的气候，调节大气的温度和湿度。海洋中的藻类每年生产的氧气为大气含氧量的 75%，同时吸收占大气 66%的二氧化碳，从而保持大气中气体成分的平衡，维持地球上的生命。海洋中蕴藏着种类多且储存丰富的资源，这些资源的开发利用，在社会经济发展中起着巨大的作用。

1）海洋资源开发是经济建设的重要组成

海洋资源的开发促进了世界经济的快速发展。20 世纪 60 年代，海洋资源开发迅速展开，70 年代快速扩大，80 年代蓬勃发展，总产值超过了 2500 亿元，海洋资源开发已经成为沿海国家的主要经济支柱。1994 年，第 49 届联合国大会向全世界公布 1998 年为国际海洋年，以提高人们对海洋重要性的认识。国际社会普遍认为，海洋是 21 世纪人类社会可持续发展的宝贵财富和最后地球空间，21 世纪，国际政治、经济、军事和科技活动都离不开海洋。

2）海洋资源开发促进和带动了其他产业的发展

海洋资源的开发，产生了新的产业和产业群。产业与产业之间、产业群与产业群之间紧密相关，连锁效应非常明显。例如，海洋石油工业兴起，会影响和推动钢铁、冶金、土木建筑、造船、运输、化工、机械、仪表、电子、深海工程、海洋调查勘探、环境保护、海上救捞、海洋预报等　系列工业和工程技术的发展。海洋渔业、盐业、海水淡化、海洋能发电等产业的兴起，同样会带动一系列工业和工程技术的发展。总之，每一项海洋开发都会产生新的产业和产业群。大批海洋产业的兴起，势必会影响一个国家工业的布局和产业结构。

3）海洋资源开发促进科学技术的进步

20 世纪前期，世界海洋资源的利用只限于部分资源的利用，主要是渔业、海洋采矿、海洋化学、建材的开采。海洋能源和动力资源在 20 世纪末进入初期的开发利用阶段，21 世纪进入全面的深入勘探和研发阶段。这些方面的根本改变都是由现代科学技术的进步促进的。科学技术提高了生产力水平，扩大了海洋科研的深度和广度，为全面研究和开发海洋资源创造了条件。同时，海洋资源的进一步开发大大促进了科学技术的发展，如“蛟龙号”潜海深度的加大、南海可燃冰开采技术的研发等。

14.2.2　海洋资源与中国的海洋经济

海洋经济是海洋资源开发利用各类产业及经济活动的综合。中国大陆海岸线长 1.8 万 km，面积大于 $500m^2$ 的岛屿有 6000 多个，岛岸线超过了 1.4 万 km，我国领海面积为 37 万 km^2，按照《联合国海洋法公约》的规定，我国主张管辖的海域面积有 300 万 km^2 之多（包括：内海、领海、专属经济区、大陆架、群岛水域等），其中部分海域与其他国家的主张重叠。开发海洋巨大的潜能和资源优势，对我国政治、经济、安全方面都具有重要意义。

中国海洋自然条件优越，海域辽阔，资源种类多，开发潜力大，是发展海洋经济的有利条件。20 世纪 90 年代以来，中国把开发海洋资源作为国家发展战略的重要内容，把发展海洋经济作为振兴经济的重大举措。自 2003 年国务院印发《全国海洋经济发展规划纲要》文件以来，中国的海洋经济持续快速增长（表 14-4），以每年 7.0%以上的速度增长。每年的海洋生产总值占国内生产总值的比重基本维持在 9.0%以上。海洋资源的开发类型和产业大力发展，涵盖行业齐全（图 14-2），促进了沿海地区的劳动力就业（图 14-3）。沿海地区就业人数，占全国就业人数的 41%，涉海就业人数占沿海就业人数的 8.2%。

表 14-4　2001～2008 年中国海洋经济发展情况

年份	海洋生产总值/亿元	海洋生产总值占国内生产总值比重/%
2001	9302	8.48
2002	10677	8.87
2003	12044	8.87
2004	14297	8.94
2005	18026	9.80
2006	20958	10.11
2007	24929	10.11
2008	29662	9.87

我国 21 世纪海洋战略目标：2001～2015 年为起步阶段；2016～2030 年为全面发展阶段，经济增长的贡献率为 70%，浅海利用率为 45%，滩涂利用率达到 75%；2031～2045 年为海洋事业全面腾飞阶段，科技对海洋经济增长的贡献率达 80%以上，海洋经济增加值占国民生产增加值的 25%以上。

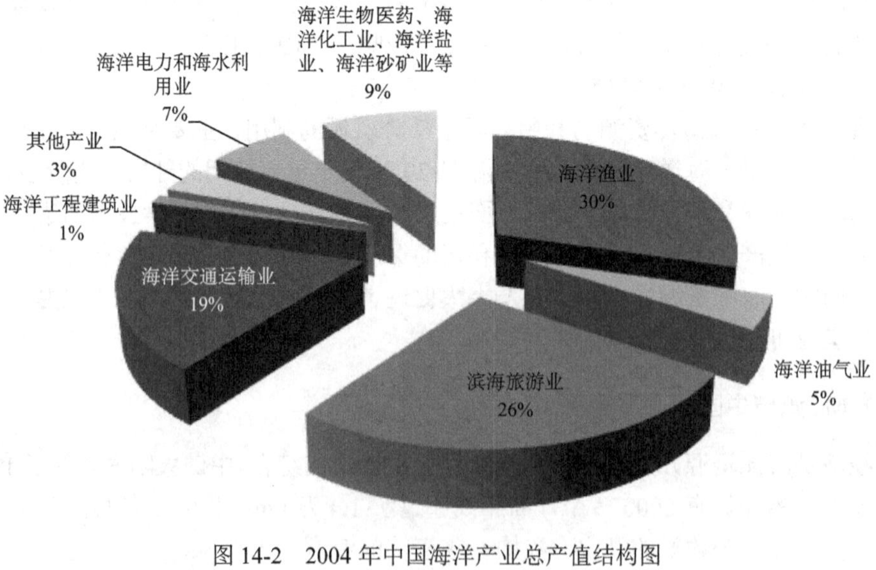

图 14-2　2004 年中国海洋产业总产值结构图

引自 2004 年《中国海洋经济统计公报》

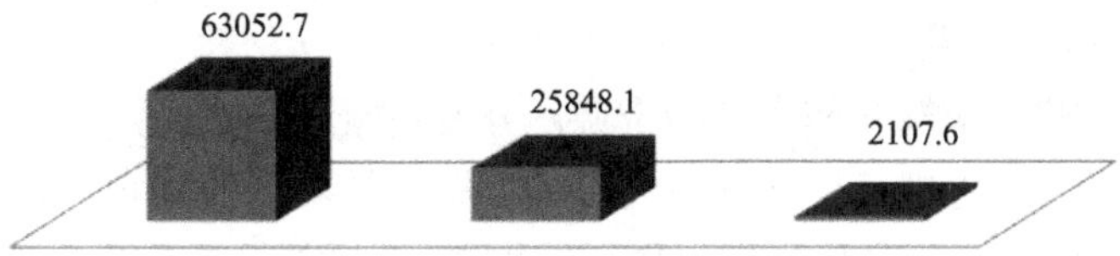

图 14-3　中国涉海就业情况

引自 2004 年《中国海洋经济统计公报》

14.3　中国海洋资源开发利用的区域布局

14.3.1　海洋资源开发利用分区

依据海洋资源的空间分布特点、开发利用的难易程度及法律规定，中国的海洋资源开发可以划分为三个区带：一是海岸带。这是海陆交接区域，是海洋国土最宝贵的部分，是海洋开发的陆岸基地。二是近海区域。从法律地位上讲，这是我国国土资源的组成部分。其中，领海属于领土的组成部分。在大陆架和专属经济区，我国有勘探开发自然资源的权利及其管辖权。三是远洋。远洋资源非常丰富，远洋属于公海，在《联合国海洋法公约》规定的基础上，有分享公海大洋资源的权利。

14.3.2　各分区海洋资源的开发利用布局

1）海岸带资源的开发利用布局

充分合理地开发海岸带资源，保护和改善海岸带的生态环境，使海滨黄金带持续为人类服务，其基本指导思想为：①海岸带变化比较大，开发利用布局必须持动态的观点。科学预测先行，做好前期工作。②海岸带是海陆的中间带，与陆地和海洋资源开发的关系密切，海陆兼顾是开发利用的基本指导思想。③海岸带在国土中比重较小，但生态功能强，是应该珍惜和重点保护的区域。

海岸带的开发布局要在国家统一指导下，结合当地情况，实行因地制宜、逐步推进的方法进行开发利用。我国海岸带的滩涂资源总量为 235.1 万 hm^2，滩涂利用主要是围垦造地和发展水产养殖。优良的海湾是建设港口的最佳选择。改造和布局一些沿海的中小城市，开展专业和集约化的水产养殖加工城市的建设、滨海石油城市的建设、海洋旅游城市的建设等，以补充沿海大都市群落功能和缓解大都市的压力。沿海大都市群落是我国国际交流和贸易的窗口，其经济产值占全国产值的比重日益增加。

2）近海海洋资源的开发利用布局

渤海是我国的内海，面积约为 7.7 万 km^2，适合建立以对虾为主的养殖基地，海底油气资源丰富，海洋石油资源开发也是主要的产业。黄海面积约为 38 万 km^2，是我国贝类和藻类的重要生产基地，海洋渔业和石油也是主导的开发利用方向。东海面积约为 77 万 km^2，东海的油气资源十分丰富，是我国重要的石油开发区，舟山渔场是我国海洋捕捞业的主要基地。南海面积约为 350 万 km^2，油气资源、生物资源及温差能资源都很丰富，近期探明的可燃冰资源也非常丰富。

3）远洋考察和资源开发

北太平洋的锰结核、南极和南大洋的资源，开发前景十分广阔，从我国经济建设的长远利益和政治外交的需要来考虑，应加速对公海大洋锰结核资源的调查，开展锰结核冶炼技术的研究。公海渔业资源很丰富，应采取措施进行调查和开发。1991 年 3 月，联合国海底管理局批准我国为国际海底立法先驱投资者，并在太平洋中部获得一块 15 万 km^2 的国际海底区域多金属结核专属开辟区。1999 年最终获得 7.5 万 km^2 区域的多种金属结核资源的专属勘探权和优先开发权。其位于东太平洋海区，水深 4900～5400m，约有 4.2 亿 t 的干结核。其中含锰 11175 万 t，铜 406 万 t，镍 514 万 t，钴 98 万 t。随着科学技术的进步，公海资源的调查逐渐展开。我国自主研发"蛟龙号"载人深潜器在马里亚纳海沟"挑战者深渊"北坡下潜，有史以来首次对 4000m 级的马里亚纳海沟进行深入的现场探查。下潜深度达到 6579 m，并成功采集到海洋生物标本。我国国家海底科学观测网日前正式被批复建立。这个观测网总投资超 20 亿元，将实现东海和南海从海底向海面的全天候、实时和高分辨率的多界面立体综合观测。

14.4 海洋资源的管理和保护

海洋资源的管理与其他资源管理一样，主要从三个方面来实施，一是依据涉海的法律法规；二是靠海洋行政机构来执行和实施；三是对一些典型特有的资源采取自然保护区的方式实现。

14.4.1 海洋资源管理的相关法律法规

海洋立法是海洋资源管理的一项基本任务，也是海洋资源管理的重要途径和手段。我国海洋管理所涉及的海洋空间、海洋矿产、海洋运输、海洋环境、海洋渔业、海洋生物保护等方面的法律法规超过了 30 部。

1998 年我国颁布了《中国海洋事业发展》（政府白皮书），把发展海洋事业作为国家发展战略，强调加强海洋综合管理，不断完善海洋法律法规制度，积极发展海洋科技和教育，并就海洋可持续发展战略、合理开发利用海洋资源、保护和保全海洋环境、发展海洋科学技术和教育、实施海洋综合管理、海洋事务的国际合作等六个方面，阐明了中国政府的立场。

2004 年我国印发了《关于进一步加强海洋管理工作若干问题的通知》，是贯彻落实"实施海洋开发"战略部署、依法强化海洋综合管理的重大举措。

14.4.2 海洋资源行政管理的内容和任务

1）海洋权益管理和国防安全

海洋权益管理是指运用国家力量或专门的管理机构，采用先进的装备技术手段和方式，根据相关的国际和国家法律法规，对国家管辖海域实施有效管理，防止外来侵犯、损害和破坏，以保证国家的海域权益。海洋权益管理的主要内容包括：内海和领海、海洋专属经济区、大陆架、海洋岛屿及公海资源的权益管理。

2）海洋资源管理

海洋资源管理的总体目标是通过海域区划和开发规划，指导、约束海区资源开发利用，形成合理的海洋产业布局。通过海区海洋生产力的研究和预测，确定开发的合理规模、适当的发展速度和数量指标，实现资源持续利用的目的。通过海洋自然条件的研究和新技术、新方法的使用，提高海洋可再生的生产力。通过政策协调工作，减少或避免海域的破坏，提高海域的整体效益。总之，海洋资源管理的目标是保证海洋资源开发的良性循环和达到最好的功效。

3）海洋环境管理

强调经济与自然环境协调发展，是我国政府一贯坚持的可持续发展的一项基本战略。海洋环境管理重点应加强海域污染防治和综合整治；严控废物倾倒，防止海洋矿产资源勘探开发污染，维护生态环境的良性循环。其核心是防止海洋污染及其他的人为破坏；要加强海洋环境质量监测、组织建设监测网，开展预测评价和预报工作，力争使海洋的污染损害减少到最低程度；要严格控制陆源污染，在重点海域实施总量控制。

14.4.3　海洋自然保护区建设

海洋自然保护区是指把需要保护的海洋资源、环境和遗迹等作为对象，连同分布的海域，以及必要的陆域，相对完整地选划出来，采取特殊措施加以保护的区域。径流海洋自然保护区的目的在于通过建区保护必须保护的对象，使之得以保存，正常延续或恢复发展。保证人类享用海洋自然的持久性。

1. 海洋自然保护区的作用

海洋保护区作为一种建立在生态系统管理基础上的综合预防性的管理措施，其不仅在生态方面作用明显，在社会经济方面作用也很突出。

（1）科学研究和公众教育作用。海洋保护区可以提供一个在相当程度上未受人类活动的影响、相对原始的海洋生态子系统，为海洋生态系统教育与科学研究提供了一个独特的发展空间，成为人们了解过去、了解海洋自然生态过程的试验场。

（2）渔业增强作用。海洋保护区提供在保护区范围内禁止捕捞和一切破坏性开发活动，对当地的多物种渔业进行控制和管理，对保护区内产卵群及其脆弱的生命加以保护，对保护区外种群的补充和恢复，起到了保护区渔业增强的作用。

（3）生态系统保护与生境维持作用。海洋保护区可以保护生物多样性和海洋生物栖息地，通过禁止捕捞等人为的活动影响，实现对保护区顶级捕食者及关键物种的保护，使原有的生态系统结构和功能得以恢复和维持，保证了系统的健康，维持了其多种生态服务价值。

（4）减少传统管理的不确定性。控制捕捞总量，减少过度捕捞风险，确保渔业种群免于崩溃是海洋渔业管理的目标。但由于其管理程度、方式、评价和数据估计上存在许多的不确定性，对环境影响、捕捞压力和管理行动上存在理解的偏差。海洋保护区作为一种管理失败的缓冲措施被提出来，在某种程度上能有效地保证渔业种群的持续生存能力。

（5）社会效益。作为海洋环境保护活动的核心内容，海洋保护区建设涉及各方面的参与，设计和规划阶段的公众参与过程通常包括广泛与深入的公众教育内容，在很大程度上提升了当地居民的海洋保护和环境危机感。海洋保护区建立后监测过程的公共参与性则大大提高了当地居民参与的兴趣和热情，提高了海洋环境资源管理的公众意识。

2. 我国国家级海洋自然保护区

我国目前已建立了数十个国家级海洋自然保护区和地方级海洋自然保护区（表 14-5），这些保护区涵盖了我国海洋主要的典型生态类型，保护了许多珍稀濒危海洋生物物种，对海洋生物多样性和生态系统的保护发挥了重要作用。

表 14-5　中国国家级主要海洋自然保护区名录

名称	位置	面积/km^2	对象	名称	位置	面积/km^2	对象
蛇岛-老铁山	辽宁旅顺	17000	蝮蛇、候鸟、生态	北仑河口红树林	广西防城港	2680	红树林生态
鸭绿江口滨海湿地	辽宁东港	112180	滩涂、湿地、水禽、候鸟	合浦儒艮	广西合浦	86400	儒艮、海龟、海豚、红树林
昌黎黄金海岸	河北昌黎	30000	自然景观、邻近海域	东寨港红树林	海南琼山	3337	红树林及生态
盐城珍禽	江苏盐城	453000	丹顶鹤、滩涂湿地	大洲岛海域生态	海南万宁	7000	岛屿、海洋生态、金丝燕及生态
南麂列岛海洋	浙江平阳	20106	岛屿生态、贝类	三亚珊瑚礁	海南三亚	8500	珊瑚礁及生态
深沪湾海底古森林遗迹	福建晋江市	3400	海底古森林、牡蛎礁遗迹	天津古海岸与湿地	天津市	21180	贝壳堤、牡蛎滩古海岸遗迹及湿地
惠东港口海龟	广东惠东	800	海龟、产卵繁殖地	黄河三角洲	山东东营	153000	湿地及珍禽
内伶仃岛-福田	深圳市	858	猕猴、鸟类、红树林	厦门海域珍稀生物	厦门	6300	文昌鱼及生态
湛江红树林	广东廉江	11927	红树林生态	双台河口水禽	辽宁盘锦	80000	丹顶鹤、白鹤、天鹅等珍禽
山口红树林生态	广西合浦	8000	红树林生态	珠江口白海豚	广东珠海	460	中华白海豚

?复习思考题

1. 海洋资源的开发潜力及开发利用中的环境问题。
2. 正确理解新的国土观点。
3. 理清不同区域海洋资源开发利用的主导方向。

?引深讨论问题及分析思路

讨论问题

1. 用所学的自然资源学基本原理，讨论海洋资源开发、环境保护与经济发展的关系。
2. 讨论海洋资源在海上丝绸之路经济发展中的意义和作用。

分析思路

从经济全球化、公共资源利用、海洋开发潜力等方面考虑、讨论：地球公共资源开发的国际准则；海洋资源的开发利用和海洋环境保护；能源资源的合理利用和新能源开发。土地资源面积限制和生产潜力提高问题；水资源的瓶颈对我国经济发展的影响及管理改进措施；生物资源开发、生物量与生态环境保护的关系等。

主要参考文献

包浩生, 彭补拙等. 1999. 自然资源学导论. 南京: 江苏教育出版社

补爱军, 陈内萍. 2007. 自然资源利用的随机模型及其动态分析. 湖南师范大学自然科学学报, 30(1): 35～38

蔡常丰. 1992. 数理经济学导论. 北京: 科学技术文献出版社

蔡运龙. 2002. 自然资源学原理. 北京: 科学出版社

蔡运龙. 2007. 自然资源学原理(第二版). 北京: 科学出版社

曹凑贵, 严力蛟, 刘黎明. 2002. 生态学概论. 北京: 高等教育出版社

曹明德, 黄锡生. 2004. 环境资源法. 北京: 中信出版社

陈安宁. 2000. 资源可持续利用的激励机制研究. 自然资源学报, 15(2): 107～111

陈德敏, 王华兵. 2007. 中国资源安全法律保障与现行关联法律配合协调的现实性. 中国人口·资源与环境, 17(1): 24～27

陈钦峦, 陈丙咸, 严蔚芸, 等. 1989. 遥感与像片判读. 北京: 高等教育出版社

陈述彭. 1991. 信息系统与自然资源研究//中国自然资源研究会编. 自然资源研究文集. 北京: 科学出版社: 9～12

陈永申. 2001. 发达国家自然资源管理制度——经济管理制度卷. 北京: 时事出版社

陈永文. 2002. 自然资源学. 上海: 华东师范大学出版社

程鸿. 1998. 资源丰度和资源有效空间——中国农业资源丰度综合估算方法的探讨. 自然资源学报, 13(1): 63～68

董德显. 1990. 土地利用规划. 北京: 中国展望出版社

都沁军. 2008. 矿产资源开发的物质流分析. 当代经济管理, 30(1): 36～39

恩格斯. 1972. 劳动在从猿到人转变过程中的作用. 马克思、恩格斯选集(第三卷). 北京: 人民出版社: 508

樊奇, 刘恩举. 2006. 矿产资源耦合价值计算. 工业技术经济, 25(5): 124～126

方新. 2007. 中国可持续发展总纲(16 卷)——中国科技创新与可持续发展. 北京: 科学出版社

冯利华. 1999. 资源丰度的模糊综合评判. 经济地理, 19(4): 9～11, 20

冯利华. 2000. 资源丰度的定量计算. 资源开发与市场, 16(2): 72～73

冯尚友. 2002. 水资源持续利用与管理导论. 北京: 科学出版社

封志明. 2003. 资源科学的研究对象、学科体系与建设途径. 自然资源学报, 18(6): 742～752

封志明. 2004. 资源科学导论. 北京: 科学出版社

封志明, 王勤学. 1994. 资源科学论纲. 北京: 地震出版社

封志明, 杨艳昭. 2014. 从自然资源核算到自然资源资产负债表编制. 中国科学院院刊, (4): 449～456

高吉喜. 2001. 可持续发展理论探索: 生态承载力理论、方法与应用. 北京: 中国环境科学出版社

谷树忠. 1998. 资源经济学的学科性质、地位与思维. 资源科学, 20(1): 16～22

谷树忠, 姚予龙, 沈镭, 等. 2002. 资源安全及其基本属性与研究框架. 自然资源学报, 17(3): 280～285

海江波, 母国宏, 史俊通. 2005. 旱地生态系统生态流与价值流混合途径的研究. 生态农业科学, 21(11): 338～340

何建坤等. 2006. 自然资源可持续利用战略与机制. 北京: 中国环境科学出版社

侯光明. 1999. 管理激励与约束. 北京: 北京理工大学出版社

侯光明, 李存金. 2001. 牲畜品种结构优化及草原资源保护的激励与约束机制. 北京理工大学学报, 21(5): 663～668
胡德斌. 2003. 国外自然资源规划方法及启示. 国土资源情报, (8): 1～5
胡代泽. 1991. 自然资源综合研究的一个重要领域——自然资源生态学//中国自然资源研究会编. 自然资源研究文集. 北京: 科学出版社: 55～62
湖南地图出版社编. 2010. 中国海洋国土知识地图集. 长沙: 湖南地图出版社
胡轩魁. 1989. 地质经济管理. 北京: 中国地质大学出版社
胡兆量等. 1987. 经济地理学导论. 北京: 商务印书馆
黄良民. 2007. 中国可持续发展总纲——中国海洋资源与可持续发展. 北京: 科学出版社
黄宁生, 匡耀求. 2000. 广东相对资源承载力与可持续发展问题. 经济地理, 20(2): 52～56
黄溶冰, 赵谦. 2015. 自然资源核算——从账户到资产负债表: 演进与启示. 财经理论与实践, (1): 74～77
江美秋. 1985. 人类生态学与资源研究//中国自然资源研究会编. 自然资源研究的理论和方法. 北京: 科学出版社: 32～39
金凤君. 2013. 论地域生存空间的认知与建构. 地理研究, 32(7): 1356～1363
鞠建华. 2005. 资源环境与遥感. 北京: 地质出版社
孔令英. 2013. 国际海洋油气资源合作开发模式及风险因素分析. 北京: 中国海洋大学硕士学位论文
朗一环. 1985. 建立自然资源数据库的设想//中国自然资源研究会编. 自然资源研究的理论和方法. 北京: 科学出版社, 68～74
雷明. 1998. 资源-经济一体化核算——联合国 93'SNA 与 SEEA. 自然资源学报, 13(2): 145～153
李博. 1995. 现代生态学讲座. 北京: 科学出版社
李昌宁, 任凤玉, 徐小荷. 2000. 我国矿产资源开采中的损失贫化浅析. 自然资源学报, 15(1): 36～39
李飞, 张莉. 1999. 资源生态学及其应用. 生物学通报, 34(3): 5～7
李金昌. 1992. 关于自然资源的几个问题. 自然资源学报, 7(3). 193～207
李金昌等. 1995. 资源经济新论. 重庆: 重庆大学出版社
李世涌. 2007. 矿产资源开发外部负效应及其成因分析. 市场透视, (11): 5～7
李通屏. 2005. 中国消费制度变迁研究. 北京: 经济科学出版社
李晓伟, 刘则渊, 王昭翩. 2003. 科学技术的可持续发展功能. 科技进步与政策, (10): 40～42
李振基, 陈小麟, 郑海雷. 2000. 生态学. 北京: 科学出版社
连亦同. 1987. 自然资源评价利用概论. 北京: 中国人民大学出版社
梁亚红. 2008. 自然资源安全评价指标体系构建研究. 中国矿业, 17(1): 16～18
林爱文, 胡将军, 张玲, 等. 2005. 资源环境与可持续发展. 武汉: 武汉大学出版社
林文雄. 2007. 生态学. 北京: 科学出版社
林文雄. 2013. 生态学(第二版) 北京: 科学出版社
林向阳, 周冏. 2007. 自然资源核算账户研究综述. 经济研究参考, (50): 14～24
林育真. 2004. 生态学. 北京: 科学出版社
刘爱民, 封志明, 李飞. 1998. 农业资源利用模式间的转换及案例分析. 自然资源学报, 13(3): 193～197
刘维平. 2009. 资源循环利用. 北京: 化学工业出版社
刘成武, 杨志荣, 方中权, 等. 2001. 自然资源概论. 北京: 科学出版社
刘丹, 王渝梅, 黄锡生. 2007. 我国区域自然资源规划与可持续发展的和谐问题. 生态经济: 学术版, (2): 98～102
刘海滨, 王立杰. 2004. 我国煤炭资源综合开发布局与模式研究. 自然资源学报, 19(3): 401～407
刘洪滨, 刘康. 2007. 海洋保护区——概念与应用. 北京: 海洋出版社
刘黎明, 林培. 2002. 土地资源学. 北京: 中国农业大学出版社
刘胤汉. 1988. 自然资源学概论. 西安: 陕西人民教育出版社

刘毅军. 2005. 国外节约经验模式. 新东方, (7): 16～21
楼惠新. 1994. 资源经济学的几个基本问题. 中国农业资源与区划, (3): 11～15
栾晓红. 1990. 土地资源开发模式探讨. 决策咨询, (6): 51～53
罗伯勋. 1987. 投入产出分析及其数学基础. 武汉: 华中工学院出版社
卢升高, 吕军. 2004. 环境生态学. 杭州: 浙江大学出版社
鲁向平. 1993. 黄土高原农业开发模式研究. 西安: 西安地图出版社
罗宁, 任保平. 2007. 论资源安全及相应的制度创新. 求实, (1): 48～51
曼昆. 1999. 经济学原理(上、下). 北京: 生活·读书·新知三联书店; 北京大学出版社
牛文元. 1989. 自然资源开发原理. 开封: 河南大学出版社
牛文元. 1992. 理论地理学. 北京: 商务印书馆
牛文元. 1994. 可持续发展导论. 北京: 科学出版社
潘再东, 韩美. 2007. 区域相对资源承载力与可持续发展问题探讨: 以济南长清区为例. 资源开发与市场, 23(2): 145～146, 175
彭补拙, 濮励杰, 黄贤金, 等. 2007. 资源学导论. 南京: 东南大学出版社
戚道孟. 2005. 自然资源法. 北京: 中国方正出版社
秦丽杰, 张郁, 曹艳秋, 等. 2002. 长白山北坡森林生态系统的生物生产量及化学能研究. 东北师大学报自然科学版, 34(1): 72～76
秦鹏芬, 廖珍珍. 2007. 熵与自然资源关系与减熵合理利用自然资源策略分析. 科协论坛, (9 下): 86～87
覃娟. 2014. 一个综述: 国外自然资源开发理论与模式. 学术论坛, 37(8): 75～78
邱秋. 2010. 中国自然资源国家所有权制度研究. 北京: 科学出版社
桑东莉. 2006. 可持续发展与中国自然资源物权制度之变革. 北京: 科学出版社
沈长江. 2001. 资源科学的学科体系——关于资源科学学科建设的研讨. 自然资源学报, 16(2): 172～178
申广荣, 柳云龙, 钱振华. 2008. 资源环境信息学. 上海: 上海交通大学出版社
沈镭, 成升魁. 2002. 论国家资源安全及其保障战略. 自然资源学报, 17(4): 393～400
沈镭, 刘晓洁. 2006. 资源流研究的理论与方法探析. 资源科学, 28(3): 9～16
沈镭, 魏秀鸿. 1998. 区域矿产资源开发概论. 北京: 气象出版社
沈煜清. 1994. 农业自然资源利用及农业区划. 北京: 农业出版社
宋春青, 张振春. 2001. 地质学基础(第三版). 北京: 高等教育出版社
孙鸿烈. 2007. 中国自然资源综合科学考察与研究. 北京: 商务印书馆
孙亚锋. 2003. 经济学原理. 大连: 东北财经大学出版社
孙永波, 汪云甲. 2005. 矿产资源安全评价指标体系与方法研究. 中国矿业, 14(4): 36～37, 81
唐克丽. 2004. 中国水土保持. 北京: 科学出版社
唐敏, 张文彬. 2008. 基于耗散结构的矿业复杂系统的动态分析. 昆明理工大学学报(理工版), 33(1): 5～9
唐咸正, 王娟. 2004. 论资源经济学的研究对象. 自然资源学报, 19(3): 273～277
田恒国. 2005. 发达国家建设节约型社会的经验. 领导文萃, (10): 11～14
托马斯·赫胥黎. 2011. 人类在自然界中的位置. 南京: 江苏人民出版社
汪小英, 成金华. 2011. 基于产权约束的中国矿产资源管理体制分析. 中国人口•资源与环境, 21(2): 160～166
王标, 肖龙. 2007. 基于资源分布规律的信息系统风险量化模型. 四川大学学报(工程科学版), 39(6): 129～133
王礼茂. 2002a. 世界主要大国的资源安全战略. 资源科学, 24(3): 59～64
王礼茂. 2002b. 中国资源安全战略——以石油为例. 资源科学, 24(1): 5～10
王礼茂. 2002c. 资源安全的影响因素与评估指标. 自然资源学报, 17(4): 401～408
王礼茂, 郎一环. 2002. 中国资源安全研究的进展及问题. 地理科学进展, 21(4): 333～340
王人潮, 黄敬峰. 2002. 水稻遥感估产. 北京: 中国农业出版社

王如松. 2004. 复合生态系统生态学//李文华, 赵景柱. 生态学研究回顾与展望. 北京: 气象出版社
王书玉, 卞新民. 2007. 生态足迹理论方法的改进及应用. 应用生态学报, 18(9): 1977～1981
王玉平. 2002. 对西部地区矿产资源开发模式研究. 中国矿业, 11(2): 23～25
王玉平, 齐亚彬. 1999. 我国国土资源规划体系研究. 中国地质矿产经济, (10): 21～23, 38
王铮, 丁金宏等. 1994. 理论地理学概论. 北京: 科学出版社
文森, 邱道持, 杨庆媛, 等. 2007. 耕地资源安全评价指标体系研究. 中国农学通报, 23(8): 466～470
武吉华. 1999. 自然资源评价基础. 北京: 北京师范大学出版社
吴迪. 2010. 我国国土资源规划与治理法律制度研究. 哈尔滨: 东北林业大学硕士学位论文
吴文盛, 朱军, 郝志军. 2003. 耕地资源的安全评价与预警. 地域研究与开发, 22(5): 46～49
肖金城. 2006. 环境规划与管理. 北京: 科学出版社
谢高地, 鲁春霞, 成升魁, 等. 2001a. 中国的生态空间占用研究. 资源科学, 23(6): 20～23
谢高地, 张钇锂, 鲁春霞, 等. 2001b. 中国自然草地生态系统服务价值. 自然资源学报, 16(1): 47～53
谢云, 邱扬. 2009. 自然资源评价教程. 北京: 北京师范大学出版社
徐建华. 1996. 现代地理学中的数学方法. 北京: 高等教育出版社
徐玖平. 2001. 自然资源开发利用研究的进展. 中国工程科学, 3(11): 19～27
徐秀登. 1990. 基础地质学教程. 北京: 高等教育出版社
徐祥民, 陈书权. 2007. 中国环境资源法的产生与发展. 北京: 科学出版社
薛平. 2004. 资源论. 北京: 地质出版社
严汉平, 王威. 2007. 可持续发展评价的理论模型研究. 生态经济, (3): 100～103, 124
严泰来. 2004. 资源环境信息技术概论. 北京: 中国林业出版社
杨达源. 2006. 自然地理学. 北京: 科学出版社
杨光, 王玉伏. 1998. 论科技的可持续发展功能. 科技进步与对策, 15(4): 10～11
杨勤业, 李春晖. 2000. 可持续发展代际公平的初步研究. 地理研究, 19(2): 128～133
姚章民, 张建云. 2009. 水资源评价研究进展. 水资源研究, (2): 16～18
伊武军. 2001. 资源、环境与可持续发展. 北京: 海洋出版社
于连生, 孙达, 王菊. 2004. 自然资源价值论及其应用. 北京: 化学工业出版社
岳天祥, 陈述彭. 2003. 资源环境数学模型手册. 北京: 科学出版社
张保成, 国锋. 2006. 自然资源承载力问题研究综述. 经济经纬, (6): 22～25
张大超, 汪云甲. 2003. 矿产资源安全评价指标体系研究. 地质技术经济管理, 25(5): 20～24
张德福. 1996. 全流域管理及自然资源规划决策支持系统. 东北水利水电, (11): 43～45
张帆. 1998. 环境与自然资源经济学. 上海: 上海人民出版社
张丽萍, 张妙仙. 2008. 环境灾害学. 北京: 科学出版社
张莓. 2005. 矿产品物质流定量研究. 国土资源情报, (4): 18～20
张文驹. 2004. 资源学的学科属性及定位问题讨论. 自然资源学报, 19(1): 106～109
张锡辉. 2002. 水环境修复工程学原理与应用. 北京: 化学工业出版社
张胤鸿. 2005. 外国节能措施及其对我国的启示. 科学决策, (9): 23～25
张占录, 张正峰. 2006. 土地利用规划学. 北京: 中国人民大学出版社
张志强, 徐中民, 程国栋. 2000. 生态足迹的概念及计算模型. 生态经济, (10): 8～10
张志强, 徐中民, 程国栋, 等. 2001. 中国西部 12 省(区市)的生态足迹. 地理学报, 56(5): 599～610
张梓太. 2007. 环境与资源法学(第二版). 北京: 科学出版社
赵国浩. 2008. 资源管理系统工程理论于实践. 北京: 经济管理出版社
赵鹏大. 2006. 地球资源与资源安全战略. 湖北理工学院学报, 22(4): 1～4
郑华, 欧阳志云, 赵同谦, 等. 2003. 人类活动对生态系统服务功能的影响. 自然资源学报, 18(1): 118～126

《中国自然保护纲要》编写委员会. 1987. 中国自然保护纲要. 北京: 中国环境科学出版社
周宏春. 1997. 科技是促进我国可持续发展的强大支撑. 中国科技论坛, (6): 22～24, 47
周家荣. 2006. 自然资源的有效配置与科学执政. 山东科技大学学报(社会科学版), 101(4): 42～45
周建平, 佘世建. 2010. 中国海洋国土知识地图集. 长沙: 湖南地图出版社
周进生. 2005. 国外自然资源管理模式及选择动因分析. 国土资源情报, (2): 1～6
周杨明, 于秀波, 于贵瑞. 2007. 自然资源和生态系统管理的生态系统方法: 概念、原则与应用. 地球科学进展, 22(2): 171～178
朱连奇, 赵秉栋. 2004. 自然资源开发利用的理论于实践. 北京: 科学出版社
庄立, 刘洋, 梁进社. 2011. 论中国自然资源的稀缺性和渗透性. 地理研究, 30(8): . 1351～1360
Bebee A, Brennan A. 1997. First ecology. New York: Chapman & Hall
Daily G C. 1997. Nature's services: Societal dependence on natural ecosystem. Washington D C: Island Press
David Pearce W. 1990. Econmics of natural resources and the environment. Baltimore: Johns Hopkins University Press.
Duffin W J. 1984. Ecology of natural resources. Chichester: John Wiley
Gary Klee A. 1991. Conservation of natural resources. New Jersey: Prentice Hall
Helmut Haberl. 2005. 物质和能量流核算理论——资源可持续利用的监测工具. 国土资源情报, (3): 35～40
Jack Sobel, Crag Dahlgren. 2008. 海洋自然保护区. 马志华等译. 北京: 海洋出版社
Jerry Holechek L, Richard Cole A, James Fisher T, et al. 2003. Natural Resources—Ecology, Economics, and Policy. Pearson Education, Inc. , Upper Saddle River, New Jersey 07458
Johnston C A. 1998. Geographic information system in ecology. Malden, MA: Blackwell Science
Judith Ress. 1990. Natural resources. London: Rputledge
Kerry S V, John V K. 1982. Explorations in natural resources ecnomics. London: Johns Hopking University Press
Kidd C V, Pimentel D. 1992. Integrated resource management: Agroforestry for development. New York: Academic Press
Little D L, Robert D E. 1982. Renewable natural resources. Boulder: Westview Press
MacDonald L J, Bates S F. 1993. Natural resources policy and law: Trends and directions. Washington D C: Island Press
McKelvey R W. 1985. Environmental and natural resource mathematics. Providence: American Mathematical Society
Nebel B J, Wright R T. 1998. Environmental science: The way the world works. 6th ed. New Jersey: Prentice Hall
Neher P A. 1990. Natural resources economics. Cambridge: Cambridge University Press
Neil S R, Dwight H. 1990. Natural resources for 21st century. Washington D C: Island Press
Noss R F, Cooperider A Y. 1994. Saving nature's legacy: Protecting and restoring biodiversity. Washington D C: Island Press
Oliver O S. 1980. Natural resources conservation, an ecological approach. New York: Macmillan Publishers
Owen O S, Chiras D D, Reganold J P. 1998. Natural resources conservation 7th ed. Upper Saddle River. New Jersey: Prentice Hall
Ramade F. 1981. Ecology of natural resources. Chichester: John Wiley and Sons
Rebeccs J L, Gary J V. 1990. Economic valuation of natural resources. Boulder: Westview Press
Schiller B R. 2000. The economy today 8th ed. New York: McGraw-Hill
Thomas E A. 1975. Natural resources measurements. New York: McGraw-Hill
Tyler M G. 2004. Sustaining the Earth. Thomson Learning
Wackernagel M, Rees W. 1996. Our ecological footprint. Gabriola Island: New Society Publishers

Walter C. 1986. Adaptive management of natural resources. New York: McGraw-Hill

White G F. 1962. Social and economic aspects of Natural resources. New York: National Academy of Sciences National Research

William Ascher. 1990. Natural resources policymaking in developing countries. Durham: Duke University Press

Wilson E O. 1988. Biodiversity. Washington D C: National Academy Press